CK-CPU 嵌入式系统开发教程

潘 赟 等 编著

科学出版社

北京

内 容 简 介

本书全面系统地介绍了基于国产自主知识产权 CK-CPU 处理器的嵌入式系统开发的各个方面。全书分三部分:①嵌入式系统概述、CK-CPU 体系结构、CK-CPU 指令系统、汇编语言和 C 语言编程等;②以 CK-CPU 为内核的 CK5A6 微控制器的硬件结构,包括引脚功能、地址空间、工作模式和外围接口,介绍了 CK5A6EVB 开发板的配置与使用;③介绍 Bootloader 的使用,Linux 2.6 与 eCos 嵌入式操作系统的移植和使用,CK-CPU 的软件集成开发环境。

本书配有电子课件、实验指导手册与程序源代码等电子资源。

本书可作为高等院校电子信息类、计算机类、自动控制类和机械电子类等专业高年级本科生及研究生嵌入式系统课程的教材,也可供从事嵌入式系统设计的研发人员参考。

图书在版编目(CIP)数据

CK-CPU 嵌入式系统开发教程/潘赟等编著. —北京:科学出版社,2011.9
ISBN 978-7-03-032097-1

Ⅰ.①C… Ⅱ.①潘… Ⅲ.①微型计算机－系统开发－高等学校－教材 Ⅳ.①TP360.21

中国版本图书馆 CIP 数据核字(2011)第 167071 号

责任编辑:巴建芬 刘鹏飞 雷 旸/责任校对:何艳萍
责任印制:张克忠/封面设计:迷底书装

科 学 出 版 社 出版
北京东黄城根北街 16 号
邮政编码: 100717
http://www.sciencep.com

骏 杰 印 刷 厂 印刷
科学出版社发行 各地新华书店经销
*

2011 年 9 月第 一 版 开本:787×1092 1/16
2011 年 9 月第一次印刷 印张:25 3/4
印数:1—3 000 字数:640 000

定价: 52.00 元
(如有印装质量问题,我社负责调换)

前　言

　　嵌入式系统已广泛应用于国民经济的方方面面,尤其在消费类电子、通信、工业控制、交通、医疗等领域应用甚广。目前,基于 ARM、MIPS 等国外 CPU 的嵌入式系统开发占据了市场主导地位,而我国自主研发的嵌入式 CPU 市场生态环境才刚刚起步。尤其在 32 位高端嵌入式 CPU 领域,国产嵌入式 CPU 正面临着国际上占据先发优势的厂商的不对称竞争。作为体现国家核心竞争力的高端嵌入式 CPU 技术,更需要自主创新。拥有自主知识产权的高端嵌入式 CPU,对促进我国自主知识产权系统芯片 SoC(system on chip)的设计与产业化具有重要战略意义,对进一步提高我国电子产品的核心竞争力、推进我国信息产业的发展具有深远的影响。

　　杭州中天微系统有限公司开发的 32 位高端嵌入式 C-SKY®系列嵌入式处理器(以下称 CK-CPU),是典型的由我国自主设计并研发的国产嵌入式 CPU,已获得国家科技重大专项——"核心电子器件、高端通用芯片及基础软件产品"专项的支持,具有自主知识产权。CK-CPU 系列处理器的研发与产业化工作已经走过了近 10 年,技术上成熟稳定可靠,在性能上已经接近或达到国外同档产品水平,现已形成三个系列(CK500、CK600、CK800)十多种 CPU 硬 IP 核,可满足频率为 50 ~ 1000MHz 的嵌入式系统应用需求,具有良好的产业化基础及用户接受度。CK-CPU 系列处理器及系统芯片产业化应用相关内容曾荣获 2009 年度国家科技进步二等奖、2008 年度中国电子学会信息科学技术奖一等奖等荣誉称号。

　　本书是我国首本全面介绍国产嵌入式 CK-CPU 系列处理器及其嵌入式系统开发的教程。全书共 7 章,各章的具体内容如下。

　　第 1 章嵌入式系统概述,主要介绍了嵌入式系统的基本概念、发展现状与趋势,目前国际常见 32 位嵌入式 CPU,具有自主知识产权的国产嵌入式 CK-CPU,以及嵌入式系统开发的主流操作系统。

　　第 2 章 CK-CPU 体系结构,详细介绍了 CK-CPU 的体系结构,从应用角度叙述了 CK-CPU 的内核结构、编程模型、异常中断、内存管理、总线协议、工作模式等内容。该章内容是用户上手使用 CK-CPU 的基础。

　　第 3 章 CK-CPU 指令集,介绍了 CK-CPU 的指令类型与寻址模式,并详细讲解了 CK-CPU 的各条常用指令,配合第 2 章的内容,用户可以更为全面地了解 CK-CPU 系列处理器。

　　第 4 章基于 CK-CPU 的嵌入式软件开发,介绍了基于 CK-CPU 的汇编语言与 C 语言程序设计,以及 CK-CPU 的软件开发工具包。

　　第 5 章基于 CK-CPU 的嵌入式系统应用开发,详细介绍了在 CK5A6 MCU 开发板 CK5A6EVB 上进行嵌入式系统的应用开发。CK5A6 MCU 是基于 CK-CPU 内核的通用型 32 位微控制器芯片,本章详细介绍了该款 MCU 的硬件组成结构。本章在前 4 章的基础上,带领用户进入到使用基于 CK-CPU 系列处理器进行嵌入式系统开发的实际环境中。

　　第 6 章嵌入式操作系统及开发,详细介绍了 CK-CPU 的 Bootloader 特点及使用方法,以及 Linux 2.6、eCos 等嵌入式操作系统及其在 CK5A6EVB 开发板上的移植与使用。

第 7 章 CK-CPU 集成开发环境，详细介绍了 CK-CPU 在 PC Windows 环境下的两套常用软件集成开发工具 CK-CPU Studio 与 CK-CPU Development Suite 的使用。

本书的编写得到了杭州中天微系统有限公司相关人员的大力支持和帮助，他们为本书提供了技术手册和开发文档，并在本书的编写过程中提供了技术支持，在此向他们表示衷心的感谢。

本书的编写离不开浙江大学超大规模集成电路设计研究所的各位领导与同事的帮助，如果没有他们的大力支持与帮助，本书是无法顺利完成的。作者衷心感谢浙江大学集成电路与基础软件研究院院长严晓浪教授的指导与帮助。研究所在读研究生程爱莲、万民永、全励、王一木、郑宁、曹晓阳、张渊、刘钧石、胡婧瑾、丁文、叶森、贾梦楠等参与了本书部分内容的编写，并且帮助校对和勘误；另外，实验室部分已毕业同学也参与了本书的编写、排版及校对工作，在此一并表示感谢。最后感谢科学出版社的大力支持，使本书得以顺利出版。

由于作者水平有限，书中难免有疏忽、不妥之处，恳请各位读者批评指正，并请读者将阅读中发现的问题发送至信箱 panyun@ vlsi. zju. edu. cn，感谢广大读者的支持与反馈。

作 者

2011 年 7 月于浙江大学

目　录

第1章 嵌入式系统概述

随着电子技术的快速发展,特别是超大规模集成电路的产生而出现的微型机,使现代科学研究得到了质的飞跃,而嵌入式微控制器技术的出现则为计算机产业革命引导的现代工业智能化注入了新的活力。嵌入式系统的出现成为了计算机发展史上的里程碑,计算机领域随之出现了通用计算与嵌入式计算两个不同的发展方向。通用计算机承担智力平台的革命,嵌入式系统承担智力嵌入的革命。通用计算机承担的任务是高速海量的数字计算,需要不断地提高处理速度和存储容量;嵌入式系统主要满足对象系统的全面智能化要求,发展方向是小型、低功耗、廉价、高可靠性和易耦合性。嵌入式系统经历几十年的发展给人们的工作、生活带来了翻天覆地的变化,引领人类全面步入后 PC 时代。

1.1 嵌入式系统

1.1.1 嵌入式系统的定义

嵌入式系统是嵌入应用对象并完成预定功能的信息系统,主要由嵌入式处理器、外围硬件设备、嵌入式操作系统以及用户应用程序等组成,具有诸如实时性、低功耗、低成本、高可靠性、可重构性等特征,以实现应用对象的自动化、数字化、网络化和智能化。

1.1.2 嵌入式系统的特点

嵌入式系统的核心任务是嵌入式计算,嵌入式系统的特点是嵌入式计算性能要求的体现。与通用计算相比,嵌入式计算不仅需要满足应用的计算吞吐率的需求,同时还需要满足其他量化目标,如实时性能、功耗和成本等因素。不同的计算需求将直接导致嵌入式计算平台在性能和功耗、硬件和软件等方面做出不同的权衡。嵌入式计算的需求主要包括性能、功耗、实时性、安全性、可靠性与开放性等方面。嵌入式计算在物联网方面的应用体现了其低成本以及低功耗的特点;在现代化武器装备方面的应用体现其实时性好及可靠性高的特点;在未来移动计算平台的二次开发方面体现了其开放性好的特点。

1. 体积小、功耗低

有很多嵌入式系统的应用对象都是一些小型应用系统,如移动电话、PDA、MP3、数码相机等手持移动设备,它们要求尺寸越小越好,并且不能配备大容量的电源,所以体积小、功耗低一直是嵌入式系统追求的目标。设计者将通用处理器中许多由板卡完成的任务集成在芯片内部,从而有利于嵌入式系统设计趋于小型化,移动能力大大增强;嵌入式系统电压通常在 5V 以下,为低功耗设计提供了先决条件,同时在设计过程中进行多层次的低功耗优化可大大降低系统能量消耗,从而满足设计需求。软件方面,嵌入式系统中操作系统内核与通用处理器中操作系统(如 Windows)内核相比一般较小。整个软件系统十分精简,没有系统软件和应用软件的明显区分,不要求其功能设计及实现上过于复杂,这样既有利于控制系统成本,降低系统功耗,同时也利于实现系统安全。

2. 专用性强

嵌入式系统通常是面向某个特定应用的,系统中的软、硬件,尤其软件中应用程序都是为特定用户群来设计的,具有很大的专用性。其中的软件系统和硬件的结合非常紧密,一般要针对硬件进行系统的移植。相比之下,PC 则是通用的计算平台。

3. 可裁剪性好

为了降低成本,并且满足专用性的需要,嵌入式系统设计者必须考虑产品在通用性和专用性之间的平衡问题。目前,嵌入式系统硬件和操作系统通常被设计成可裁剪的,以便使嵌入式系统开发人员根据实际应用需要来量体裁衣,去除冗余,从而使系统在满足应用要求的前提下达到最精简的配置。可裁剪性大大地减小了嵌入式系统的设计周期,节约了设计成本。

4. 实时性好

目前,嵌入式系统广泛应用于工业控制、数据采集、通信等领域,主要用来对应用对象进行控制、监控,所以对嵌入式系统有或多或少实时性的要求。因此,硬件设计中设计者尽可能地提高系统时钟频率以满足实时性需求,同时极少使用存取速度慢的存储器;软件使用固态存储,以提高速度,并且需加以精心设计以保证实时性。当然,随着嵌入式系统应用的扩展,有些系统对实时性要求也并不是很高。总体来说,实时性是对嵌入式系统的普遍要求,是设计者和用户需要考虑的一个重要指标。

5. 可靠性高

由于部分嵌入式系统所承担的计算任务涉及产品质量、人身设备安全、国家机密等重大事务,加之某些嵌入式系统应用在无人值守的场合,如高危工业环境下、仪器仪表中等。所以与普通系统相比较,对嵌入式系统可靠性的要求极高。

1.1.3 嵌入式系统的组成

如图 1.1 所示,嵌入式系统作为一类特殊的计算机系统,主要包含有硬件和软件两个部分。硬件环境是整个嵌入式操作系统和应用程序运行的基础平台,不同的应用通常有不同的硬件环境。硬件环境主要包括嵌入式处理器、各种类型存储器、模拟电路及电源、接口控制电路等,其中嵌入式处理器是硬件环境的核心。嵌入式系统的应用环境通常要求硬件平台中嵌入式处理器实时性高,功耗低,存储器小,外围专用设备少,I/O 端口少。

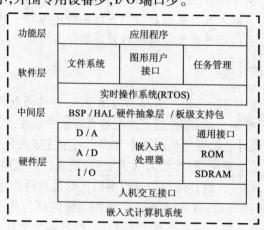

图1.1 嵌入式系统的组成

软件环境是嵌入式系统实现特定功能应用的上层平台,主要由嵌入式硬件抽象层(hardware

abstraction layer, HAL)、操作系统、文件系统、应用程序等组成。硬件抽象层或板级支持包(board support package, BSP)是一个介于硬件与软件之间的中间层次。硬件抽象层通过特定的上层接口与操作系统进行交互,支持操作系统向硬件的直接操作。硬件抽象层的引入大大推动了嵌入式操作系统的通用化,使嵌入式系统能够简洁有效地应用于各种不同的环境中。嵌入式操作系统完成嵌入式应用的任务调度和控制等核心功能,具有内核精简、相对不变性、可配置、与高层应用紧密关联等特点。嵌入式应用程序运行于操作系统之上,利用操作系统提供的机制完成特定功能的嵌入式应用。不同的系统需要设计不同的嵌入式应用程序。

1.1.4 嵌入式系统的发展现状和趋势

1971 年 11 月,Intel 公司成功地把算术运算器和控制器电路集成在一起,推出了世界上第一片微处理器 Intel 4004,其后各厂家推出了许多 8 位、16 位的嵌入式微处理器,包括 Intel 的 8080/8085、8086,Motorola 的 6800、68000,Zilog 的 Z80、Z8000 等。由这些微处理器为核心构成的嵌入式系统广泛用于仪器仪表、医疗设备、机器人、家用电器等。随后由于微电子工艺水平的不断提高,集成电路制造商开始把嵌入式应用所需要的微处理器、I/O 接口、A/D、D/A 转换、串行接口以及 RAM、ROM 通通集成到一个集成电路芯片当中,即所谓的嵌入式微控制器,成为嵌入式系统异军突起的一支新秀。20 世纪 90 年代,在分布控制、数字通信和数字家电等市场需求的牵引下,嵌入式应用进一步加速发展。面向实时信号处理算法的 DSP 向高速、高精度、低功耗发展,如 Texas 推出的第三代单片 DSP TMS320C30;嵌入式处理器向着 32 位高速智能化方向发展,如 ARM、MIPS、PowerPC 等。同时嵌入式操作系统也逐步成熟,如 IRMX86、VRTX、PSOS、Vxworks、QNX、WinCE、UNIX 等都得到广泛的应用。它们把嵌入式系统的开发工作从小范围内解放出来,促使嵌入式应用扩展到更广阔的领域。随后进入 21 世纪网络时代,将嵌入式系统应用于各类网络中是嵌入式产业的必然发展方向,数字网络监控系统的异军突起、3G 网络广泛普及、物联网的蓄势待发都是最好的证明。

回顾嵌入式系统的历史,嵌入式系统的发展可以分成三个阶段:

(1)以单个专用芯片为核心的系统。这种嵌入式系统通常没有操作系统的支持,而是通过一些特殊的程序直接执行系统功能,一般具有监测和控制功能。大部分应用于工业控制系统中。其主要特点是结构和功能都相对简单,成本低。这种系统已经不能适应现代工业控制和信息家电等领域的需求,正在逐步退出应用领域。

(2)以嵌入式处理器为基础、嵌入式操作系统为核心的嵌入式系统。随着嵌入式处理器的发展,以及嵌入式操作系统的设计开发水平的提高,这个阶段的操作系统性能不断增强。嵌入式操作系统能运行于不同的微处理器上,具有内核小、效率高、高度模块化和扩展性等特点。

(3)基于 Internet 的嵌入式系统。随着信息时代的到来,Internet 技术已进入人们日常生活的各个领域,嵌入式网络应运而生;人类在更好地利用 Internet 庞大的信息资源的同时,也实现了嵌入式系统功能上的一个飞跃。伴随着无线网络技术、传感技术、人工智能技术的发展,嵌入式系统和网络已经是一种不可分割的共同体,嵌入式系统正朝着智能化、网络化方向前进。

目前,嵌入式系统市场正处于快速增长时期,嵌入式系统的发展为几乎所有电子设备注入了新的活力,形成了一个广阔的应用领域,主要分布在消费类电子、通信、工业控制、交通、医疗、军事国防等领域,如图 1.2 所示。

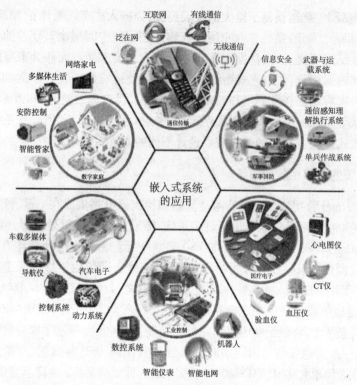

互联网　有线通信

泛在网

无线通信

网络家电　　　　　　　信息安全　武器与运载系统

多媒体生活

安防控制　　　　　　　　　　　　通信感知理解执行系统

智能管家　　　　通信传输

单兵作战系统

数字家庭　　嵌入式系统的应用　军事国防

车载多媒体

导航仪　　　汽车电子

控制系统　动力系统　　　　　　心电图仪

医疗电子

工业控制　　　　CT仪

数控系统　　　　　　血压仪

　　　机器人　验血仪

智能仪表　智能电网

图 1.2　嵌入式系统的应用

（1）通信传输。随着网络与通信技术的发展,嵌入式系统在通信领域里发挥着举足轻重的作用。在信息时代,人们更加注重交流、沟通与信息的汇聚,有线网络传输的广泛应用、无线通信网络的大面积覆盖都说明着这一点。此外,互联网技术的日新月异推动着泛在网概念的出现,这个概念无论在学术界还是工业界都成为了研究的热点。

（2）数字家庭。嵌入式系统应用于数字家庭,融合了多媒体音视频、智能家居、家庭网络、安防控制等多种应用的全新概念,倡导家庭数字设备的智能化、人性化、网络化,大到电视、小到窗帘,甚至连马桶、浴缸都将应用到了嵌入式系统。

（3）工业控制。嵌入式系统已经在工业控制领域得到了广泛的应用,如工业过程控制、远程监控、智能仪器仪表、机器人控制器、数控系统、电力系统等。随着网络技术和通信技术的发展,工业控制现场的网络化已经成为发展趋势。由于嵌入式系统网络和人机交互的能力,使得它极有可能取代以往基于微控制器的控制方式。

（4）汽车电子。嵌入式系统应用于汽车电子领域,汽车电子是具有高技术含量和高水平要求的技术密集型行业,也是一种非常典型的嵌入式系统集合,在汽车动力系统、车身控制系统、娱乐和多媒体车载系统部分上均有着重要的作用。调查表明汽车电子占整车成本 50% 以上,处理器个数可达三位数。

（5）医疗电子。嵌入式系统应用于医疗电子领域,嵌入式技术不仅在医用医疗电子设备中起着举足轻重的作用,还推动着便携式医疗设备在家庭中的普及,目前的医疗电子发展方向是智能化与网络化。

（6）军事国防。嵌入式系统涵盖情报、指挥、作战、后勤等各个部门,重点支撑联合作战电子指挥通信网络、电子对抗和侦察系统中的核心运算部件、精确制导武器的运算控制部件、军事信息安全系统的核心处理部分、单兵便携信息系统、无线战场监视系统、智能化信号干扰设备等。

信息时代使得嵌入式产品获得了巨大的发展契机,为嵌入式市场展现了美好的前景,同时也对嵌入式生产厂商提出了新的挑战,从中我们可以看出未来嵌入式系统的几大发展趋势。

(1)系统化。嵌入式开发是一项系统工程,因此要求嵌入式系统厂商不仅要提供嵌入式软、硬件系统本身,同时还需要提供强大的硬件开发工具和软件包支持,以使客户可以短期高效地进行系统升发。如三星在推广 ARM7 芯片、ARM9 芯片的同时还提供开发板和板级支持包,而 WinCE 在主推系统时也提供 Embedded VC ++ 作为开发工具,还有 Vxworks 的 Tonado 开发环境,DeltaOS 的 Limda 编译环境等等都是这一趋势的典型体现。

(2)复杂化。随着人们对工作、生活质量需求的不断提升,以往单一功能的设备如电话、手机、冰箱、微波炉等功能不再单一,结构更加复杂。这就要求芯片设计厂商在芯片上集成更多的功能,为了满足应用功能的升级,设计师们一方面采用更强大的嵌入式处理器芯片或信号处理器 DSP 增强处理能力,同时增加功能接口。例如,USB,扩展总线类型;CAN BUS,加强对多媒体、图形等的处理,逐步实施系统芯片(system on chip, SoC)的概念。软件方面采用实时多任务编程技术和交叉开发工具技术来控制复杂的功能,简化应用程序设计、保障软件质量和缩短开发周期。

(3)网络化。网络互联是未来发展的必然趋势,嵌入式设备为了适应网络发展要求,需在硬件上提供各种网络通信接口。传统的采用单片机的嵌入式系统对于网络功能支持不足,新一代的嵌入式处理器已经开始内嵌网络接口,除了支持 TCP/IP 协议,还有的支持 IEEE1394、USB、CAN、Bluetooth 或 IrDA 通信接口中的一种或者几种,同时也需要提供相应的通信协议软件和物理层驱动软件。软件方面系统内核支持网络模块,甚至可以在设备上嵌入 Web 浏览器,真正实现随时随地用各种设备上网。

(4)精简化。精简系统内核、算法,降低功耗和软硬件成本一直是嵌入式系统开发的关键问题。未来的嵌入式产品是软硬件紧密结合的设备,为了减低功耗和成本,需要设计者尽量精简系统内核,只保留和系统功能紧密相关的软硬件,利用最低的资源实现最适当的功能,这就要求设计者选用最佳的编程模型和不断改进算法,优化编译器性能。因此,既要软件人员有丰富的硬件知识,又需要发展先进嵌入式软件技术,如 Java、Web 和 WAP 等。

(5)人性化。为嵌入式系统提供友好的多媒体人机界面是嵌入式系统产业化的必然趋势。嵌入式设备图形界面亲切,控制方式灵活,使得人们感觉它就像是一个熟悉的老朋友,只有这样的产品在市场上才有立足之地。这方面的要求使得嵌入式软件设计者要在多媒体、网络以及 MEMS 技术上痛下苦功。手写文字输入、语音拨号上网、收发电子邮件以及彩色图像、动感操作等都会使使用者获得自由的感受。

(6)智能化。嵌入式处理器的广泛应用已迅速地将传统的电子系统发展到智能化的现代电子系统时代,如手机、洗衣机、冰箱等电气电子设备正逐步走向更高端的智能化。嵌入式设备能与各种传感器、摄像头等信号接收设备很好地对接,通过设计模型与算法对其信号进行处理,从而实现对象体系的动态控制,减小了传统设备使用中的人为操作失误与误差,同时也省去了人力资源的消耗,实现了嵌入式设备的自动化、智能化。

1.2 嵌入式处理器

嵌入式系统之所以能够广泛应用于多种多样的环境当中,源于嵌入式处理器提供的控制与计算的强大功能,因此嵌入式处理器是嵌入式系统的核心。近 50 年来,处理器一直是集成电路领域摩尔定律的忠实推动者,也是集成电路发展历程中最具代表性的产品之一。从 1971 年英特尔公司的霍夫发明第一款商用微处理器 4004 至今,处理器经历了近 30 年的持续理论创新与技术革命,在工艺和性能等方面取得了举世瞩目的成就。时至今日,处理器已经成为电子产品中必不可少的核心处理部件,为集成电路的发展作出了非常卓越的贡献,并已成为提升国家综合国力,推进国民经济信息化的重要力量。2000 年以后,成本低廉、综合性能突出的嵌入式处理器在 SoC 中得到了更加广泛的应用。据统计,嵌入式处理器已占全球处理器销售总量的 90% 以上。作为 SoC 的核心部件,嵌入式处理器正伴随着面向不同应用领域的 SoC 渗透到国民经济的各个角落,悄悄地改变着我们的日常生活。嵌入式处理器技术的日新月异对于 SoC 芯片集成度的不断提高、产品功能的日益增强起到了十分积极的作用。嵌入式处理器已经成为集成电路产业中十分重要的基础性产品,支撑着整个电子信息产业的发展。

目前全世界嵌入式处理器的品种总量已经超过 1000 多种,流行体系结构也多达 30 多个系列。随着嵌入式技术的不断演变,现阶段嵌入式处理器主要包括嵌入式微处理器、嵌入式微控制器、DSP 处理器等,其中 32 位嵌入式微处理器已逐步成为了嵌入式处理器的主流,本书所讲的嵌入式处理器及其相关技术多指嵌入式微处理器。

1.2.1 嵌入式处理器的分类

1. 嵌入式微处理器

嵌入式微处理器(micro processor unit,MPU)是由通用计算机处理器演变而来。它的特征是具有 32 位以上的处理器,具有较高的性能,当然其价格也相应较高。但与计算机处理器不同的是,在实际嵌入式应用中,一般是将微处理器装配在专门设计的电路板上,在母板上只保留和嵌入式相关的功能即可,或者集成在 SoC 芯片当中,这样可以满足嵌入式系统体积小和功耗低的要求。和通用计算机相比,嵌入式微处理器具有体积小、重量轻、成本低、可靠性高的优点。目前主要的嵌入式处理器类型有 X86、PowerPC、Motorola 68000、ARM、MIPS 等。

2. 嵌入式微控制器

嵌入式微控制器(micro controller unit, MCU)又俗称单片机,从 20 世纪 70 年代末出现到今天,虽然已经经过了 30 多年的历史,但嵌入式微控制器目前在嵌入式设备中仍然有着极其广泛的应用。其芯片内部集成 ROM/EPROM、RAM、总线、定时/计数器、看门狗、I/O、串行口、脉宽调制输出、A/D、D/A、Flash、EEPROM 等各种必要功能和外设。同嵌入式微处理器相比,嵌入式微控制器的最大特点是单片化,体积大大减小,从而使功耗和成本下降、可靠性提高。嵌入式微控制器是目前嵌入式系统工业的主流。嵌入式微控制器的片上外设资源一般比较丰富,适合于控制,因此称为微控制器。

由于 MCU 低廉的价格、优良的功能,所以拥有的品种和数量最多,比较有代表性的包括 8051、MCS-251、MCS-96/196/296、P51XA、C166/167、68K 系列以及 MCU 8XC930/931、C540、C541,并且有支持 I2C、CAN-BUS、LCD 的众多专用 MCU 和兼容系列。目前 MCU 仍占嵌入式系统一半以上的市场份额。

3. DSP 处理器

DSP(digital signal processor, DSP)处理器是专门用于信号处理的处理器,其在系统结构和指令算法方面进行了特殊设计,具有很高的编译效率和指令的执行速度。DSP 已广泛用于数据通信、海量存储、语音处理、消费音视频产品等,特别是在蜂窝电话应用领域取得了巨大的成功。性能、价格、功耗永远是 DSP 追求的目标。在这个目标的驱动下,每隔十年 DSP 的性能、规模、工艺、价格等就会发生一个跃迁。DSP 的发展几乎以 2 倍于半导体工业的增长速度在成长。根据行业分析机构 Farward Concepts 的预计,在未来 5 年时间里,DSP 市场将以 12% 的年复合增长率增长,DSP 技术在未来几年的发展将远远大于其在问世后 25 年之内的发展,并将使人类世界变得前所未有的安全、智能化和联网化。

回顾 DSP 高速发展的这些年,以 TI 为代表的跨国公司,主要从四个方面进行 DSP 技术的发展。一是工艺进步及专用工艺技术,以不断降低功耗和成本,并提升性能;二是体系结构的不断创新发展,改善存储管理的效率;三是软件生态环境,为客户提供界面友好的开发工具和特定算法等,缩短产品开发时间;四是系统集成能力,根据应用需求将多种接口集成在单片上,用于系统芯片或板级系统的设计。

1.2.2 嵌入式处理器的特点

1. 哈佛(Harvard)结构

传统的冯·诺依曼结构的计算机由 CPU 和存储器构成,其程序和数据共用一个存储空间,程序指令存储地址和数据存储地址指向同一个存储器的不同物理位置;采用单一的地址及数据总线,程序指令和数据的宽度相同。程序计数器(program counter, PC)是处理器内部指示指令和数据的存储位置的寄存器。

CPU 通过程序计数器提供的地址信息,对存储器进行寻址,找到所需要的指令或数据,然后对指令进行译码,最后执行指令规定的操作。处理器执行指令时,先从储存器中取出指令解码,再取操作数执行运算,即使单条指令也要耗费几个甚至几十个周期,在高速运算时,在传输通道上会出现瓶颈效应。

哈佛结构的主要特点是将程序和数据存储在不同的存储空间中,即程序存储器和数据存储器是两个相互独立的存储器,每个存储器独立编址、独立访问。系统中具有程序的数据总线与地址总线,数据的数据总线与地址总线。这种分离的程序总线和数据总线可允许在一个机器周期内同时获取指令字(来自程序存储器)和操作数(来自数据存储器),从而提高执行速度,提高数据的吞吐率。又由于程序和数据存储器在两个分开的物理空间中,因此取指和执行能完全并行操作,具有较高的执行效率。

2. 精简指令集

通用处理器大多采用复杂指令集计算机(complex instruction set computer, CISC)体系,如 Intel公司的 X86 系列 CPU,从 8086 到 Pentium 系列。精简指令集计算机(reduced instruction set computer, RISC)体系结 20 世纪 80 年代提出来的。目前 IBM、DEC、Intel 和 Motorola 等公司都在研究和发展 RISC 技术,RISC 已经成为当前计算机发展不可逆转的趋势。

RISC 是在 CISC 的基础上产生并发展起来的,RISC 的着眼点不是简单地放在简化指令系统上,而是通过简化指令系统使计算机的结构更加简单合理,从而提高运算效率。在 RISC 中,优先选取使用频率最高的、很有用但不复杂的指令,避免使用复杂指令;固定指令长度,减少指令格式和寻址方式种类;指令之间各字段的划分比较一致,各字段的功能也比较规整;采用 Load/Store 指令访问存储器,其余指令的操作都在寄存器之间进行;增加 CPU 中通用寄存器数量,算术逻辑运算指令的操作数都在通用寄存器中存取;大部分指令控制在一个或小于一个机器周期内完成;以硬布线控制逻辑为主,不用或少用微码控制;采用高级语言编程,重视编译优化工作,以减少程序执行时间。

3. 流水线技术

流水线技术应用于计算机系统结构的各个方面,流水线技术的基本思想是将一个重复的时序分解成若干个子过程,而每一个子过程都可有效地在其专用功能段上与其他子过程同时执行。

在流水线技术中,流水线要求可分成若干相互联系的子过程,实现子过程的功能所需时间尽可能相等。形成流水处理,需要一段准备时间。指令流发生不能顺序执行时,会使流水线过程中断,再形成流水线过程则需要时间。

指令流水线就是将一条指令分解成一连串执行的子过程,例如把指令的执行过程细分为取指令、指令译码、取操作数和执行四个子过程。在 CPU 中把一条指令的串行执行子过程变为若干条指令的子过程在 CPU 中重叠执行。如果能做到每条指令均分解为 m 个子过程,且每个子过程的执行时间都一样,则利用此条流水线可将一条指令的执行时间 T 由原来的 T 缩短为 T/m。

1.2.3 嵌入式处理器的硬件组成

嵌入式处理器的核心功能单元主要包括:寄存器部件、算术逻辑单元、程序计数器、指令解码器和地址数据总线。嵌入式处理器从存储器或高速缓冲存储器中取出指令,放入指令寄存器,并对指令译码。它把指令分解成一系列的微操作,然后发出各种控制命令,执行微操作系列,从而完成一条指令的执行。指令是计算机规定执行操作的类型和操作数的基本命令。指令是由一个字节或者多个字节组成,其中包括操作码字段、一个或多个有关操作数地址的字段以及一些表征机器状态的状态字和特征码。

1. 寄存器

寄存器是嵌入式处理器内部的高速存储器,像内存一样可以存取数据,但比访问内存快得多。随后的几章详细介绍 x86 的寄存器 eax、esp、eip 等,有些寄存器只能用于某种特定的用途,如 eip 用作程序计数器,这称为特殊寄存器(special-purpose register, SPR),而另外一些寄存器可以用在各种运算和读写内存的指令中,如 eax 寄存器,这称为通用寄存器(general-purpose register, GPR)。

2. 程序计数器

程序计数器是一种特殊寄存器,保存着嵌入式处理器取下一条指令的地址,嵌入式处理器按程序计数器保存的地址去内存中取指令然后解释执行,这时程序计数器保存的地址会自动加上该指令的长度,指向内存中的下一条指令。

3. 指令译码器

嵌入式处理器取上来的指令由若干个字节组成,这些字节中有些位表示内存地址,有些位表示寄存器编号,有些位表示这种指令做什么操作,是加减乘除还是读写内存,指令译码器负责解释这条指令的含义,然后调动相应的执行单元去执行它。

4. 算术逻辑单元

如果译码器将一条指令解释为运算指令,就调动算术逻辑单元去做运算,比如加减乘除、位运算、逻辑运算。指令中会指示运算结果保存到哪里,可能保存到寄存器中,也可能保存到内存中。

5. 地址和数据总线

嵌入式处理器和内存之间用地址总线、数据总线和控制线连接起来,指令和数据的读写都通过总线来实现。

1.2.4 嵌入式处理器的发展现状

嵌入式处理器是 SoC 的核心部件,是超大规模集成电路产品市场竞争力的重要基础。目前国际主流的嵌入式处理器有 ARM、MIPS、ARC、XTENSA 等,尤其以 ARM、MIPS 为典型代表。ARM 系列处理器是业界领先的 32 位嵌入式处理器,其销售总量占目前所有 32 位嵌入式处理器总销售量的 75% 以上。从 1983 年至今,ARM 系列处理器经历 7 代指令系统,主流的嵌入式处理器为 ARM9、ARM11 和 Cortex 系列处理器。ARM 公司目前可提供从 0 ~ 2.5GHz 的嵌入式 CPU 产品。MIPS 公司在 1999 年开始进入高性能嵌入式 CPU 市场领域,陆续发布以 MIPS4K、MIPS24K、MIPS74K、MIPS1004K 和 MIPS1074K 为代表的嵌入式处理器系列,并成为高端嵌入式处理器主要提供商。MIPS 嵌入式处理器产品可覆盖 0 ~ 2GHz 的嵌入式应用。

目前嵌入式处理器领域已经从原先的百花齐放逐渐走向了以 ARM、MIPS 为代表的垄断。2009 年基于 ARM 核的 SoC 芯片出货量达到 40 亿颗,这些芯片占全球手机基带芯片 95%,占全球数字电视芯片的 25%,数码摄像机的 70% 和 MCU 市场的 10%。2009 年基于 MIPS 架构的芯片出货量约为 5 亿颗,主要应用领域为数字电视领域,北美市场占有率约为 80%。

在"十五""863"项目以及"十一五""核高基"重大专项等国家科研计划的大力支持下,通过理论与实践的全面创新,国产嵌入式处理器在科学研究和产业化推广等方面取得了突破性进展,部分产品已初步实现了大规模产业化应用,在国内市场开始崭露头角。当前,国产嵌入式处理器已经完成了从单一产品到系列化产品的转变。以 C-SKY® 系列嵌入处理器为例,到"十一五"末,已形成覆盖高、中端应用领域的十多种处理器 IP 核产品线,在技术上可以满足从 50MHz ~ 1GHz 的嵌入式应用需求,其性能、功耗和面积等各项技术指标与国际主流嵌入式处理器产品相当,已具备了一定的市场竞争力。国产嵌入式处理器产品已迅速走向成熟,应用范围成功扩展到信息安全、消费电子、工业控制、移动存储、视频监控、多媒体、汽车电子等多个嵌入式系统领域。

1.2.5　常见 32 位嵌入式处理器介绍

1. ARM 系列处理器

ARM 系列处理器是业界领先的 32 位嵌入式处理器,以其极高的性能功耗比被广泛应用于手持设备领域,其销售总量占目前所有 32 位嵌入式处理器总销售量的 75% 以上。从 1983 年开始研究第一款嵌入式处理器至今,ARM 系列处理器架构已经发展到了第 7 代,目前主流的嵌入式处理器为 ARM7、ARM9、ARM9E、ARM11 和 Cortex 系列处理器。ARM7 为 ARM 系列低端嵌入式处理器,其主要应用于性能需求较低,但成本和功耗敏感的嵌入式领域;ARM9 和 ARM9E 系列是中端主流嵌入式处理器,应用于性能、成本和功耗均有较高要求的嵌入式应用中;ARM11 和 Cortex-A 系列为高端嵌入式处理器,主要应用于性能需求高,功耗成本相对不敏感的高端嵌入式应用。

ARM 系列处理器采用 32 位基本指令集,主流为 ARMv4、ARMv5、ARMv6 和 ARMv7 指令集系统,如图 1.3 所示。32 位的 ARMv4 指令集主要用于低端的 Strong ARM 和 ARM7 系列处理器,它是 ARM 指令集系列的基础,后续指令集都是在 ARMv4 基础上,对某一或某几种特定应用的扩展。如 ARMv5 指令集是在 ARMv4 指令集的基础上增加了 Java 加速技术 Jazelle 和浮点协处理器技术,主要用于 ARM9 和 ARM10 系列处理器。Jazelle DBX 技术通过软硬件协同工作实现了对 Java 应用的加速。浮点协处理器指令集支持浮点的标量和矢量运算。ARMv6 指令集系统在 2001 年被提出,它是在 ARMv5 指令集基础上扩展了针对多媒体运算的 SIMD(single instruction multiple data,SIMD)技术,面向安全的 TrustZone 技术和 Thumb-2 指令集系统,主要应用于 ARM11 系列处理器中。SIMD 技术由 60 多条单周期的多数据指令构成,应用于音频和视频编解码中,性能提升 2 ~ 4 倍。TrustZone 技术在处理器中设计了两个独立的编程空间即安全和非安全区,以硬件保护的方式实现高可靠的软件架构。Thumb-2 指令集是对原有 16 位 Thumb 指令集的扩展,提升 Thumb 指令集性能的同时进一步提高代码密度。ARMv7 指令集分为三个子系统,即 ARMv7 A、ARMv7 R 和 ARMv7 M,分别支持 Cortex-A、Cortex-R 和 Cortex-M 处理器。ARMv7A 和 ARMv7R 实现了 NEON 多媒体流水线技术,第三代矢量浮点协处理器和动态编译技术。64/128 位混合 SIMD 架构,有效提升了视频编解码、3D 图像、音视频压缩等应用领域的性能。第三代矢量浮点协处理器将双精度浮点寄存器增加至 32 个,同时改进了浮点异常处理机制。Jazelle RCT 和 Jazelle JIT 等技术则通过动态编译,显著降低了 Java 应用程序对内存空间的占用。ARMv7 M 指令集系统只扩展了 Thumb-2 指令集,其目标是尽可能保持指令集的精简,降低功耗。

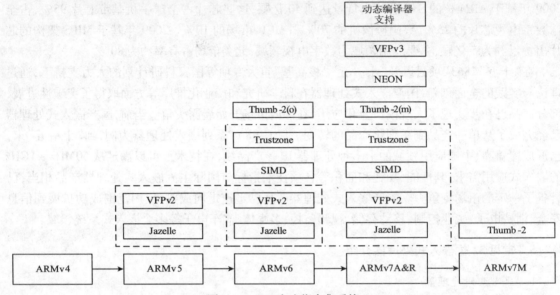

图 1.3　ARM 主流指令集系统

ARM 系列处理器具有先进的流水线架构。从 ARM7 到 Cortex A8 系列处理器的流水线架构发展历程来看,ARM 不断地从深化流水线级数,到超标量双发射处理器,再到同构多核处理器的方向发展。以为 ARM 在市场竞争中最终奠定优胜地位立下汗马功劳的 ARM9 系列处理器为例,它具有五级流水线,采用分离的指令 Cache(缓存)和数据 Cache 结构,每条指令平均执行 1.5 个时钟周期。发展到 ARM11 时,已经具有 8 级流水线,它通过直通技术来减少或者消除流水线中的数据冲突,并采用动/静态相结合的分支预测技术有效地提高预测正确率。在 ARM11 处理器中,由于物理地址 Cache 的实现,使上下文切换避免了反复重载 Cache,指令和数据可以更长时间地被保存在 Cache 中。ARM11 采用非阻塞式 Cache,当 Cache 命中失败时,只要后面地指令没有用到 Cache 失败时读回来的数据,其流水线并不停顿,即使下一条指令还是存储器访问指令,只要数据存放在 Cache 中,ARM11 仍允许这条指令被执行。尽管 ARM11 是单发射处理器,但是在流水线的执行阶段允许了极大程度的并行性。一旦指令被解码,将根据操作类型发射到不同的执行单元中。ARM11 的数据通路中包含多个处理单元,允许 ALU 操作、乘法操作和存储器访问操作同时进行。ARM11 处理器支持指令的乱序执行。ARM11 还首次引入了用于安全交易的 TrustZone 技术,同时支持 ETM-R4 嵌入式调试技术(CoreSight 技术),支持返回栈技术,具有可选的浮点协处理器,支持 3D 图形加速。ARM11 采用了智能电源管理技术(intelligent energy manager, IEM),可根据任务之负荷情况动态调节处理器的电压,从而有效降低处理器功耗。ARM11 同时也是 ARM 公司推出的首个支持同构多核架构的处理器,根据不同的应用需求,可以配置组成 1 ~ 4 个处理器的组合,大幅提高其面向应用的性能。

Cortex-A8 处理器采用双发射的 13 级流水线技术,处理器可在每个时钟周期实现并行两条指令的发射和执行。在流水线中设计实现了两级分支预测机制,包含分支目标缓冲器(BTB)和全局历史缓冲器(GHB)。采用 10 比特全局历史相关和 4 比特局部相关信息进行分支预测表索引,预测精度高达 95%。设计实现了 8 个表项的返回地址栈,支持连续 8 次函数返回的预测,降低函数返回造成的性能损失。实现低功耗、低延时的 L1 缓存架构,提供片上指令和数据高速缓存,支持对敏感数据保护。紧耦合的片上存储器(TCM)提供了软件可编程的高速片上存储资源。同时提供用户可配置的片上 L2 Cache,大小从 0 ~ 1MB 可配置。

总体而言,ARM 系列处理器的性能提升依赖于两类关键技术,即指令集技术和流水线技术。指令集技术主要指以 32 位指令集为基础,通过对指令集的升级和扩展,用增加新指令的方法实现对特定应用的硬件加速,如 VFP 指令集和 NEON 指令集分别用于提升浮点处理和多媒体运算的能力。流水线技术指在指令集架构下通过改进流水线的执行机制,提高处理器的指令级并行执行能力,如超标量双发射技术、分支预测技术、乱序执行技术、片上存储技术和返回栈技术等。指令集的升级与流水线的改进通常是相互依赖相互影响的,每一代指令集的改进推动着流水线技术的发展,而流水线技术的发展又促进新的指令集架构的演化。

2. MIPS 系列处理器

MIPS 是一家从事高性能 RISC 处理器设计研究的高技术公司,其创立于 20 世纪 80 年代初。MIPS 公司成立时的主要目标是开发采用 RISC 架构的高性能通用处理器,以满足桌面及服务器领域的应用,典型代表为 MIPS R4000、R8000、R10000 和 R12000 等。MIPS 公司在 1999 年进行了市场策略的战略性调整,将发展重心转移到高性能嵌入式处理器设计上,分别研究开发了 MIPS4K 和 MIPS5K 系列(第一代),MIPS24K 和 MIPS34K 系列(第二代),MIPS74K 和 MIPS1004K 系列(第三代)嵌入式处理器,成为推动嵌入式处理器技术发展的重要力量。MIPS 以其开放的处理器架构,为嵌入式处理器技术的发展作出了非常重要的贡献。

MIPS 的嵌入式处理器指令集系统相对比较稳定,针对 32 位和 64 位应用分别设计了 MIPS32 和 MIPS64 两种类型的指令集。MIPS32 架构应用于 MIPS4K、MIPS24K、MIPS34K、MIPS74K 和 MIPS1004K 等当前主流的嵌入式处理器系列中。MIPS 指令集与 ARM 指令集不同,它采用"基本指令集 + 面向应用的扩展指令集"方式,使得指令集简洁高效,易于扩展。MIPS32 指令集系统包括 32 位基本指令集和 SmartMIPS、MIPS16e ASE、MIPS DSP ASE、MIPS Multi-Threading ASE 四种类型的扩展指令集,如图 1.4 所示。SmartMIPS 扩展指令集面向以智能卡应用为代表的信息安全领域,设计实现加密运算、安全存储空间、代码压缩和虚拟机等技术。MIPS16e ASE 为 16 位指令集扩展技术,应用于存储器空间敏感的嵌入式应用领域,压缩代码空间 40% 以上。MIPS DSP ASE 是面向多媒体音视频算法的扩展指令集系统,与 ARM NEON 多媒体技术类似,用于提升 MIPS 处理器面向多媒体应用的处理能力。MIPS Muti-Threading ASE 应用于 MIPS 高端嵌入式处理器 MIPS34K 和 MIPS1004K 中,同时支持 2 个线程并行执行,有效提升 MIPS 处理器针对多任务和多进程的处理能力。MIPS64 指令集在嵌入式应用并不普遍,只应用于 MIPS64 5K 和 MIPS64 20K。MIPS 指令集及其扩展技术是 RISC 处理器指令集设计的典范,有很强的参考意义。

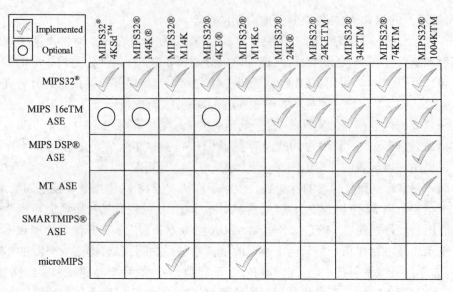

<div>☑ Implemented</div><div>○ Optional</div>	MIPS32® 4KSd™	MIPS32® M4K®	MIPS32® M14K	MIPS32® 4KE®	MIPS32® M14Kc	MIPS32® 24K®	MIPS32® 24KE™	MIPS32® 34K™	MIPS32® 74K™	MIPS32® 1004K™
MIPS32®	☑	☑	☑	☑	☑	☑	☑	☑	☑	☑
MIPS 16e™ ASE	○	○		○		☑	☑	☑	☑	☑
MIPS DSP® ASE							☑	☑	☑	☑
MT ASE								☑		☑
SMARTMIPS® ASE	☑									
microMIPS			☑		☑					

图 1.4　MIPS32 嵌入式指令集系统

MIPS32 在流水线设计研究领域具有非常精深的造诣,其系列嵌入式处理器具有非常先进的流水线架构。MIPS32 系列嵌入式处理器设计有 4 路组相连的片上 L1 Cache,支持指令 Cache 和数据 Cache 从 256B 到 4MB 的灵活配置。数据 Cache 支持回写与写通两种工作模式。高速暂存器提供软件可控的数据临时缓存空间。采用多个并行的 256 分支历史表进行联合多分支预测。流水线中设计实现了多个表项的返回地址预测堆栈。MIPS32 流水线支持条件搬运和条件数据预取两种特殊指令,填充分支跳转造成的流水线空洞。MIPS32 的 SIMD 指令可实现单周期 2 个 16 位或 4 个 8 位的并行运算。浮点协处理器全面兼容 IEEE-754 标准,同时支持单精度和双精度运算,与主处理器的时钟比例可设置为 1∶1,3∶2 和 2∶1 三种模式。CorExtend 技术支持 SoC 设计人员根据应用的实际需求加入特殊加速指令及其功能模块,减少 SoC 系统中面向应用的加速器设计,提高总线效率降低设计风险。

与 ARM 不同的是,MIPS 选择以多线程作为未来嵌入式处理器的发展方向。MIPS 公司认为在存储器越来越跟不上 CPU 运算速度的情况下,多线程技术显著提高了流水线效率,却只需小规模改变 CPU 核心的设计,增加的面积也很小。对于多处理器核的做法,MIPS 一度不太支持,MIPS 认为这虽然提高了执行效率,却会显著增加裸片面积及功耗,对于很多嵌入式应用来说不划算。所以 MIPS 至今也没有单纯的多核产品,更多地将未来嵌入式 CPU 的发展加注于多线程技术。MIPS 在高端产品的设计思路与 ARM 公司致力于多核的发展一度有所不同,但是 MIPS1004K 的推出又很大程度上走向了一致。由于受通用处理器发展路线的影响,多核方向至今已是嵌入式处理器发展的大势所趋。

总体而言,MIPS 的系统结构及设计理念大气而先进,在强调软硬件协同提高性能的同时简化硬件设计。它以频率高、性能优和功耗低的特点被广泛应用于高端嵌入式应用中。MIPS 处理器具有比较稳定的基本指令集系统,通过在基本指令集基础上进行面向特定应用领域的指令扩展,使其综合性能得以提升。MIPS 系列处理器同时具备先进的流水线架构,低端系列注重功耗,高端系列注重性能,对于嵌入式处理器高性能低功耗流水线技术的研究具有重要的参考价值。

3. PowerPC 系列处理器

PowerPC 是一种 RISC 架构的嵌入式处理器,于 20 世纪 90 年代由 IBM、Apple 和 Motorola 公司共同研制开发。PowerPC 的基本设计源自 IBM 的 POWER(performance optimized with enhanced

RISC)架构。PowerPC 体系结构规范是一个 64 位规范(包含 32 位子集)。几乎所有常规可用的 PowerPC(除了 IBM RS/6000 和所有 IBM pSeries 高端服务器)都是 32 位的。

PowerPC 处理器有广泛的实现范围,包括从诸如 Power4 那样的高端服务器 CPU 到嵌入式处理器市场,如任天堂 Gamecube 就使用了 PowerPC 嵌入式处理器。PowerPC 处理器有非常强的嵌入式表现,因为它具有优异的性能、较低的能量损耗以及较低的散热量。除了像串行和以太网控制器那样的集成 I/O,该嵌入式处理器与通用处理器存在非常显著的区别。例如,4xx 系列 PowerPC 处理器缺乏浮点运算,并且还使用一个受软件控制的 TLB 进行内存管理,而不是像台式机芯片中那样采用反转页表。

PowerPC 处理器有 32 个 GPR 以及诸如程序计数器、链接寄存器、条件寄存器(CR)等各种其他寄存器。有些 PowerPC 还有 32 个 64 位浮点寄存器。

PowerPC 架构由三级标准构成:

(1)PowerPC 用户指令集架构(UISA),该架构包括基础用户级指令集、用户级寄存器、编程模型、数据类型以及寻址模式。它被称为 PowerPC 架构的 Book I。

(2)PowerPC 虚拟环境架构,该架构描述了存储器模型、缓存模型、缓存控制指令、地址假名以及相关问题。当可从用户级访问时,这些特性的目的是在系统软件所提供的库例程范围内进行访问。它被称为 PowerPC 架构的 Book II。

(3)PowerPC 操作环境架构,该架构包括存储器管理模型、超级用户级寄存器以及异常模型。从用户级不可访问这些特性。它被称为 PowerPC 架构的 Book III。

Book I 以及 Book II 定义了指令集以及应用编程器可用的设备。Book III 定义了特性,例如这些系统级指令。PowerPC 架构在所有 PowerPC 的实施中可提供 PowerPC Book I 应用代码兼容性,有助于使专为 PowerPC 处理器开发的应用程序可移植性实现最大化。符合第一级架构定义的规范 PowerPC UISA 即可实现这一效果,第一级架构定义是所有 PowerPC 实施所共有的特点。总的来说 PowerPC 架构的特点是可伸缩性好、方便灵活。

4. Xtensa 系列处理器

Tensilica 公司的 Xtensa 处理器是一个可以自由组装、弹性扩张、自动合成的处理器核心,是第一个专为嵌入式单芯片系统而设计的可配置微处理器。为了让系统设计工程师能够弹性规划、执行单芯片系统的各种应用功能,Xtensa 在研发初期就已锁定成一个可以自由组装的架构,Xtensa 系列嵌入式处理器型号包括 106Micro、108Mini、212GP、232L、570T 等。

Xtensa 处理器具有不同于其他传统式的嵌入式处理器核心,改变了单芯片系统的设计规则。采用 Xtensa 的技术时,系统设计工程师可以挑选所需的单元架构,再加上自创的新指令与硬件执行单元,就可以设计出比其他传统方式强大数倍的处理器核心。Xtensa 生产器可以针对每一个处理器的特殊组合,自动有效地产生出一套包括操作系统,完善周全的软件工具。

Xtensa 的指令集构架(instruction set architecture,ISA)拥有专利权。这个现代化的 32 位处理器的结构特色是有一套专门为嵌入式系统设计、精简而高效能的 16 位与 24 位指令集。其基本结构拥有 80 个 RISC 指令,其中包括 32 位 ALU、6 个管理特殊功能的寄存器、32 个或 64 个普通功能 32 位寄存器。这些 32 位寄存器都设有加速运作功能的窗口。Xtensa 处理器的结构技术先进、指令精简,可以帮助系统设计师大量缩减编码的长度,从而提高指令的密集度并降低能耗。这对于高合成的单芯片系统 ASIC 而言,是减低成本的重要关键。Xtensa 的指令集构架包括强劲的分支指令,如经合成的比较-分支循环、零开销循环和二进制处理,包括漏斗切换和字段抽段操作等。浮点单元与矢量 DSP 单元是 Xtensa 结构上两个可以加选的单元。

Xtensa 系列处理器的指令集采用基本指令集加用户扩展指令集的模式。与传统 RISC 指令集的扩展不同，Xtensa 指令集的扩展由用户根据自己的实际应用来设计完成，这种方式更加具有面向应用的"现场"特性，在指令集上真正做到"按需分配"，以满足成本、功耗和性能的综合需求。Xtensa 处理器在指令集设计研究领域的重要突破是研究了指令集的自动生成技术，实现了集目标应用分析、特征提取和指令综合自动化工具。用户仅需将应用代码输入至 XPRES 编译器，XPRES 可通过仿真分析，提取出核心运算代码的特征，并根据这一特征形成相应的指令。扩展指令按照 TIE(tensilica instruction extension)的格式输入到 Xtensa 处理器产生器中，产生器根据处理器基本架构信息以及用户自定义的指令信息，综合产生处理器的硬件模型、系统模型和完整的工具链模型。处理器硬件模型指可用于综合的 RTL 模型，系统模型包括处理器的 ISA 仿真器等，工具链包括编译器、汇编器、调试器等。自动生成完整工具链是 Xtensa 处理器在指令集扩展研究方面取得的最大进展。以往 RISC 处理器虽然也可以进行指令集扩展，但由于应用特征各不相同，很难实现通用的编译器技术，很大程度上限制了扩展指令集的应用。Xtensa 处理器生成器自动生成的编译器有效解决了这个问题，对于用户来讲不仅风险小，而且使用方便。

Xtensa 处理器采用一种可扩展、可配置的流水线架构。Xtensa 处理器拥有 300 多项独立的配置选项，用户可根据应用特征选择适合的功能单元能实现快速处理器定制。这些选项主要包括硬件乘法器、浮点运算单元、音频处理单元、基本 DSP 引擎或增强的 3 路 VLIW SIMD DSP 引擎、处理器总线接口、内存管理单元、32 个中断等。虽然这些单项技术在 ARM 或 MIPS 的架构中大都可以对应地找到，但是 Xtensa 处理器将这些功能进行了提取，使得这些功能可根据应用的实际需求进行调整，这相比传统 RISC 处理器有着很大的进步。这种"搭积木"式的流水线架构具有非常灵活的可配置性，对于处理器的扩展和定制有着非常重要的意义。

总体而言，Xtensa 处理器的核心技术并不侧重于设计强大的指令集和先进的流水线，其主要侧重于对面向应用的指令集扩展技术和可配置技术。他提供自动化工具，生成针对特定应用的专用 RISC 处理器，具有更加高效的处理器架构。他用小而专的处理器去攻克特定应用需求，显然比追求大而全的通用嵌入式处理器更加适合纷繁复杂的嵌入式应用领域。Xtensa 处理器创新在于其"现场可配置"的设计理念。当然 Xtensa 处理器仍需要在 XPRES 编译器和处理器产生器等方面进行更近一步的研究，以克服目前效率不高的一些问题。

1.2.6 具有自主知识产权的国产嵌入式处理器 CK-CPU

C-SKY®系列嵌入处理器(以下称 CK-CPU)是由杭州中天微系统有限公司研制完成的，具有自主知识产权的 32 位高性能嵌入式处理器。其中 CK510 系列处理器针对高端嵌入式应用，采用先进的 7 级流水线结构，两级分支预测和乱序执行机制。CK610 系列处理器采用双发射超标量机制，具有 8 级流水线结构，应用于高性能嵌入式领域。经过多年应用与推广，CK-CPU 已经成功进入数字音视频、信息安全、工业控制、安防监控和无线通行等各个嵌入式领域，且应用规模不断扩大。

CK-CPU 指令系统最初源于 Motorola 公司的 M*Core 指令集，其基本指令集与 M*Core 指令集兼容。CK-CPU 基本指令集包含 96 条指令，其设计简单高效且大部分指令为单周期指令。CK-CPU 设计有 16 个通用寄存器，用于程序运行过程中普通数据的临时变量存储。对于上下文切换的实时性要求高的应用，CK-CPU 提供额外 16 个备用寄存器，可以通过中断入口地址最低位设置或对控制寄存器的配置进行切换。CK-CPU 支持超级用户和普通用户两种用户模式，普通用户模式下部分硬件资源访问被保护，提高了程序运行的稳定性。支持普通中断和快速中断两种不同优先级的中断进入方式,每种中断分别支持自动中断入口和矢量中断入口两种方式,其中自动中断入口指不同中断共享相同中断入口的方式,矢量中断入口指不同的中断通过中断附加的向量编号直接进入相应中断服务程序入口的方式。CK-CPU 支持 96 个矢量中断入口地址,能够快速灵活的支持中断服务程序的工作,有效提高实时性。

近年来,CK-CPU 的指令系统有了较大的发展,目前已经初步形成了针对信息安全和多媒体音视频应用的 DSP 指令子集。其中信息安全 DSP 指令子集包括 64 位乘累加指令和网络置换指令等。多媒体 DSP 指令子集包括 16 位、32 位宽度的乘法、乘累加和乘累减操作,每种操作均支持有符号和无符号两种运算格式,在此基础上进一步提出了 SIMD 运算指令,有效提高了 CPU 对多媒体算法的并行运算能力。

目前,CK-CPU 已经形成了从低端到高端、面向各种应用的嵌入式 CPU 系列产品,如图 1.5 所示,其中以 CK510 和 CK610 最为典型。CK-CPU 根据体系结构和硬件配置的不同,对应不同的 CPU 的产品,其 CPU 命名约束如表 1.1 所示。

表 1.1　CK-CPU 产品命名约束

后缀	含义描述	后缀	含义描述
E	多媒体 DSP 功能	F	浮点协处理器
M	内存管理单元*	S	片上高速暂存器

＊默认情况下,CK-CPU 提供内存保护单元

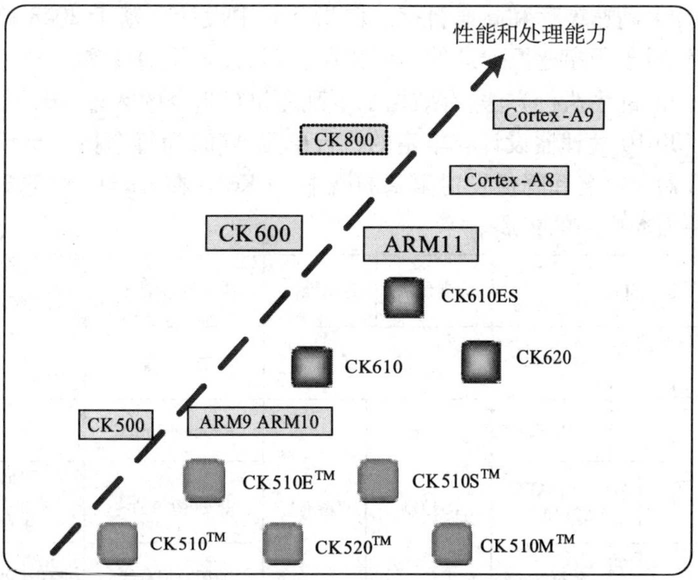

图 1.5　CK-CPU 发展路线图

CK510 是第一代 CK-CPU 的典型产品,其体系结构如图 1.6 所示。CK510 采用先进的 7 级流水线结构,设计实现了哈佛结构的片上高速缓存(Cache)和高速暂存(SPM),具有两级分支预测功能和硬件乘法/除法单元。CK510 设计有片上内存保护单元,支持用户自定义的 4 个地址空间的访问权限控制。存储载入单元(LSU)内实现循环缓冲器和写缓冲器。其中循环缓冲器可缓存流水线发射的存储/载入指令,减少流水线发射阻塞;写缓冲器包含 8 个入口的表项,可以支持存储指令的快速退休,降低流水线中指令结果回写的拥塞。总线接口单元支持突发传输和关键字优先的读取模式,支持业界标准的总线协议。CK510 体系结构中还提出了非侵入的调试方法,

在提高处理器运行状态可监视性的同时,降低调试逻辑对于 CPU 功能逻辑的影响。CK510 嵌入式 CPU 具有高性能、低功耗和低成本的优点,目前被广泛应用于中端嵌入式应用领域。

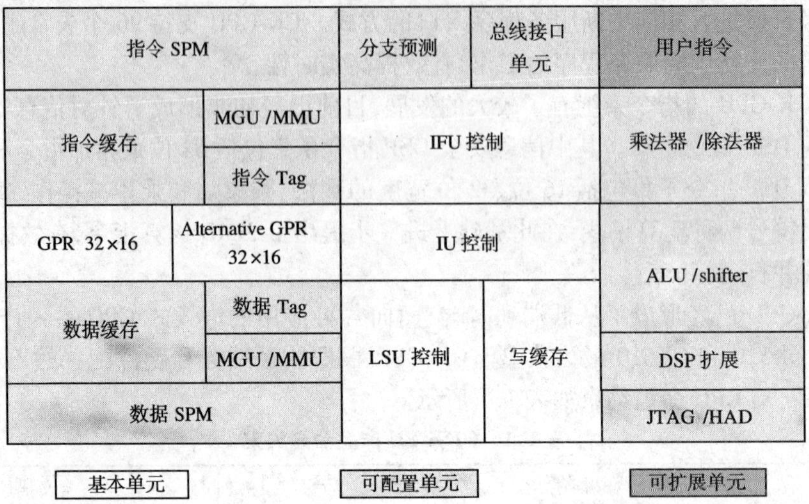

指令 SPM		分支预测	总线接口单元	用户指令
指令缓存	MGU /MMU	IFU 控制		乘法器 /除法器
	指令 Tag			
GPR 32×16	Alternative GPR 32×16	IU 控制		ALU /shifter
数据缓存	数据 Tag	LSU 控制	写缓存	
	MGU /MMU			DSP 扩展
数据 SPM				JTAG /HAD

基本单元	可配置单元	可扩展单元

图 1.6　CK510 嵌入式 CPU 体系结构

CK610 是第二代 CK-CPU 的典型产品,其体系结构如图 1.7 所示。CK610 基于超标量 8 级流水线架构,每个时钟周期支持并行 2 条指令的预取、发射、执行和回写。CK610 同样具有用户可配置的哈佛结构片上高速缓存和高速暂存。取指单元中设计有基于 2048 比特的分支历史表的分支预测机制和针对子程序返回地址的预测机制,有效加速了分支和跳转过程中的指令预取速度。采用基于猜测的乱序执行方法,有效增加了乱序执行指令的数量,降低了数据相关性对于 CPU 性能的影响。CK610 处理器设计有丰富的执行单元,同时为每个执行单元设计了结构简单的保留站,实现寄存器重命名和降低发射阻塞的概率。CK610 在 CK510 的基础上还增加了通用协处理器接口,支持面向应用的扩展。

指令SPM		分支预测	返回堆栈	乘法器/除法器	用户指令
指令缓存	MGU/MMU	IFU 控制		协处理器	
	指令Tag			Reorder Buffer	总线接口单元
GPR 32×16	Alternative GPR 32×16	IU控制	保留站	Speculation 控制	Extendable Execution Unit Interface
数据缓存	数据Tag			通用数据总线	通用协处理器接口
	MGU/MMU	LSU控制	写缓存	ALU0/shifter 0	DSP 扩展
数据SPM				ALU1/shifter 1	JTAG/HAD

基本单元	可配置单元	可扩展单元

图 1.7　CK610 嵌入式 CPU 体系结构

CK-CPU 集成在线硬件调试模块,支持断点、单步与多步执行,支持处理器状态和内存数据读写等调试操作,具有友好的软件开发和调试特性。实时调试模块采用标准 JTAG 串行总线接口,设计实现了标准 TAP 状态控制和辅助逻辑电路,可同现成的 JTAG 部件或独立的 JTAG 控制器实现快速集成。调试驱动软件可通过 TAP 状态机控制调试模块内控制状态寄存器的读写。为尽可能减小在线调试功能对 CPU 核内硬件逻辑影响,在线调试逻辑采用非侵入的调试方法。对于处理器核内部的寄存器读写和片外内存读写操作,先映射为处理器相应指令,然后通过扫描链寄存器为中介,将所获得数据返回至上层软件。寄存器读写操作采用 MOV 指令实现,在指令回写级将所需数据读入扫描链寄存器中或写入到旁路寄存器;内存读操作先将访问地址写入寄存器,再执行 Load 指令;内存写操作需先将数据和地址写入寄存器,再通过 Store 指令将数据写入内存。为支持更加灵活的调试需求,调试模块设计实现多个内存断点逻辑,可在程序访问内存时进入调试模式。8 个跳转地址记录缓冲器,用来实现对程序轨迹的有效回溯。针对用户不同的调试方式,调试模块还提供多种进入调试模式的方法,包括外部引脚调试请求,控制寄存器进入调试模式,断点指令进入调试模式,内存断点进入调试模式等。在线调试模块与在线仿真器(ICE)的协助下,可有效提升调试、下载的速度。

CK-CPU 集成开发环境基于 Eclipse 平台,为设计者提供图形化的工程管理界面,以及编译链接选项的图形化设置;内嵌支持 C/C++ 、CK-CPU 体系编译器、支持 C/C++ 源代码级调试器,以及功能齐全的源代码编辑器。

1.3 嵌入式操作系统

1.3.1 嵌入式操作系统简介

嵌入式系统软件平台是实现嵌入式系统功能的关键,而嵌入式操作系统则是软件应用平台的基础,它为在各种专用硬件平台上更好地编制和运行应用软件提供了有力的支持。一般情况下,嵌入式操作系统可以分为两类,一类是面向控制、通信等领域的实时操作系统,如 WindRiver 公司的 VxWorks、ISI 的 pSOS、QNX 系统软件公司的 QNX、ATI 的 Nucleus 等;另一类是面向消费电子产品的非实时操作系统,这类产品包括 PDA、移动电话、机顶盒、电子书、WebPhone 等。

1. 非实时操作系统

早期的嵌入式系统中没有操作系统的概念,程序员编写嵌入式程序通常直接面对裸机及裸设备。在这种情况下,通常把嵌入式程序分成两部分,即前台程序和后台程序。前台程序通过中断来处理事件,其结构一般为无限循环;后台程序则掌管整个嵌入式系统软、硬件资源的分配、管理以及任务的调度,是一个系统管理调度程序。一般情况下,后台程序也叫任务级程序,前台程序也叫事件处理级程序。在程序运行时,后台程序检查每个任务是否具备运行条件,通过一定的调度算法来完成相应的操作。对于实时性要求特别严格的操作通常由中断来完成,仅在中断服务程序中标记事件的发生,不再做任何工作就退出中断,经过后台程序的调度,转由前台程序完成事件的处理,这样就不会造成在中断服务程序中处理费时的事件而影响后续和其他中断。

实际上,前后台系统的实时性比预计的要差。这是因为前后台系统认为所有的任务具有相同的优先级别,即是平等的,而且任务的执行又是通过 FIFO(first in first out)队列排队,因而对那些实时性要求高的任务不可能立刻得到处理。另外,由于前台程序是一个无限循环的结构,一旦在这个循环体中正在处理的任务崩溃,使得整个任务队列中的其他任务得不到机会被处理,从而造成整个系统的崩溃。由于这类系统结构简单,几乎不需要 RAM/ROM 的额外开销,因而在简单的嵌入式应用被广泛使用。

2. 实时操作系统

实时系统是指能在确定的时间内执行其功能并对外部的异步事件做出响应的计算机系统。其操作的正确性不仅依赖于逻辑设计的正确程度,而且与这些操作进行的时间有关。"在确定的时间内"是该定义的核心。为保证系统的实时性,实时操作系统具规模小、中断被屏蔽的时间很短、中断处理时间短、任务切换快等特点。同时,实时操作系统还具有如下功能:任务管理(多任务和基于优先级的任务调度)、任务间同步和通信(信号量和邮箱等)、存储器优化管理(含ROM 的管理)、实时时钟服务、中断管理服务。

实时系统对逻辑和时序的要求非常严格,如果逻辑和时序出现偏差将会引起严重后果。实时系统有两种类型:软实时系统和硬实时系统。软实时系统仅要求事件响应是实时的,并不要求限定某一任务必须在多长时间内完成;而在硬实时系统中,不仅要求任务响应要实时,而且要求在规定的时间内完成事件的处理。通常,大多数实时系统是两者的结合。实时应用软件的设计一般比非实时应用软件的设计困难。实时系统的技术关键是如何保证系统的实时性。

按照抢占类型来分,实时操作系统还可分为可抢占型和不可抢占型两类。对于基于优先级的系统而言,可抢占型实时操作系统是指内核可以抢占正在运行任务的 CPU 使用权并将使用权交给进入就绪态的优先级更高的任务,是内核抢了 CPU 让别的任务运行。不可抢占型实时操作系统使用某种算法并决定让某个任务运行后,就把 CPU 的控制权完全交给了该任务,直到它主动将 CPU 控制权还回来。中断由中断服务程序来处理,可以激活一个休眠态的任务,使之进入就绪态,而这个进入就绪态的任务还不能运行,一直要等到当前运行的任务主动交出 CPU 的控制权。使用这种实时操作系统的实时性比不使用实时操作系统的系统性能好,其实时性取决于最长任务的执行时间。不可抢占型实时操作系统的缺点也恰恰是这一点,如果最长任务的执行时间不能确定,系统的实时性就不能确定。可抢占型实时操作系统的实时性好,优先级高的任务只要具备了运行的条件,或者说进入了就绪态,就可以立即运行。也就是说,除了优先级最高的任务,其他任务在运行过程中都可能随时被比它优先级高的任务中断,让后者运行。通过这种方式的任务调度保证了系统的实时性,但是,如果任务之间抢占 CPU 控制权处理不好,会产生系统崩溃、死机等严重后果。

1.3.2 常见嵌入式操作系统

1. VxWorks

VxWorks 是目前嵌入式系统领域中使用最广泛、市场占有率最高的系统,由美国 WindRiver公司于 1983 年设计开发,采用微内核结构,具有支持处理器多、实时性好、网路协议丰富、兼容性好和可裁剪性好等特点。VxWorks 广泛地应用于通信、军事、航空、航天等高精尖技术及实时性要求极高的领域中,如卫星通信、军事演习、弹道制导、飞机导航等。

VxWorks 由一个体积很小的内核及一些可以根据需要进行定制的系统模块组成,最小可以为 8KB,即便加上其他必要模块,所占用的空间也很小,且不失其实时、多任务的系统特征。它支持多种处理器,包括 x86、i960、Sun Sparc、Motorola MC68xxx、MIPS RX000、PowerPC 等。大多数的VxWorks API 是专有的,采用 GNU 的编译和调试器。

VxWorks 实时性非常好,其系统本身的开销很小,任务调度、任务间通信和中断处理等系统公用程序精炼而有效,它们造成的延迟很短。VxWorks 提供的多任务机制中对任务的控制采用了优先级抢占(preemptive priority scheduling)和轮转调度(round-robin scheduling)机制,也充分保证了可靠的实时性,使同样的硬件配置能满足更强的实时性要求,为应用的开发留下更大的余地。

VxWorks 网络协议丰富,其网络栈是一个功能完整的兼容 BSD4.4 的网络协议栈,VxWorks 网络栈实现了现代网络协议的新特征,如 IP 多播、无类间路由、DHCP 及 DNS 服务客户端等。

VxWorks 由 400 多个相对独立的、短小精炼的目标模块组成,用户可根据特定的需要选择适当的模块,以裁剪和配置操作系统。同时 VxWorks 将依赖于硬件的低级代码设计成 BSP,有了 BSP 的支持,移植高级代码时,只要改变相应的 BSP 即可,无需修改操作系统和应用程序。

VxWorks 的可视化的开发环境 Tornado 是方便设计人员开发系统的又一大亮点。使用 Tornado 用户可以轻松地编译生成 bootrom,创建并配置 VxWorks,编辑、编译、下载和调试代码,随时可以查看目标机的资源使用情况,可帮助用户缩短系统开发周期。

2. Windows CE

Windows CE 是从整体上为有限资源的平台设计的多线程、完整优先权、多任务的操作系统。它的模块化设计允许它对于从掌上电脑到专用的工业控制器的用户电子设备进行定制,例如客户电子设备、专用工业控制器以及嵌入式通信设备等,还有像照相机、电话和家用娱乐器材之类的消费产品。操作系统的基本内核需要至少 200KB 的 ROM。

凭借 Windows CE,开发者可以充分利用他们已拥有的基于 Windows 的编程技巧。Windows CE 支持超过 1400 条的普通 Microsoft Win32 API 和其他的编程接口,包括组件对象模型(COM)、Microsoft 基本类库(MFC)、Microsoft ActiveX 控制、Microsoft 活动模板库(ATL)。

Windows CE 还支持以下技术:管理受时间限制响应的实时处理法;各种串行及通信技术,包括 USB 支持;为 Windows CE 用户提供 Web 服务的移动通道;自动化和相互通信的其他方法。

对于台式计算机的硬件来说,Windows CE 提供以下工具来允许用户通过台式计算机与基于 Windows CE 的附加设备之间传递信息:建立和维护连接的连接管理器;允许共享数据同步化的数据同步化接口;输入输出文件的文件过滤器。

Windows CE 的开发工具 Platform Builder 是一个完全集成的开发环境(integrated development environment, IDE),包括一个软件开发工具包(software development kit, SDK)导出工具。Platform Builder 在充当嵌入式平台开发程序时,能够紧密集成操作系统配置、驱动程序开发、内核级调试以及其他许多未列举的功能。利用它,开发人员可以迅速开发出能够在最新硬件上运行的各种智能化应用程序。

3. μC/OS-II

μC/OS-II 是一种免费公开源代码、结构小巧、具有可剥夺实时内核的实时操作系统。其前身是 μC/OS,于 1992 年由美国嵌入式系统专家 Jean J. Labrosse 开发并且公开了全部代码。μC/OS 和 μC/OS-II 是专门为计算机的嵌入式应用设计的,绝大部分代码是用 C 语言编写的。CPU 硬件相关部分是用汇编语言编写的,总量约 200 行的汇编语言部分被压缩到最低限度,为的是便于移植到任何一种其他的 CPU 上。用户只要有标准的 ANSI 的 C 交叉编译器,有汇编器、连接器等软件工具,就可以将 μC/OS-II 嵌入到开发的产品中。μC/OS-II 具有执行效率高、占用空间小、实时性能优良和可扩展性强等特点,最小内核可编译至 2KB。μC/OS-II 已经移植到了几乎所有知名的嵌入式处理器上。

严格地说,μC/OS-II 只是一个实时操作系统内核,它仅仅包含了任务调度,任务管理,时间管理,内存管理和任务间的通信和同步等基本功能。没有提供输入输出管理,文件系统,网络等额外的服务。但由于 uC/OS-II 良好的可扩展性和源码开放,这些非必需的功能完全可以由用户自己根据需要分别实现。

μC/OS-II 可以大致分成核心、任务处理、时间处理、任务同步与通信,CPU 的移植等 5 个部分。

(1)核心部分(OSCore.c)。核心部分是操作系统的处理核心,包括操作系统初始化、操作系统运行、中断进出的前导、时钟节拍、任务调度、事件处理等多部分。能够维持系统基本工作的部分都在这里。

(2)任务处理部分(OSTask.c)。任务处理部分中的内容都是与任务的操作密切相关的,包括任务的建立、删除、挂起、恢复等。因为 μC/OS-II 是以任务为基本单位调度的,所以这部分内容也相当重要。

(3)时钟部分(OSTime.c)。μC/OS-II 中的最小时钟单位是时钟节拍(timetick)。任务延时等操作是在这里完成的。

(4)任务同步和通信部分。为事件处理部分,包括信号量、邮箱、邮箱队列、事件标志等部分。主要用于任务间的互相联系和对临界资源的访问。

(5)与 CPU 的接口部分。与 CPU 的接口部分是指 μC/OS-II 针对所使用的 CPU 的移植部分。由于 μC/OS-II 是一个通用性的操作系统,所以对于关键问题上的实现,还是需要根据具体 CPU 的具体内容和要求作相应的移植。这部分内容由于牵涉 SP 等系统指针,所以通常用汇编语言编写。主要包括中断级任务切换的底层实现、任务级任务切换的底层实现、时钟节拍的产生和处理、中断的相关处理部分等内容。

4. μClinux

μClinux 是 Micro-Control-Linux 的简写,是"针对微控制领域而设计的 Linux 系统"。μClinux 同样是一个源码开放的操作系统,目前由 Lineo 公司负责维护,面向没有内存管理单元(memory management unit,MMU)的硬件平台。目前 μClinux 已支持如 68K、ColdFire、PowerPC、ARM 等多款嵌入式 CPU,其编译后目标文件可控制在几百千字节数量级,并已经被成功地移植到很多平台上。

μClinux 从 Linux 2.0/2.4 内核派生而来,沿袭了 Linux 的稳定、强大网络功能和出色的文件系统等绝大部分特性,同时在内存管理机制和进程调度管理机制进行了调整。在 GNU 通用许可证的保证下,运行 μClinux 操作系统的用户可以使用几乎所有的 Linux API 函数。由于经过了裁剪和优化,它形成了一个高度优化,代码紧凑的嵌入式 Linux。它具有体积小、稳定、良好的移植性、优秀的网络功能、完备的对各种文件系统的支持,以及丰富的 API 函数等优点。

μClinux 的内核有两种可选的运行方式:可以在 Flash 上直接运行,也可以加载到内存中运行。Flash 运行方式:把内核的可执行映像烧写到 Flash 上,系统启动时从 Flash 的某个地址开始逐句执行。这种方法实际上是很多嵌入式系统采用的方法。内核加载方式:把内核的压缩文件存放在 Flash 上,系统启动时读取压缩文件在内存里解压,然后开始执行,这种方式相对复杂一些,但由于 RAM 的存取速率要比 Flash 高,所以这种方式运行速度更快。同时这也是标准 Linux 系统采用的启动方式。

μClinux 系统采用 romfs 文件系统,这种文件系统相对于一般的 ext2 文件系统要求更少的空间。空间的节约来自于两个方面,首先内核支持 romfs 文件系统比支持 ext2 文件系统需要更少的代码,其次 romfs 文件系统相对简单,在建立文件系统超级块(superblock)需要更少的存储空间。romfs 文件系统不支持动态擦写保存,对于系统需要动态保存的数据采用虚拟 RAM 盘的方法进行处理。

μClinux 重写了应用程序库,相对于越来越大且越来越全的 glibc 库,μClibc 对 libc 做了精简。μClinux 对用户程序采用静态连接的形式,这种做法会使应用程序变大,但是基于内存管理的问题,不得不这样做,同时这种做法也更接近于通常嵌入式系统的做法。

5. eCos

嵌入式可配置操作系统 eCos(embedded configureable operating system)的特点是可配置性、可裁减性、可移植性和实时性。它的一个主要技术特色就是功能强大的配置系统,可以在源码级实现对系统的配置和裁减。与 Linux 的配置和裁减相比,eCos 的配置方法更清晰、更方便;且系统层次也比 Linux 清晰明了,移植和增加驱动模块更加容易。正是由于这些特性,eCos 引起了越来越多的关注,同时也吸引越来越多的厂家使用 eCos 开发其新一代嵌入式产品。eCos 现在由 Red Hat 维护,可支持的处理器包括 ARM、StrongARM、XScale、SuperH、Intel X86、PowerPC、MIPS、AM3X、Motorola 68/Coldfire、SPARC、Hitachi H8/300H 和 NEC V850 等。

eCos 采用模块化设计,由不同的功能组件构成。层次结构的最底层是硬件抽象层,它负责对目标系统硬件平台进行操作和控制,包括对中断和异常的处理,为上层软件提供硬件操作接口。这样设计的目的是能利用这些可重用的软件组件来开发完整的嵌入式系统;同时也使得用户可根据自己应用的特定需求来设置组件中每个配置选项。这样可创建最适合系统应用需求的最精简的 eCos 映像。

思考题与习题

1.1 嵌入式系统的特点是什么?

1.2 嵌入式系统有哪些发展方向?

1.3 常见嵌入式处理器有哪些,各有什么特点?

1.4 常见嵌入式操作系统有哪些,各有什么特点?

1.5 国产嵌入式 CK-CPU 有哪些系列,各有什么特点?

本章参考文献

王树红. 2007. 嵌入式系统的现状及发展趋势[J]. 太原大学学报,(2):121 – 122.

CK-CORE. 2007-10-04 32 位高性能嵌入式 CPU 核 CK-CORE [EB/OL]. [2011-05-05]. http://www.c-sky.com/product.php? id = 5.

Dong Y, Ray J, Harle C, et al. 2006. Performance Characterization of SPEC CPU2006 Integer Benchmarks on x86-64 Architecture [C]// Workload Characterization, 2006. IEEE International Symposium on. 120 – 127.

EEWORLD. 2008-11-06. 蓬勃发展的嵌入式计算机结构 [EB/OL]. [2011-05-05]. http://home.eeworld.com.cn/my/space.php? uid = 80214&do = blog&id = 7583.

Faggin F, JR Hoff M E, Mazor S, et al. 1996. The history of the 4004 [J]. Micro. IEEE, 16(6):10 – 20.

Gonzalez R E. 2000. Xtensa: a configurable and extensible processor [J]. Micro. IEEE, 20(2):60 – 70.

Hesley S, Andrade V, Burd B, et al. 1999. A 7th-generation x86 microprocessor [C]// Solid-State Circuits Conference, 1999. Digest of Technical Papers. ISSCC. 1999 IEEE International. 92 – 93.

MICRIUM. 2011-01-01. eCos [EB/OL]. [2011-05-05]. http://ecos.sourceware.org.

MICRIUM. 2011-01-01. Micrium μC/OS-II Kernel [EB/OL]. [2011-05-05]. http://micrium.com/page/products/rtos/os-ii.

MICRIUM. 2011-01-01. μClinux Embedded Linux/Microcontroller Project [EB/OL]. [2011-05-05]. http://www.uclinux.org/.

MIPS. 2006-01-01 MIPS architecture and embedded processors [EB/OL]. [2011-05-05]. http://www. mips. com/products/processors/.

MIPS. 2006-01-01 MIPS 32 and 64-bits Cores [EB/OL]. [2011-05-05]. http://www. mips. com/products/cores/.

Nikolaidis I. 2000. ARM system-on-chip architecture, 2nd edition [Book Review] [J]. Network, IEEE, 14(6):4

Paulin P, Karim F, Bromley P. 2001. Network processors: a perspective on market requirements, processor architectures and embedded S/W tools [C]// Proceedings of the conference on Design, automation and test in Europe. Munich, Germany:IEEE Press.

POWER. 2007-01-01. Power Architecture [EB/OL]. [2011-05-05]. http://www. power. org/home

Schaller R R. 1997. Moore's law: past, present and future [J]. Spectrum, IEEE, 34 (6):52 –59.

Schlett M. Trends in embedded-microprocessor design [J]. Computer, 1998, 31(8):44 –49.

TENSILICA. 2007-01-01. Ternsilica's Processor Overview [EB/OL]. [2011-05-05]. http://www. tensilica. com/products/xtensa/index. htm.

TENSILICA. 2011-01-01. Tensilica Xtensa Customizable Processors [EB/OL]. [2011-05-05]. http://www. tensilica. com/products/xtensa-customizable. htm.

VxWorks. 2011-01-01. Wind River VxWorks [EB/OL]. [2011-05-05]. http://www. windriver. com/products/vxworks/.

WIKIPEDIA. 2007-01-01. ARM architecture [EB/OL]. [2011-05-05]. http://en. wikipedia. org/wiki/ARM_architecture#cite_note-1.

WIKIPEDIA. 2007-01-01. ARM Processors [EB/OL]. [2011-05-05]. http://www. arm. com/products/processors/index. php.

WIKIPEDIA. 2011-04-26. 嵌入式系统[EB/OL]. [2011-05-05]. http://zh. wikipedia. org/zh-cn/%E5%B5%8C%E5%85%A5%E5%BC%8F%E9%9B%BB%E8%85%A6.

WINDOWS. 2011-01-01. Windows Embedded CE [EB/OL]. [2011-05-05]. http://www. microsoft. com/windowsembedded/en-us/products/windowsce/default. mspx.

Yu A. 1996. The future of microprocessors [J]. Micro, IEEE, 16(6):46 –53.

第 2 章　CK-CPU 体系结构

2.1　CK-CPU 简介

CK-CPU 是面向高端 SoC 应用领域的国产 32 位高性能低功耗嵌入式 CPU 核。CK-CPU 采用自主设计的体系结构,具有高性能、高代码密度、可扩展、易于集成等优点。其在功耗和电源管理上表现出色,不仅可通过门控时钟、动态电源管理和低电压供电来减少功耗,而且可在功耗管理模式的支持下动态开启/关闭处理器,以适应于功耗敏感的嵌入式应用需求。

CK-CPU 基于先进的流水线架构,采用按序发射、乱序执行、按序退休的总体硬件框架。CPU 内核不仅具有大小可配置的片上指令和数据高速缓存,同时支持软件可编程的片上高速暂存器,可有效缓解片外存储器访问过程中的性能瓶颈。高效的分支预测和指令预取机制提升了处理器适应复杂的分支和跳转程序流的能力。灵活的内存管理与内存保护机制有助于提升软件的可维护性和可移植性。CK-CPU 具有丰富的运算类指令,支持多种类型的 ALU、乘/除、字节等操作,且绝大部分指令可在单周期内完成。同时,CK-CPU 采用非侵入的调试模式,可实现基于 JTAG 标准接口的实时在线调试。CK-CPU 支持普通中断和快速中断两种中断响应方式,具有较快的中断响应速度。

至 2010 年,CK-CPU 已具备 CK510 和 CK610 两个系列的产品。根据指令扩展方式和处理器核硬件配置的不同,两者分别形成了各自的产品系列,如表 2.1 所示。其中,"E"代表内核实现了 DSP 增强扩展单元,"M"代表内存采用了内存管理单元(memory management unit,MMU),"S"代表内核实现了片上暂存器(scratchpad memory,SPM),"F"表示浮点协处理器增强。

表 2.1　现有 CK-CPU 列表及其配置

系列	处理器核	DSP 增强(E)	内存管理(M)	片上 SPM(S)	浮点增强(F)
	CK510				
	CK510E	○			
CK510	CK510M		○		
	CK510EM	○	○		
	CK510S			○	
	CK610				
	CK610E	○			
CK610	CK610EM	○	○		
	CK610EMF	○	○		○
	CK610EMS	○	○	○	

2.2　CK-CPU 内核结构

CK-CPU 采用 16 位指令系统和 32 位数据通路,基于先进的 7/8 级流水线结构和可配置性设计,具有高性能、低功耗和高代码密度等特征,其内核结构如图2.1所示。

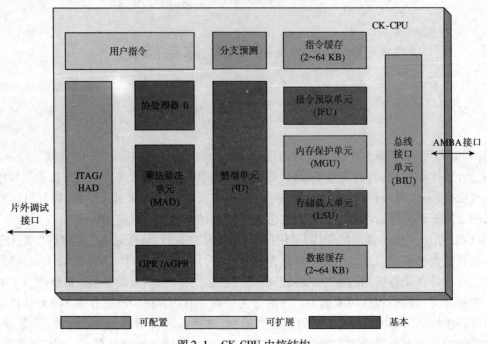

图2.1 CK-CPU 内核结构

指令预取单元(IFU)采用关键指令先取和发射以及添加指令暂存器等手段来增加指令的发射效率,利用先进二级分支跳转预测、全局和局部结合的记录来减少因为转移指令造成的流水线空闲,预测准确率高达94%。高速缓存大小可根据应用的不同需求实现 2 ~ 64KB 的灵活配置。内存管理单元提供用户自由定义 4 个地址空间的访问权限,权限划分为不可读写/只读/可读写,其中 4 个地址空间可重叠。

存储载入单元(LSU)支持全流水线数据存储与载入,开辟了八个入口写缓冲区,并具有存储载入操作内部旁路机制。存储载入指令的快速退休有利于加快全局指令的退休速度。存取指令可以操作字节、半字和字,并可以在字节和半字操作时自动扩展0。

整型单元(IU)包含 16 个通用寄存器用于提供源操作数和存放指令执行结果,其中寄存器R0 通常被软件用做当前堆栈指针,寄存器 R15 通常用作链接寄存器以存放子程序的返回地址。整型单元内部利用指令依赖表格和操作数前馈方式有效处理数据竞争,以实现高性能的指令发射。高性能的指令退休通过退休缓存器组的乱序执行、并行结果写入和按序退休提高了指令级并行性。算术运算单元包含算术逻辑单元(ALU)、桶式移位器(shifter)、流水线乘法器和硬件除法单元。绝大部分算术逻辑运算可以在一个周期内完成。ALU 执行标准的 32 位整数操作,支持快速找 1 算法(FF1)。

片内内存管理单元(MMU)采用 2 级 TLB(translation lookaside buffer) 架构,具有 4 表项全相连的数据 μTLB、2 表项全相连的指令 μTLB 和 32 表项多路组相连 jTLB。MMU 提供 2 级 TLB 匹配机制:μTLB 是 jTLB 的映射,用于提升转换速度,对软件透明;jTLB 用于保存地址映射转换关系,其大小可由用户配置。在地址转换过程中,MMU 首先访问 μTLB,如果 μTLB 可获得地址转换关系(TLB 匹配),那么 1 个时钟周期即可产生物理地址;如果 μTLB 出现 TLB 失配,那么进一步访问 jTLB;如果 jTLB 也出现 TLB 访问失配,则需要在软件支持下再分配映射空间。

总线接口单元"BIU"支持突发传送和关键字优先的地址访问,并可在系统时钟与 CPU 时钟整数分频比例(1∶1,1∶2,1∶3,1∶4,1∶5,1∶6,1∶7,1∶8)下工作。

标准 JTAG 调试接口支持非侵入的在线调试,硬件支持断点设置、单步和多步指令跟踪、跳转指令跟踪等多种调试方式,可以在线控制 CPU 运行,并可实时查看通用寄存器(GPR)、可选择寄存器(AGPR)、控制寄存器和内存空间。

2.3　CK-CPU 编程模型

CK-CPU 设计普通用户和超级用户两种编程模型(程序运行模式)。其中普通用户编程模型为普通应用程序提供运行环境,仅能访问通用寄存器、程序计数器和条件位 C 三类硬件资源。而超级用户编程模型为操作系统等底层软件提供运行环境,除访问普通用户模式所涵盖的硬件资源外,还能访问控制寄存器从而实现对 CPU 状态的全面控制。CK-CPU 的编程模型及其对应的硬件资源访问权限划分如图 2.2 所示。

图 2.2　CK-CPU 编程模型

2.3.1　普通用户编程模型

图 2.3 列出了普通用户编程模式下的寄存器资源。
(1)16 个 32 位通用寄存器(R15-R0);
(2)32 位程序计数器(PC);
(3)条件码/进位标志位(C)。

1. 通用寄存器

通用寄存器包含了指令操作数、运算结果以及地址信息。按照软件惯例,通用寄存器用于子程序的链接调用和参数传递,也用作函数返回值和堆栈指针。

2. 程序计数器

程序计数器表征当前执行指令的地址。在指令执行和异常处理期间,处理器会根据程序运行的情况自动地调整程序计数器值或放置一新值到程序计数器中。对一些指令来说,程序计数器可被用来作为相对地址参与计算。此外,除非发生不对齐异常,程序计数器中的低位一直为零。

3. 条件码/进位标志位

条件码/进位标志位代表了一次操作后的结果。条件码/进位标志位能够根据比较操作指令的结果确定地被设置,或者根据另一些高精度算术或逻辑指令的结果而有条件地被设置。另外,特殊的指令如 DEC[GT,LT,NE],以及 XTRB[0-3]等将会影响条件码/进位标志位的值。

名称	功能
R0	堆栈指针
R1	不确定
R2	不确定,函数调用时第一个参数
R3	不确定,函数调用时第二个参数
R4	不确定,函数调用时第三个参数
R5	不确定,函数调用时第四个参数
R6	不确定,函数调用时第五个参数
R7	不确定,函数调用时第六个参数
R8	不确定
R9	不确定
R10	不确定
R11	不确定
R12	不确定
R13	不确定
R14	不确定
R15	链接寄存器

PC	程序计数器

C

图 2.3 普通用户编程模式寄存器

2.3.2 超级用户编程模型

系统程序员用超级用户编程模式来设置系统功能,进行 I/O 控制以及其他受限的操作。超级用户编程模式由普通用户下的寄存器资源和以下额外寄存器资源组成,如图 2.4 所示。

(1)16 个 32 位可选择寄存器;

(2)处理器状态寄存器(PSR);

(3)向量基址寄存器(VBR);

(4)异常保留程序计数器(EPC);

(5)异常保留处理器状态寄存器(EPSR);

(6)快速中断保留程序计数器(FPC);

(7)快速中断保留处理器状态寄存器(FPSR);

(8)5 个 32 位超级用户寄存器(SS0-SS4);

(9)12 位全状态寄存器(GSR);

(10)12 位全控制寄存器(GCR);

(11)产品序号寄存器(CPIDR);

(12)高速缓存配置寄存器(CCR);

(13)可高缓和访问权限配置寄存器(CAPR);

(14)保护区控制寄存器(PACR);

(15)保护区选择寄存器(PRSR);

(16)MMU 索引寄存器(MIR);

(17)MMU 随机寄存器(MRR);

(18)MMU EntryLo0 寄存器(MEL0);

(19)MMU EntryLo1 寄存器(MEL1);

(20)MMU EntryHi/Bad VPN 寄存器(MEH);

(21)MMU 上下文寄存器(MCR);

(22)MMU 页掩码寄存器(MPR);

(23)MMU 圈连寄存器(MWR);

(24)MMU 控制指令寄存器(MCIR)。

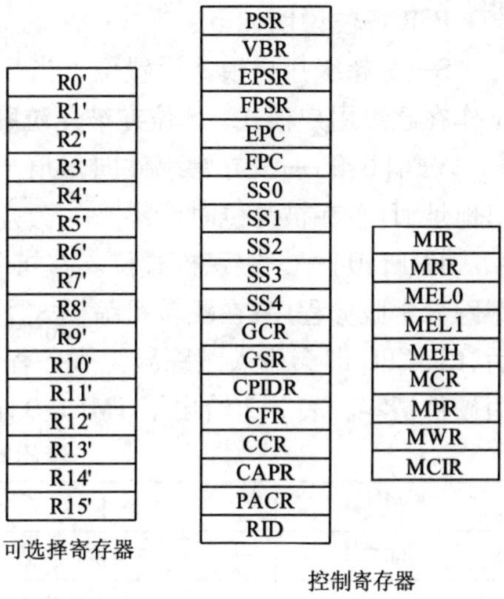

图 2.4　超级用户编程模式附加资源

1. 可选寄存器

可选择寄存器可用于时间关键程序中,用以减少因当前内容转换和保护现场引起的响应延迟时间。当处理器状态寄存器的 AF 位为 1 时,可选择寄存器被选中,后续指令使用可选择寄存器(当前寄存器中的内容被挂起);反之,若 PSR(AF) 为 0,则可选择寄存器不被选中。一些重要的参数和指针值可以保存在这些可选择寄存器中,只要优先级高的任务选中可选择寄存器,这些重要数据就可以直接使用。另外,可选择寄存器中的 R0 作为堆栈指针为任务服务,从而使得独立的堆栈实现起来更有效。在实际使用中,可选择寄存器也可以在普通用户模式下当 AF 为 1 时被访问。在异常出现并执行异常服务程序时,异常服务程序矢量入口值的低位将被复制到 AF 位中去以用来选择相应的寄存器组。

2. 处理器状态寄存器(PSR,CR0)

PSR 存储了当前处理器的状态和控制信息,包括 C 位、中断有效位和其他控制位,如图 2.5 所示。在超级用户编程模式下,软件可以访问 PSR。控制位为处理器指出了以下的状态:跟踪模式(TM[1:0]),超级用户模式或者普通用户模式(S 位),以及通用寄存器或者可选择寄存器(AF 位)。它们同样也指出了异常保留寄存器是否可用来保存当前相应的内容,以及中断申请是否有效等。

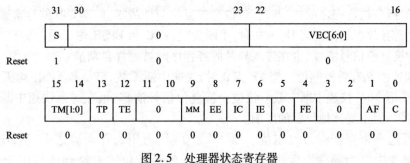

图 2.5　处理器状态寄存器

PSR 各位说明如下：

S——超级用户模式设置位。当 S 为 0 时,处理器工作在普通用户模式;当 S 为 1 时,处理器工作在超级用户模式。S 位在被复位和进入异常处理时由硬件置为 1。

VEC[6:0]——异常事件向量值。当异常出现时,这些位被用来计算异常服务程序向量入口地址,且会在被复位时清零。

TM[1:0]——跟踪模式位。在指令跟踪模式下,每一条指令执行完后,CK-CPU 都将会进入跟踪异常服务程序;在跳转跟踪模式下,当内含有跳转(不管是跳转还是不跳转)的指令执行完后,CK-CPU 即会进入跟踪异常服务程序。这些位或被复位信号清零,或在进入异常服务程序时由硬件清零。表 2.2 给出了 TM[1:0] 的编码与相对应的工作模式。

表 2.2　编码与相对应的工作模式

值	描述	值	描述
00	正常执行模式	10	未定义
01	指令跟踪模式	11	跳转跟踪模式

TP——待定跟踪异常设置位。当 CK-CPU 工作在跟踪模式(指令跟踪模式或者跳转跟踪模式)下,且优先级更高的异常和跟踪异常同时发生时,CK-CPU 会先响应优先级高的异常,当前跟踪异常将被悬挂而暂时不被处理,但 CK-CPU 会将异常保留处理器状态寄存器(EPSR)或者快速中断保留处理器状态寄存器(FPSR)中的 TP 位设置为 1,以便在优先级高的异常处理完毕时,由 RTE 或 RFI 将 EPSR 或者 FPSR 中的 TP 复制到 PSR 中,此时 CK-CPU 根据 PSR 中的 TP 考虑是否进入跟踪异常服务程序。若此时 TP 为 1,则进入跟踪异常服务程序;反之,不进入。PSR 中的 TP 位不能被除了 RTE 或 RFI 之外的指令改变,同时 FPSR 和 EPSR 中的 TP 位不能被指令设置。

注意:该位仅仅存在于异常保留处理器状态寄存器(EPSR)或者快速中断保留处理器状态寄存器(FPSR)中,在处理器状态寄存器(PSR)中,该位一直被置 0。

TE——传输控制位。该位在芯片的管脚上有对应的管脚信号 biu_pad_te_b,可以通过设置该位来控制传输,它会被复位信号清零,也称为 TC。

MM——不对齐异常掩盖位。当 MM 为 0 时,读取或存储的地址产生的不对齐异常将正常发生(即异常会被响应);当 MM 为 1 时,读取或存储的地址产生的不对齐异常将会被屏蔽,此时访问内存读取或存储的地址低位都将会被默认为 0。该位不能掩盖 JMPI 或 JSRI 指令的不对齐异常的发生,且不受其他异常的影响,但会被复位信号清零。

EE——异常有效控制位。当 EE 为 0 时,异常无效,此时除了中断和快速中断之外的任何异常一旦发生,都会被 CK-CPU 认为是不可恢复的异常(异常向量 0x8);当 EE 为 1 时,异常有效,EPC 和 EPSR 均有效,所有的异常都会被正常响应。

IC——中断控制位。当 IC 为 0 时,中断只能在指令之间被响应;当 IC 为 1 时,中断可在长延时、多周期的指令执行完之前被响应。该位会被复位信号清零,但不受其他异常影响。

IE——中断有效控制位。当 IE 为 0 时,中断无效,EPC 和 EPSR 均无效;当 IE 为 1 时,中断有效。该位会被复位信号清零,也在进入异常服务程序时被硬件自动清零。

FE——快速中断有效控制位。当 FE 为 0 时,快速中断无效,FPC 和 FPSR 均无效;当 FE 为 1(不必考虑 EE 位)时,快速中断有效。该位会被复位信号清零,也在进入快速中断服务程序时被硬件自动清零,但不受其他异常的影响。

AF——可选择寄存器有效控制位。当 AF 为 0 时,通用寄存器被选中;当 AF 为 1 时,可选择寄存器被选中。当异常发生时,异常入口地址的最低位被复制到该位用于选择在异常服务程序中使用哪一组寄存器。此位可被复位信号清零,同时也可被异常向量入口地址的低位所设置。

C——条件码/进位位。该位用作条件判断位为一些指令服务,在复位和在被复制到 EPSR 或 FPSR 之后不确定。另外,PSR 通常可以通过异常响应、异常处理和执行 PSRSET、PSRCLR、RTE、RFI、MTCR 指令而被修改,这些修改包括以下四个方面:

(1)异常响应和异常处理更新 PSR。更新 PSR 是异常响应和异常服务程序入口地址计算中的一部分,它将更新 PSR 中 S、TM、VEC、IE、FE、EE 以及 AF 位。对 S、TM、VEC、IE、FE 以及 EE 位的改动优先于异常服务程序向量入口地址的取址。对 VEC 以及 AF 位的改动优先于异常服务程序中的第一条指令的执行。

(2)RTE 和 RFI 指令更新 PSR。更新 PSR 作为 RTE 和 RFI 指令执行的一部分,可能会对 PSR 中的所有位都进行改动。其中对 S、TM、TP、IE、FE 和 EE 的改动优先于对返回 PC 的取址,对 VEC、MM、IC、AF 和 C 位的改动优先于程序返回后第一条指令的执行。

(3)MTCR 指令更新 PSR。若 MTCR 指令的目标寄存器为 CR0,更新 PSR 将会作为 MTCR 指令执行的一部分。这种更新将可能会改变 PSR 中所有位的值,紧接着的指令、异常事件和中断响应将会采用新的 PSR 值。

(4)PSRCLR、PSRSET 指令更新 PSR。更新 PSR 作为 PSRCLR 和 PSRSET 指令执行的一部分,紧接着的指令、异常事件和中断响应将会采用新的 PSR 值。

3. 向量基址寄存器(VBR,CR1)

VBR 用来保存异常向量的基地址。该寄存器包含 22 个高位有效位,10 个保留位(其值为 0),如图 2.6 所示。VBR 的复位值为 0x00000000。VBR 加上异常向量号左移 2 位后的偏移量就是存放当前异常服务程序入口地址的内存地址。

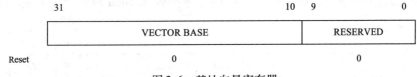

图 2.6　基址向量寄存器

4. 异常保留寄存器(CR2~CR5)

EPSR、EPC、FPSR 和 FPC 这些寄存器在遇到异常情况时被用来保存当前处理器执行的内容,其中 EPSR 和 EPC 对应异常和中断,FPSR 和 FPC 对应快速中断。

5. 存储寄存器 SS0~SS4(CR6~CR10)

CK-CPU 包含了 5 个 32 位的超级用户模式下的存储寄存器,超级用户可以使用这些寄存器来存储数据和指针,辅助异常处理以及避免受普通用户模式影响。系统软件定义这些寄存器使用的功能。典型的用法是将其中的一个寄存器用作系统软件的堆栈指针。所有的这些寄存器都可以通过 MFCR 和 MTCR 来访问和修改其中的内容。

6. 全局控制寄存器(GCR,CR11)

32 位的 GCR 用来控制外部设备和事件。它通过 CPU 外部引脚提供的 32 位平行输出接口实现对片外资源的快速控制。一般来说,可以通过简单设置 GCR 来实现功耗管理、设备控制、事件安排处理以及其他的基本的功能。至于 GCR 中每一位对应的控制功能,用户可以根据系统需求自行定义。全局控制寄存器是可读可写的。

7. 全局状态寄存器(GSR,CR12)

32 位的 GSR 用来标记外围设备和事件。它通过 CPU 输入引脚提供的 32 位平行输入接口将外部状态送入到 CK-CPU 内部,从而实现监测。一般来说,可以通过查看 GSR 来检测外围设备状态和事件。全局状态寄存器是只读的。

8. 产品序号寄存器(CPIDR,CR13)

产品序号寄存器用于存放 CK-CPU 产品的内部编号(图 2.7)。产品序号寄存器是只读的,其复位值由产品本身决定。该寄存器各位的定义参考最新版本 CK-CPU 用户手册。

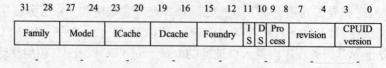

图 2.7 产品序号寄存器

9. 高速缓存功能设置寄存器(CFR,CR17)

CFR 用来控制高速缓存,让相应高速缓存内的数据全部无效,各位定义如图 2.8 所示。

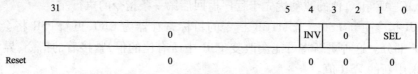

图 2.8 高速缓存功能设置寄存器

CFR 的各位说明如下:

INV——无效设置位。当 INV 为 1 时,高速缓存内的数据将失效。

SEL——高速缓存选择位。当 SEL 为 01 时,选中指令高速缓存;当 SEL 为 10 时,选中数据高速缓存;当 SEL 为 11 时,选中数据和指令高速缓存。

10. 高速缓存配置寄存器(CCR,CR18)

CCR 用来配置内存、高速缓存有效/无效、内存保护区、Endian 模式以及系统和处理器的时钟比,如图 2.9 所示。

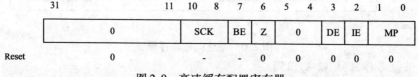

图 2.9 高速缓存配置寄存器

CCR 的各位说明如下:

SCK——系统和处理器的时钟比。该位用来表示系统和处理器的时钟比,其计算公式为:时钟比 = SCK + 1,由 CPU 上的对应引脚决定,软件只读。SCK 在复位时被配置且不能在之后改变。

BE——Endian 模式。当 BE 为 0 时,为 Little Endian;当 BE 为 1 时,为 Big Endian。BE 由 CPU 上的对应引脚引出,软件只读。BE 在复位时被配置且不能改变。

Z——允许预测跳转设置位。当 Z 为 0 时,预测跳转关闭;当 Z 为 1 时,预测跳转开启。

DE——数据高速缓存设置位。当 DE 为 0 时,数据高速缓存关闭;当 DE 为 1 时,数据高速缓存开启。

IE——指令高速缓存设置位。当 IE 为 0 时,指令高速缓存关闭;当 IE 为 1 时,指令高速缓存开启。

MP——内存保护设置位。MP 用来设置 MGU/MMU 是否有效,如表 2.3 所示。

表 2.3　CK510,CK520 内存保护设置

MP	功能	MP	功能
00	MGU/MMU 无效	10	MGU/MMU 无效
01	MGU/MMU 有效	11	MGU/MMU 有效

11. 可高缓和访问权限配置寄存器(CAPR,CR19)

CAPR 的各位如图 2.10 所示。

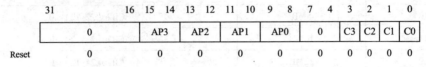

图 2.10　可高缓和访问权限配置寄存器

各位说明如下：

C0 ~ C3——可高缓属性设置位。当 C 为 0 时,该区不可进行高速缓存;当 C 为 1 时,该区可以进行高速缓存。

AP0 ~ AP3——访问权限设置位。具体含义参见表 2.4。

表 2.4　访问权限设置

AP	超级用户权限	普通用户权限	AP	超级用户权限	普通用户权限
00	不可访问	不可访问	10	读写	只读
01	读写	不可访问	11	读写	读写

12. 保护区控制寄存器(PACR,CR20)

PACR 的各位如图 2.11 所示。

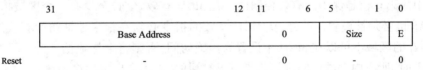

图 2.11　保护区控制寄存器

各位说明如下：

Base Address——保护区地址的高位。该寄存器指出了保护区地址的高位,但写入的基地址必须与设置的页面大小对齐,如设置页面大小为 8M,CR20[22:12] 必须为 0,各页面的具体要求如表 2.5 所示。

表 2.5　保护区大小配置和其对基址要求

Size 配置	保护区大小	对基址要求
0000 ~ 01010	保留	—
01011	4KB	没有要求
01100	8KB	CR20[12] = 0
01101	16KB	CR20[13:12] = 0
01110	32KB	CR20[14:12] = 0
01111	64KB	CR20[15:12] = 0
10000	128KB	CR20[16:12] = 0
10001	256KB	CR20[17:12] = 0

Size 配置	保护区大小	对基址要求
10010	512KB	CR20[18:12] = 0
10011	1MB	CR20[19:12] = 0
10100	2MB	CR20[20:12] = 0
10101	4MB	CR20[21:12] = 0
10110	8MB	CR20[22:12] = 0
10111	16MB	CR20[23:12] = 0
11000	32MB	CR20[24:12] = 0
11001	64MB	CR20[25:12] = 0
11010	128MB	CR20[26:12] = 0
11011	256MB	CR20[27:12] = 0
11100	512MB	CR20[28:12] = 0
11101	1GB	CR20[29:12] = 0
11110	2GB	CR20[30:12] = 0
11111	4GB	CR20[31:12] = 0

Size——保护区大小。保护区大小从 4KB 到 4GB，可通过如下公式计算得到：保护区大小 = $2^{(Size+1)}$。因此 Size 取值范围为 01011 到 11111，其他一些值都会造成不可预测的结果。

E——保护区有效设置位。当 E 为 0 时，保护区无效；当 E 为 1 时，保护区有效。

CR20 中的第 0 位是保护区有效控制位。在 MGU 有效之前，至少有一个区被指定而且它相应的 C 和 AP 也必须被设置。此外，让 MGU 有效的指令必须在指令地址访问有效的范围之内，即此指令所在的区域不可以在 MGU 中设置为拒绝访问，否则将会导致循环产生不可访问异常。当 MGU 无效时，所有内存的访问都认为是不可高缓的，也不会出现中途失败。

在内存访问信号产生之后，MGU 会检查当前访问的地址是否在这四个保护区内：如果访问的地址不在四个区中的任何一个，此内存访问会中途停止，抛出访问错误异常；如果访问的地址在四个区中的一个或多个内，此访问将被已使能的最高索引区（3 为最高，0 为最低）所控制（即编号高的区优先级高）。

CR20 中定义了四个保护区的起始地址和大小。保护区大小必须是 2 的幂，且能从 4KB 到 4GB。起始地址必须与区大小对齐。例如，8KB 大小的保护区，起始地址可以是 32'h12346000，但是 16KB 大小的保护区，起始地址就不可以为这个值，可以是 32'h12344000。

13. 保护区选择寄存器（PRSR，CR21）

PRSR 用来选择当前操作的保护区，其各位如图 2.12 所示。

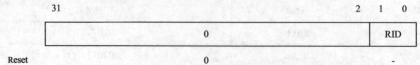

图 2.12　保护区选择寄存器

RID 为保护区索引值，可以是 00、01、10 或者 11，分别选择第一、二、三或者四保护区。

2.4 CK-CPU 的异常中断

异常处理(包括指令异常和外部中断)是处理器的重要技术,在异常事件产生时用来使处理器转入对该事件的处理。这些异常事件包括硬件错误、指令执行错误和用户请求服务等。本节主要描述异常种类、异常优先级、异常向量表、异常返回和总线错误恢复等内容。

2.4.1 异常处理概述

异常处理指处理器在内部或外部的异常事件产生后从正常的程序运行转入特定的异常处理程序的过程。引起异常的外部事件包括外部设备的中断请求、硬断点请求、读写访问错误和硬件重启;引起异常的内部事件包括非法指令、非对齐错误、特权异常和指令跟踪 TRAP 和 BKPT 指令正常执行时也会产生异常。此外,非法指令、LOAD 和 STORE 访问的地址没有对齐 JMPI 和 JSRI 跳转到奇地址以及用户模式下执行特权指令都会产生异常。异常处理利用异常向量表跳转到异常服务程序的入口。

异常处理的关键是在异常发生时,保存 CPU 当前指令运行的状态,在退出异常处理时恢复异常处理前的状态。异常能够在指令流水线的各个阶段被识别,在指令的边界上被处理,即 CPU 在指令退休时响应中断,并保存 CPU 状态和异常返回时下一条被执行的指令的地址。即使异常在取指阶段(非法指令 JMPI 和 JSRI 的目标地址是奇、断点异常、访问错误)或译码阶段(TRAP 和 BKPT)被识别,异常也要在相应的指令退休时才会被处理。为了异常处理不影响 CPU 的性能,CPU 在异常处理结束后要避免重复执行以前的指令。CK-CPU 根据异常识别时的指令是否完成决定异常地址寄存器(EPC 或 FPC)保存哪一条指令的地址。例如,如果异常事件是外部中断服务请求,被中断的指令将正常退休并改变 CPU 的状态,它的下一条指令的地址将被保存在异常地址寄存器中作为中断返回时指令的入口;如果异常事件是由除以零的除法指令产生的,因为这条指令不能完成,它将异常退休但不改变 CPU 的状态(即不改变寄存器的值),这条除法指令的地址将被保存在异常地址寄存器中,CPU 从异常服务程序返回时继续执行这条除法指令。

通常情况下,异常按以下步骤处理。

第一步,处理器更新 PSR 中的 VEC,然后保存 PSR 和 PC 到影子寄存器中。对于快速中断,PSR 和 PC 被保存到 FPSR 和 FPC 中;对于其他的异常,它们被保存到 EPSR 和 EPC 中。如果 PSR 的 EE 位被清零,异常事件(除了中断和快速中断)将导致不可恢复的错误异常。PSR 和 PC 被保存后,PSR 的 EE 位被硬件清零,处理器在异常服务程序中由软件显式开启 EE 位之前发生的异常均被视为不可恢复的错误异常。不可恢复的错误异常发生时,EPSR 和 EPC 也会被更新,即 CK-CPU 硬件层面不支持异常嵌套。

第二步,处理器设置 PSR 的 S 位进入超级用户模式,并且把 PSR 的 TM 位清零防止异常服务程序被跟踪。PSR 的 IE 位也被清零禁止响应中断。如果异常是快速中断或重启,PSR 的 FE 位会被清零,但是其他的异常不影响 PSR 的 FE 位。

PSR 的转换控制位 TE 被清零,用以防止外部存储器管理单元在异常入口地址计算时进行地址转换,使下面的访问以非转换的方式进行。

处理器还要决定异常向量。对于向量中断,异常向量由外部的中断控制器提供;对于其他的异常,处理器根据内部逻辑直接决定异常向量。异常向量合并异常向量基地址用来计算异常服务程序的入口地址,并被保存在 PSR 的 VEC 中以支持共享异常服务的情况。

第三步,处理器计算异常服务程序的第一条指令的地址并将 CPU 的控制权转交给异常服务程序。处理器把异常向量乘以4再加上异常向量基准地址(存在 VBR 中)就得到了异常向量表中对应的异常入口地址。处理器用这个入口地址从存储器中读取一个字,这个异常入口地址的[31:1]载入到程序计数器中作为异常服务程序的第一条指令的地址(PC 的最低位始终是 0,与异常向量表中取得的异常入口地址值的最低位无关)。同时,处理器把这个异常入口地址的最低位装载到 PSR(AF)位,用于控制异常处理程序使用相应的寄存器组。此后处理器开始执行异常服务程序指令。

所有的异常向量存放在超级用户地址空间,通过指令空间索引(TC1 = 1)访问。在处理器地址映射中,只有重启向量是固定的。一旦处理器完成初始化,VBR 允许异常向量表的基准地址被重载。

CK-CPU 支持 512B 的向量表,包含 128 个异常向量(表 2.6)。起始 31 个向量用作处理器内部识别异常的向量。第 32 个异常向量保留给软件使用,用作指向系统描述符的指针。其余的96 个向量是留给外部设备的矢量中断。外部设备通过 7 位的中断向量和中断请求使处理器响应中断服务。处理器响应中断请求时锁存这个中断向量。对那些不能提供中断向量的设备,处理器为一般中断和快速中断提供了自动向量。

表 2.6 异常向量分配

向量号	向量偏移(十六进制)	向量分配
0	000	重启异常
1	004	未对齐访问异常
2	008	访问错误异常
3	00C	除以零异常
4	010	非法指令异常
5	014	特权违反异常
6	018	跟踪异常
7	01C	断点异常
8	020	不可恢复错误异常/TLB 不可恢复异常
9	024	IDLY4 异常
10	028	普通中断
11	02C	快速中断
12	030	保留(HAI)
13	034	保留(FP)
14	038	TLB 失配异常
15	03C	TLB 修改异常
16 ~ 19	040 ~ 04C	陷阱指令异常(TRAP #0 ~ 3)
20	050	TLB 读无效异常
21	054	TLB 写无效异常
20 ~ 30	058 ~ 078	保留
31	07C	系统描述符指针
32 ~ 127	080 ~ 1FC	保留给向量中断控制器使用

2.4.2 异常类型

本节描述外部中断异常和在 CK-CPU 内部产生的异常。CK-CPU 处理的异常有以下几类：

（1）重启异常；

（2）未对齐访问异常；

（3）访问错误异常；

（4）除以零异常；

（5）非法指令异常；

（6）特权违反异常；

（7）跟踪异常；

（8）断点指令异常；

（9）不可恢复错误异常/TLB 不可恢复异常；

（10）IDLY4 异常；

（11）普通中断异常；

（12）快速中断异常；

（13）TLB 失配异常；

（14）TLB 修改异常；

（15）TLB 读无效异常；

（16）TLB 写无效异常；

（17）陷阱指令异常。

1. 重启异常（向量偏移 0x0）

重启异常是所有异常中优先级最高的，它用于系统初始化和发生重大故障后恢复系统。重启会中止处理器的所有操作，被中止的操作是不可恢复的。重启也在测试时用于初始化扫描链和时钟控制逻辑中锁存器的值，它也同时对处理器进行上电初始化。

重启异常设置 PSR(S) 为高电平使处理器工作在超级用户模式，并且把 PSR(TM) 清零禁止跟踪异常。重启异常也会把 PSR(IE) 和 PSR(FE) 清零以禁止中断响应。同时，VBR(向量基准寄存器)也被清零，异常向量表的基准地址就是 0x00000000，CPU 从异常向量表中以 0x0 为偏移地址读取异常向量，并把它装载到程序计数器(PC)。处理器把控制权转移到 PC 指向的地址。重启异常入口地址存放在物理地址 0x0 上。

2. 未对齐访问异常（向量偏移 0x4）

处理器试图在与访问大小不一致的地址边界上执行访问操作，就会发生地址未对齐访问异常。通过设置 PSR(MM)，这个异常可以被屏蔽，此时处理器会忽略对数据的对齐检查，而访问小于这个未对齐地址又最接近它的地址边界。EPC 指向试图进行未对齐访问的指令。未对齐访问异常也可能发生在数据上。如果 JMPI 或 JSRI 跳转到奇地址也会引起未对齐访问异常。这种情况下，处理器把 JMPI 或 JSRI 跳转的目标地址存在 EPC 中，而不是存 JMPI 或 JSRI 的地址。这也是 EPC 中的值为奇数的唯一情况。此时，如果跟踪模式被使能，EPSR 中的 TP 不会有效，因而未对齐的 JMPI 和 JSRI 不会被跟踪。PSR(MM) 也不会屏蔽 JMPI 和 JSRI 相关的未对齐访问异常。

3. 访问错误异常（向量偏移 0x8）

当目标访问的地址落入不允许访问区间时，访问错误异常被抛出。访问错误异常来源于两个方面:内存保护单元访问受限和片外总线错误响应。内存访问指令产生的地址首先经过内存保护单元进行访问属性检查,若访问权限出现异常,则产生访问错误异常。此后地址经过片上总线访问目标存储资源,若目标存储资源返回访问错误响应,此时当前存储访问无效,访问错误异常被抛出。

4. 除以零异常(向量偏移 0x0C)

当处理器发现除法指令的除数是零时,处理器进行异常处理而不执行该除法指令,EPC 指向当前除法指令。

5. 非法指令异常(向量偏移 0x10)

处理器译码时如果发现了非法指令或没有实现的指令,该指令不会被执行而进行异常处理。EPC 指向该非法指令。

6. 特权违反异常(向量偏移 0x14)

为了保护系统安全,一些指令被授予了特权,它们只能在超级用户模式下被执行。试图在用户模式下执行下列特权指令都会产生特权违反异常:MFCR、MTCR、PSRSET、PSRCLR、RFI、RTE、STOP、WAIT、DOZE。

处理器如果发现了特权违反异常,在执行该指令前进行异常处理。EPC 指向该特权指令。

7. 跟踪异常(向量偏移 0x18)

为了便于程序开发调试,CK-CPU 提高了对每条指令的跟踪能力。

在指令跟踪模式下,每条指令在执行完后都会产生一个跟踪异常,以便于调试程序监测程序执行。在跳转跟踪模式下,每条改变控制流的指令(BRANCH、JMP 等)都会产生一个跟踪异常。

在跳转跟踪模式下,以下指令会产生跟踪异常:JMP、JSR、JMPI、JSRI、BR、BT、BF、BSR。对于条件跳转指令,不管最终是否成功跳转,跟踪异常都会发生。

如果指令被跟踪时发生了其他更高优先级的异常,那么跟踪异常就不会被处理,只标记跟踪异常等待 TP 位(被跟踪的 JMPI 和 JSRI 指令的目标地址没有对齐也同样处理)。PSR 的 TM 位控制跟踪模式,TM 的状态决定了指令退休时是否产生跟踪异常。跟踪异常处理起始于被跟踪的指令退休之后且在下一条指令退休之前。EPC 指向下一条指令。

如果在被跟踪的指令退休时处理器发现有中断等待处理,由于中断的优先级比跟踪异常高,PSR 的影子寄存器的 TP(等待处理的跟踪异常)将有效,处理器响应中断。中断服务程序的 RTE 或 RFI 退休时,等待处理的跟踪异常会被处理。等待处理的跟踪异常是用来跟踪前面的指令的,这条指令已经退休,为了避免丢失这个异常,它的优先级是最高的,仅次于重启。

以下控制相关的特殊指令不能被跟踪:RTE、RFI、TRAP、STOP、WAIT、DOZE 和 BKPT。如果 EPSR 中的 TP 位有效,跟踪异常作为 TRE 或 RFI 正常执行的一部分被处理,而不管 PSR 或 EPSR 的 TM 位的状态。

8. 断点异常(向量偏移 0x1C)

CK-CPU 提供了断点指令 BKPT 和硬断点请求管脚(pad_biu_brkrq_b),它们被分配同一个断点异常向量。为了尽量避免硬断点异常被丢掉,硬断点异常被赋予了比中断更高的优先级。如果硬件断点请求设置在指令访问上,相应的指令不会被执行,当它退休时,处理器响应硬断点异常。如果硬件断点请求设置在数据访问上,相应的指令被允许完成,当它退休时,硬断点异常被响应。如果断点异常是由于 BKPT 指令或硬件断点请求设置,那么 EPC 指向该指令;如果数据访问时硬件断点请求设置,那么 EPC 指向它的下一条指令。

9. 不可恢复错误异常(向量偏移 0x20)

当 PSR 中的 EE 位为零时,除了快速中断外的异常会产生不可恢复的异常,因为这时用于异常恢复的信息(存于 EPC 和 EPSR)由于不可恢复的错误而被重写了。

由于所写的软件在 EE 为零时应该排除了异常事件发生的可能,这种错误一般意味着有系统错误。在不可恢复错误异常的服务程序中,引起不可恢复错误异常的异常类型是不确定的。

在物理地址转换或 jTLB 查找过程中,如果发现多个匹配的表项存在,将发生 TLB 不可恢复异常。

10. IDLY4 异常(异常偏移 0x24)

IDLY4 异常用来指示在 IDLY4 指令序列中发生了传输错误。在该异常服务程序中,EPC 指向引起传输错误的指令。异常服务程序分析发生传输错误的原因,并备份 EPC 的值以便在必要时重新执行 IDLY4 指令序列。

11. 中断异常

当外部设备需要向处理器请求服务或发送处理器需要的信息时,它可以用中断请求信号和相应的中断向量信号向处理器请求中断异常。

尽管处理器可以通过允许多周期指令被中断的方式来缩短中断响应的延时,但中断一般在指令的边界上被确认。如果 PSR 中的 IC 位被设置,DIVS、DIVU、LDM、STM 和 STQ 可以被中断而无需等待该指令完成。

CK-CPU 提供了两个中断请求信号,支持自动中断向量号和由外设显式地提供中断向量号这两种获得异常服务程序入口地址的方式。

图 2.13 显示了和中断相关的到处理器核的接口信号。为了支持向量化的中断,外设在中断请求时,用 7 位的中断向量信号提供中断向量号,或设置 pad_biu_avec_b 使用预先定义好的中断向量号。如果 pad_biu_avec_b 有效,pad_biu_vec_b[6:0]上的输入信号被忽略。pad_biu_int_b,pad_biu_fint_b 和 pad_biu_avec_b 都是低电平有效。

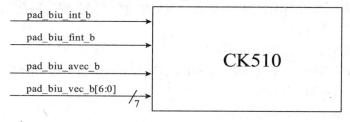

图 2.13　中断接口信号

1)普通中断(INT)

pad_biu_int_b 是普通中断请求引脚。它是中断中优先级最低的。如果 PSR 中的 IE 被清零,pad_biu_int_b 输入信号将被屏蔽,处理器不响应异常。普通中断使用 EPSR 和 EPC 这一组异常影子寄存器,它也可以被 PSR 中的 EE 位屏蔽。当 pad_biu_int_b 有效时,若 pad_biu_avec_b 也有效,则处理器使用自动向量号,其向量偏移是 0x28;否则,处理器将使用 pad_biu_vec_b[6:0]提供的向量号,它可以是 32～127 中的任意一个(硬件上不排除使用 0～31)。

2)快速中断(FINT)

pad_biu_fint_b 是快速中断请求输入引脚,当快速中断使能位(PSR 中的 FE)为 1 时有效,其优先级高于普通中断请求。快速中断使用 FPSR 和 FPC 这一组异常影子寄存器,它不会被 PSR 中的 EE 位屏蔽。如果 PSR 中的 FE 被清零,那么快速中断就会被屏蔽。当 pad_biu_fint_b 有效时,若 pad_biu_avec_b 也有效,则处理器使用自动向量号,其向量偏移是 0x2C;否则,处理器将使用 pad_biu_vec_b[6:0] 提供的向量号,它可以是 32 ~ 127 中的任意一个(硬件上不排除使用 0 ~ 31)。

3)中断处理过程

如图 2.14 所示,当中断向量号 pad_biu_vec_b[6:0] 和自动中断向量 pad_biu_avec_b 均已准备好时,拉低普通中断信号线 pad_biu_int_b,在经过系统时钟 sys_clk 和 CPU 内部时钟 cpu_clk 的上升沿依次采样后,CPU 内部采样到中断请求,并根据 pad_biu_avec_b 的设置取得相应的中断向量,然后进入中断服务程序。在中断服务程序中,清除该外部中断,即拉高 pad_biu_int_b,在经过上述两个时钟的上升沿依次采样后中断退出。快速中断的操作亦是如此。

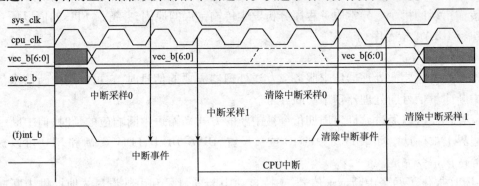

图 2.14　中断处理过程

12. TLB 失配异常(向量偏移 0x38)

在 CPU 取指或数据访问时,如果 jTLB 中没有与虚拟地址匹配的表项,将发生 TLB 失配异常,软件需要负责再填充 jTLB。

13. TLB 修改异常(向量偏移 0x3C)

在 CPU 写数据时,如果 MMU 的 jTLB 表项与虚拟地址匹配,但是匹配的表项关闭了页面 Dirty 位时发生 TLB 修改异常。

14. TLB 读无效异常(向量偏移 0x50)

在 CPU 取指或读数据时,如果 MMU 的 jTLB 表项与虚拟地址匹配,但是匹配的表项关闭了页面有效位时发生 TLB 读无效异常。

15. TLB 写无效异常(向量偏移 0x54)

在 CPU 写数据时,如果 MMU 的 jTLB 表项与虚拟地址匹配,但是匹配的表项关闭了页面有效位时发生 TLB 写无效异常。

16. 陷阱指令异常(向量偏移 0x40 ~ 0x4C)

一些指令可以用来显式地产生陷阱异常。TRAP#N 指令可以强制产生异常,它可以用于用户程序的系统调用。在异常服务程序中,EPC 指向 TRAP 指令。

上述所有异常的优先级如表 2.7 所示,根据异常的特性和被处理的先后关系,CK-CPU 将优先级分为 9 级。

在表 2.7 中,1 代表最高的优先级,9 代表最低的优先级。此外,第 8 组中的几个异常共享一个优先级,因为它们之间相互有排斥性。

表 2.7　异常优先级

优先级	异常与它相关的优先级	特　征
1	重启异常	处理器中止所有程序运行,初始化系统
2	待处理的跟踪异常	如果 TP = 1,在 RTE 或 RFI 指令退休后,处理器处理待处理的跟踪异常
3	硬断点请求	在相关的指令退休后,硬断点请求被处理
4	IDLY4 错误	在相关的指令退休后,处理器保存上下文并处理异常
5	不对齐错误	在相关的指令退休后,处理器保存上下文并处理异常
6.0 6.1	快速中断 普通中断	如果 IC = 0,中断在指令退休后被响应; 如果 IC = 1,处理器允许中断在指令完成之前就被响应
7.0 7.1 7.2 7.3 7.4	不可恢复错误异常/TLB 不可恢复异常 TLB 读无效异常/TLB 写 无效异常 TLB 修改异常 TLB 失配异常 访问错误	在相关的指令退休后,处理器保存上下文并处理异常
8	非法指令 特权异常 禁止硬件加速器 除以零 陷阱指令 断点指令	在相关的指令退休后,处理器保存上下文并处理异常
9	跟踪异常	在相关的指令退休后,处理器保存上下文并处理异常

在 CK-CPU 里,多个异常可以同时发生。重启异常是特别的,它具有最高的优先级。所有其他的异常按表 2.7 中的优先级关系进行处理。如果 PSR 中的 EE 位被清零了,当异常发生时,处理器处理的是不可恢复异常。如果多个异常同时发生,拥有最高优先级的异常最先被处理。处理器在异常返回后,重新执行产生异常的指令时,其余的异常可以重现。

17. 发生待处理的异常时调试请求

处理器如果在异常发生的同时接收到了调试请求信号,先进行异常响应。异常服务程序第一条指令退休时,处理器进入调试模式。

2.4.3　异常返回

根据正在处理的异常类型,处理器通过执行 RFI 或 RTE 指令从异常服务程序中返回。RFI 指令利用保存在 FPSR 和 FPC 影子寄存器中的上下文从异常服务程序中返回;RTE 指令利用保存在 EPSR 和 EPC 影子寄存器中的上下文从异常服务程序中返回。

2.5　CK-CPU 内存管理

CK-CPU 采用动态页式内存管理方式,通过地址映射转换表实现虚拟地址页面到物理地址页面的映射(页内地址保持不变)。虚拟内存地址空间运行在普通用户模式和超级用户模式两个权限级别上,如图 2.15 所示。普通用户只能访问 0x00000000 ~ 0x7FFFFFFF 表示的 2GB 空间,在访问 0x80000000 ~ 0xFFFFFFFF 表示的 2GB 空间时,出现访问错误。超级用户模式可访问 4GB 空间地址。

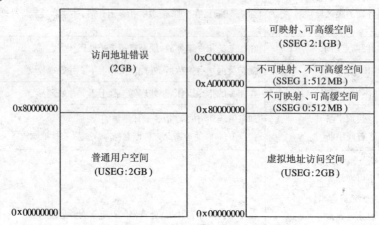

图 2.15　CK-CPU 内存管理

从虚拟地址映射的角度,4GB 空间被划分为 4 个区。

USEG(0x00000000 ~ 0x7FFFFFFF)。2GB 用户模式下的虚拟地址访问空间,该空间内的页面可按页面为基本单位进行虚拟地址到物理地址的转换。用户在 MMU 被初始化之前不能使用这个区域。

SSEG0(0x80000000 ~ 0x9FFFFFFF)。512MB 内核模式下的不可映射、可高缓空间。该空间不可映射是指落入该区域的虚拟地址会被强制减掉 0x80000000 后作为物理地址直接返回(即物理地址是通过虚拟地址减去 0x80000000 获得)。

SSEG1(0xA0000000 ~ 0xBFFFFFFF)。512MB 内核模式下的不可映射、不可高缓空间。这个空间的不可映射是指落入该区域的虚拟地址会被强制减掉 0xA0000000 后作为物理地址直接返回(即物理地址是通过虚拟地址减去 0xA0000000 获得)。由于它的不可高缓属性,该区域通常作为外设的映射空间(若原外设的物理地址为 0x10000000,其虚拟地址应该设置为 0xB0000000)。

SSEG2(0xC0000000 ~ 0xFFFFFFFF)。1GB 内核模式下的可映射、可高缓空间。这个空间允许通过 MMU 以页面为基本单位进行物理地址的灵活映射。

CK-CPU 通过控制寄存器或协处理器接口实现 MMU 与软件之间的交互。系统编程员在超级用户编程模式下通过设置与 MMU 相关的状态寄存器,来进行 MMU 的管理和操作。这些寄存器包括:

(1)MMU 索引寄存器(MIR);

(2)MMU 随机寄存器(MRR);

(3)MMU EntryLo0 寄存器(MEL0);

(4)MMU EntryLo1 寄存器(MEL1);

(5)MMU EntryHi/Bad VPN 寄存器(MEH);

(6)MMU 上下文寄存器(MCR);

(7)MMU 页掩码寄存器(MPR);

(8)MMU 圈连寄存器(MWR);

（9）MMU 控制指令寄存器（MCIR）。

2.5.1　MMU 索引寄存器（MIR）

MIR 寄存器用于指示读写操作的 jTLB 表项，或存放 TLBP 指令匹配的结果，其各位如图 2.16 所示。

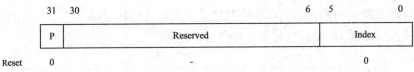

图 2.16　MMU 索引寄存器

MIR 的各位说明如下：

P——匹配失败标志。当执行 TLBP 指令时，硬件写该位指示 jTLB 是否匹配成功。当 P 为 0 时，jTLB 匹配成功；当 P 为 1 时，jTLB 匹配失败。

Index——jTLB 索引。软件写该域以提供 jTLB 表项的索引，可以参考指令 TLBR 和 TLBWI 用法说明。当执行 TLBP 指令时，硬件用匹配的 jTLB 表项的索引写该域。若 TLBP 指令匹配失败，则该域的内容不可预知。

2.5.2　MMU 随机寄存器（MRR）

MRR 寄存器用于在 TLBWR 指令执行期间指示 jTLB 的表项，其各位如图 2.17 所示。

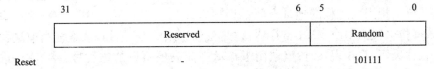

图 2.17　MMU 随机寄存器

Random 为 jTLB 表项索引，用于在 TLBWR 指令执行期间指示 jTLB 的表项。

该寄存器的值在规定区间内变化：下边界为 MWR 寄存器的值，而上边界为 jTLB 表项总数减 1。在复位异常或写 MWR 寄存器时，MRR 寄存器被设置为上边界的值。

2.5.3　MMU EntryLo0 和 EntryLo1 寄存器（MEL0&MEL1）

MEL 寄存器保存 jTLB 访问的物理地址高位和页面属性信息，其各位如图 2.18 所示。

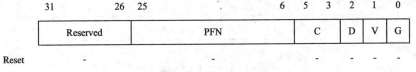

图 2.18　MMU EntryLo0 和 EntryLo1 寄存器

MEL 各位说明如下：

PFN——页帧号。该域对应于物理地址的 31～12 位。

C——可高缓域。指示当前页是否可高缓。当 C 为 010 时，当前页不可高缓；当 C 为 011 时，当前页可高缓；当 C 为其他值时使用保留值，此时处理器的行为不可预知。

D——Dirty 位。指示当前页是否可写。当 D 为 1 时，当前页可写；当 D 为 0 时，当前页不可写，写该页将产生 jTLB 修改异常。

V——有效位。指示 jTLB 表项虚拟页映射是否有效。当 V 为 1 时，该页有效，可访问；当 V

为 0 时,该页无效,不可访问,访问该页将产生 jTLB 无效异常。

G——Global 位。写 jTLB 时,MEL0 和 MEL1 两个寄存器的 G 位的逻辑与作为 jTLB 表项的
G 位。当 jTLB 表项 G 位为 1 时,在 jTLB 匹配过程中不比较 ASID。

2.5.4 MMU EntryHi/Bad VPN 寄存器(MEH)

MEH 寄存器有两个功能:包含 jTLB 访问的虚拟地址信息和 jTLB 异常时当前 VPN 的值。其
各位如图 2.19 所示。ASID 表示当前页面对应的进程号。

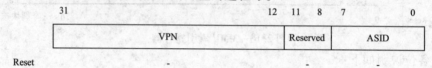

图 2.19 MMU EntryHi/Bad VPN 寄存器

VPN——虚拟页序号。该域在 jTLB 读和 TLB 异常时由硬件写,在软件写 jTLB 表项之前由
软件预先写入。

注意:在 jTLB 访问时,该域的最低位无意义。在 TLB 异常时,该域的最低位有意义。软件
将通过该位分辨哪个页面出现异常。例如,当产生 jTLB 修改异常时,软件将通过该位找到对应
的发生修改异常的页面,然后设置相应的 Dirty 位。

ASID——地址空间标识。该域通常用来保存操作系统所看到的当前地址空间的标识,异常
不会改变其值,因此在 jTLB 异常发生后,它依然保存着当前运行进程的正确地址空间标识。绝
大部分软件系统会把当前进程的地址空间标识写入该域。在使用 TLBR 指令读取 jTLB 表项时
需要注意,该操作会覆盖整个 MEH 寄存器,因此在执行该操作之后必须恢复当前进程地址空间
的标识。在软件读写 jTLB 表项时,该域用于指示当前表项所属的进程号;在 MMU 进行地址映
射时,该域用于指示当前进程号。该域在软件读 jTLB 表项时由硬件设置;在软件写 jTLB 表项时
由软件设置。

2.5.5 MMU 上下文寄存器(MCR)

MCR 寄存器包含 PTE(page table entry)中一个表项的指针(虚拟地址)。PTE 是操作系统存
储虚拟地址到物理地址映射关系的数据结构。在 TLB 失配异常发生后,操作系统从 PTE 装载传
输失配的 jTLB。其各位如图 2.20 所示。

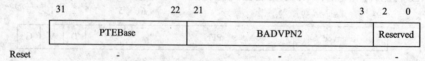

图 2.20 MMU 上下文寄存器

PTEBase——页表表项基地址。该域被操作系统使用,当发生 TLB 失配异常时,操作系统可
以用该域和 BADVPN2 域的内容迅速找到失配的 PTE 表项。

BADVPN2——失配虚拟页面号。该域在 TLB 失配异常时由硬件写入,包含产生异常的虚拟
地址的 31 位到 13 位。

2.5.6 MMU 页掩码寄存器(MPR)

MPR 寄存器用于配置页面的大小,其各位如图 2.21 所示。

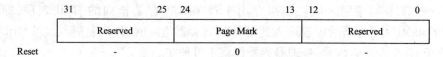

图 2.21　MMU 页掩码寄存器

Mark 为页掩码,该域的位为 1 表示虚拟地址的对应位不用于 jTLB 匹配。页掩码的编码如表 2.8 所示。

表 2.8　页掩码编码

页掩码	页大小	奇偶块选择位	页掩码	页大小	奇偶块选择位
0000_0000_0000	4KB	Vaddr[12]	0000_1111_1111	1MB	Vaddr[20]
0000_0000_0011	16KB	Vaddr[14]	0011_1111_1111	4MB	Vaddr[22]
0000_0000_1111	64KB	Vaddr[16]	1111_1111_1111	16MB	Vaddr[24]
0000_0011_1111	256KB	Vaddr[18]			

如果软件装载到 MPR 寄存器的值与表 2.8 列出的值都不一样,处理器的操作将不可预知。

2.5.7　MMU 圈连寄存器(MWR)

MWR 寄存器用来指定 jTLB 内圈连表项区和随机表项区之间的边界,该寄存器可读/写,其各位如图 2.22 所示。

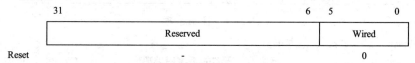

图 2.22　MMU 圈连寄存器

Wired 为 jTLB 圈连边界。MWR 寄存器复位后为 0。写 MWR 寄存器将使 MRR 寄存器的值复位(上边界的值)。如果写入 MWR 寄存器的值大于或等于 jTLB 表项的数量,处理器的操作将不可预知。被圈连的表项不能由 TLBWR 操作重写,只能由 TLBWI 操作重写。

2.5.8　MMU 控制指令寄存器(MCIR)

MCIR 寄存器实现支持 MMU 操作的命令,包括 jTLB 查找、jTLB 读、jTLB 写索引、jTLB 写随机、jTLB 无效。这些操作可以通过 MTCR 指令实现。其各位如图 2.23 所示。

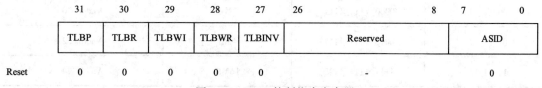

图 2.23　MMU 控制指令寄存器

MCIR 的各位说明如下:

TLBP——jTLB 查找。该控制指令用于在 jTLB 中查找虚拟页号和 ASID 跟 MEH 寄存器中内容相匹配的表项,并把相应表项的索引值存入 MIR 寄存器。如果匹配失败,MIR 寄存器的 P 位被置 1。

TLBR——jTLB 读。该控制指令用于从 jTLB 读一个表项。由 MIR 指向的 jTLB 表项的内容被装载到 MEH、MEL0、MEL1 和 MPR 寄存器。如果 MIR 寄存器的值大于或等于 jTLB 表项的数量,处理器的操作将不可预知。

TLBWI——jTLB 写索引。该控制指令用于写 MIR 寄存器指向的 jTLB 表项,即将 MEH、MEL0、MEL1 和 MPR 寄存器的内容写入到由 MIR 寄存器指向的 jTLB 表项。如果 MIR 寄存器的值大于或等于 jTLB 表项的数量,处理器的操作将不可预知。

TLBWR——jTLB 写随机。该控制指令用于写 MRR 寄存器指向的 jTLB 表项,即将 MEH、MEL0、MEL1 和 MPR 寄存器的内容写入到由 MRR 寄存器指向的 jTLB 表项。

TLBINV——jTLB 无效。该控制指令用于删除与 ASID 域值相同的所有 jTLB 表项。

ASID——再循环 ASID。该域仅仅对 jTLB 无效指令有意义。如果存在多于 256 个进程,可能需要再循环 ASID。

2.5.9 jTLB 表项结构

jTLB 包含两部分,即比较部分和物理转换部分。比较部分包括表项的虚拟页序号(因为每个表项都映射到两个物理页,所以事实上是虚拟页序号/2,VPN/2)、压缩的页掩码、ASID 和 G 位。物理转换部分包括一对表项,每个表项都包含物理页帧序号(PFN)、有效(V)位、Dirty(D)位和可高缓域(C)。每个 jTLB 表项对应两个物理页面并包含一个表项有效位。jTLB 表项的位定义如图 2.24 所示。

83	65	64	59	58	51	50	49	30	29	25	24	5	4	0
VPN2		Compressed Page Mark		ASID		G	PFN1		Flags 1		PFN0		Flag0	

图 2.24　jTLB 表项

压缩的页掩码编码如表 2.9 所示。

表 2.9　压缩的页掩码编码

压缩的页掩码	页掩码	页大小	奇偶块选择位
00_00_00	0000_0000_0000	4KB	Vaddr[12]
00_00_01	0000_0000_0011	16KB	Vaddr[14]
00_00_11	0000_0000_1111	64KB	Vaddr[16]
00_01_11	0000_0011_1111	256KB	Vaddr[18]
00_11_11	0000_1111_1111	1MB	Vaddr[20]
01_11_11	0011_1111_1111	4MB	Vaddr[22]
11_11_11	1111_1111_1111	16MB	Vaddr[24]

2.6　CK-CPU 总线协议

本节描述了 CK-CPU 处理器接口的总线协议。CK-CPU 的总线兼容 AMBA 总线协议,支持处理器和其他外围设备之间高速同步数据传输,包括数据存取、地址控制和总线控制。

表 2.10 列出了 CK-CPU 处理器的外部接口信号。

表 2.10 外部接口信号描述列表

信号名	简称	I/O	注　释
数据传输相关信号			
biu_pad_haddr[31:0]	HADDR	O	32 位地址总线
biu_pad_hwdata[31:0]	HWDATA	O	32 位写数据
biu_pad_hburst[2:0]	HBURST	O	指示传输是否突发传输及突发传输类型： 000——SINGLE 单笔传输； 001——INCR 未定长度增量突发传输 010——WRAP4 四拍回绕突发传输
biu_pad_hsize[2:0]	HSIZE	O	指示传输的尺寸
biu_pad_htrans[1:0]	HTRANS	O	指示传输类型，为 00——IDLE,01——BUSY,10——NON-SEQ,11——SEQ 中的一种
biu_pad_hwrite	HWRITE	O	1——写传输;0——读传输
biu_pad_hprot[3:0]	HPROT	O	保护控制信号
biu_pad_hbusreq	HBUSREQ	O	总线请求信号
biu_pad_hlock	HLOCK	O	表示总线已被 CPU 锁定
pad_biu_hrdata[31:0]	HRDATA	I	32 位读数据
pad_biu_hready	HREADY	I	指示当前传输完成
pad_biu_hgrant	HGRANT	I	指示 CPU 当前已占有总线
pad_biu_hresp[1:0]	HRESP	I	传输应答:00——OKAY,01——ERROR,10——RETRY 和 11——SPLIT
pad_biu_tmiss_b	TMISS	I	指示当前传输 TLB 未命中
控制相关信号			
pad_biu_brkrq_b[1:0]	BRKRQ	I	一次访问的断点异常,对应当前数据传输
biu_pad_idly4_b	IDLY4	O	表示 IDLY4 状态
biu_pad_pstat[3:0]	PSTAT	O	处理器状态输出
pad_biu_int_b	INT	I	中断输入
pad_biu_fint_b	FINT	I	快速中断输入
pad_biu_avec_b	AVEC	I	要求内部产生中断向量
pad_biu_vec_b[6:0]	VEC	I	中断向量
biu_pad_lpmd_b[1:0]	LPMD	O	表示低功耗模式： 00——STOP,01——WAIT; 10——DOZE,11——NORMAL
biu_pad_gcb[31:0]	GCR	O	全局控制总线输出
pad_biu_gsb[31:0]	GSR	I	全局状态总线输入
pad_biu_dbgrq_b	DBGRQ	I	外部设备申请进入调试模式

信号名	简称	I/O	注　释
控制相关信号			
biu_pad_dbg_b	DBG	O	表示处理器已进入调试模式
pad_biu_bigend_b	BIGEND	I	0 表示 Big Endian；1 表示 Little Endian
pad_biu_intraw_b	INTRAW	I	异步中断请求输入，用于退出低功耗模式
pad_biu_fintraw_b	FINTRAW	I	快速异部中断请求输入，用于退出低功耗模式
时钟与复位信号			
pad_biu_sysclk	SYSCLK	I	从板上输入的系统时钟
pad_reset_rst_b	RST	I	从板上输入的复位信号
pad_biu_clkratio[2:0]	CLKRATIO	I	处理器时钟频率和系统时钟频率之比：000——1∶1,001——2∶1,011——4∶1,111——8∶1,其他保留

注：I 表示输入，O 表示输出，带有_b 后缀的表示低电平有效。

总线接口单元负责 CPU 核和 AHB 之间的地址控制和数据传输，其基本特点包括：

(1) 与 AMBA2.0 总线协议兼容；

(2) 突发(burst)传输模式(四拍回绕突发传输和未定长度增量突发传输)；

(3) 关键字优先；

(4) CPU 核与总线时钟频率比可有不同配置；

(5) 当执行 IDLY4 指令时锁住总线；

(6) 所有的输入输出信号都经过锁存以获得较好的时序；

(7) 只有时钟上升沿时有操作；

(8) 没有三态执行；

(9) 支持 RETRY 和 SPLIT(可扩展)响应。

2.6.1　CK-CPU 突发传输

根据 CK-CPU 自身的特点，其外部系统总线传输协议和 AMBA 协议有一些不同点，在此说明如下：

(1) CK-CPU 只支持四拍回绕突发传输(4-beat wrapping burst)和未定长度增量突发传输(unspecified length incremental burst)；

(2) 四拍回绕突发传输的宽度只支持字；未定长度增量突发传输模式支持字节，半字和字。

注意：只有 CPU 执行 IDLY4 指令时 HLOCK 信号有效。如果主设备在四拍回绕突发传输或未定长度增量突发传输中收到 ERROR 响应，它会终止传输。

CPU 发出 HBUSREQ 请求，等待仲裁器给 CPU HGRANT 应答后，CPU 就占有了总线，可以向从设备发起传输。一个 AHB 传输包括两个不同的相位：

(1) 地址相位，只持续一个时钟周期；

(2) 数据相位，通过使用 HREADY 信号可以持续多个时钟周期。

1. 基本传输

图 2.25 表示了一个最简单的传输，没有等待状态。

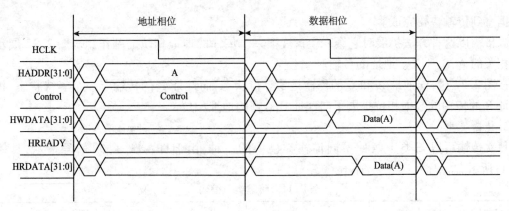

图 2.25　简单传输

在一个没有等待状态的简单传输中：

(1)主设备(CK-CPU,下同)在 HCLK 的上升沿后向总线驱动地址和控制信号。

(2)从设备在下一个时钟的上升沿时获取地址和控制信息。

(3)之后从设备开始发出合适的响应,总线主设备在时钟的第三个上升沿获取这个响应。

实际上,任何传输的数据相位在前一次传输的地址相位就已经产生了。这种地址和数据的重叠是总线流水线特性的基础,用以获得高性能的操作,同时仍可提供充分的时间给从设备发出传输的响应。

一个从设备可以向任何传输插入等待状态(图 2.26),以延长传输完成的时间。

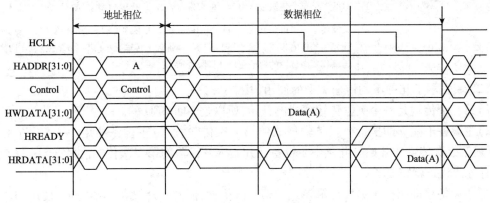

图 2.26　有等待状态的传输

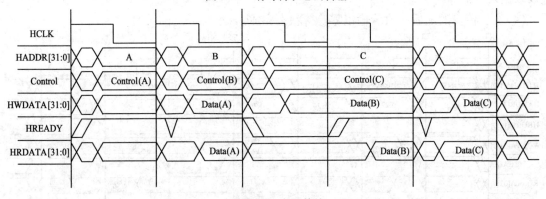

图 2.27　多重传输

对于写操作主设备会在扩展的时钟周期里保持数据稳定,对于读传输从设备不需要提供有效数据直到传输快要完成。

当传输以这种方法扩展时它会产生扩展下一个传输的地址相位的副作用。图 2.27 展示了对不相关的 A、B、C 三个地址的传输。

在图 2.27 中,向地址 A 和 C 的传输是零等待状态,向地址 B 的传输有一个等待状态,扩展向地址 B 的传输的数据相位扩展了向地址 C 传输的地址相位。

2. 传输类型

每次传输可以归类于四种不同传输类型中的一种,由 HTRANS[1:0] 信号指示,具体如表 2.11 所示。

表 2.11　传输类型编码

HTRANS[1:0]	类型	描　述
00	IDLE	指示此时没有数据传输被请求。当总线主设备已占有总线但还没有数据传输时,便是 IDLE 传输类型。从设备必须总是提供一个零等待状态 OKAY 响应给 IDLE 传输,并且这个传输应被从设备忽略
01	BUSY	BUSY 传输类型允许总线主设备在突发传输中插入 IDLE 周期。这种传输类型指示总线主设备在继续一个突发传输中,下一个不能立即发生。当主设备使用 BUSY 传输类型时,地址和控制信号必须反映出突发传输模式中的下一个传输。这种传输应被从设备忽略。从设备必须总是提供一个零等待状态 OKAY 响应,和在 IDLE 传输中的情况一样
10	NONSEQ	指示突发传输中的第一个传输或者一单个传输。地址和控制信号和前次传输无关。总线上的单个传输被认为单个的突发传输,所以传输类型是 NONSEQUENTIAL
11	SEQ	突发传输模式里剩下的传输是 SEQUENTIAL 并且地址和先前的传输相关。控制信息和先前的传输相同。地址等于先前的地址加上传输大小(以字节单位)。在回绕突发传输模式中传输的地址在地址界限处回绕

图 2.28 表示了几种不同传输类型的使用,其中:

(1)第一个传输是一个突发传输模式的开始,所以是 NONSEQ 的。

(2)主设备不能立即执行突发传输模式的第二次传输,所以主设备使用一个 BUSY 模式传输以延迟第二次传输的开始。此例中主设备在开始突发传输的第二次传输前只需要一个时钟周期,没有等待状态就完成了。

(3)主设备立即执行了突发传输模式的第三次传输,但此时从设备不能完成,使用 HREADY 有效以插入一个等待状态。

(4)突发传输的最后一次传输以零等待状态完成。

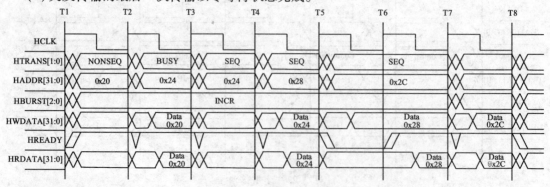

图 2.28　传输类型实例

3. 传输响应

CPU 开始一次传输之后，从设备决定传输如何进行。每当从设备被访问时，它必须提供一个响应指示传输的状态。HREADY 信号用来扩展传输，它和给 CPU 传输的响应的 HRESP[1:0] 一起工作。表2.12 描述了 HRESP[1:0] 的响应类型。

表2.12　HRESP[1:0]响应类型描述

HRESP[1:0]	响应类型	描　　述
00	OKAY	当 HREADY 变高时表示传输成功完成。在 HREADY 为低时，OKAY 响应也可在给出其他三种响应前用于额外插入的时钟周期
01	ERROR	这个响应表示有一个错误发生。错误状态需要告知 CPU 使之知道传输不成功。ERROR 响应需要保持两个时钟周期
10	RETRY	RETRY 响应表示传输尚未完成，所以 CPU 需要重试这次传输直到完成传输。RETRY 响应需要保持两个时钟周期
11	SPLIT	传输尚未成功完成。当 CPU 下次被授予总线访问权时必须重试传输。当传输能完成时，从设备将会代表主设备请求对总线的访问。SPLIT 响应需要保持两个时钟周期（对此响应的操作 CK-CPU 可扩展）

只有 OKAY 响应可只在单个周期给出。ERROR、SPLIT 和 RETRY 响应需要至少两个周期。为完成这些响应在倒数第二周期从设备驱动 HRESP[1:0]指示 ERROR，SPLIT 或 RETRY，同时驱动 HREADY 为低电平以扩展一额外的传输周期。最后驱动 HREADY 为高电平以结束传输，同时响应置为 OKAY。

对于 SPLIT 和 RETRY，接下来的传输必须被取消。对于 ERROR，由于进行中的传输不被重复，是否进行接下来的传输是可选择的。

图2.29 表示了具有重传的传输。

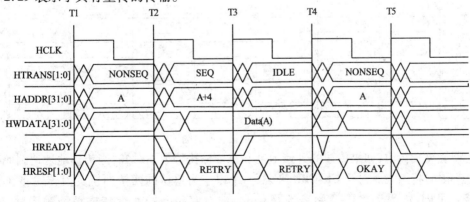

图2.29　具有重传的传输

（1）CPU 开始传输于地址 A。

（2）在这次传输的响应接收到之前 CPU 将地址变为 A+4。

（3）从设备在地址 A 上不能立即完成传输，于是发射一个 RETRY 响应，告诉 CPU 在地址 A 的传输不能完成，所以在地址 A+4 的传输被取消，以一个 IDLE 传输代之。

4. 突发传输操作

HBURST[2:0]指示了传输是否是突发传输及突发传输类型：

（1）当 HBURST[2:0]为 000 时，代表单个传输（SINGLE）；

（2）当 HBURST[2:0]为 001 时，代表未定长度增量突发传输（INCR）；

（3）当 HBURST[2:0]为 010 时，代表四拍回绕突发传输（WRAP4）。

CK-CPU 只支持 INCR 和 WRAP4 两种突发传输。

一个突发传输中所有的传输地址必须和 HSIZE 指示的每次传输大小的量对齐，比如以字为单位时地址的最后两位要是 0。突发传输模式访问的地址范围不可一次跨越超过 1KB。当 CK-CPU 开了缓存运行时，每次取指令和访问数据都要取回 16B 的数据来填满一个缓存行，这时 CPU 就自动使用了突发传输模式。

某些特定情况下一个突发传输不能完成，可以通过监视 HTRANS 信号和确认突发传输开始之后每次传输被标为 SEQUENTIAL 还是 BUSY 知道该突发传输是否已经提前结束。如果一个 NONSEQUENTIAL 或 IDLE 传输发生就指示了一个新的突发传输已经开始了，而之前的突发传输也一定已经结束。

如果总线主设备由于失去了总线所有权不能完成一个突发传输，当它下次能访问总线时必须以合适的方法重建该传输。例如，如果主设备只完成了四拍回绕突发传输中的一拍，它必须使用未定长度增量突发传输以执行剩下的三次传输。

未定长度增量突发传输访问连续的位置，突发传输中每次传输的地址是前一次传输地址的增量。一次增量突发传输可以是任意长的，但不可超过 1KB 地址范围。单个的传输可以使用未定长度增量突发传输模式只执行一次传输。

图 2.30 中，两次半字的传输开始于地址 0x20，地址增量是 2；字传输开始于地址 0x5C，地址增量是 4。

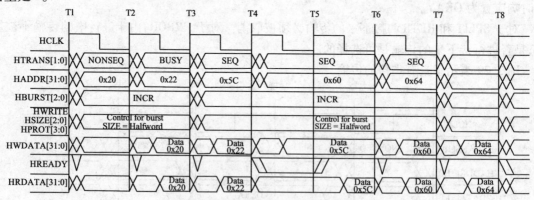

图 2.30 增量突发传输

对于回绕突发传输，如果传输的开始地址和总传输比特数不对齐，当传输地址达到此次突发传输地址界限时将回绕。对于 CK-CPU 来说，一个以字为单位的四拍回绕突发传输将在 16B 界限处回绕。也即，如果传输的开始地址是 0x38，那么它包含的 4 个传输地址顺序就是 0x38、0x3C、0x30 和 0x34，如图 2.31 中所示。

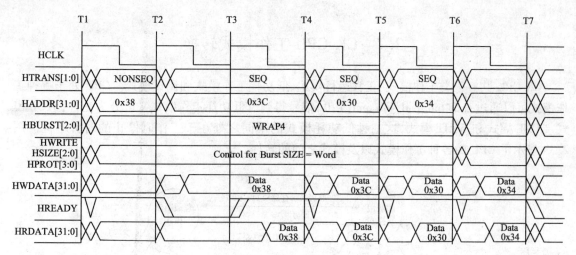

图 2.31　四拍回绕突发传输

2.6.2　总线异常

表 2.13 列出了总线上出现异常时 CPU 的行为。

表 2.13　总线异常控制循环

HREADY	HRESP	TMISS_b	结　果
不关心	ERROR	High	访问错误——结束传输并处理访问错误
不关心	ERROR	Low	TLB 丢失错误——结束传输并处理 TLB 丢失异常
High	OKAY	不关心	正常循环结束并继续
Low	OKAY	不关心	插入等待状态
不关心	RETRY	不关心	等待进入 RETRY 操作
不关心	SPLIT	不关心	等待进入分块传输

图 2.32 表示在一次传输中从设备需要一个周期决定发出哪个响应（此时 HRESP 指示 OKAY），然后以两个周期的 ERROR 响应结束传输。CPU 收到 ERROR 响应后将跳到异常服务程序里。

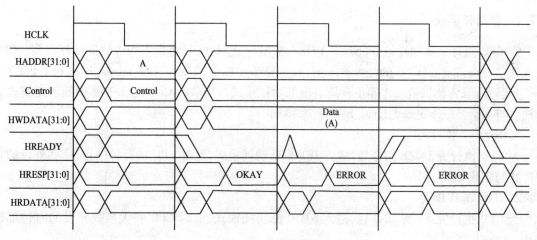

图 2.32　错误响应

2.7 CK-CPU 工作模式转换

CK-CPU 共有三类工作模式:正常运行模式、低功耗工作模式和调试模式。CPU 处于哪种工作模式可以通过查询 biu_pad_jdb_pm[1:0]信号得到。低功耗工作模式又可分为三种:STOP 模式、DOZE 模式和 WAIT 模式,这三种低功耗模式的不同之处在于工作时停止的时钟不同。图 2.33 显示了 CPU 的各种工作模式以及模式之间的转换。

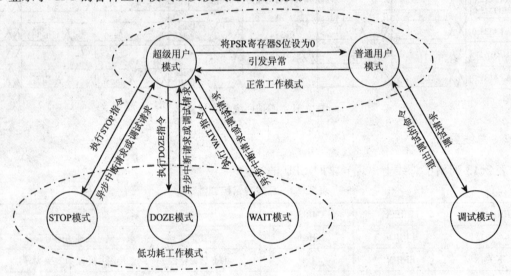

图 2.33　CPU 的各种工作状态示意图

2.7.1　正常工作模式

CPU 的正常工作模式可以分为两种,超级用户模式和普通用户模式。CPU 处于哪种正常工作模式通过查询 PSR 寄存器中的 S 位得到,当 S 位为 1 时,CPU 工作于超级用户模式;当 S 位为 0 时,CPU 工作于普通用户模式。当 CPU 工作在超级用户模式时,可以通过将 S 位设置为 0 进入普通用户模式;当 CPU 工作于普通用户模式时,通过引发异常进入超级用户模式。

2.7.2　低功耗模式

当 CPU 执行完低功耗指令(STOP、DOZE、WAIT)之后,CPU 将进入相应的低功耗模式。CPU 进入低功耗模式之后,CPU 的时钟被停止,只有异步中断请求(pad_biu_intraw_b 和 pad_biu_fintraw_b 信号)或者调试请求才能正常地退出低功耗模式。当前的 CPU 工作于哪种低功耗模式可以通过查询信号线 biu_pad_lpmd_b[1:0]来得到。

1. DOZE 工作模式

当 CPU 执行完 DOZE 指令后,进入 DOZE 低功耗模式,此时 CPU 的时钟停止,哪些外设的时钟停止与实现相关。

2. STOP 工作模式

当 CPU 执行完 STOP 指令后,进入 STOP 低功耗模式,此时 CPU 和大多数外设的时钟都被停止。

3. WAIT 工作模式

当 CPU 执行完 WAIT 指令之后,进入 WAIT 低功耗模式,此时 CPU 停止工作,大多数的外设仍然在运行并可以产生中断。

2.7.3 调试模式

1. 进入调试模式

当 CPU 接到调试请求之后,进入调试模式,其中调试请求源可以有以下七种。

(1)在低功耗模式下,可以通过使能 pad_had_jdb_req_b 信号进入调试模式;

(2)在正常工作模式下,可以通过使能 pad_biu_dbgrq_b 信号进入调试模式;

(3)当 CK-CPU CSR 的 FDB 位有效时,若 pad_biu_brkrq_b[1:0]信号有效则进入调试模式;

(4)当 CK-CPU CSR 的 FDB 位有效时,处理器通过执行 BKPT 指令进入调试模式;

(5)当 CK-CPU HCR 的 DR 位有效时,处理器在完成当前指令后进入调试模式;

(6)当 CK-CPU HCR 的 TME 位有效时,处理器在跟踪计数器的值减到 0 后进入调试模式;

(7)在 CK-CPU 存储器断点调试模式下,当 MBCA/MBCB 的值为 0 时,如果当前执行的指令符合断点要求,那么处理器进入调试模式。

2. 退出调试模式

当 CK-CPU HACR 的 GO、EX 位被置为 1 时,若当前的操作是对 CPU SCR 或者"没有选中任何寄存器"进行读写,则执行指令时 CPU 退出调试模式,进入正常工作模式。

注意:由于在调试模式下 PC、CSR、PSR 是可变的,因此在退出调试模式时,CPU SCR 中的值必须是刚进入调试模式之时保存过的值。

思考题与习题

2.1 简述 CK-CPU 的普通用户和超级用户两种编程模型的联系与区别。

2.2 列举并简述 CK-CPU 所有的异常中断。

2.3 列举 CK-CPU 用于实现内存管理和软件交互的相关寄存器,并简述它们的作用。

本章参考文献

杭州中天微系统有限公司. 2007-07-03. CK-Core 用户手册[EB/OL]. [2011-05-04]. http://www.c-sky.com/dowlist.php? id=17.

ARM. 1999-05-13. AMBA™ Specification[EB/OL]. [2011-05-02]. http://infocenter.arm.com/help/index.jsp? topic=/com.arm.doc.set.amba/index.html.

第3章　CK-CPU 指令集

3.1　指令类型和寻址模式

CK-CPU 指令宽度为 16 比特,立即数和偏移量被编码在指令中,其他的操作数采用寄存器寻址,寄存器的内容可以通过存取指令存储到内存或者从内存中取出。

CK-CPU 实现了三类指令:

(1)寄存器操作指令;

(2)内存存取指令;

(3)跳转指令。

寄存器操作指令对通用寄存器进行操作,或者访问控制寄存器;内存存取指令将通用寄存器的数据存储到内存中,或者从内存取出数据到通用寄存器中;跳转指令改变指令序列的执行顺序。各类指令的格式将在后续表格中列出。

指令的寻址模式是指,根据指令中给出的地址码字段,寻找真正操作数地址的模式。CK-CPU 共有 13 种寻址模式,其中寄存器操作指令有 6 种寻址模式,内存存取指令有 4 种寻址模式,跳转指令有 3 种寻址模式。下面章节将对各种寻址模式作详细的解释和说明。

3.1.1　寄存器操作指令

CK-CPU 的寄存器操作指令的寻址模式有以下 6 种:一元寄存器寻址模式、二元寄存器寻址模式、寄存器五位立即数寻址模式、寄存器五位立即偏移量寻址模式、寄存器七位立即数寻址模式和控制寄存器寻址模式。下面对每种寻址模式进行详细的说明。

1. 一元寄存器寻址模式

一元寄存器寻址模式在指令中仅用 1 个 4 位的寄存器字段(表 3.1 中的寄存器 RX 域)编码规定操作的源/目的寄存器。运用这种格式的指令包括 ABS、ASRC、BREV、CLRF、CLRT、DECF、DECGT、DECLT、DECNE、DECT、FFL、INCF、INCT、LSLC、LSRC、MVC、MVCV、NOT、SEXTB、SEXTH、TSTNBZ、XSR、ZEXTB 和 ZEXTH 等。

表 3.1　一元寄存器寻址格式

15	4	3	0
操作码	辅助操作码	寄存器 RX	

应用示例:

ABS R1;//将寄存器 R1 中的数据取出,取绝对值后,再放回到寄存器 R1 中

MVC R1;//把位 C 的值复制到目标寄存器 R1 的最低位中,R1 其他的位清零

2. 二元寄存器寻址模式

二元寄存器寻址模式在指令中使用 2 个 4 位的寄存器字段,用来编码规定 1 个源寄存器(表 3.2 中的寄存器 RY)和 1 个源/目的寄存器(表 3.2 中的寄存器 RX)。在有些指令中,只使用 1 个源操作数,那么寄存器 RY 作为源寄存器,RX 作为目的寄存器。运用这种格式的指令包括

ADDC、ADDU、AND、ANDN、ASR、BGENR、CMP、[HS, LT, NE]、IXH、IXW、LSL、LSR、MOV、MOVF、MOVT、MULT、OR、RSUB、SUBC、SUBU、TST 和 XOR 等。

表3.2　二元寄存器寻址格式

15		8	7		4	3		0
操作码			辅助操作码			寄存器 RY		寄存器 RX

应用示例：

ADDC R2,R3;//将寄存器 R2、R3、进位标志位 C 中的数据相加,结果存入寄存器 R2 中,进位存入进位标志位 C 中

MOV R4,R5;//把寄存器 R5 中的数值复制到寄存器 R4 中

3. 寄存器五位立即数寻址模式

在寄存器五位立即数寻址指令中,用 4 位寄存器字段(表3.3 中的寄存器 RX)编码规定一个源/目的寄存器,用 5 位立即数字段(表3.3 中的五位立即数域)规定一个无符号立即数作为第 2 个源操作数。运用这种格式的指令包括 ANDI、ASRI、BCLRI、BGENI、BMASKI、BSETI、BTS-TI、CMPNEI、LSLI、LSKI、ROTLI 和 RSUBI 等。

表3.3　寄存器5位立即数寻址格式

15		9	8		4	3		0
操作码			辅助操作码			五位立即数域		寄存器 RX

应用示例：

ANDI R1,4;　//将寄存器 R1 中的数值与立即数4 相与,结果存入寄存器 R1 中

ASRI R2,0x6;//把寄存器 R2 中的数值算术右移6 位,结果存入寄存器 R2 中,此处 0x6 代表立即数6 为十六进制数

4. 寄存器五位立即偏移量寻址模式

在寄存器五位立即偏移量寻址指令中,用 4 位寄存器字段(表3.4 中的寄存器 RX)编码规定一个源/目的寄存器,用 5 位立即数字段(表3.4 中的立即偏移量域)规定一个无符号立即数作为第 2 个源操作数。该立即数加 1 成为实际立即偏移量,因此码值0~31 的立即偏移量,对应1~32 的实际偏移量。运用这种格式的指令包括 ADDI、SUBI 和 CMPLTI 等。

表3.4　寄存器5位立即偏移量寻址格式

15		9	8		4	3		0
操作码			辅助操作码			立即偏移量域		寄存器 RX

应用示例：

ADDI R3,4;　//寄存器 R3 中的数值与立即数加 1 的结果(4+1=5)相加,结果存入寄存器 R3 中

SUBI R4,5;　//寄存器 R4 中的数值与立即数加 1 的结果(5+1=6)相减,结果存入寄存器 R4 中

5. 寄存器 7 位立即数寻址模式

在寄存器7 位立即数寻址指令中,用4 位寄存器字段(表3.5 中的寄存器 RX)编码规定一个目的寄存器,用 7 位立即数字段(表3.5 中的七位立即数域)规定一个无符号立即数作为第 2 个源操作数。只有 MOVI 指令用到这种格式。

表3.5　寄存器七位立即数寻址格式

15		11	10		4	3		0
操作码			七位立即数域			寄存器 RX		

应用示例：

MOVI R10, 2;//将七位立即数 2 进行零扩展后,存入寄存器 R10 中
MOVI R7, 0;//将七位立即数 0,存入寄存器 R7 中

6.控制寄存器寻址模式

在控制寄存器寻址指令中,用 4 位寄存器字段(表 3.6 中的寄存器 RX)编码规定一个通用的源/目的寄存器,用 4 位寄存器字段(表 3.6 中的控制寄存器 Y)规定一个控制寄存器作为源/目的寄存器。只有 mfcr 和 mtcr 指令用到这种格式。

表 3.6　控制寄存器寻址模式

15　　　　　　　　　　　9	8　　　　　　　　4	3　　　　　　　　0
操作码	控制寄存器 Y	寄存器 RX

应用示例：

MTCR R10,CR21;//将寄存器 R10 中的数据传送到控制寄存器 CR21 中
MFCR R7, CR18;//将控制寄存器 CR18 中的数据传送到寄存器 R7 中

3.1.2　内存存取指令

CK-CPU 在访问内存操作中支持 4 种寻址模式:倍乘四位立即数寻址模式、加载/存储寄存器象限寻址模式、多寄存器载入/存取寻址模式和加载相对字寻址模式。下面对每种寻址模式进行详细的说明。

1.倍乘 4 位立即数寻址模式

LD 指令和 ST 指令利用这种寻址模式实现高效的地址计算。在指令中,将通用寄存器(表 3.7 中的寄存器 RX 域)的数据与 4 位立即数(表 3.7 中的 4 位立即数域)偏移后的结果相加作为地址。四位立即数是根据内存通路的大小而左移的,目的在于为访问形成有效的地址。另一个四位的寄存器(表 3.7 中的寄存器 RZ)在加载(LD 指令)时作为目的寄存器,而在存储(ST 指令)时作为源寄存器。

表 3.7　倍乘 4 位立即数寻址格式

15　　　　12	11　　　　　8	7　　　　　　4	3　　　　　　0
操作码	寄存器 RZ	四位立即数域	寄存器 RX

应用示例：

ST R7,(R0,4);//将立即数 4 左移 2 位,与 R0 相加,利用得到的结果作为地址寻找内存中对
　　　　　　应的单元,将寄存器 R7 中的数值存入到对应的单元中
ID R6,(R0,5);//将立即数 5 左移 2 位,与 R0 相加,利用得到的结果作为地址寻找内存中对
　　　　　　应的单元,并将对应单元中数据取出放入寄存器 R6 中

2.加载/存储寄存器象限寻址模式

LDQ 指令和 STQ 指令利用这种模式将一批邻近的寄存器 R4 到 R7 的值传进或者传出内存,其中内存地址由通用寄存器(表 3.8 中的寄存器 RX)的内容所规定。R4 到 R7 的值将以上升序传入内存(执行 STQ 指令时),或者从内存中传出(执行 LDQ 指令时)。

表 3.8　加载/存储寄存器象限格式

15　　　　　　　　　　　　　　　　　　4	3　　　　　　0
操作码　　　　　　　辅助操作码	寄存器 RX

应用示例：

LDQ R4 ~ R7，(R1) ;//将从 R1 指向的内存单元开始的四个双字单元分别存入 R4 ~ R7 四个寄存器中
STQ R4 ~ R7，(R2) ;//将 R4 ~ R7 四个寄存器中的数据分别存入从 R2 指向的内存单元开始的四个双
　　　　　　　　　　字单元中

3. 多寄存器载入/存取寻址模式

LDM 指令和 STM 指令利用这种模式将一批邻近的寄存器传进或者传出内存,其中内存地址由通用寄存器 R0 的内容所规定。指令中用一个 4 位的寄存器字段(表 3.9 中的寄存器 RX 区域)规定了要传值的通用寄存器列表的第一个寄存器名。该通用寄存器 RX 到 R15 的值将以上升序传入内存(执行 STM 指令时)或从内存中传出(执行 LDM 指令时)。

表 3.9　多寄存器载入/存取格式

15		4	3		0
操作码	辅助操作码			寄存器 RX	

应用示例：

LDM R4 ~ R15, (R0) ; //将从 R0 指向的内存单元开始的十二个双字单元分别存入 R4 ~ R15 十二个寄存
　　　　　　　　　　器中
LDM R10 ~ R15, (R0) ; //将从 R0 指向的内存单元开始的六个双字单元分别存入 R10 ~ R15 六个寄存器中

4. 加载相对字寻址模式

LRW 指令用这种格式访问一个由程序计数器(PC)相对定位的 32 比特数据。表 3.10 中的 8 位转移区域的无符号数值进行零扩展后,将得到的结果左移 4 位,再加上 (PC + 2) 的值,从而得到有效地址。有效地址的低两位改为 00 后,所定位的 1 个字(4 个字节)被送入一个 32 位的通用寄存器(表 3.10 中的寄存器 RZ)中。

表 3.10　加载相对字格式

15	12	11	8	7	0
操作码		寄存器 RZ		八位转移区	

应用示例：

LRW R1, 0x80000100;//将当前指令对应的 PC + 2 的值加 8 位相对偏移量左移 2 位的值,由此获得的数据作为
　　　　　　　　　　地址到片外载入目标立即数存入寄存器 R1 中

3.1.3　跳转指令

CK-CPU 跳转指令支持 3 种寻址模式:11 位移位偏移模式、寄存器寻址模式和间接寻址模式。下面对每种寻址模式进行详细的说明。

1.11 位移位偏移模式

BR、BF、BT 和 BSR 指令使用这种模式进行目标地址计算。计算模式如下:将表 3.11 中的 11 位偏移量左移一位后,进行有符号扩展,再加上下一条指令的地址(即为 PC + 2)后,得到跳转的目标地址。

表 3.11　11 比特移位偏移寻址模式

15	11	10	0
操作码		11 位偏移量	

应用示例：

BR 0x2800007A;//这里不需要进行目标地址的计算,会直接跳转到 0x2800007A

BF 0x280001DC;//当 C = 0 时,跳转到地址 0x280001DC,此处 0x 代表十六进制数;当 C = 1 时,不进行跳转,执行
（PC + 2）处的指令

2. 寄存器寻址模式

JMP 和 JSR 指令使用这种寻址模式进行快速的地址计算。目标地址被存放在一个通用寄存器（表 3.12 中的 RX 域）中。注意,在寻址时,该通用寄存器 RX 中的最低位将会被忽略,以半字为单位进行寻址。

表 3.12　寄存器寻址模式

15	4	3	0
指令码		RX 域	

应用示例：

JMP R15；　//跳转到由 R15 指定的目标地址处

JSR R4；　　//无条件转移到由寄存器 R4 决定的子程序中,并把返回的地址压入堆栈

3. 间接寻址模式

JMPI 和 JSRI 指令使用这种寻址模式从内存中取出 32 比特数据并赋给指令计数器,内存地址由当前 PC + 2（即下一条指令的地址）的值与 8 比特立即数（表 3.13 中的 8 比特偏移量）经无符号扩展后左移两位的值相加指定。从内存中取出的值赋给程序计数器（PC）,如果这个值是偶数,程序从新的程序计数器指定的位置开始执行,否则将会产生未对齐错误异常。

表 3.13　间接寻址指令格式

15	8	7	0
指令码		8 比特偏移量	

应用示例：

JMPI 0x2800077A;//跳转到地址 0x2800077A 处

JSRI 0x2800077A;//无条件转移到存在于 0x2800077A 地址的子程序中,并把返回的地址压入堆栈,即将返回地址存入 R15 中

3.2　指令流水线

本章节介绍关于 CK-CPU 系列中的 CK510 微处理器的 指令流水线和指令时序信息。

CK-CPU 微处理器有 7 级流水线:即指令读取 I 、指令读取 II 、访问寄存器组、指令执行、访问数据高缓 I 、访问数据高缓 II 、数据回写。处理器的指令高缓和数据高缓均可配置（2K、4K、8K）。7 级流水线的作用如表 3.14 所示 。

表 3.14　各级流水线作用

流水线名称	缩　写	流水线作用
指令读取 I	IF	1. 访问指令高缓 2. 计算下一条指令的地址
指令读取 II	IS	1. 选取将要执行指令 2. 访问跳转历史单元,分支预测 3. 指令预译码 4. 指令相关性分析

续表

流水线名称	缩　写	流水线作用
访问寄存器组	RF	1. 从寄存器组中读取源操作数 2. 指令译码并检查指令互锁条件 3. 指令发射到执行单元
指令执行	EX	1. 大多数 ALU 指令在该级完成 2. Load/Store 指令的数据地址在该级产生 3. 跳转指令在该级检查跳转条件并产生跳转目的地址
访问数据高缓 I	DF	访问数据高缓
访问数据高缓 II	DS	数据对齐并完成 Load/Store 指令
数据回写	WB	指令执行结果回写到寄存器组

在流水执行指令的过程中，当指令之间有相关性的时候，数据前馈硬件将前一条指令执行结果直接前馈到执行单元(EX)作为其源操作数，从而使得后面的指令不用等到前一条指令回写(WB)时才能得到操作数。

CK-CPU 包含一个 32 位指令缓存用于给 CK-CPU 指令寄存器提供指令。指令提取单元每次从指令高缓中取 32 位数据写入指令缓存，即每次向缓存中写入两条指令。当执行指令时，只有其中的一条指令送给指令译码单元用于译码。当指令缓存内的指令都执行完成之后，指令提取单元重新从指令高速缓存中取出两条指令，填充指令缓存。图 3.1 显示了指令执行时的数据流向。

指令高缓
指令缓存I
指令缓存II
选择器
指令译码
指令高缓

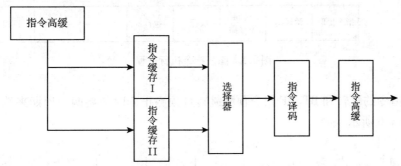

图 3.1　指令执行时的数据流向

单周期指令流水线重叠执行顺序如图 3.2 所示，这类指令一般都是按顺序发射并完成的。大多数的算术和逻辑指令都属于这类指令。

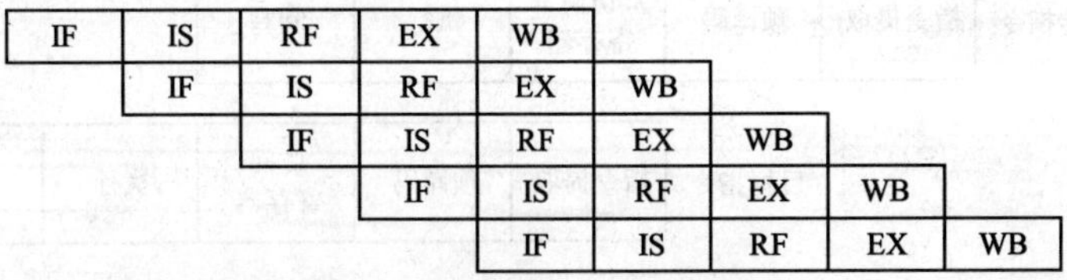

IF IS RF EX WB
IF IS RF EX WB
IF IS RF EX WB
IF IS RF EX WB
IF IS RF EX WB

图 3.2　单周期指令流水线重叠执行

LOAD、STORE、乘法指令、除法指令和 OMFLIP 指令至少需要两个执行周期才能完成。LOAD、STORE 指令在 EX 级计算目标数据地址，在 DF 级访问数据缓存。其执行过程如图 3.3 所示。

图 3.3 LD/ST 指令执行过程

乘法指令需要两个执行周期完成(可流水操作),如图 3.4 所示。

图 3.4 乘法指令执行过程

除法指令需要 1~32 个执行周期完成,如图 3.5 所示。

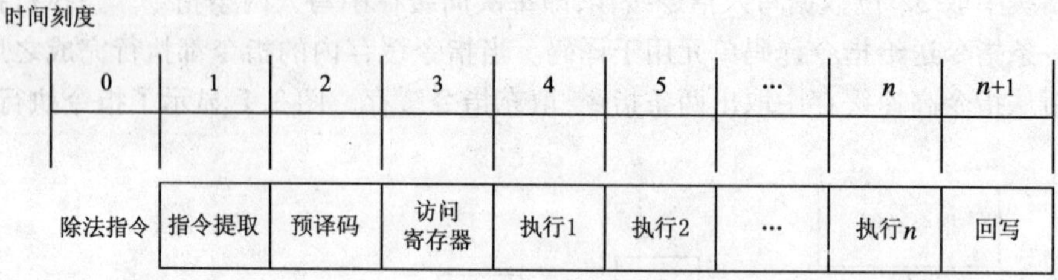

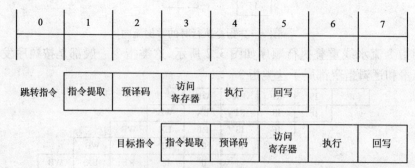

图 3.5 除法指令执行过程

BR、BSR 指令的跳转和 BT、BF 指令预测跳转且预测正确时需要两个周期来填充流水线,其执行过程如图 3.6 所示。

图 3.6 BR、BSR 指令的跳转和 BT、BF 指令预测跳转且预测正确时的执行过程

BT、BF 指令预测正确且不跳转时,流水线不停顿,其执行过程如图 3.7 所示。

时间刻度
0
1
2
3
4
5
6
跳转指令
指令提取
预译码
访问寄存器
执行
回写
目标指令
指令提取
预译码
访问寄存器
执行
回写

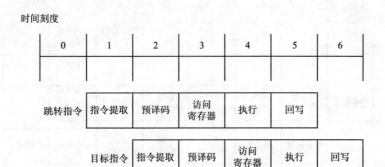

图 3.7　BT、BF 指令预测正确且不跳转时的执行过程

JMP 指令和 BT、BF 指令预测不正确时的跳转需要 3 个周期来填充流水线，其执行过程如图 3.8所示。

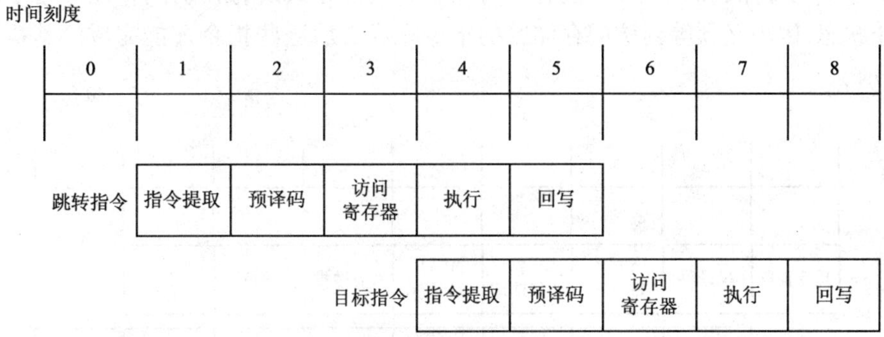

时间刻度
0
1
2
3
4
5
6
7
8
跳转指令
指令提取
预译码
访问寄存器
执行
回写
目标指令
指令提取
预译码
访问寄存器
执行
回写

图 3.8　JMP、BT 和 BF 指令预测不正确时的执行过程

JSRI 指令的跳转需要 3 个周期来填充流水线，其执行过程如图 3.9所示。

时间刻度
0
1
2
3
4
5
6
7
8
跳转指令
指令提取
预译码
访问寄存器
访问寄存器
执行
回写
目标指令
指令提取
预译码
访问寄存器
执行
回写

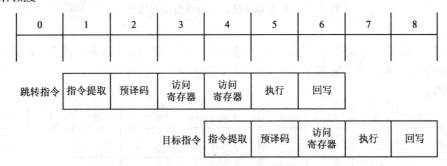

图 3.9　JSRI 指令的执行过程

有一些多周期的指令可以流水执行，从而使得每条指令的有效执行时间小于这些指令执行时间的和。这种执行方法的限制是指令和指令之间不能有数据的相关性，并且指令必须按顺序结束和回写。当多周期指令后面有一条单周期指令时，该单周期指令必须等到前一条指令结束之后才能结束，以满足指令按序执行的需要。图 3.10 显示了两条没有数据相关性的 LD/ST 指令后跟一条单周期指令 ADD 的执行过程。

时间刻度
0 1 2 3 4 5 6 7 8 9
LD/ST
指令提取
预译码
访问寄存器
计算访问地址
访问数据缓存
对齐数据
回写
LD/ST
指令提取
预译码
访问寄存器
计算访问地址
访问数据缓存
对齐数据
回写
ADD
指令提取
预译码
访问寄存器
执行
停止
停止
回写

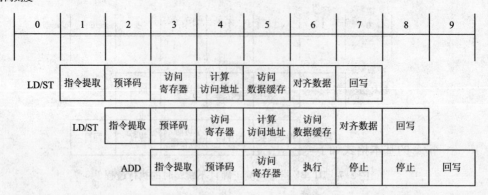

图 3.10　简单的指令流水线执行过程

对于访问存储区的指令,可能有等待状态。这会导致所有在访问存储区指令之后的指令处于停止状态,因为必须等到访问存储区的指令完成之后这些指令才能完成。其执行过程如图 3.11 所示。

时间刻度
0 1 2 3 4 5 6 7 8 9 10
LD/ST
指令提取
预译码
访问寄存器
计算访问地址
访问数据缓存
对齐数据
等待
回写
LD/ST
指令提取
预译码
访问寄存器
计算访问地址
访问数据缓存
停止
对齐数据
回写
ADD
指令提取
预译码
访问寄存器
执行
停止
停止
停止
回写

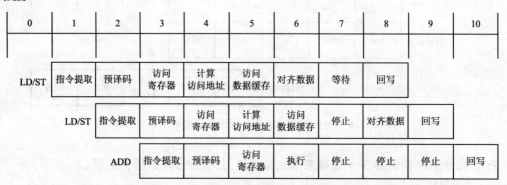

图 3.11　带有等待状态的指令流水线执行过程

LRW 指令需要 3 个周期才能完成,其目标地址计算在执行级完成。图 3.12 显示了执行两条 LRW 指令和一条与之无数据相关性的存储区访问指令的执行过程。

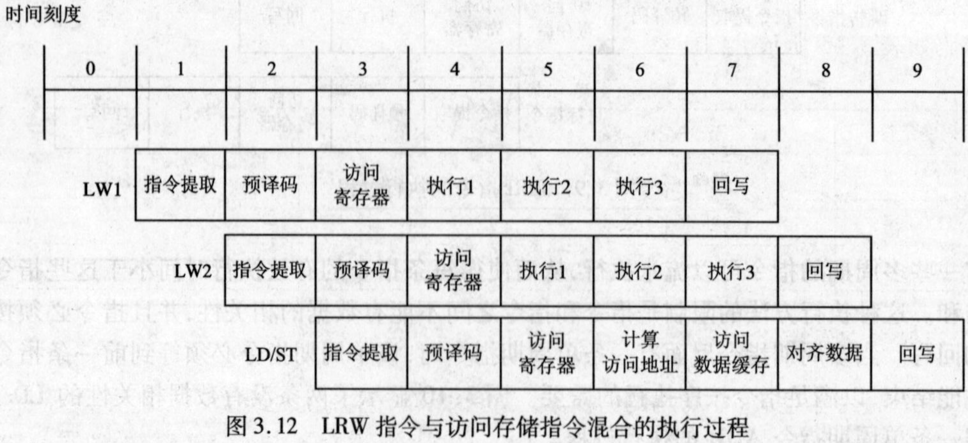

时间刻度
0 1 2 3 4 5 6 7 8 9
LW1
指令提取
预译码
访问寄存器
执行1
执行2
执行3
回写
LW2
指令提取
预译码
访问寄存器
执行1
执行2
执行3
回写
LD/ST
指令提取
预译码
访问寄存器
计算访问地址
访问数据缓存
对齐数据
回写

图 3.12　LRW 指令与访问存储指令混合的执行过程

3.3　CK-CPU 指令详细介绍

本节将详细描述 CK-CPU 的指令集。首先介绍 CK-CPU 指令的基本格式以及灵活的操作数,其次介绍条件码,最后重点介绍 CK-CPU 的指令集。

3.3.1　指令格式

CK-CPU 指令的基本格式如下:

<指令助记符>｛<执行条件>｝｛S｝<目标寄存器>,<操作数1的寄存器>｛,<第2操作数>｝

<opcode>｛<cond>｝｛I｝　　　　　<Rd>,<Rn>｛,<operand2>｝

其中,< >号内的项是必须的;｛｝号内的项是可选的。例如<opcode>是指令的助记符,这是必须书写的,而｛<cond>｝是指令的执行条件,为可选项。若不书写则使用默认条件 AL(无条件执行)。

opcode:指令助记符,如 ABS、LD 等。

cond:指令执行条件,如 LT、HS 等,详见表3.15。

I:指令中是否用到立即数。

Rd:目标寄存器。

Rn:第一个操作数的寄存器。

operand2:第二个操作数。

应用实例:

JMPI 0x2800077A;//跳转到地址 0x2800077A 处

LDQ R4~R7,(R1);//将从 R1 指向的内存单元开始的四个双字单元分别存入 R4~R7 四个寄存器中

ADDC R2,R3;//将寄存器 R2、R3、进位标志位 C 中的数据相加,结果存入寄存器 R2 中,进位存入进位标志位 C 中

MOV R4,R5;//把寄存器 R5 中的数值复制到寄存器 R4 中

3.3.2　条件码

在代码编写中,使用指令条件码可以实现高效的逻辑操作,提高代码的执行效率。所有的指令条件码如表3.15 所示。

表 3.15　指令条件码

条件码助记符	条件码含义	条件码助记符	条件码含义
T	判断条件成立	LT	小于
F	判断条件不成立	GT	大于
HS	大于等于	NE	不相等

3.3.3　存储器访问指令

CK-CPU 处理器是 RISC 架构的处理器,无法像 CISC 架构的处理器一样让存储器中的内容直接参与运算,而是需要将存储单元的内容先读取到内部寄存器中。CK-CPU 处理器是加载/存储体系结构的典型 RISC 处理器,对存储器的访问只能通过加载和存储指令实现。CK-CPU 处理

器对于存储器的加载/存储指令可以实现半字、字和双字的操作;多寄存器加载/存储指令可实现一条指令加载/存储多个寄存器的内容,大大提高了效率。CK-CPU 处理器是冯·诺依曼体系结构,RAM 空间和 I/O 空间统一编址,对于这些空间的访问均需要通过加载/存储指令进行。表3.16列出了 CK-CPU 的存储器访问指令。

表3.16 CK-CPU 存储器访问指令

指令助记符	说 明	相 关 操 作
LDB RZ, (RX, IMM4)	字节加载	RZ←MEM[RX + unsigned IMM4 < < {0}]
LDH RZ, (RX, IMM4)	半字加载	RZ←MEM[RX + unsigned IMM4 < < {1}]
LDW RZ, (RX, IMM4)	字加载	RZ←MEM[RX + unsigned IMM4 < < {2}]
LDM RF, (R0)	多寄存器加载	RF – R15←MEM[R0]开始的若干个字的数据
LDQ R4 – R7, (RX)	4 寄存器加载	R4 – R7←MEM[RX]开始的四个字的数据
LRW RZ, IMM32	寄存器加载	RZ←MEM[IMM32]
STB RZ, (RX, IMM4)	字节存储	MEM[RX + unsigned IMM4 < < {0}]←RZ
STH RZ, (RX, IMM4)	半字存储	MEM[RX + unsigned IMM4 < < {1}]←RZ
STW RZ, (RX, IMM4)	字存储	MEM[RX + unsigned IMM4 < < {2}]←RZ
STM RF, (R0)	多寄存器存储	MEM[R0]开始的若干个字的数据←RF – R15
STQ R4 – R7, (RX)	4 寄存器存储	MEM[RX]开始的四个字的数据←R4 – R7

1. LD[BHW]/ST[BHW]——加载/存储指令

LD 指令用于从内存中读取数据放入寄存器中;ST 指令则相反,它用于将寄存器中的数据保存到内存中。LD 和 ST 指令后加上不同的后缀可以实现字节、半字和字数据的访问。

LD[BHW]/ST[BHW]是常用的加载/存储指令,其指令格式如下:

LDB RZ, < ADDRESS >;　//加载指定地址上的字节数据,放入 RZ 的低 8 位中,RZ 的高 24 位清零
LDH RZ, < ADDRESS >;　//加载指定地址上的半字数据,放入 RZ 的低 16 位中,RZ 的高 16 位清零
LDW RZ, < ADDRESS >;　//加载指定地址上的数据字,放入 RZ 中
STB RZ, < ADDRESS >;　//将 RZ 中的低 8 位数据存储到指定地址中
STH RZ, < ADDRESS >;　//将 RZ 中的低 16 位数据存储到指定地址开始的两个字节中
STWRZ, < ADDRESS >;　//将 RZ 中的数据存储到指定地址开始的四个字节中

LD/ST 指令寻址由两个部分组成,一部分为基址寄存器(即指令格式中的 RZ),可以是任何一个通用寄存器,作为数据的源/目的寄存器;另一部分为地址偏移量,它主要由一个通用寄存器和一个四位的立即数实现存储器寻址:根据指令不同,四位立即数左移 0 ~ 2 位后作为变址加到基址寄存器(指令格式中的 RX)中,然后将所得到的数值作为地址来访问特定的存储器空间。

地址对齐——半字传送的地址必须为偶数。非半字对齐的半字加载将使 RZ 内容不可靠;非半字对齐的半字存储将使指定地址的 2 字节存储内容不可靠。

应用示例:

LDB R15, (RX,1);　//加载(RX +1)地址上的字节数据,放入 R15 的低 8 位中,R15 的高 24 位清零
LDH R13, (RX,1);　//加载(RX +2)地址开始的半字数据,放入 R13 的低 16 位中,R13 的高 16 位清零
LDW R10, (RX,1);　//加载(RX +4)地址开始的四个字节的数据,放入 R10 中

2. LDM/STM——多寄存器加载/存储指令

多寄存器加载/存储指令可以实现在一组寄存器和一块连续的内存单元之间传输数据。

LDM 为加载多个寄存器;STM 为存储多个寄存器。允许一条指令传送 16 个寄存器的任何子集。

LDM/STM 主要用于现场保护、数据复制、参数传递等。其指令格式如下:

LDM RF, < ADDRESS > ;//加载指定地址上开始的若干个字节数据,放入 RF ~ R15 中

STM RF, < ADDRESS > ;//将 RF ~ R15 中的数据放入指定位置开始的若干个字节中

LDM/STM 的寻址方式和 LD/ST 的寻址方式相同,也是由两部分组成。一部分是由 RF - R15 若干个通用寄存器组成,作为数据的源/目的寄存器;另一部分是由 R0 作为地址指针进行的寄存器寻址。值得注意的是,R0 不能作为 RF 使用。

指令对齐——由于 LDM/STM 是字对齐指令,即以字为单位的数据传送指令,所以这两条指令将忽略 R0 的[1:0]位中的数据。

应用示例:

LDM R12,(R0);//加载(R0)地址上开始的四个数据字,分别放入 R12 ~ R15 中

STM R10,(R0);//将 R10 ~ R15 中的数据放入(R0)开始的六个字单元中

3. LDQ/STQ——四寄存器加载/存储指令

四寄存器加载/存储指令可以实现在四个寄存器(R4 ~ R7)和一块连续的内存单元之间传输数据。LDQ 为加载四个寄存器;STQ 为存储四个寄存器。指令格式如下:

LDQ R4-R7, < ADDRESS > ;//加载指定地址上开始的 16B 数据,放入 R4 ~ R7 中

STQ R4-R7, < ADDRESS > ;//将 R4 ~ R7 中的数据放入指定位置开始的 16B 中

LDQ/STQ 的寻址方式和 LD/ST 的寻址方式相同,也是由两部分组成。一部分是由 R4 ~ R7 四个通用寄存器组成,作为数据的源/目的寄存器;另一部分是由 RX 作为地址指针进行的寄存器寻址。值得注意的是,R4 ~ R7 不能作为 RX 使用。

指令对齐——由于 LDQ/STQ 也是字对齐指令,即以字为单位的数据传送指令,所以这两条指令将忽略 RX 的[1:0]位中的数据。

应用示例:

LDQ R4-R7,(R1) ; //加载(R1)地址上开始的四个数据字,分别放入 R4 ~ R7 中

STQ R4-R7,(R8) ; //将 R4 ~ R7 中的数据放入(R8)开始的四个字单元中

3.3.4 数据处理指令

数据处理指令分为四类:数据传送指令(如 MOV、MVC、MTCR)、逻辑运算指令(如 AND、NOT、OR)、算术运算指令(如 ABS、ADDC、SUBI)和置位/清零指令(如 BGENI、BMASKI、PSR-CLR)。需要注意的是,数据处理指令只能处理立即数或者来自寄存器的数据,对于内存中的数据则无法处理。对内存中数据的访问,需要 LD/ST 指令的配合。

1. 数据传送指令

数据传送指令用于寄存器之间的数据传递,或者将立即数存储到寄存器中,包括 8 条指令:MFCR、MOV、MOVI、MOVF、MOVT、MTCR、MVC 和 MVCN。其指令格式如表 3.17 所示。

表 3.17　CK-CPU 的数据传送指令

指令助记符	说　明	相关操作
MFCR RX, CRY	读控制寄存器	RX←CRY
MOV RX, RY	寄存器传送	RX←RY
MOVI RX, IMM7	立即数传送	RX←无符号 7 位立即数
MOVF RX, RY	条件位为 0 传送	if (C = =0), RX←RY

指令助记符	说　明	相关操作
MOVT RX, RY	条件位为 1 传送	if (C = =1), RX←RY
MTCR RX, CRY	写控制寄存器	CRy←RX
MVC RX	传送条件位到寄存器	RX←C
MVCV RX	传送条件位的取反到寄存器	RX←! C

应用示例：

MOV R0,R7；　//将 R7 中的数据复制到 R0 中

MVCV R15；　　//将 C 的反码复制到 R15 的最低位,高位清零

2. 逻辑运算指令

逻辑运算指令用于寄存器之间的数据或者寄存器数据与立即数的逻辑运算,包括 6 条指令：AND、ADDI、ANDN、NOT、OR 和 XOR。其指令格式如表 3.18 所示。

表 3.18　CK-CPU 的逻辑运算指令

指令助记符	说　明	相关操作
AND RX, RY	逻辑与	RX←RX & RY
ANDI RX, IMM5	寄存器与立即数逻辑与	RX←RX & (u)IMM5
ANDN RX, RY	逻辑与非	RX←RX & ! RY
NOT RX	逻辑非	RX←! RX
OR RX, RY	逻辑或	RX←RX ∣ RY
XOR RX, RY	逻辑异或	RX←RX xor RY

应用示例：

AND R6, R7；　//R6 和 R7 中的数据相与,结果存入 R6 中

ANDI R5,1；　//R5 和立即数 1 相与,结果存入 R5 中

3. 算术运算指令

算术运算指令用于寄存器之间的数据或者寄存器数据与立即数的算术运算,包括 20 条指令：ABS、ADDC、ADDI、ADDU、SUBC、SUBU、SUBI、RSUB、RSUBI、INCF、INCT、DECF、DECT、DECGT、DECLT、DECNE、MULSH、MULT、DIVS 和 DIVU。其指令格式如表 3.19 所示。

表 3.19　CK-CPU 的算术运算指令

指令助记符	说　明	相关操作
ABS RX	绝对值	RX←∣RX∣
ADDC RX, RY	进位加	RX←RX + RY + C,C←进位
ADDI RX, IMM5	立即数加	RX←RX + OIMM5
ADDU RX, RY	无符号加	(u)RX←(u)RX + (u)RY
SUBC RX, RY	借位减	RX←RX − RY − (! C),C←借位
SUBU RX, RY	立即数减	(u)RX←(u)RX − (u)RY
SUBI RX, OIMM5	寄存器减	(u)RX←(u)RX − (u)OIMM5
RSUB RX, RY	反向减	(u)RX←(u)RY − (u)RX

指令助记符	说　明	相关操作
RSUBI RX, IMM5	反向立即数减	$(u)RX \leftarrow (u)IMM5 - (u)RX$
INCF RX	条件位为 0	$C=0$,则 $RX \leftarrow RX+1$,否则 RX 不变
INCT RX	条件位为 1	$C=1$,则 $RX \leftarrow RX+1$,否则 RX 不变
DECF RX	条件位为 0 减 1	$C=0$,则 $RX \leftarrow RX-1$,否则 RX 不变
DECT RX	条件位为 1 减 1	$C=1$,则 $RX \leftarrow RX-1$,否则 RX 不变
DECGT RX	大于减 1	$RX \leftarrow RX-1$,若 $RX>0$,则 C 置位,否则 C 清零
DECLT RX	小于减 1	$RX \leftarrow RX-1$,若 $RX<0$,则 C 置位,否则 C 清零
DECNE RX	不等于减 1	$RX \leftarrow RX-1$,若 $RX! =0$,则 C 置位,否则 C 清零
MULSH RX, RY	半字有符号乘法	$RX \leftarrow RX[15:0] \times RY[15:0]$
MULT RX, RY	乘法	$RX \leftarrow RX \times RY$
DIVS RX, R1	有符号除法	$RX \leftarrow RX / R1$
DIVU RX, R1	无符号除法	$(u)RX \leftarrow (u)RX / (u)R1$

应用示例:

ADDI R6,12;　//将 R6 中的数据和立即数 12 相加,结果存入 R6 中,进位存入 C 中

DIVU R5,R1;　//用 R5 中的数据除以 R1 中的数据,结果存入 R5 中

4. 置位/清零指令

　　置位/清零指令用于通用寄存器的置位和清零,包括 13 条指令:BCLRI、BGENI、BGENR、BMASKI、BREV、BSETI、BTSTI、CLRF、CLRT、TST、TSTNBZ、PSRCLR 和 PSRSET。其指令格式如表 3.20 所示。

表 3.20　CK-CPU 的置位/清零指令

指令助记符	说　明	相关操作
BCLRI RX, IMM5	位清零 、	对 RX[IMM5]位清零
BGENI RX, IMM5	立即数位产生	$RX \leftarrow (2)^{IMM5}$
BGENR RX, RY	寄存器位产生	如果 $RY[5] = =0$,则 $RX \leftarrow 2^{RY[4:0]}$,否则 RX 清零
BMASKI RX, IMM5	位屏蔽	$RX \leftarrow (2)^{IMM5} - 1$
BREV RX	位取反	把寄存器位的位置取倒序
BSETI RX, IMM5	立即数置位	对寄存器 RX 的 IMM5 位置 1
BTSTI RX, IMM5	立即数位测试	$C \leftarrow RX[IMM5]$
CLRF RX	条件位为 0	当 C 为 0 时,RX 被清零
CLRT RX	条件位为 1	当 C 为 1 时,RX 被清零
TST RX, RY	0 测试	$(RX\&RY)! =0$,则 C 置位,否则,C 清零
TSTNBZ RX	字节 0 测试	如果没有字节等于零,则 C 置位,否则 C 清零
PSRCLR EE, FE, IE	PSR 清除	$PSR(\{AF,FE,IE\}) \leftarrow 0$
PSRSET EE, FE, IE	PSR 置位	$PSR(\{AF,FE,IE\}) \leftarrow 1$

应用示例:

BGENI R7,7;//将 R7[7]位置 1,其余位清零

BMASKI R7,8;//将 R7[7:0]位置 1,剩余位清零

3.3.5 比较指令

比较指令用于寄存器中的数据之间或者寄存器中的数据和立即数之间的比较。指令会根据比较的结果更新标志位,因此可以用于分支时条件判断。比较指令由 5 条指令组成,如表 3.21 所示。

表 3.21 CK-CPU 的比较指令

指令助记符	说 明	相 关 操 作
CMPHS RX, RY	大于等于比较	两个寄存器作比较,若 RX 大于等于 RY,则 C 置位,否则,C 清零
CMPLT RX, RY	小于比较	两个寄存器作比较,若 RX 小于 RY,则 C 置位,否则,C 清零
CMPLTI RX, IMM5	立即数小于比较	寄存器 X 与立即数作比较,若 RX 小于立即数,则 C 置位,否则,C 清零
CMPNE RX, RY	不相等比较	两个寄存器作比较,若两者不等,则 C 置位,否则,C 清零
CMPNEI RX, OIMM5	立即数不相等比较	寄存器 X 与立即数作比较,若两者不等,则 C 置位,否则,C 清零

应用示例:

CMPHS R6,R7; //R6 和 R7 中的数据比较,若 R6 中数据大于等于 R7 中数据,则 C 置位,否则 C 清零

CMPNEI R7,10; //R7 中的数据和立即数 10 比较,若两者不等,则 C 置位,否则,C 清零

CMP 指令的实质是用第一个数据减去第二个数据,然后根据相减的结果更新相关标志位。但是 CMP 指令和 SUBS 指令之间的区别在于 CMP 指令不保存运算结果。在进行两个数据的大小判断时,常用 CMP 指令及相应的条件码来操作。下面的示例是将 R0 和 R1 中大的数据存入 R2 指定的位置(相等的时候存储 R0 中的数据)。

CMPHS R0,R1;   //R0 和 R1 中的数据比较

BF LABEL0;   //如果 C=0,即 R0 中数据小于 R1 中数据,则将 R1 中数据存储

STW R0,(R2);   //此时,C=1,即 R0 中数据大于等于 R1 中数据,故将 R0 中数据存储

BR LABEL1;

LABEL0:STW R1,(R2);//此时,C=0,即 R0 中数据小于 R1 中数据,故将 R1 中数据存储

LABEL1:…

3.3.6 跳转指令

跳转指令用于实现程序的跳转,从而可以实现特定的程序执行顺序。跳转指令分为两种,一种是普通的跳转指令,另一种是调用子程序的跳转指令。

1. 普通跳转指令

普通的跳转指令包括 5 条指令:BR、BF、BT、JMP 和 JMPI。其指令格式如表 3.22 所示。

表 3.22 CK-CPU 的普通跳转指令

指令助记符	说 明	相 关 操 作
BR LABEL	无条件跳转	无条件跳转到 LABEL
BF LABEL	条件位为 0 转移	C 为 0,则条件跳转到 LABEL
BT LABEL	条件位为 1 位移	C 为 1,则条件跳转到 LABEL
JMP RX	跳转	PC←(RX)
JMPI LABEL	间接跳转	PC←MEM[LABEL]

应用示例：

> BR 0×28003CE;//无条件跳转到 0x28003CE 地址
>
> JMP R15；　　　//跳转到 R15 指向的地址处

2.子程序调用指令

调用子程序的跳转指令包括 4 条指令：BSR、JSR、JSRI 和 RFI。其指令格式如表 3.23 所示。

表 3.23　CK-CPU 的子程序调用指令

指令助记符	说　明	相关操作
BSR LABEL	子程序位移	跳转到子程序,R15←PC+2,PC←LABEL
JSR RX	子程序跳转	R15←PC+2,PC←(RX)
JSRI LABEL	间接子程序跳转	R15←PC+2,PC←MEM[LABEL]
RFI	快速中断返回	PC←FPC,PSR←FPSR

应用示例：

> BSR DELAY；　　　//跳转到 DELAY 处,此处存放一个延时子程序
>
> JSRI 0x2800340；　//跳转到地址 0x2800340,执行相关子程序

3.3.7　低功耗模式指令

CK-CPU 提供了三条进入低功耗模式的指令,分别对应于 CK-CPU 的三种低功耗模式：
WAIT、DOZE 和 STOP。其指令格式如表 3.24 所示。

表 3.24　CK-CPU 的低功耗模式指令

指令助记符	说　明	相关操作
WAIT	等待模式	进入低功耗等待模式
STOP	停止模式	进入低功耗暂停模式
DOZE	休眠模式	进入低功耗睡眠模式

3.4　指令码表

指令码表如表 3.25 所示。

表 3.25　指令编码表

指　令　码																指令名称
15								8	7						0	
0	0	0	0	0	0	0	0	0	0	0	0	0	0	0	0	BKPT
0	0	0	0	0	0	0	0	0	0	0	0	0	0	0	1	SYNC
0	0	0	0	0	0	0	0	0	0	0	0	0	0	1	0	RTE
0	0	0	0	0	0	0	0	0	0	0	0	0	0	1	1	RFI
0	0	0	0	0	0	0	0	0	0	0	0	0	1	0	0	STOP
0	0	0	0	0	0	0	0	0	0	0	0	0	1	0	1	WAIT
0	0	0	0	0	0	0	0	0	0	0	0	0	1	1	0	DOZE
0	0	0	0	0	0	0	0	0	0	0	0	0	1	1	1	IDLY4
0	0	0	0	0	0	0	0	0	0	0	0	1	0	i	i	TRAP # Ⅱ

指 令 码																指令名称
15								8	7						0	
0	0	0	0	0	0	0	0	0	0	0	0	1	1	x	x	—
0	0	0	0	0	0	0	0	0	0	0	1	r	r	r	r	—
0	0	0	0	0	0	0	0	0	0	1	0	r	r	r	r	MVC
0	0	0	0	0	0	0	0	0	0	1	1	r	r	r	r	MVCV
0	0	0	0	0	0	0	0	0	1	0	0	r	r	r	r	LDQ
0	0	0	0	0	0	0	0	0	1	0	1	r	r	r	r	STQ
0	0	0	0	0	0	0	0	0	1	1	0	r	r	r	r	LDM
0	0	0	0	0	0	0	0	0	1	1	1	r	r	r	r	STM
0	0	0	0	0	0	0	0	1	0	0	0	r	r	r	r	DECT
0	0	0	0	0	0	0	0	1	0	0	1	r	r	r	r	DECF
0	0	0	0	0	0	0	0	1	0	1	0	r	r	r	r	INCT
0	0	0	0	0	0	0	0	1	0	1	1	r	r	r	r	INCF
0	0	0	0	0	0	0	0	1	1	0	0	r	r	r	r	JMP
0	0	0	0	0	0	0	0	1	1	0	1	r	r	r	r	JSR
0	0	0	0	0	0	0	0	1	1	1	0	r	r	r	r	FF1
0	0	0	0	0	0	0	0	1	1	1	1	r	r	r	r	BREV
0	0	0	0	0	0	0	1	0	0	0	0	r	r	r	r	XTRB3
0	0	0	0	0	0	0	1	0	0	0	1	r	r	r	r	XTRB2
0	0	0	0	0	0	0	1	0	0	1	0	r	r	r	r	XTRB1
0	0	0	0	0	0	0	1	0	0	1	1	r	r	r	r	XTRB0
0	0	0	0	0	0	0	1	0	1	0	0	r	r	r	r	ZEXTB
0	0	0	0	0	0	0	1	0	1	0	1	r	r	r	r	SEXTB
0	0	0	0	0	0	0	1	0	1	1	0	r	r	r	r	ZEXTH
0	0	0	0	0	0	0	1	0	1	1	1	r	r	r	r	SEXTH
0	0	0	0	0	0	0	1	1	0	0	0	r	r	r	r	DECLT
0	0	0	0	0	0	0	1	1	0	0	1	r	r	r	r	TSTNBZ
0	0	0	0	0	0	0	1	1	0	1	0	r	r	r	r	DECGT
0	0	0	0	0	0	0	1	1	0	1	1	r	r	r	r	DECNE
0	0	0	0	0	0	0	1	1	1	0	0	r	r	r	r	CLRT
0	0	0	0	0	0	0	1	1	1	0	1	r	r	r	r	CLRF
0	0	0	0	0	0	0	1	1	1	1	0	r	r	r	r	ABS
0	0	0	0	0	0	0	1	1	1	1	1	r	r	r	r	NOT
0	0	0	0	0	0	1	0	s	s	s	s	r	r	r	r	MOVT

指 令 码																指令名称
15							8	7							0	
0	0	0	0	0	0	1	1	s	s	s	s	r	r	r	r	MULT
0	0	0	0	0	1	0	0	s	s	s	s	r	r	r	r	MAC520
0	0	0	0	0	1	0	1	s	s	s	s	r	r	r	r	SUBU
0	0	0	0	0	1	1	0	s	s	s	s	r	r	r	r	ADDC
0	0	0	0	0	1	1	1	s	s	s	s	r	r	r	r	SUBC
0	0	0	0	1	0	0	0	s	s	s	s	r	r	r	r	GERN
0	0	0	0	1	0	0	1	s	s	s	s	r	r	r	r	—
0	0	0	0	1	0	1	0	s	s	s	s	r	r	r	r	MOVF
0	0	0	0	1	0	1	1	s	s	s	s	r	r	r	r	LSR
0	0	0	0	1	1	0	0	s	s	s	s	r	r	r	r	CMPHS
0	0	0	0	1	1	0	1	s	s	s	s	r	r	r	r	CMPLT
0	0	0	0	1	1	1	0	s	s	s	s	r	r	r	r	TST
0	0	0	0	1	1	1	1	s	s	s	s	r	r	r	r	CMPEN
0	0	0	1	0	0	0	c	c	c	c	c	r	r	r	r	MFCR
0	0	0	1	0	0	0	1	1	1	1	1	0	b	b	b	PSRCLR
0	0	0	1	0	0	0	1	1	1	1	1	1	b	b	b	PSRSET
0	0	0	1	0	0	1	0	s	s	s	s	r	r	r	r	MOV
0	0	0	1	0	0	1	1	s	s	s	s	r	r	r	r	BGENR
0	0	0	1	0	1	0	0	s	s	s	s	r	r	r	r	RSUB
0	0	0	1	0	1	0	1	s	s	s	s	r	r	r	r	LXW
0	0	0	1	0	1	1	0	s	s	s	s	r	r	r	r	AND
0	0	0	1	0	1	1	1	s	s	s	s	r	r	r	r	XOR
0	0	0	1	1	0	0	c	c	c	c	c	r	r	r	r	MTCR
0	0	0	1	1	0	1	0	s	s	s	s	r	r	r	r	ASR
0	0	0	1	1	0	1	1	s	s	s	s	r	r	r	r	LSL
0	0	0	1	1	1	0	0	s	s	s	s	r	r	r	r	ADDU
0	0	0	1	1	1	0	1	s	s	s	s	r	r	r	r	LXH
0	0	0	1	1	1	1	0	s	s	s	s	r	r	r	r	OR
0	0	0	1	1	1	1	1	s	s	s	s	r	r	r	r	ANDN
0	0	1	0	0	0	0	i	i	i	i	i	r	r	r	r	ADDI
0	0	1	0	0	0	1	i	i	i	i	i	r	r	r	r	CMPLTI
0	0	1	0	0	0	1	i	i	i	i	i	r	r	r	r	SUBI
0	0	1	0	0	1	1	i	i	i	i	i	r	r	r	r	—

							指 令 码								指令名称
15							8	7							0	
0	0	1	0	1	0	0	i	i	i	i	i	r	r	r	r	RSUBI
0	0	1	0	1	0	1	i	i	i	i	i	r	r	r	r	CMPNEI
0	0	1	0	1	1	0	0	0	0	0	0	r	r	r	r	BMASKI#32（SET）
0	0	1	0	1	1	0	0	0	0	0	1	r	r	r	r	DIVU
0	0	1	0	1	1	0	0	0	0	0	1	x	r	r	r	—
0	0	1	0	1	1	0	0	0	1	0	0	r	r	r	r	MTLO520
0	0	1	0	1	1	0	0	0	1	0	1	r	r	r	r	MTHI520
0	0	1	0	1	1	0	0	0	1	1	0	r	r	r	r	MFLO520
0	0	1	0	1	1	0	0	0	1	1	1	r	r	r	r	MFHI520
0	0	1	0	1	1	0	0	1	i	i	i	r	r	r	r	BMASKI
0	0	1	0	1	1	0	1	i	i	i	i	r	r	r	r	BMASKI
0	0	1	0	1	1	1	i	i	i	i	i	r	r	r	r	ANDI
0	0	1	1	0	0	0	i	i	i	i	i	r	r	r	r	BCLRI
0	0	1	1	0	0	1	0	0	0	0	0	r	r	r	r	—
0	0	1	1	0	0	1	0	0	0	0	1	r	r	r	r	DIVS
0	0	1	0	1	1	0	0	0	0	1	x	r	r	r	r	—
0	0	1	0	1	1	0	0	0	1	0	x	r	r	r	r	—
0	0	1	1	0	0	1	0	0	1	1	1	r	r	r	r	BGENI
0	0	1	1	0	0	1	0	1	i	i	i	r	r	r	r	BGENI
0	0	1	1	0	0	1	1	i	i	i	i	r	r	r	r	BGENI
0	0	1	1	0	1	0	i	i	i	i	i	r	r	r	r	BSETI
0	0	1	1	0	1	1	i	i	i	i	i	r	r	r	r	BTSTI
0	0	1	1	1	0	0	0	0	0	0	0	r	r	r	r	XSR
0	0	1	1	1	0	0	i	i	i	i	i	r	r	r	r	ROTLI
0	0	1	1	1	0	1	0	0	0	0	0	r	r	r	r	ASRC
0	0	1	1	1	0	1	i	i	i	i	i	r	r	r	r	ASRI
0	0	1	1	1	1	0	0	0	0	0	0	r	r	r	r	LSLC
0	0	1	1	1	1	0	i	i	i	i	i	r	r	r	r	LSLI
0	0	1	1	1	1	1	0	0	0	0	0	r	r	r	r	LSRC
0	0	1	1	1	1	1	i	i	i	i	i	r	r	r	r	LSRI
0	1	0	0	0	0	0	0	s	s	s	s	r	r	r	r	OMFLIP0520
0	1	0	0	0	0	0	1	s	s	s	s	r	r	r	r	OMFLIP1520
0	1	0	0	0	0	1	0	s	s	s	s	r	r	r	r	OMFLIP2520

指 令 码																指令名称
15								8	7						0	
0	1	0	0	0	0	1	1	s	s	s	s	r	r	r	r	OMFLIP3520
0	1	0	1	x	x	x	x	x	x	x	x	x	x	x	x	—
0	1	1	0	0	i	i	i	i	i	i	i	r	r	r	r	MOVI
0	1	1	0	1	x	x	x	x	x	x	x	x	x	x	x	—
0	1	1	1	z	z	z	z	d	d	d	d	d	d	d	d	LRW
0	1	1	1	0	0	0	0	d	d	d	d	d	d	d	d	JMPI
0	1	1	1	1	1	1	1	d	d	d	d	d	d	d	d	JSRI
1	0	0	0	z	z	z	z	i	i	i	i	r	r	r	r	LD. B
1	0	0	1	z	z	z	z	i	i	i	i	r	r	r	r	ST. B
1	0	1	0	z	z	z	z	i	i	i	i	r	r	r	r	LD. H
1	0	1	1	z	z	z	z	i	i	i	i	r	r	r	r	ST. H
1	1	0	0	z	z	z	z	i	i	i	i	r	r	r	r	LD. W
1	1	0	1	z	z	z	z	i	i	i	i	r	r	r	r	ST. W
1	1	1	0	0	d	d	d	d	d	d	d	d	d	d	d	BT
1	1	1	0	1	d	d	d	d	d	d	d	d	d	d	d	BF
1	1	1	1	0	d	d	d	d	d	d	d	d	d	d	d	BR
1	1	1	1	1	d	d	d	d	d	d	d	d	d	d	d	BSR

上表中相关参数说明见表3.26。

表3.26 指令编码表参数说明

参数	定义	参数	定义
rrrr	RX 域	d..d	跳转指令偏移量
ssss	RY 域	b..b	寄存器位索引
zzzz	RZ 域	x..x	未定义
ffff	RF 域	—	保留
cccc	控制寄存器索引	i..i	立即数域

注意: BGENI、BSETI 等指令具有多种指令码。

思考题与习题

3.1 试述下列条件码的含义。

T
F
HS
LT
GT
NE

3.2　利用 CK-CPU 指令集中指令实现下列 C 条件语句。

```
if ( x-y > 6){
    c = a + b;
    y = 0;
}
else {
    x = 0;
    c = a - b;
}
```

3.3　利用 CK-CPU 指令集中指令实现下列 C 循环语句。

A.

```
for ( i = 0; i < 10; i++ )
        c[i] = a[i] + b[i];
```

B.

```
for ( i = 0; i < 10; i++ )
        for ( j = 0; j < 10; j++ )
            c[i][j] = a[i][j] * b[i];
```

本章参考文献

杭州中天微系统有限公司. 2007-10-04. 32 位高性能嵌入式 CPU 核 CK-CORE[EB/OL]. [2011-05-05] http://www.c-sky.com/product.php? id=5.

杭州中天微系统有限公司. 2007-08-02. CK510 用户手册[EB/OL]. [2011-05-05] http://www.c-sky.com/dowlist.php? id=17.

马鸣锦,蒋烈辉,杜威,等. 2003. 基于 M·CORE 微控制器的嵌入式系统[M]. 北京:国防工业出版社.

第4章　基于 CK-CPU 的嵌入式软件开发

嵌入式系统软件开发的目标系统千差万别,设计人员必须根据具体情况决定采用高级语言或汇编语言进行程序设计,也可以一部分使用汇编语言,另一部分使用 C/C++ 等高级语言,两者可以混合编程。图 4.1 说明了嵌入式系统软件开发的过程。

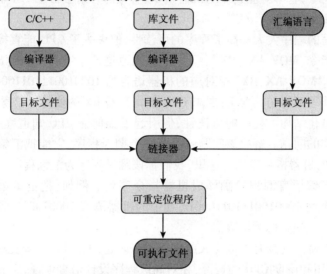

图 4.1　嵌入式软件开发过程

4.1　CK-CPU 汇编语言程序设计

4.1.1　汇编语言概述

1.机器语言和汇编语言

机器语言是机器指令的集合。机器指令就是计算机可以执行的命令。电子计算机的机器指令是一列二进制数字。计算机将其转换为高低电平,用以驱动电子器件,进行运算。机器指令通常由操作码和操作数两部分组成,操作码指出该指令所要完成的操作,即指令的功能,操作数指出参与运算的对象,以及运算结果所存放的位置等。机器指令是 CPU 能直接识别的唯一的语言,也就是说,只有机器语言才能使 CPU 执行相应的程序。

由于机器指令与 CPU 的紧密相关性,因此不同品牌,不同型号的 CPU 因其架构不同导致所对应的机器指令也就各不相同,同时 CPU 所对应的指令系统也存在着很大的差异。机器语言编写的程序基本不具有可读性,难以维护,也无法直观地反映程序信息。因此,现在几乎没有程序员利用机器语言编写程序。

相对来说,汇编语言(assembly language)是面向机器的程序设计语言,它相对于机器语言更加优化。

为了改善机器指令的可读性,选用了一些能反映机器指令功能的单词或词组来代表该机器指令,称为"指令助记符",与此同时,也把 CPU 内部的各种资源符号化,使用该指令助记符的同时也等于引用了 CPU 内部具体的物理资源。

由此,令人难懂的二进制机器指令就可以用通俗易懂的、具有一定含义的符号指令来表示了。我们称这些具有一定含义的字符为指令助记符,用指令助记符、符号地址等组成的符号指令称为汇编格式指令(或汇编指令)。这种用助记符表示指令的语言叫做汇编语言。汇编语言也叫做符号语言。

汇编语言是汇编指令集、伪指令集和使用它们规则的统称。伪指令是在程序设计时所需要的一些辅助性说明指令,它不对应具体的机器指令,有关内容请参考 4.1.4 节相关内容。

2. 汇编语言的主要特点

用汇编语言编写的程序大大提高了程序的可读性,但失去了 CPU 能直接识别的特性。例如用汇编语言书写的指令"MOV AX,BX",CPU 不会知道这几个字符所表达出来的功能,CPU 只能识别机器语言(与"MOV AX,BX"相对应的机器语言为 1000100111011000B),但程序员却可以通过汇编语言立即理解语句的含义:要求 CPU 把寄存器 BX 的值传送给寄存器 AX。

把机器指令符号化增加了程序的可读性,但引起了如何让 CPU 知道程序员的用意,并按照其要求完成相应操作的问题。解决该问题就需要一个翻译程序,它能把汇编语言编写的源程序翻译成 CPU 能识别的机器指令序列。这里,我们称该翻译程序为汇编程序。

汇编程序能把汇编语言源程序翻译成机器指令序列。例如,把汇编语言指令"MOV AX,BX"转换成机器指令为 1000100111011000B,其中的机器语言 1000100111011000B 可以由 CPU 直接识别,所以,CPU 可执行机器语言。

汇编语言指令是用一些具有相应含义的助记符来表达的,所以,它要比机器语言容易掌握和运用,但它要直接使用和调度 CPU 的资源,相对高级程序设计语言来说,它又显得难掌握。可以说,汇编语言作为低级语言构建起了一个程序员与 CPU 硬件的桥梁。

表 4.1 是一段程序用 C 语言代码、汇编代码和机器码分别表示的结果。我们可以看到,相对于机器码,汇编代码更易于识记。

表 4.1 同一段代码的 C 语言、汇编语言和机器语言实现

C 代码	汇编代码	机器码(十六进制表示)
	. export ACCUM	
	. data	
	. align 2	
	. type ACCUM,@ OBJECT	
	. size ACCUM,4 ACCUM:	sum:
int accum = 0;	. long 0	0: 1c32
int sum (int x, int y)	. text	2: 7602
{	. align 1	4: 8706
	. export SUM	6: 2007
int t = x + y;	. type SUM,@ FUNCTION	8: 9706
accum + = t;	SUM:	a: 00cf
return t;	ADDU R2,R3	c: 0000
	LRW R6, ACCUM	
}	LDW R7,(R6)	
	ADDI R7,1	
	STW R7,(R6)	
	JMP R15	
	.LFE1:	
	. size SUM,.LFE1 – SUM	

注:GCC 编译器,IA32 指令集

汇编语言程序归纳起来大概有以下几个主要特性。

1)与硬件结构密切相关

汇编语言指令是机器指令的一种符号表示,而不同品牌不同型号的 CPU 有不同的机器指令系统,同时也就对应着不同的汇编语言,其中包括助记符的差别和操作方式的差别等。由于汇编语言程序与机器的密切相关性,除了同系列、不同型号 CPU 之间的汇编语言程序有一定程度的可移植性之外,其他不同类型 CPU(如 ARM 与 IBM PowerPC 等)之间的汇编语言程序几乎是无法移植的。因此,汇编语言程序的通用性和可移植性与高级语言程序相比要低很多。

2)执行效率高

由于汇编语言本身"与硬件结构密切相关"的特性,使得程序员对于硬件结构的操作更加灵活,安排更加合理,使达到相同目的的执行效率高于高级语言,同时也就保证了很高的执行速度。

当然,目前高级语言在编译程序的过程中也会进行一定程度的优化,但这样软件程度上的优化,只是通过利用不同的"优化策略"来对不同的环境进行适应,不能够进行最彻底的优化,也无法在细节上进行优化。因此,当程序员要对某个重要的程序段进行优化时,一定是通过汇编来执行的,因为这样可以使程序在每个细节都被进行优化处理。

3)编写程序的复杂性

汇编语言是一种面向硬件的语言,其汇编指令与机器指令基本上一一对应,因此,汇编指令同机器指令一样具有功能单一、具体的特点。当遇到相对复杂的操作时,在汇编语言中并无相应的指令,如计算三个数的和:a + b + c,就必须安排 CPU 的每步工作:先计算 a + b,把结果存放到寄存器中,再把 c 与存放结果的寄存器求和。另外,在编写汇编语言程序时,还要考虑机器资源的限制、汇编指令的细节和限制等等条件,具有很大的复杂性和冗繁度。

4)调试的复杂性

在通常情况下,调试汇编语言程序要比调试高级语言程序困难,其主要原因有以下几个方面。

(1)汇编语言牵扯到硬件的内部结构以及相应的资源调度,在调试过程中,程序员需要了解每个资源的具体变化。

(2)由于汇编语言过于灵活,在优化过程中,效率的提高在某种程度上意味着可读性的降低。因此,在了解每句语句具体作用的同时,还要了解该语句在整个程序中所起到的作用。

(3)转移语句在高级语言中都被隐藏了起来,存在于判断和循环语句当中,但汇编语言程序却需要用到大量的转移指令。转移指令,跳转指令大大地增加了调试程序的难度。而转移指令又是汇编构建分支和循环功能的必要条件,其必不可少,但也随之增加了相应的难度。

(4)调试工具相对落后。由于高级语言的编辑器提供了很多例如符号跟踪等功能来帮助程序员调制。而汇编语言的调试工具相对来说较为落后。其中较好的如 TD(Turbo Debug)、CV(Code View)等软件也逐步加强了这方面的功能。

同时用以汇编语言为代表的低级语言来为应用程序进行编码具有如下优点。

(1)汇编语言相对于机器语言具有可读性,易于调试和修改,同时也具有低级语言的特点,执行速度快,定时准确,占用的系统资源少。

(2)能够对硬件的内部结构。资源进行精确控制,通过指令和寻址来达到更大的资源利用率。

(3)相对高级语言而言,汇编语言体现了简洁的特征,因为其不受数据类型的选择,变量的声明等各种高级语言条件限制,同时,它也不需要有函数库和特定的编译器。

（4）小型的嵌入式程序具有十分便利的书写特征。例如一个定时装置、一个硬件的驱动或是微波炉、电冰箱等电器的控制程序都可以用汇编来十分方便、精确的进行书写。

但汇编语言同时存在其局限性，例如其在编写复杂程序时具有明显缺点，就是过大的复杂性，没有程序的整体构架。同时汇编语言依赖于具体的机型，不能通用，也不能在不同机型甚至于同一机型的不同型号之间移植。

3. 汇编语言的使用领域

汇编语言的特点明显，其卓越的优点也同时导致其严重的缺点，其"与硬件密切相关"和"执行效率高"的特点导致其可移植性差和调试难度高。所以，我们在选用汇编语言时要根据实际的应用环境，尽可能避免其缺点对整个应用系统的影响。

1）汇编语言适用的领域

要求代码执行效率高、系统反应快，定时准确的领域，如操作系统内核、工业控制、实时操作系统等。系统性能的瓶颈，或频繁的被子程序或程序段使用的程序（结合内嵌汇编，见4.3章相关小节）。与硬件资源密切相关的软件开发，如设备的驱动程序开发等。受存储容量限制的应用领域，如小型家电的计算机控制功能或当其硬件没有适当的高级语言开发环境时可采用汇编语言。

2）汇编语言不宜使用的领域

大型软件的整体开发以及没有特殊要求的一般应用系统的开发等不宜用汇编语言作为开发语言。

CK-CPU 程序设计可以使用 C/C++ 语言、汇编语言，以及两者混合编程，而源程序的编译、链接和调试可以使用多种工具链，如"GNU 工具链"或"风河 Diab C/C++ 编译调试工具"等。这就涉及各个工具之间的兼容性、各工具对 C/C++ 语言和汇编语言的基本要求等。

为了满足以上要求，CK-CPU ABI（应用程序二进制接口）定义了一套在 CK-CPU 基础上的应用程序编程规范，方便支持 CK-CPU 的各种工具互相兼容，具体包含了不同工具链之间的兼容、目标程序和 CK-CPU 之间的兼容和不同调试工具对调试信息格式的兼容性等。在涉及内容方面，包含低级运行时二进制接口、二进制目标文件格式接口、高级语言 C/C++ 和汇编语言级接口和工具链系统函数库接口。

4.1.2　汇编语言基本语法

1）程序段（Sections）

一个二进制程序由许多程序段组成，如代码段、数据段和 BSS 段等，汇编器输出的一部分由程序段构成，包含代码的程序段必须 2 字节对齐，包含数据的程序段根据指定的对齐方式对齐。而这些内容反映在汇编语言源代码中为编程人员可以自己指定一段代码属于什么代码程序段，一堆数据属于什么数据程序段，也可以自己定义一些段名，定义段的属性如对齐方式，初始化值等。

2）行长度

汇编器可能限制了汇编代码中的一行字符的长度，但是该限制有可能达到 2100 个字符。这就使得编程人员可以编写很长的表达式、数据分配的伪指令等。

3）表达式（Statement）

一个汇编器源文件包含了一系列的汇编表达式。每个表达式以新行结束，或以代码注释起始符号"；"或"//"结束。空白的表达式，如空行等直接被汇编器忽略。每个表达式如下所示：

[标签名:]

\<指令助记符\> 　[\<操作数1\>,…]

其中，\< \>号内的项是必须的，[ ]号内的项是可选的。例如，\<指令助记符\>是指令的助记符或宏定义名，这是必须书写的，\<操作数1\>为指令的第一个操作数，是可选项，[标签名:]作为指令标签，也是可选的。CK-CPU 的指令一般来说有两个操作数，但也不排除有多个操作数，如一些宏定义操作等。

(1)指令助记符。指令助记符可以分为三类，CK-CPU 指令、伪指令或宏操作和汇编命令。CK-CPU 指令助记符和 CK-CPU 操作码是一一对应的；伪指令或宏操作对应了一系列 CK-CPU 的操作码；汇编命令则是汇编器为了用户用于控制汇编和数据空间分配的一系列的操作定义，总是以"."开始，如. Section

(2)标签(label)。标签以":"符号结束，根据引用的地方可以分为三种：第一是临时标签(temporary label)，以"1"~"9"为标记，而且允许标签名重复，在解析时以最近的临时标签为准。在引用临时标签时，必须在标签符号后增加"b"用于引用行之前的临时标签，增加"f"用于引用行之后的临时标签；第二是局部标签(local label)，一般以"."开始的符号名，一般在一个函数内部自己引用，这些标签不会生成到二进制文件的符号表中；第三是全局标签(global label)，如函数定义时的函数名标签，全局变量等。具体见以下标签程序。

```
        ...
        CMPNEI      R2, 0
        BT          1F              ; ─ ─ ─ ─ ─ ─ ─ ─ ─ ─ ─ ─ ─ ─ ─ ─ 参考临时标签
        MOVI        R2, 1
        JSRI        FUNC1           ; ─ ─ ─ ─ ─ ─ ─ ─ ─ ─ ─ ─ ─ ─ ─ ─ 参考全局标签
        MOVI        R2, 1
        JSRI        FUNC2
1:                                  ; ─ ─ ─ ─ ─ ─ ─ ─ ─ ─ ─ ─ ─ ─ ─ ─ 临时标签
        LRW         R1, __SBSS
        ...
FUNC1:                              ; ─ ─ ─ ─ ─ ─ ─ ─ ─ ─ ─ ─ ─ ─ ─ ─ 全局标签
        ...
        BT          .L1             ; ─ ─ ─ ─ ─ ─ ─ ─ ─ ─ ─ ─ ─ ─ ─ ─ 参考局部标签
        LRW         R4, 0x28007C50
        LRW         R5, 0x2002
        STW         R5, (R4, 0)
        STW         R5, (R4, 0)
        ...
.L1                                 ; ─ ─ ─ ─ ─ ─ ─ ─ ─ ─ ─ ─ ─ ─ ─ ─ 局部标签
        JMP         R15
```

(3)注释。CK-CPU 的汇编注释有单行注释和多行注释，单行注释以"//"或";"开始，到行尾结束；多行注释由"/ * … * /"实现。

(4)预处理。CK-CPU ABI 并没有规定汇编器一定要支持宏定义的预处理，具体参照汇编器说明，如果汇编器支持宏定义预处理，则必须遵循 ANSI C 语言的预处理标准实现。

(5)符号(symbols)。CK-CPU 汇编中，符号的定义必须以"a"~"z"、"A"~"Z"、"."或"_"字符开始，大小写敏感，最长不能超过 2048B。而"."符号总是说明程序段的当前位置。

（6）常量。汇编中的常量和标准 C 语言常量使用一致,包括十六进制、八进制、二进制、单精度浮点、双精度浮点、字符和字符串等。

4.1.3　汇编命令

汇编器命令用于控制源码的汇编编写,如数据区域的定义等,所有汇编命令名均以字符".""开始。

1）.align abs-exp{, abs-exp}

按照给定的第一个 abs-exp 常量表达式,对齐当前存储位置计数器,第二个参数 abs-exp 常量表达式被写入到在对齐之前的存储位置到对齐之后的新的存储位置之间的存储空间。如果没有指定,则写入的值为 0。对齐方式如下所示,以下例子说明_vbrbase 的存储基址必须与 1024 的倍数对齐。

```
.align 10
__VBRBASE:
.rept 128
.long __DEFAULT_EXCEPTION_HANDLER
.endr
```

2）.ascii　"string"{, "string"}

分配空间,空间大小根据"string"的个数和长度决定,同时以指定的一个或多个"string"来初始化空间。每个"string"没有结束符 NULL,且被连续存放在分配的空间中,没有对齐要求。

3）.byte exp{,exp}

分配空间,空间大小以 exp 的个数决定,同时以指定的一个或多个 exp 常量表达式初始化空间,每个表达式被连续存放在分配的空间中,没有对齐要求。

4）.short exp{, exp}

分配空间,空间大小以 exp 的个数 * 2 决定,同时以指定的一个或多个 exp 常量表达式初始化空间,每个表达式被连续存放在分配的空间中,存储位置计数器按照 2 的倍数对齐。

5）.long exp{, exp}

分配空间,空间大小以 exp 的个数 * 4 决定,同时以指定的一个或多个 exp 常量表达式初始化空间,每个表达式被连续存放在分配的空间中,存储位置计数器按照 4 的倍数对齐。

6）.float float{, float}

分配空间,空间大小以 float 的个数 * 4 决定,同时以指定的一个或多个 IEEE 32-bit floating point 常量表达式初始化空间,每个表达式被连续存放在分配的空间中,存储位置计数器按照 4 的倍数对齐。

7）.double double{, double}

分配空间,空间大小以 double 的个数 * 8 决定,同时以指定的一个或多个 IEEE 64-bit floating point 常量表达式初始化空间,每个常量被连续存放在分配的空间中,存储位置计数器按照 8 的倍数对齐。

8）.comm symbol, length [, align]

在.bss 段中声明一个区域,大小为 length bytes,这个区域和其他相同 symbol 的变量共享空间,如果其他文件中声明 symbol 的空间更大,以最大的空间为准,按照 align 对齐。

9）.lcomm symbol, length [, alignment]

在.bss 段中声明一个区域,大小为 length bytes,symbols 在.bss 段中根据.lcomm 定义在文件中出现的顺序存放,按照 align 对齐。

10). section name [, "attributes"]

将该汇编命令之后的 statements 集中到以 name 命名的 section 中,每个 section 可以通过"at-tributes"指定属性,如读属性、写属性或执行属性等,如表 4.2 所示。

表 4.2 CK-CPU section 属性

属性	属 性 说 明
R or r	section 的内容可读
W or w	section 的内容可写
X or x	section 的内容是可执行的代码
A or a	在被下载的映像文件中将为 section 的分配空间
N or n	在被下载的映像文件中不为 section 的分配空间

11). data

相当于:

. section . data, "RW"

12). text

相当于:

. section . text, "RX"

13). equ symbol, expression

将 symbol 的值赋值为 expression

14). fill count [. size[, value]]

分配 count 个数的 size 大小的空间,并且每个 size 大小的空间中填入 value 值。size 必须是 1~8 之内,缺省值为 1,value 的缺省值为 0。

15). ident"string"

将"string"放入到二进制文件的. comment 段,主要用于调试。

16). import symbol{ , symbol}

声明 symbol 为其他模块定义的变量,本模块只是引用。

17). export symbol{ , symbol}

声明 symbol 为本模块定义,但是其他模块可见,即可以通过. import 导入引用。

18). literals

将当前 section 中 jmpi、jsri、lrw 等指令所使用的立即数,集中起来存放,这方便了编程人员自己决定 literal tables 的位置。

19). weak symbol [, symbol]

指定 symbol 为弱外部符号定义。

4.1.4 伪指令

汇编的伪指令又可称为伪操作,它的目的是为了帮助汇编程序来汇编源程序,也就是说,没有对应的机器码,由编译器执行,计算机不执行,只是起辅助编译作用;因此有"伪"之意,它的主要作用是用来指导代码生成的过程的。CK-CPU 汇编器支持伪指令,方便用户编程扩展机器指令。

一些伪指令用于推迟相关指令选择,如地址解析的操作指令。例如,只有在汇编的时候才能知道分支跳转的时候的目标地址,以及相对当前 PC 的值,此时才能选择分支指令采用 JMPI 指令,还是小的相对 PC 跳转指令。其他一些伪指令只是顺应编程人员的习惯,如清除条件位 C 指令"CLRC"只是针对"R0",它不等于 R0 别名指令 CMPNE R0 中"R0"的别名。

具体指令如表 4.3 CK-CPU 伪指令集所示。

表 4.3　CK-CPU 伪指令集

伪指令	描　　述
CLRC	清除条件 C 位,等同于: CMPNE R0, R0
CMPLEI RD, N	RD 寄存器值和 N 的有符号比较,N 必须是 0~31 之间的值,等同于: CMPLTI RD N + 1
CMPLS RD, RS	RD 寄存器无符号值 < = RS 寄存器无符号值,等同于: CMPHS RS, RD
CMPGT RD, RS	比较是否 RD 寄存器有符号值 > RS 寄存器有符号值,等同于: CMPLT RS, RD
JBSR LABEL	子函数 LABEL 调用。如果 LABEL 相对当前 PC 的偏移量在 BSR 指令所能表示的偏移量范围内则使用 BSR LABEL 指令,否则使用 JSRI LABEL
JBR LABEL	跳转到 LABEL 处继续执行。如果 LABEL 相对当前 PC 的偏移量在 BR 指令所能表示的偏移量范围内则使用 BR LABEL 指令,否则使用 JMPI LABEL
JBF LABEL	如果条件 C 位为 0,跳转到 LABEL 处继续执行,否则顺序执行。等同于: BF　LABEL　;LABEL 相对于 PC 的偏移量在 BF 指令所能表示的范围内 或 BT　1F JMPI LABEL　;LABEL 相对于 PC 的偏移量不在 BF 指令所能表示的范围内 1: …
JBT LABEL	如果条件 C 位为 1,跳转到 LABEL 处继续执行,否则顺序执行。等同于: BT　LABEL　;LABEL 相对于 PC 的偏移量在 BT 指令所能表示的范围内 或 BF　1F JMPI LABEL　;LABEL 相对于 PC 的偏移量不在 BT 指令所能表示的范围内 1: …
NEG RD	RD 寄存器值取负,等同于: RSUBI RD, 0
ROTLC RD, 1	RD 循环左移 1 位,条件 C 位被移入 RD 最低位,而 RD 的最高位移入条件 C 位,等同于: ADDC RD, RD

伪指令	描 述
ROTRI RD, IMM	RD 寄存器循环右移 IMM 位,IMM 不能为 0,等同于: ROTLI RD, 32 – IMM
RTS	子函数返回,等同于: JMP R15
SETC	设置条件 C 位为 1,等同于: CMPHS R0, R0
TSTLE RD	测试 RD 有符号值是否小于等于 0 值,等同于: CMPLTI RD, 1
TSTLT RD	测试 RD 有符号值是否小于 0,等同于: BTSTI RD, 31
TSTNE RD	测试 RD 的值是否等于 0,等同于: CMPNEI RD, 0

4.1.5 汇编程序流

CK-CPU 汇编语言源程序的组成部分包括:模块、段、函数和宏等。

一个模块对应一个目标文件,当开发较大型的应用程序时,该程序可能由若干个目标文件与库相结合而成的。

每个模块可以由许多段组成,每个段有自己的名称、属性、内容和长度等,段的长度是指该段所占的字节数,如果段是数据段,则其长度是其所有变量所占字节数的总和;如果段是代码段,则其长度是其所有指令所占字节数的总和。段的定义可以参考 4.1.3 节汇编命令中的. section 说明。

函数一般为实现单一功能的最小单元,主要根据编程人员设计而定,包括函数名、函数主体、参数和参数类型,以及返回值等因素,如下列程序所示:

```
...
. text
/ *
本例程相当于 C 语言中的函数
  int Func_father ( int a1 , int a2 )
R2: a1
R3: a2
R2:为返回值
*/
FUNC_ FATHER:
    SUBI      R0, 16
    ;保存寄存器 R12 ~ R15 的值到从 MEN[0] 开始的若干字节
    STM       R12 ~ R15, (R0)
    ;伪指令 JBSR 调用 Func Son 函数
    JBSR      Func_Son
    LDM       R12 ~ R15, (R0)
    ADDI      R0, 16
```

```
    JMP        R15

FUNC_SON:
    ...
```

CK-CPU 汇编编程在函数主体程序实现时,类似于高级语言 C/C++ 程序,有各种程序执行流,如顺序结构,分支结构,循环等。

汇编语言程序设计,即采用汇编指令来编写计算机程序。在实际的编程过程中,不仅要对寄存器、存储单元做出设置,也要对外部的 I/O 端口做出具体安排,因此程序设计过程有时是很复杂的。为了使设计过程简化,必需在充分分析设计要求的基础上,按照结构化程序设计的观点,合理地进行计算方法和程序结构的选择设计。

所谓结构化程序设计,是将待写的程序以模块化为中心分为若干个相互独立的模块,将原来较为复杂的问题简化为一系列简单模块的设计。其基本思想是采用"自顶向下,逐步求精"的程序设计方法和"单入口单出口"的控制结构。前者是从问题本身开始,经过逐步的细化,将解决问题的步骤分解为由基本程序结构模块组成的结构化程序框图;后者则认为所有的程序都一般

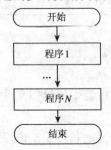
图 4.2　顺序结构流程

都是由以下几种基本结构组成,即顺序结构、分支结构和循环结构,再加上在汇编中广泛使用的子程序和中断服务子程序。因此这样构造出来的程序一定是一个单入口单出口的程序。

1. 顺序结构

顺序结构是最简单的程序结构,指令的执行顺序是按照程序的编写的次序来进行的。所以,安排指令的先后次序就显得至关重要。另外,在编程序时,还要妥善保存已得到的处理结果,为后面的进一步处理直接提供前面的处理结果,从而避免不必要的重复操作。其程序结构如图 4.2 所示。

应用示例:

```
__SIGSETJMP:
SUBI   R0, 8
STW R15, (R0, 0)
STM R1, (R2, 0)
...
STW R15, (R2, 56)          //在调用__SIGSETJMP 之前 R15 = PC
STW R0, (R2, 60)           //在__LONGJMP 中 R0 必须加上 8
...
LDW R15, (R0, 0)
ADDI   R0, 8
RTS
```

2. 分支结构

分支结构也称选择结构。顾名思义,在这种结构中,会在程序处理步骤中出现分支,同时在执行流程中必然包含有选择条件,而选择条件的存在又需要有判断语句,使得符合条件和不符合条件两种情况下有不同的路径。一般情况下,每个分支均需单独一段程序,在程序的起始地址赋予一个地址标号,以便当条件满足时转向指定地址单元去执行,条件不满足时则顺序往下执行。分支结构又可分为单分支结构和多分支结构。

1)单分支程序结构

单分支程序结构即二选一,是通过条件判断实现的。一般都使用条件转移指令对程序的执行结构进行判断:若满足条件,则进行程序转移;否则,程序顺序执行,如 CPU 指令中的 bt/bf 等。其程序结构如4.3 图所示。

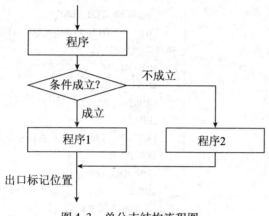

图4.3　单分支结构流程图

跳转语句:

```
/ * INT _CLONE(INT ( * FN)(VOID * ARG), VOID * CHILD_STACK, INT FLAGS, VOID * ARG);
*/_CLONE:
    …
    MOV   R7, R2                // 将函数保存在 R7 中
    MOV   R2, R4                // 读取标志
    MOV   R1, __NR_CLONE        // 设置系统调用号
    TRAP  0                     // 执行系统调用
    BTSTI R2, 31                // R2 小于 0
    BT    __SYSCALL_ERROR       // 从此处分支
    …
    RTS
__SYSCALL_ERROR:
    …
    BMASKI  R2, 0
    MOV   R15, R5
    RTS
```

2)多分支程序结构

多分支结构的结构流程中具有两个以上条件可供选择。为清楚可见,程序设计师常把分支程序按需要排列,且总是从 0 开始。多分支程序结构可以一种是通过数据表实现程序多分支;另一种通过转移指令表来实现程序多分支。该结构等同于 C/C++ 语言的 Switch 语句。其程序结构如图 4.4 所示。

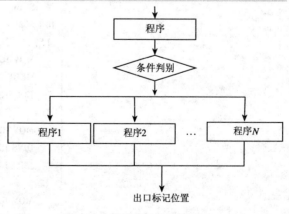

图4.4　多分支结构流程图

举例:

C 代码	汇编 代码	
	. text	
	. align 1	
	. export SWITCH_FUNC	
	. type SWITCH_FUNC,@ FUNCTION	
int switch_func(int sw, int x, int y)	SWITCH_FUNC:	
{	MOV R1,R4	
int t;	MOVI R7,5	
	CMPHS R7,R2	
switch（sw)	JBF . L9	
{	LRW R7, . L10	//查找分支程序入口表
case 0:	IXW R7,R2	
t = x + y;	LDW R7,(R7)	
break;	JMP R7	//进入分支程序
case 1:	. section . RODATA	
t = x − y;	. align 2	
break;	. align 2	
case 2:	. L10:	//分支程序入口表,存放于. RODATA 段
t = x * y;	. long . L3	
break;	. long . L4	
case 3:	. long . L5	
t = x/y;	. long . L6	
break;	. long . L7	
case 4:	. long . L8	
t = x^y;	. TEXT	//各个分支程序开始
break;	. L3:	
case 5:	MOV R2,R3	
t = x%y;	ADDU R2,R4	
break;	. L2:	
default:	JMP R15	
t = 0;	. L4:	
break;	MOV R2,R3	
}	SUBU R2,R4	
return t;	JBR . L2	
}	. L5:	
	MOV R2,R3	
	MULT R2,R4	
	JBR . L2	
	. L6:	
	MOV R2,R3	
	DIVS R2,R1	
	JBR . L2	
	. L7:	
	MOV R2,R3	
	XOR R2,R4	
	JBR . L2	

C 代码	汇编代码

	.L8:
	    MOV R7,R3
	    DIVS R7,R1
	    MULT R7,R4
	    MOV R2,R3
	    SUBU R2,R7
	    JBR .L2
	.L9:
	    MOVI R2,0
	    JBR .L2
	.LFE1:
	    .size SWITCH_FUNC,.LFE1 - SWITCH_FUNC

3. 循环结构

循环结构表示程序反复执行某个或某些指令,直到某条件为假(或为真)时才可终止循环,如图 4.5 所示。在通常,循环结构包括以下四个组成部分。

(1)循环开始部分——初始化循环计数、循环体所用到变量;

(2)循环体部分——循环程序结构的主体;

(3)循环调整部分——循环控制变量的修改、或循环终止条件的检查;

(4)循环控制部分——程序执行的控制转移,即条件判别。

应用示例:

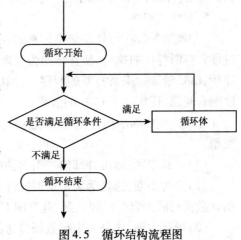

图 4.5　循环结构流程图

```
...
/* zero out the bss region. */
LRW R1, __SBSS          // 从链接的脚本文件中获取 BSS 的起始值
LRW R2, __EBSS          // 从链接的脚本文件中获取 BSS 的终了值
SUBU R2, R1             // 计算 BSS 的大小
LSRI R2, 2              // 全字的大小
CMPNEI R2, 0
BF __GOTO_C
MOV R3, 0               // 设定数据 0 用于写入
__CLEAR_BSS:
STW R3, (R1)            // 将下个字置 0
ADDI R1, 4              // 增加 BSS 指针
DECNE R2                // 减少计数器值
BT __CLEAR_BSS          // 对所有 BSS 重复执行
__GOTO_C:
...
```

4. 子程序

子程序是汇编语言中非常重要的一种结构,其功能类似于 C 语言中的函数,即在多次调用相同的程序段时,采用子程序就不必每次重复书写同样的指令,而只需书写一次,从而使整个程序的结构清楚,阅读和理解都更加方便。

汇编中的子程序比起 C 语言来又有不同的地方:

其一,需要考虑到参数传递的问题,C 语言中只要调用语句中的实参和子程序中的形参相互对应即可,而汇编语言子程序并不带任何参数,参数的互相传递往往要通过如下几种方法。

(1)传递数据:即在调用子程序之前将数据送入工作寄存器或累加器中。

(2)传递地址:即将数据放在数据存储器中,子程序通过间接寻址和 DPTR 即可传递数据存放地址。

(3)通过堆栈传递:即在调用前用 PUSH 指令将数据压入堆栈,在子程序中 POP 出即可。

其二,保护现场与恢复现场:在调用子程序时,有时会破坏主程序或调用程序的有关寄存器或重要寄存器中的标志位,从而在子程序返回时出错。因此,有必要将这些单元的内容保护起来,即保护现场。而当子程序调用完毕时,应将上述内容送回到来时的位置,这一过程称为恢复现场。

5. 中断子程序

“中断”是 CPU 与外设交换信息的一种方式。即在程序执行过程中,允许外部或内部事件通过硬件打断程序的执行,使其转向为处理外部或内部事件的中断服务子程序中去;完成中断子程序后,CPU 继续原来被打断的程序。计算机在引入中断技术后,不仅解决了 CPU 和外设之间速度配合问题,还提高了 CPU 的效率。

把能产生中断的内部或外部事件称为中断源。一般来说,中断以中断源来划分可分为三种类型。

(1)外部中断:即由外部信号引起的中断,其主要有电平有效方式和跳变有效方式。

(2)定时中断:这是为满足定时或计数的需要而设置的。当计数器或定时器发生溢出时,表明计数值已满或定时时间已到,此时向 CPU 申请中断。

(3)串行中断:这是为串行数据传送的需要而设置的,即每当串行口发送或接收一帧串行数据时,就产生一个中断请求。

这三种中断有两种或多种同时存在时,就存在有优先级的问题。由于 CPU 同时只能接受和处理一个中断申请,因此中断接口电路在区分了中断的优先级后,只把级别最高的中断申请传给CPU,其他的中断要等到这个高级别的中断处理完后,才能依次被 CPU 处理。

一般的中断服务子程序在执行时要先进行以下设置:

(1)中断服务程序入口地址的设定;

(2)某一中断源中断请求的允许与禁止;

(3)对于外部中断请求,还需进行触发方式的设定;

(4)各中断源优先级别设定;

(5)CPU 开中断与关中断。

只有将上述 5 点在主程序中设置清楚时,才能编写相应的中断服务子程序。

4.1.6　二进制目标文件格式接口

CK-CPU 工具链采用 ELF 2.0 的二进制文件格式和 DWARF 1.1 的调试信息格式。ELF 和DWARF 为嵌入式系统提供了一组描述信息的基础。ELF 二进制格式包含文件 Header 信息、程序段信息、符号表、重定位信息等。具体请参考文献"*C - SKY CPU Applications Binary Interface Standards Manual*"。

4.1.7 低级运行时二进制接口

低级运行时二进制接口主要定义了 CPU 层面的二进制接口,如指令集、数据类型的表示和异常处理,还定义了函数调用相关规定,如参数传递和返回值、堆栈结构等。

1. 寄存器和函数参数传递

CK-CPU 拥有 CR0 ~ CR30,共 31 个控制器寄存器。每个控制寄存器有特定功能,如 CR0 为 PSR 寄存器,记录 CPU 的状态和中断、异常的使能位等,CR17 作为 Cache 内容的刷新寄存器等,CR18 ~ CR21 为 Cache、MGU 的控制寄存器。具体请参考第 2 章。

CK-CPU 另外还拥有 16 个通用寄存器 R0 ~ R15,R0 作为堆栈指针,而 R15 作为连接寄存器,R2 ~ R7 用作函数调用时传递前 6 个参数 word,大于 6 个 word 时,通过堆栈来传递参数。R2 同时还用作函数返回值的存放寄存器。具体请参考表 4.4 通用寄存器功能定义

表 4.4 通用寄存器功能定义

寄存器名	作 用	子函数调用前后值
R0	堆栈指针	不修改
R1	Scratch	被修改
R2	第 1 个参数字/函数返回值/局部变量	被修改
R3 ~ R7	第 2 ~ 6 个参数字/局部变量	被修改
R8 ~ R14	局部变量	不修改
R15	连接寄存器/Scratch	返回地址

CK-CPU 通过 6 个寄存器(R2 ~ R7)将前 6 个参数字由调用者传递给被调用函数。如果有额外的参数,调用者负责在堆栈中分配空间,一般该空间在一个大于 6 个参数字的子函数调用之前,适用于所有大于 6 个参数字的子函数调用,并且由调用者在最后一个大于 6 个参数的子函数调用完毕之后释放空间。

子函数的入口处,堆栈指针(R0)指向第一个需要通过堆栈传递的参数字,依次类推,第二个参数字为堆栈指针加 4。

小于 32 位长度的参数,即小参数,由调用者负责扩展成一个参数字。小的有符号参数(如 short、unsigned byte 等)进行有符号扩展,小的无符号参数(如 unsigned、short 等)进行无符号扩展,其他小参数(如小于 4B 的结构体)不进行扩展,高位为未定义无效位。

大于 32 位长度的参数(如 double、long 等称为大参数)必须通过多个参数寄存器传递,而且寄存器编号必须以偶数开始,如果轮到奇数寄存器号,则跳;当寄存器不足以传递参数,则将多处的参数通过堆栈来传递,而大于 32 位长度参数在堆栈中传递时,内存的起始值必须能被 8 整除。

对于结构体参数,可以部分或整体通过参数寄存器传递。如果参数寄存器不够时,可以通过堆栈来传递,在这种情况下,调用者必须分配好堆栈空间。如果结构体参数小于 32 位,向右对齐传递参数,高位未定义。如果结构体参数大于 32 位,将进行打包传递。

2. 数据类型

CK-CPU 处理器支持的基本数据类型有:8 位无符号字节、16 位无符号半字、32 位无符号字、8 位有符号字节、16 位有符号半字和 32 位有符号字。这些数据类型和 ANSI C 语言基本数据类型之间的关系,如表 4.5 所示。

表 4.5 ANSI C 语言数据类型和 CK-CPU 数据类型对应表

ANSI C 类型	长度/B	内存地址 对齐方式	CK-CPU 类型
(unsigned)char	1	1	unsigned byte
signed char	1	1	signed byte
(signed)short	2	2	signed halfword
unsigned short	2	2	unsigned halfword
(signed)long	4	4	signed word
unsigned long	4	4	unsigned word
(signed)int	4	4	signed word
unsigned int	4	4	unsigned word
enum	4	4	signed word
data pointer	4	4	unsigned word
function ptr	4	4	unsigned word
long long	8	8	signed word：unsigned word
unsigned long long	8	8	unsigned word：unsigned word
float	4	4	unsigned word
double	8	8	unsigned word：unsigned word
long double	8	8	unsigned word：unsigned word

3. 堆栈布局

CK-CPU 使用 R0 寄存器存储堆栈指针，它始终指向堆栈栈帧的底端，堆栈空间的低地址处，而小于堆栈指针的地址空间中数据均为无效，同时堆栈指针的值始终必须是 8 的倍数。

图 4.6 CK-CPU 堆栈布局为典型的三个函数调用过程的堆栈帧布局方式，显示了函数的局部变量、参数和返回值在堆栈帧中的相对位置。

对于调用者，如果被调用函数调的参数超出寄存器传递参数个数或参数不适合在寄存器中传递时，参数必须由调用者存放在调用者栈帧的底部，如果参数可以通过寄存器传递，则不需要在堆栈中留出空间，而对于被调用者参数存放在栈帧的顶部。如果子函数的返回值不适合存放在寄存器中，如结构类型返回值等，调用者还需要在堆栈中为返回值留出空间，该空间一般位于调用者的局部变量区域。子函数调用时，调用者必须把返回值寄存器 R15 和 R2 ~ R7 寄存器的值存放在堆栈中，因为子函数中有可能修改这些寄存器的值。另外，局部变量无法保存在寄存器中时，可以为局部变量在堆栈中

图 4.6 CK-CPU 堆栈布局

开辟空间。

4.1.8 汇编程序样例

下面给出一些 CK-CPU 汇编程序的样例。以下程序给出了 CK-CPU 汇编语法的注释方式、变量的申明和定义、变量引入和导出、函数定义、数据段和代码段使用等。

1. 回文检测

下面的例程使用了位反指令检测数据的对称性,即 R11 中数据从左读到右和从右读到左是一样的。

31	24 23	16 15	8 7	0
0100 1110	0101 0110	0110 1010	0111 0010	

程序如下:

```
MOV     R12, R11        // 复制 R11 到 R12 寄存器中
BREV    R12             //把 R12 按位取反
CMPNE   R11, R12        //比较 R11 与 R12
BF      SYMM            //如果回文检测成立,则转移到 SYMM,否则执行下一条指令
```

2. 比较程序

下面这个例程同时比较两个字符串,如果不匹配,或者循环计数器溢出,则停止。

```
. text
        ...
        LRW      R13, STRING1        //初始化 STRING1 的指针
        LRW      R14, STRING2        //初始化 STRING2 的指针
        MOVI     R9, 0x40            //初始化循环指针
        ASLI     R9, 0x02            //操作数左移两位,得到 256 个计数字符
LOOP:
        LD. B    R10, (R13, 0)       //从 STRING1 中读取下一个字符
        LD. B    R11, (R14, 0)       //从 STRING2 中读取下一个字符
        CMPNE    R10, R11            //确定是否无匹配
        BT       MISMATCH           //当出现失配时退出
        ADDI     R13, 0x01           //更新 STRING1 的指针
        ADDI     R14, 0x01           //更新 STRING2 的指针
        DECNE    R9                  //循环计数 – 1
        BT       LOOP                //如果循环未结束则转移
MISMATCH:
        BR       .                   //否则维持在此处

/ *  data section * /
. data
STRING1:
. ascz "a, b, c, d, e, f, g, h, i, k,l, m, n, o, p........................etc. "
STRING2:
. ascz "a, b, c, d, z, x, y, w, v, u, t, s, r, q, r........................etc"
```

3. 多重处理加法

多处理加法程序实现在内存中 12B 的加法。内存中的操作数是有符号数。累加的和存入 R11 寄存器。如图 4.7 所示的寄存器结构

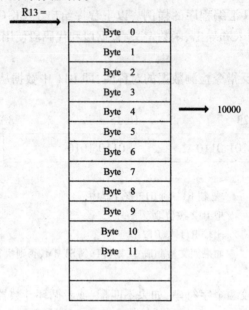

图 4.7　寄存器结构

程序如下：

```
START:
    MOVI        R4,12            //循环计数器的值置 12
    BGENI       R13,0x10        // R13 的地址指向内存中 0x10000 所在位置
    MOVI        R11,0           //累加的和存入 R11
LOOP:
    LD.B        R12,(R13,0)     //从内存中读取下一个字节
    SEXTB       R12             //有符号扩充字节放入 R12
    ADDU        R11,R12         // R12 和 R11 做与操作,并把结果放入 R11
    ADDI        R13,0x1         //把 R13 提前至下一个字节的地址
    DECNE       R4              //字节计数器值减一
    BT          LOOP            //计数器值不为 0 重复循环
    BR                          //否则中止
```

4.2　嵌入式 C 语言程序设计

本节主要从以下几点进行阐述：①程序概念、程序元素和 C 语言的基本数据结构；②面向对象编程方法的使用；③嵌入式 C 语言的设计优化。

4.2.1　C 语言概述

1. 语言发展简介

1978 年,美国电话电报公司(AT&T)贝尔实验室正式发表了 C 语言。同时由 B. W. Kernighan 和 D. M. Ritchie 合著编写了著名的 *The C Programming Language* 一书。但是,书中没有定义一个完整的 C 语言标准。1983 年,美国国家标准化协会(American National Standards Institute, ANSI)以此为基础,制定了一个 C 语言标准,称为 ANSI C。

1987 年,由于微型计算机的日益普及,出现了各种各样的 C 语言版本。因为这些 C 语言没有统一的标准,彼此之间出现了一些不一致的地方。因此,美国国家标准化协会(ANSI)为 C 语言制定了一套 ANSI 标准——87 ANSI C,这就是现行的 C 语言标准。

1990 年,国际标准化组织(ISO)指定了 ISO C 标准,目前流行的 C 语言编译系统大部分都是以它为标准的。

2. C 语言特点

C 语言是一种计算机程序设计语言。它既具有汇编语言的特点,又具有高级语言的特点。可以作为系统设计语言,编写系统应用程序,也可以作为应用程序设计语言,编写不依赖计算机硬件的应用程序。因此,C 语言被广泛应用于事务处理、科学计算、工业控制、数据库技术等领域。

不同于一般形式的软件编程,嵌入式系统编程建立在特定的硬件平台上,势必要求其编程语言具备较强的硬件直接操作能力。无疑,汇编语言具备这样的特质。但是,由于汇编语言开发的复杂性,它并不是嵌入式系统开发的一般选择。而与之相比,C 语言作为一种“高级的低级”语言,则成为嵌入式系统开发的最佳选择。

C 语言之所以具有强大的生命力,这都要归功于其鲜明的特点,归纳如下:

(1) C 语言是结构化的语言。作为一种结构化语言,C 语言层次比较清晰,容易按模块化的方式来组织程序,便于使用、维护以及调试。C 语言是以函数形式提供给用户的,这些函数可以方便地调用,并具有多种循环、条件语句控制程序流向,从而使程序完全结构化。

(2) C 语言是模块化的语言。在程序的设计中,经常会将某些常用的功能模块写成函数,减少重复编写程序段的工作量,也可以将大的程序段分割成若干函数,缩短模块的长度,以便程序阅读方便。同时,使得复杂系统的开发周期缩短,这是由于函数(过程)、标准库函数、模块变成方法以及自上而下设计方法的采用。应用程序需要进行构建以确保软件能够基于所提倡的软件工程原则来进行开发。

(3) C 语言的模块化程序结构是用函数来实现的,就是将复杂的 C 程序分成若干模块,每一个模块都编写成一个合法的 C 函数,然后用主函数调用函数与函数调用函数实现一个大型的 C 程序。

(4) 程序可移植性好。所谓可移植性就是指用某种计算机语言编写的程序在各种不同的编译器和 CPU 架构上的通用程度。C 语言就是一种可移植性比较强的语言,用它编写的程序可以不经修改应用在很多平台上,相比而言,一些汇编语言可移植性就比较差。

(5) C 语言运算符丰富、代码效率高。C 语言运算符包含的范围非常广泛,一共有 34 种运算符。C 语言把括号、赋值、强制类型转换等都作为运算符处理,从而使 C 语言的运算类型极其丰富,表达式类型多样化。灵活运用各种运算符可以实现在其他高级语言中难以实现的运算。C 语言生成的目标代码质量高、程序执行效率高,与汇编程序相比,生成的目标代码效率高 10% ~ 20%。例如,对于控制结构(如 while、do-while、break 以及 for 等)与条件语句(如 if、if-else、else-if 以及 switch-case)能够使得流程路径设计任务变得简单,结构上清晰明了。

4.2.2 程序元素

1. 头文件、源文件以及预处理指令

1) 头文件

任何 C 程序首先都要包含本程序中所需要使用的头文件和源文件。

include 作为一个关键词出现是一个用于包含某个文件内容(代码或者数据)的预处理命令。

(1) 包含代码文件:这些文件是已经存在的代码文件。

(2) 包含常量数据文件:这些文件是代码文件,可以有扩展名 .const。

(3) 包含字符串数据文件:这些文件是包含字符串的文件,可以带扩展名 .string、.str、或者 .txt。

(4) 包含基本变量文件:包含一些不具有初始(默认)值的存储在 RAM 中的全局或者局部静态变量文件。

(5) 包含头文件:这是一个预处理命令,目的是要包含一组源文件的内容。例如, string.h 或 stdio.h。

注意:某些编译器提供 conio.h 取代 stdio.h,这是因为嵌入式对于打开,关闭以及读写文件的函数需求量不大,因此可减少代码量。

2) 源文件

源文件是为了实现应用软件功能而编写的程序文件。源文件需要编译。

3) 预处理指令

预处理指令以一个"#"开头。这些命令式为了给编译器传达指示:

(1) 预处理全局变量。例如,#define volatile Boolean IntrMask,就是一条预处理指令,它的作用是在处理之前先考虑一个布尔数值类型的全局变量 IntrMask。

(2) 预处理常量。例如,#define false 0 表示了处理之前将 false 假设为 0 的一条指令。指令 define 表示在程序当中分配数据指针。

2. 宏与函数

具体而言,函数代码只需要编译一次。当调用该函数的时候,处理器会保存上下文,当调用返回的时候就会恢复上下文。而且,函数可以不返回任何结果(声明为 void 类型的情况),或者返回一个布尔值、一个整数、任意一个简单类型或者引用类型的数据(简单类型类似于一个整数或者字符,引用类型类似于一个数组或者结构)。

而宏属于简短的代码。这是因为如果用每个函数调用来代替宏,那么(函数调用和返回时要进行的上下文保存以及其他一些行为)需要时间开销 $T_{overheads}$,它与在函数中执行简短的代码所需要花费的时间 T_{exec} 处于同一个数量级。当执行的时间长短差别很大时,我们选择时间较短的一个。

在 C 语言中,宏是产生内嵌代码的唯一方法。对于嵌入式系统而言,为了能达到性能要求,宏同样也是一种很好的代替函数的方法。

例如,下列的 CK5A6EVB 开发板寄存器地址的宏定义:

```
/* CK5A6EVB registers addr definition */
#define UART_LCR          0x03
#define UART_THR          0x00
#define UART_RBR          0x00
```

#define UART_DLL	0x00
#define UART_DLH	0x01
#define UART_IER	0x02
#define UART_IIR	0x02
#define UART_MCR	0x04
#define UART_LSR	0x05
#define UART_MSR	0x06
#define UART_USR	0x1f

注意：宏与函数都在 C 程序当中使用到了。当代码只需要编译一次的时候，我们使用函数。但是一旦调用了函数，处理器就必须保存上下文。而且，函数可以不返回结果(void 声明情况之下)或者返回一个布尔型的数值、整数、原语或者引用型的数据。当需要短小的功能代码段插入到很多地方或者函数当中时就应该使用宏。

而宏定义是 C 语言中实现类似函数功能而又不具函数调用和返回开销的较好方法，但宏在本质上不是函数，因而要防止宏展开后出现不可预料的结果，对宏要谨慎定义或使用。

3. 数据类型

数据命名后，就会在存储器中分配地址，很多地址分配都取决于数据类型。C 允许使用以下的简单数据类型：用于表示字符的 char 类型(8 位)、无符号短整型 unsigned short(16 位)、短整数类型 short(16 位)、无符号整数类型 unsigned int(32 位)、整数类型 int(32 位)、双精度类型 long double(64 位)、浮点类型 float(32 位)和双精度类型 double(64 位)。

对于不同的硬件，一般都会选取相应的比较合适的数据类型，过于精确的类型会造成浪费，反之则会造成数据表达不完全。

4. 数据结构、修饰符、语句、循环和指针

1) 数据结构

C 语言与其他高级语言相比，优越之处就是其能够对内存进行直接的操作。

(1) 堆栈。由一系列元素组成的一种数据结构。堆栈的最后一个元素处于等待操作的状态。任何操作都只能以后进先出(LIFO)的方式处理。它应该在元素不会直接被索引或者指针访问，而只能按照后进先出的方式处理时适用。元素只能被压入(PUSH)到一系列等待处理的元素顶上。操作完成以后，不仅是弹出(POP)操作，而且 PUSH 操作都只是用一个指针。在每一次操作之后指针加 1 或者减 1。这取决于是 PUSH 还是 POP。例如，在执行一个嵌入式程序过程中可能会转而执行另一个程序，在执行过后再回到原有的程序上。而这时就需要存储器给堆栈分配一块存储器地址，用来保存嵌套调用的返回地址。

在 RAM 中应该有一个输入数据被保存为一个堆栈，以便后来的 LIFO 模式中取回。不同的存储器块中可以有很多数据堆栈，每一个堆栈都具有单独的指针地址。

(2) 队列。由一系列元素组成的一种数据结构，其中第一个元素等待操作。操作只能以先进先出(FIFO)的方式进行。它应该在某个元素不会直接被索引或者指针访问，而只能按照先进先出的顺序访问时使用。元素只能被插入到一系列等待被操作的元素末尾。存在两个指针，一个用于操作完成以后进行删除，另一个用于插入。这两个指针都会在操作完成以后加 1。

(3) 数组。由一系列元素组成的一种数据结构，其中每个元素都只能用一个标识名或者索引访问。它的元素在使用和操作时都非常容易。它应该在数据结构的每个元素为了方便操作而都采用索引以不同的标示来访问使用。索引从 0 开始，并且是递增整数。例如，每个人的姓名和自己年龄所对应的数组。

（4）多维数组。由一系列元素组成的一种数据结构,其中每一个元素都由另一子系列的元素组成。每个元素都以标识名和两个或者多个索引来访问。它在数据结构的每一个元素为了方便操作而都采用以不同的标识来访问时使用。数据的位数等于需要用来识别数组的索引数目。索引从 0 开始,并且是递增整数。例如,在压缩图片格式的时候,行列之间可以看作多维数组。

（5）链表。每个元素都有一个指针指向它的下一个元素。只有第一个元素是可识别的,并且由顶头的指针指示(头指针)。其他的元素都是不可识别的,因此不能够直接访问。一个元素可以通过第一个元素,然后再顺序通过后继的元素来读取,读取并删除,增加一个相邻的元素或者用另一个元素取代。例如一个指向子菜单的菜单。

（6）树。有一个根元素。有两个或多个分支,每一个分支都有一个子元素。每个子元素都有两个或者多个子元素。最后一个没有子元素。只有根元素是可识别的,它有树顶的指针标识(头指针)。其他的元素都是不可标识的,因此都不能够直接访问。通过根元素,然后继续通过所有的子元素,元素就可以读取或者读取并删除、添加另一个子元素,或者被另一个子元素取代。树将元素作为分支。最后一个子元素,也被称为结点是没有后继子元素的。二叉树就是每个元素最多只有两个子元素(分支)的树。例如文件夹里边嵌套文件夹的结构。

2）修饰符

修饰符作为对程序变量声明的补充说明,使得 C 语言同其他语言相比体现出更加优化的特性,并达到了语言对所表述意义更加精确地控制。而在嵌入式系统的环境中,这样对寄存器或存储器更加精细的控制便可以使得在硬件资源极其有限的情况下,各种资源都得到更加合理的分配。与此同时,修饰符的使用保证了高级语言的灵活性和可移植性的特点。其中各种修饰符的用法在这里便不赘述,但请注意各个修饰符的用法要结合一定程度的硬件了解才能够更好的发挥作用。

3）语句、循环

嵌入式 C 语言的语句主要分为条件语句和循环语句。循环语句又分为控制循环和无限循环。条件语句对程序进行控制,当满足条件时,特定的语句被执行,不满足则跳过特定的语句。循环作为条件语句的延伸:当满足条件时,循环执行特定语句,直到不再满足条件为止。由于嵌入式系统很多情况下是对某一个条件不断循环的查询,系统持续保持工作状态,因此引入无限循环作为对循环的补充。这便是嵌入式 C 语言相对于普通 C 语言最大的特点和区别。

4）指针

指针作为 C 语言最灵活的地方,体现了 C 语言的高级特性,并有助于程序员编写出更加精炼高效的程序。指针变量的值是地址,而这个地址又指向新的变量,这就涉及内存结构特点等硬件结构方面的知识,而由于嵌入式系统资源极其有限的特征,这些知识在嵌入式 C 语言中又显得尤为重要。而 NULL 指针作为指针的一个重要类型,被广泛地应用于链表中,指向链表末尾的最后一个元素,或出现在空堆栈,队列之中。

总体而言,嵌入式 C 语言在编写的时候,编程者不光要考虑到 C 语言本身的特点,还要结合具体的编译器和相关硬件结构才能使程序更加优化,才能编写出简洁、高效的程序。

4.2.3 嵌入式 C 语言程序设计

1. 嵌入式 C 语言的循环特征

由于嵌入式 C 语言相对来说代码量小,并且目标明确,因此其功能主要用于某个一直工作的模块或组件,因此,循环就变得必不可少。

在工程实践中发现，嵌入式程序总是以一个无限循环作为结束的。典型地，这个无限循环包含了程序功能的一个重要组成部分，如一个闪烁的 LED 灯程序，它的循环构成了整个程序的整体，也是所实现功能的整体；或者如一个高速公路的测速装置，它的功能是不断地查询来自传感器的信息，用以判断是否存在车辆超速，而这其中，循环同样以程序的整体组成部分出现。如果从软件角度来讲，多线程程序的线程处理函数也是一个无限循环，而我们平时使用的操作系统，本身就是一个无限循环。

同时，嵌入式系统一般来说只运行一类程序。尽管硬件体现了重要性，但如果缺少嵌入式软件，那么硬件本身是无法完成包括数字时钟，彩灯闪烁等最最基本的功能的。通俗些讲，如果软件停止运行，那硬件也就失去了作用。所以一个嵌入式程序的功能体总是被一个无限循环来包含着以使它们可以永远运行下去。

从实现的角度来讲，其程序如下：

```
while (1){…}
```

也可以用以下写法：

```
for ( ; ; ){…}
```

虽然这种情况下在嵌入式编程中显得比比皆是，但新入手的编程者仍然会忽略掉它。所以如果你的第一个走马灯程序看起来运行了，可是只看到了 LED 一闪而过后就不再闪烁，那么很可能是因为编程者忘记了对 setLed( ) 和 delay( ) 调用时应该包在一个无限循环里面。

举例：

```
#include "config. h"
#include "uart. h"
int func(int n)
{
    int sum = 0;
    int ii;
    for ( ii = 0; ii < n; ii ++ )
    {
        sum + = ii;
    }
    return sum;
}


int main ()
{
    int tmp;
    uart_init (BAUDRATE);/ * 调用串口的函数,其中参数为波特率 */
while (1)/ * 嵌入式程序的特征:以死循环作为程序的整体 */
    {
        tmp = func (100);/ * 调用函数 func */
        printf ("The result is % d\n", tmp);
    }
    return 0;
}
```

例子中是一个最为简单的嵌入式 C 语言程序,它的作用是在主函数 main 中调用一个 func 的函数,其作用是求从 1 到 n 的标准等差数列的和,并在主函数中把所得到的和打印出来。其中主体部分 main 就是一个由 while(1) 构成的无限循环结构,主函数的主体部分,即打印部分就在这个无限循环结构当中。

2. 数组与动态申请

在嵌入式系统中动态内存申请存在比一般系统编程时更严格的要求,这是因为嵌入式系统的内存空间往往是十分有限的,不经意的内存泄露会很快导致系统的崩溃。

所以一定要保证你的 malloc 和 free 成对出现,如果当编程者写出这样的一段程序:

```c
char * function(void)
    {
    char * p;
    p = (char *)malloc(…);
    if(p = = NULL)
    …;
    /* 一系列针对 p 的操作 */
return p;
    }
```

在某处调用 function( ),用完 function 中动态申请的内存后将其 free,如下:

```c
char * q = function( );
    …
    free(q);
```

上述代码虽可运行,但是存在着很大的隐患,因为它违反了 malloc 与 free 成对出现的原则,即"动态数组由谁申请,则由谁释放"原则。如果不满足这个原则,会导致在申请了内存之后不能及时释放,这尤其是对于硬件资源十分有限的嵌入式资源是十分危险的。

正确的做法是在调用处申请内存,并传入 function 函数,如下:

```c
char * p = "malloc"(…);
    if(p = = NULL)
    …;
    function(p);
    …
    free(p);
    p = "NULL";
```

而函数 function 则可接收参数 p,如下:

```c
void function(char * p)
    {
    …/* 一系列针对 p 的操作 */
    }
```

当然,动态申请内存方式也可以用较大的数组来替换。因此在不能准确熟练掌握动态数组的情况下还是建议利用较大的数组来代替动态数组从而避免可能到时系统崩溃的错误。

注意:①尽可能的选用数组,数组不能越界访问。②如果使用动态申请,则申请后一定要判断是否申请成功,并且 malloc 和 free 应成对出现。

4.2.4 嵌入式 C 语言设计优化

1. 利用位运算代替复杂运算

利用 C 语言的位运算可以减少乘法除法以及取模的运算。在 C 语言程序中数据的位是可以操作的最小数据单位,理论上可以用"位运算"来完成所有的运算和操作,因而,灵活的位运算可以有效地提高程序运行的效率。

举例:

```
int i;
int j;
i = 566 / 16;
j = 497 % 32;
/ * 以下使用位运算 * /
int i,j;
i = 566 > > 4;
j = 497 - (497 > > 5 < < 5);
```

对于以 2 的指数次方为" * "、"/"或"%"因子的数学运算,转化为移位运算" < < , > > "通常可以提高算法效率。这是因为乘除运算指令周期通常比移位运算要长。

C 语言的位运算除了可以提高运算效率外,在嵌入式系统的编程中,它的另一个最典型的应用,就是对寄存器中的"位"进行设置或判断,此时便可利用位运算来进行对特定位的操作。

2. 寄存器变量的使用

首先,CPU 对于不同存储器的访问速度不同,基本遵循以下原则:

$$\text{Speed}_{CPU内部RAM} > \text{Speed}_{外部同步RAM} > \text{Speed}_{外部异步RAM} > \text{Speed}_{FLASH/ROM}$$

当一个变量被频繁读写时,需要反复访问内存,从而花费大量的存取时间。为此,C 语言提供了一种变量,即寄存器变量,用关键字 register 作为声明。这种变量存放在 CPU 的内部寄存器中,使用时,不需要访问内存,而可以直接从寄存器中读写,从而提高效率。对于循环次数较多的循环控制变量及循环体内反复使用的变量均可定义为寄存器变量,而循环计数是应用寄存器变量的最好候选者。

只有局部自动变量和形参才可以定义为寄存器变量。因为寄存器变量属于动态存储方式,凡需要采用静态存储方式的量都不能定义为寄存器变量,包括模块间全局变量、模块内全局变量、局部 static 变量。

register 是一个"建议"型关键字,意指程序建议该变量放在寄存器中,但最终该变量可能因为条件不满足并未成为寄存器变量,而是被放在了存储器中,但编译器中并不报错(在 C + + 语言中有另一个"建议"型关键字:inline)。

下面是一个采用寄存器变量的例子:

```
int fac(int n)
{register int i,f = 1;
  for(i = 1;i < = n;i + + )
  f = f * i;
  return(f);
}
main( )
{int i;
```

```
    for(i = 0; i < = 5; i + + )
    printf("% d! = % d\n", i, fac(i) );
}
```

注意: ①只有局部自动变量和形式参数可以作为寄存器变量; ②一个计算机系统中的寄存器数目有限, 不能定义任意多个寄存器变量; ③局部静态变量不能定义为寄存器变量。

4.3 内嵌汇编设计

4.3.1 概述

由于 C 语言是处于低级(汇编)语言与高级语言之间的一种语言。为了使 C 语言的程序更高效或更方便地访问硬件资源, 存在 C 语言和汇编语言结合编程的思路。混合编程主要适用于以下两个场合。

1. 关键模块效率提升

用汇编编程可以有效地利用 CPU 的寄存器和指令集, 因此用其产生的代码比用编译器产生的代码运行速度更快。

2. 访问硬件资源

例如, C 编译器可能没有提供库函数来访问 I/O 端口, 或者用于禁用或启动中断系统; 或者编译器可能生成一些代码, 这些代码没有利用 CPU 的某些更专用的指令, 如那些执行 BCD 运算, 二进制——ASCII 转换, 查找表或告诉复制整个数据块的指令。

然而对于大多数代码来说, 最好用高级语言(如 C 语言)来编写。使用高级语言显得不太乏味, 更加可靠, 并且从本质上编码效率更高。

CK-CPU 在混合编程方面主要有两种方式, 一种是 C 语言模块和汇编语言模块之间互相调用函数, 互相引用变量, 汇编模块是独立的源文件; 另一种则是在 C 语言中嵌入一段汇编代码(in – line assembly)。

4.3.2 CK-CPU 内嵌汇编基本格式

C 语言通过 asm 或_asm_语句实现对内嵌汇编的支持。形式为

```
asm("ASSEMBLY CODE");
```

例如:

```
/ * 将 R1 的内容复制到 R0 * /
asm("MOV R0, R1");
/ *将 0x2 复制到 R2 * /
_asm_("MOVI R2, 0x2");
```

对于 asm 和_asm_函数, 它们都是有效的。之所以有两种形式, 是因为如果对于某些函数和 asm 冲突时, 可以用_asm_函数来确保内嵌汇编的正常使用。如果需要书写超过一条语句, 则需要以" "引用每条指令, 并用回车或制表符为结尾标示出每条指令。这是因为编译器把每条指令以字符串的形式发送从而形成汇编, 这里的符号能够确保其直接生成汇编的格式的正确性。

例如:

```
_asm_ ("MOV R8, R0\n\t"
      "MOV R1, R9\n\t"
      "STW R1, (R8,4) \n\t");
```

4.3.3 CK-CPU 扩展内嵌汇编

如果在内嵌汇编的一些指令中,改变了一些寄存器的值,但返回 C 语言后我们并没有对改变的值进行处理,则会发生不可知的错误。这是因为编译器并不了解寄存器中值的变化,从而导致了以上情况的发生,尤其是在编译器追求最优化编译的时候。这个时候,我们能够做的就是或者去避免这些指令的使用,或者是在退出或等待的时候及时的修复寄存器的值。这时我们就需要引入扩展汇编了。扩展汇编能为用户提供函数的功能。

在基本形式的内嵌汇编中,我们只能够使用指令集。而在扩展内嵌汇编中,我们可以指定操作数。扩展汇编同时还允许我们指定输入寄存器,输出寄存器以及一列 clobbered 寄存器。当然,我们在扩展中并不一定要指定寄存器,可以把这项工作交给编译器去完成,有时它的优化编译会更加出色地完成任务。其格式为:

```
asm ( assembler template
            : output operands          /* 可选择 */
            : input operands           /* 可选择 */
            : list of clobbered registers   /* 可选择 */
        );
```

扩展内嵌汇编形式由汇编模板(assembler template)、输出部、输入部和破坏部组成,各个部分用“:”分割。汇编模板由汇编指令所组成,输出部、输入部和破坏部由一个或多个操作数组成,操作数之间使用“,”分割。从输出部到破外部按照顺序,每一个操作数被编号(0,1,2…),每个操作数在汇编模板中以“% +编号”的方式出现。

如果没有输出操作数却存在输入操作数,则需要放置两个连续的冒号来表示出本应该存放输出操作数的地方。

详见以下程序:

```
asm ("CMPEI        %0,0\n\t"
     "BT           1\n\t"
     "STW          %0,(%1,0)"
     "1:\n\t"
     :/* 没有输出寄存器 */
     :"r" (count),"r"(dest)
     :"memory"
     );
```

这段内嵌汇编实现的功能如下:如果 count 不等于零,则将 count 的值存入 dest 确定的内存中。

很清楚,这个内嵌汇编没有输出部,但是由于修改内存,所以破坏部中告诉编译器 memory 有修改,同时在汇编模板中的%0 代表 count,%1 代表 dest。

详见以下程序:

```
int a = 10, b;
    asm ("MOV R1, %1;
    MOV %0, R1"
    :" = R"(b)         /* 输出 */
    :"R"(a)            /* 输入 */
    :"R1"              /* 破坏部寄存器 */
    );
```

这段内嵌汇编描述的是利用汇编指令使"b"的值等于"a"的值。

一些值得注意的地方：

（1）"b"是一个输出操作数，通过%0来对应，"a"是一个输入操作数，通过%1来对应。

（2）"r"是操作数的一个约束，在后边可以详细讨论。此时，"r"告诉编译器，可以利用任意一个寄存器来存放操作数。输出操作数的约束通过"="来定义，这表明输出操作数只具备写的权限。

（3）此时利用两个%作为前缀标志寄存器的名称。这样做帮助编译器来区别操作数与寄存器。操作数只有一个%作为前缀。

（4）在第三个逗号之后出现的 clobbered 寄存器 R1 之后告诉编译器 R1 的值将在内嵌汇编中被修改，所以编译器并不会利用寄存器存储任何其他的值。

当内嵌汇编执行过后，"b"就会直接更新映射后的值，相当于一个输出操作数。换句话说，在内嵌汇编中对"b"的修改就相当于直接在C语言中对"b"进行的修改。

1. 汇编模板

汇编程序模板包含一系列的可以嵌入到C程序中的汇编指令。其格式如下：每一条指令都被双引号包住，或每一组指令都在双引号之内。每一条指令都以一个定义符为标志结束。有效的定义符包括回车"\n"和分号";"。回车可以后接制表符"\t"。同时操作数要符合C表达式的要求如%0，%1等。

2. 操作数

C语言的表达式在内嵌汇编中被作为操作数对待。每一个操作数如下表示：

输出部："=操作数约束符"（C语言变量名）

输入部："操作数约束符"（C语言变量名）

其中，"="说明是输出的操作数"操作数约束符"表示该操作数类型，如寄存器类型、立即数或者 Memory 等。

当使用的操作数多于一个时，它们用","（逗号）隔开。

在汇编模板中，每一个操作数都用数字编号来指明。规则如下：如果总共有 n 个操作数，则第一个输出操作数被编号为0，之后的操作数依次递增排列，直到最后一个操作数为 $n-1$。

输出操作数的表达式必须最终表达为变量或存储的形式，但是输入操作表达式并无此限制，它可以是表达式或立即数，也可以是C变量等。正如上文所述，普通的输出操作数值允许写操作，编译器会假设这些操作数的值在内嵌汇编指令被执行之前是无效的，因此忽略它们的初始值。下面来看一个例子，希望把一个数加5，如下所示：

```
asm ("MOV %0, %1\n\t"
     "CMPLT %0, %0\n\t"
     "ADDC %0, 5"
     : "=R" (FIVE_TIMES_X)
     : "R" (X)
     );
```

这里把输入放入"x"，我们并没有指定所需要的寄存器。编译器将会给输入选择一些寄存器，给输出一个寄存器并且以用户希望的方式。如果想把输入和输出定义到同一个寄存器中，利用对编译器指示是可以做到的。这里利用这些读写操作数类型的寄存器。通过指定寄存器来实现：

```
asm ("CMPLT %0, %0\n\t"
     "ADDC %0, 5"
     : "=R" (FIVE_TIMES_X)
     : "0" (X)
     );
```

目前输入与输出都被放在一个寄存器中,但并不知道具体是哪一个寄存器。

以上两个例子,并没有把任何寄存器放到破坏部(clobber list)中,这是因为编译器决定了寄存器,并且编译器了解它们发生了什么改变。

3. 破坏部

一些指令会临时利用到一些硬件的寄存器或内存等。需要把这些寄存器或内存特殊的标注出来,在内嵌汇编中,标志在第三个":"之后。这是告诉编译器用户要自己利用并修改这些寄存器。因此编译器并不会假定内嵌汇编中存入这些寄存器中的值时无效的。不能把输入和输出寄存器列到这个列表中,因为编译器了解内嵌汇编会用到它们(以约束的形式被专门指定)。如果指令利用到了任意的其他寄存器,直接地或间接地(并且这些寄存器并不在输入或输出约束条件中),那么这些寄存器都要被列到破坏部中。

如果指令可以改变程序状态寄存器,则必须要加入"cc"到这个破坏部中。

如果指令要在不可预知的情况下修改内存,则需要加入"memory"到这个列表中。这将会导致编译器在执行汇编指令时,阻止内存的值缓存在寄存器中。如果内存的影响并不希望在输入或输出的内嵌汇编之内,同样需要加入非易失性的关键字"volatile"。

可以以用户希望的方式进行对 clobbered 寄存器的读写。以下是相关说明的一个例子:

```
asm ("MOVL R2, %0 \n\t
      MOVL R3, %1 \n\t
      JSRI _FOO"
      : / * 没有输出 */
      : "g" (FROM), "g" (TO)
      : "R2", "R3"
      );
```

4. 易失性

如果所写的代码一定要执行在特定的位置中(就是说不可以因为要优化代码而被移出某个循环),则需要放置关键字"volatile"在"asm"与( )之间。这样可以避免代码被移动或被删除。

用户可以如下声明内嵌汇编:

```
asm volatile ( ... : ... : ... : ...);
```

在使用该关键字时,一定是抱着一种谨小慎微的态度的。如果汇编代码只是为了执行一些运算,且并无其他方面的作用或影响,则最好不要使用该关键字。避免使用该关键字将会使编译器对代码编译的更加优化与美观。

5. 约束

约束可以规定是否操作数一定要是寄存器;操作数是否可以内存查表以及何种寻址方式;操作数是否是立即数等。以下几点将进行详细说明。

1)寄存器操作约束

当操作码利用了此条约束时,操作数必须被存放在通用寄存器中,以下举例说明:

```
asm（"MOV %0, %1\n"
    :"=R"（MYVAL）
    :"=R"（INVAL））;
```

当变量 myval 被存放在一个寄存器中时，inval 的值被复制到这个寄存器中。当寄存器的约束被指定后，编译器将把变量保存在任意一个 GPR 中。为了指定寄存器，必须在写程序的时候通过指定寄存器的约束条件直接指定寄存器的名称，如表4.6所示。

表4.6 寄存器约束条件与寄存器指定名称

r	R0 ~ R15
a	R1 ~ R14
b	R1
h	hi（ck510e/ck520）
l	lo（ck510e/ck520）

举例：
```
_asm_ _volatile_（"MTHI %1"
                :"=H"（J）
                :"R"（I））;
```

2）内存操作数约束

当操作数在内存中时，任何对操作数的操作都会直接的反应在内存位置上，与寄存器约束所不同的是，寄存器约束会使值最开始存储在寄存器中，之后回写到内存中的指定位置。但寄存器约束只会在必要时或者能够明显提高速度的时候才会被使用。同时，当一个 C 变量需要在内嵌汇编中被更新而我们却不希望利用一个寄存器去暂存它的值时，这时内存约束就可以发挥它的功能了。举例说明，当输入的值被存在内存的位置为 loc 时：
```
asm（"STW %1, %0"
    :"M"（LOC）
    :"R"（INPUT））;
```

3）匹配约束

在一些情况下，单独的变量会被同时作为输入和输出操作数。这种情况下可以利用内嵌汇编中的专有匹配约束指令：
```
asm（"INCT %0" :"=A"（VAR）:"0"（VAR））;
```

这种约束可以如下使用：

（1）当输入从一个变量读入时或这个变量被修改且修改后的值又重新被写回变量中时。

（2）当输入和输出操作数显得没有必要分开时。

最重要的影响在于利用了匹配约束会提高所使用的寄存器的效率。

同时，还有一些其他的约束如下：

（1）"m"——此时内存操作数被允许，寻址方式可以是机器所支持的任何一种。

（2）"o"——此时内存操作数被允许但寻址方式只能是偏移量寻址，即在原址上加以小段偏移来给出一段有效地址。

（3）"V"——此时内存操作数不是偏移量，换句话说，任何情况都会满足"m"约束而不是"o"约束

（4）"i"——此时立即数（整型）操作数被允许。这包括只有在内嵌汇编中才有意义的符号。

（5）"n"——此时直接反应数值的立即数操作数被允许。许多系统不支持在内嵌汇编中少于一个字长度的操作数。而约束对这些立即数则可以用"n"而不是"i"。

（6）"g"——任意寄存器,内存或立即数都被允许,当然,这里不包括非通用寄存器。

（7）"r"——如上表中,寄存器约束被允许。

（8）"I"——常数,在范围[0, 127]（包括 0 与 127）。

（9）"J"——常数,在范围[1, 32]（包括 1 与 32）。

（10）"K"——常数,在范围[0, 31]（包括 0 与 31）。

（11）"L"——常数,在范围[-32, -1]（包括 -32 与 -1）。

（12）"M"——常数,exact_log2 (VALUE) > = 0。

（13）"N"—— (((VALUE)) = = -1 ‖ exact_log2 ((VALUE) + 1) > = 0)。

当利用到以上这些约束时,编译器会给我们提供约束调解的选项,选项如下:

（1）" = "——意味着这个操作数只有"写"权限;之前的值被丢掉,并被出去的数据所取代。

（2）"&"——意味着这个操作数是一个 early clobber 操作数,也就是这个操作数可以通过输入操作数使其在指令结束之前被修改。因此这个操作数可能不在寄存器（被用于存放输入操作数以及部分内存地址）。

4.3.4　样例

1. 求两数之和

```
int main(void)
    {
            int foo = 10, bar = 15;
            _asm_ _volatile_
            (
                "CMPLT    %1, %1\n\t"
                "ADDC        %1,%2"
                :" = a"(foo)
                :"0"(foo), "b"(bar)
            );
            printf("foo + bar = % d\n", foo);
            return 0;
    }
```

" = "的出现表示它是一个输出寄存器。

```
_asm_ _volatile_("ADDU   %0,%1\n
                  : " = M" (MY_VAR)
                  : "IR" (MY_INT), "M" (MY_VAR)
                  : /* 没有破坏部 */
                  );
```

在输出的表示中," = m"表示 my_var 是一个输出量,而且它在内存中,同理可得,"ir"表明"my_int"是一个整型的数据,并且其应该是在某个寄存器中（可参考表 4.6）。同时,这里没有寄存器在 clobber list 中。

2. 内存访问

```
int main (int argc, char * * argv)
{
    int i;
    char kk[10];
    char ch;
    __asm__ __volatile__ ("LDW %0, %1"
                                 : "=R"(I)
                                 : "M"(ARGC));
    __asm__ __volatile__ ("STW %1, %0"
                                 : "=O"(KK)
                                 : "R"(I));
    __asm__ __volatile__ ("STW %0, %1"
                                 : "=R"(I)
                                 : "V"(ARGC));
    __asm__ __volatile__ ("STW %1, %0"
                                 : "=M"(KK[5])
                                 : "R"(CH));
    return 0;
}
```

3. 系统调用

```
#define _syscall1(type, name, atype, a)
type name(atype a)
{
  register long __name __asm__("r1") = __nr_##name;
  register long __res __asm__("r2") = a;
  __asm__ __volatile__ ("TRAP  0\n\t"
                             : "=R"(__RES)
                             : "R"(__NAME),
                             "0"(__RES)
                             : "R1", "R2");
  if ((unsigned long)(__res) >= (unsigned long)(-125))
  {
* __errno_location() = -__res;
  __res = -1;
  }
return (type)__res;
}
```

在 Linux 中,系统调用在内嵌汇编中生效执行。所有的系统调用都用宏定义来实现,例如,一个只有一个"argument"的系统被如下描述为:

当只有一个"argument"的系统调用被执行后,在最上边的宏定义就被在第一时间调用。系统参数被存放在"R1"中,其他的参数被存放在"R2"中,并且最终是利用"TRAP 0"指令来完成系统调用工作的,同时在"R2"中,系统提取返回值。

注意:"__errno_location()"是一个函数调用,并且将把返回值放在寄存器"R2"中,函数的调用对于 CK-CPU 将利用到"R1~R7",但"register long_res_asm_(R2)"利用了"R2",因此在上边

的例子中存在一个错误,它是:

```
    {
long  _error  =  _res;
    * _errno_location ( ) =  – _error;
           _res  =  –1;
    }
```

注意:内嵌汇编虽是 C 语言和汇编语言两者的结合,但使用时请务必谨慎,因为当使用了内嵌汇编,便限制了程序的可移植性,使程序在不同平台移植的过程中会出现错误! 同时该方法也与现代软件工程的思想相违背,只有在迫不得已的情况下才可以采用。

4.4　CK-CPU 工具包

目前支持 CK-CPU 的工具很多,如风河 Diab C/C++ 编译链接和调试工具、Codewarrior 集成开发环境,以及 GNU C/C++ 工具链、杭州中天微系统有限公司开发的 CK-CPU Studio 集成开发环境和基于 Eclipse 开发的集成开发环境 CDS 等,这里重点介绍基于 GNU 工具链的工具包。

4.4.1　工具汇总

如表 4.7 所示 CK-CPU 的 GNU 工具链汇总说明了 CK-CPU GNU 工具包由 GNU 工具链、集成开发环境 CK-CPU Studio 和 CDS、软件模拟器 Simulator 和其他辅助工具组成。

表 4.7　CK-CPU GNU 工具链汇总

Compiler & linker	
ckcore-elf-gcc	GNU 编译器集 (命令行集成开发环境)
ckcore-elf-c ++ ckcore-elf-g ++	GNU C ++ 编译器
ckcore-elf-cpp	GNU C 预处理器
ckcore-elf-as	GNU 汇编器
ckcore-elf-ld	GNU 链接器
Debugger	
ckcore-elf-gdb	GNU 调试器
ckcore-jtag	调试代理服务程序
ckcore-elf-run	GNU CK-CPU 简易模拟器(不建议使用)
ckcore-simulator	CK-CPU 模拟器
GUI IDE	
C-Sky Studio	CK-CPU 图形界面集成开发环境
C-Sky Development Suite	基于 Eclipse 设计的 CK-CPU 图形界面集成开发环境
Binary file format convert tools	
ckcore-elf-objcopy	Copy and translate object files
ckcore-elf-ar/ckcore-elf-ranlib	Create, modify, and extract from archives

elf2flt	ELF 文件格式到 Flat 文件格式的转换（For uClinux）
ckcore-elf-strip	Discard symbols from object files
Binary file analyse tools	
ckcore-elf-addr2line	Convert addresses into file names and line numbers
ckcore-elf-readelf	显示 ELF 二进制文件信息
ckcore-elf-objdump	Display information from object files
ckcore-elf-nm	list symbols from object files
ckcore-elf-size	list section sizes and total size
ckcore-elf-strings	print the strings of printable characters in files
flthdr	显示 Flat 格式二进制文件的信息

编译过程的使用样例如下：

预处理：

    ckcore-elf gcc E func_a. c-o func_a. i

编译：

    ckcore-elf-gcc-S func_a. c-o func_a. s

编译和汇编：

    ckcore-elf-gcc-g-c-mbig-endian func_a. c-o func_a. o

    ckcore-elf-gcc-g-c-mbig-endian func_b. c-o func_b. o

    ckcore-elf-gcc-g-c-mbig-endian main. c-o main. o

汇编：

    ckcore-elf-as-EB crt0. S-o crt0. o

    ckcore-elf-gcc-Wa , - EB crt0. S-o crt0. o

链接过程的使用样例如下：

链接：

ckcore-elf-gcc \

    -Wl ,-EB -Wl ,-Tckcore. ld \

    -o main \

    crt0. o func_a. o func_b. o main. o

or :

ckcore-elf-ld \

    -EB-Tckcore. ld \

    -o main \

    crt0. o func_a. o func_b. o main. o

其中，ckcore. ld 为链接描述文件，参考 4.4.3 节链接描述文件。

上面的每个命令可以在命令行下，用户自己输入执行，也可以以 Makefile 脚本进行管理，通过 make 命令自动化执行。

4.4.2 Makefile

随着嵌入式软件系统的越来越复杂，一个工程的源文件也越来越多，一般会根据文件类型和功能模块等分别存放在许多目录中，此时需要有一个工具来管理这些源文件，确定哪些文件需要编译,需要重新编译,编译的顺序,链接方式等工作。Makefile 作为整个工程的编译规则制定者,理所当然地担当这个工作,Windows 的程序员可能不知道,其实 Visual C ++ 等集成开发环境也会自动产生 Makefile 来对工程的 Build 过程进行管理。CK-CPU 的工程构建也离不开 Makefile,而且和其他体系结构的 Makefile 没有什么不一样,下面是一个 Makefile 的简单实现:

```
#C-SKY CPU Makefile

NAME = ckdemo
CC = ckcore-elf-gcc
AS = ckcore-elf-as
AR = ckcore-elf-ar
LD = ckcore-elf-ld
DUMP = ckcore-elf-objdump
OBJCOPY = ckcore-elf-objcopy
# for real bootload
CFLAGS   + = -g -O2 -mbig-endian
CFLAGS   + = -I. /
CFLAGS   + = -Wall
CFLAGS   + = -fno-strict-aliasing -fno-builtin -fomit-frame-pointer
CFLAGS   + = -frename-registers

LDFLAGS = -Wl,-EB
ASFLAGS = -Wl,-EB

OBJFILE = crt0. o uart. o   main. o

all:  $ (NAME)

$ (NAME): $ (OBJFILE)
    $ (CC)   -mbig-endian -T. /ckcore. ld -o $ (NAME) \
    -nostartfiles . /crt0. o \
    uart. o main. o\
    -lm -lc -lgcc

%. o: %. c
    $ (CC) $ (CFLAGS)-c -o $ @  $ <

%. o: %. S
 $ (CC) $ (CFLAGS)-c -o $ @  $ <

clean:
    rm -rf *. o
    rm -rf $ (NAME)
```

这个 Makefile 中,首先定义了一系列的工具,如编译器、汇编器和链接器等,也定义了一些编译、汇编和链接的参数选项,在余下部分将会使用这些工具和参数选项变量进行一系列的编译链接操作。紧接着 Makefile 还定义了一系列的规则目标,如"all"、"clean"、"$(NAME)"等,和目标的依赖关系。

当我们在构建工程的时候,执行如下操作:

    make   all

make 工具会根据 Makefile 定义的一系列规则,进行规则目标和目标所依赖的内容是否存在,以及时间先后,执行规则中定义的命令从而完成编译、汇编和链接的过程。

4.4.3 链接描述文件

链接描述文件用于说明基于 CK-CPU 开发的 SOC 或 MCU 的存储器结构。链接器搜集被链接的应用程序各模块中的代码和数据等信息,并将这些信息按照链接描述文件所描述的规则存放在指定的硬件存储空间中,如程序代码段分配在 ROM 空间之中,把变量数据放在可用的 RAM 空间。下面介绍链接描述文件的具体格式。

1. Section 的基本概念

CK-CPU 链接器将一个或多个输入文件链接到单一的输出文件,输出文件和每个输入文件均采用 elf 二进制文件格式,每个 elf 二进制文件包含了一系列的 Section。一般来说,我们将输入文件中的 Section 称为输入 Section,同样,输出文件中的 Section 称为输出 Section。

每个 Section(输入或输出)包含名字和大小等属性,大多数 Section 还包含块数据,即 Section 内容。一些 Section 还标记输出文件在开发板上运行时是否需要下载到 Memory,即 loadable;一些 Section 在文件中没有内容,但是在开发板内存中需要占用空间,如 BSS Section;一些 Section 中内容的地址信息在开发板上运行时需要重定位,即 allocatable。

在输出文件中,那些 loadable 或 allocable 的 Section 包含两个地址。第一个地址叫虚拟内存地址(VMA),这个地址用于输出文件运行时的 Section 的地址。第二个地址叫下载内存地址(LMA),这个地址用于 Section 被下载到开发板上时的下载地址。在许多情况下(如没有 MMU 的时候)这两个地址可以相同的。

可以通过 ckcore-elf-objdump 来查看 elf 文件的 Section 相关信息。

2. 程序入口点命令

ENTRY(symbol)——设置入口点,即程序执行时的第一个条指令。也可以在链接器中通过参数-e 设置。

3. 文件处理命令

INPUT(file, file, …)——指定输入文件,如你总是使用"subr. o"文件,则你可以使用该命令

GROUP(file, file, …)——指定 archives 文件,例如一些库文件等。

OUTPUT(filename)——指定输出文件。

SEARCH_DIR(path)——指定 archive 库文件的搜索路径列表。

STARTUP(filename)——指定启动文件,即第一个被链接的输入文件。

4. 定义 symbol 和赋值命令

在链接描述文件中,你有可能需要定义 symbol 并对其进行赋值,定义的 symbol 被认为是全局 symbol,在 C/C++和汇编语言中可以引用这些 symbol。下面是定义 symbol 并且赋值的模式:

```
symbol  =  expression ;
symbol  +  =  expression ;
symbol  −  =  expression ;
symbol  *  =  expression ;
symbol  /  =  expression ;
symbol  <  <  =  expression ;
symbol  >  >  =  expression ;
symbol  &  =  expression ;
symbol  |  =  expression ;
```

第一种情况将定义 symbol,同时赋值。其他情况的 symbol 必须已经被定义。".."作为特殊的 symbol,用于代表当前的地址计数器。也可以参与到上述的 symbol 赋值语句中。如在前述样例中:

```
_bas_start  =  . ;
```

就是一个典型的赋值。

另一种定义 symbol 和赋值的方式为:

```
PROVIDE( symbol = expression )
```

这种方式和前面的方式一样,也是定义 symbol 并且赋值,但是有一点不同,就是如果在 C/C++ 或汇编程序中已经定义了了相同的 symbol 的话,那么在链接描述文件中通过 PROVIDE 命令定义的 symbol 直接被链接器忽略。如链接描述文件中有如下代码:

```
SECTIONS
{
    . text:
    {
        * (. text)
        _ETEXT  = . ;
        PROVIDE( ETEXT  = . ) ;
    }
}
```

其中如果 C/C++ 或汇编程序中定义了了_etext,那么链接器将报错,而 etext 则不会。

5. Section 命令

Section 命令告诉链接器怎样将输入 Section 汇总到输出 Section,同时告诉链接器输出 Section 在 Memory 中的存放位置。

```
SECTION
{
    Section-command
    Section-command
    ...
}
```

6. Memory 命令

链接器已经缺省配置了一个 Memory 区间,可以在链接描述文件中使用 Memory 重新定义 Memory 区间。Memory 命令描述目标板上的 Memory 区间和大小。如下:

```
MEMORY
{
    name [(attr)] : ORIGIN = origin, LENGTH = len
    ...
}
```

"name"为内存区间的名字,将在 Section 命令引用。

"Attr"为内存区间的属性,如读、写、执行等权限,具体请参考表4.8。

表4.8　Memory 属性

R	只读	I	被初始化
W	可读可写	L	同 I
X	可执行	!	前面定义的属性取反
A	可重定位		

7.链接描述文件样例

下面是 CK-CPU 程序链接描述文件的样例:

```
/ *
      * ckcore. ld  -- The ckcore linking script file.
* /
ENTRY (_start)
MEMORY
{
    flatmem : ORIGIN = 0x28000000, LENGTH = 0x800000
}
PROVIDE (_stack = 0x287ffff8);
SECTIONS {
    . text : {
            . = ALIGN(0x4);
            _stext = . ;

            * (. text)
            * (. text * )
            * (. text. * )
            * (. gnu. warning)
            * (. stub)
            * (. gnu. linkonce. t * )
            * (. glue_7t)
            * (. glue_7)
            * (. jcr)
            * (. init)
            * (. fini)

            / * This is special code area at the end of the normal
              text section.   It contains a small lookup table at
```

```
              the start followed by the code pointed to by entries
              in the lookup table.
        */
        . = ALIGN (4);
        PROVIDE(_ctbp = .);
        * (.call_table_data)
        * (.call_table_text)


        . = ALIGN(0x10);
        _etext = . ;
        } > flatmem
        .rodata : {
        . = ALIGN(0x4);
        _srodata = . ;
        * (.rdata)
        * (.rdata *)
    * (.rdata1)
        * (.rdata. *)
        * (.rodata)
        * (.rodata1)
        * (.rodata *)
        * (.rodata. *)
        * (.rodata. str1. 4)

. = ALIGN(0x10);
_erodata = . ;
} > flatmem
.data : {
        . = ALIGN(0x4);
        _sdata = . ;

        _data_start = . ;
        data_start = . ;
        * (.got. plt)
        * (.got)
        FILL(0);
        . = ALIGN(0x20);
        LONG(-1)
        . = ALIGN(0x20);
        * (.gnu. linkonce. r *)
        * (.data)
        * (.data *)
        * (.data1)
        * (.data. *)
```

```
        * ( . gnu. linkonce. d * )
        * ( . data1 )
        * ( . eh_frame)
        * ( . gcc_except_table)
        * ( . sdata)
        * ( . sdata. * )
        * ( . gnu. linkonce. s. * )
        * ( _libc_atexit)
        * ( _libc_subinit)
        * ( _libc_subfreeres)
        * ( . note. ABI-tag)
            .  = ALIGN(4) ;
            _CTOR_LIST_  = . ;
            LONG( ( _CTOR_LIST_END_ - _CTOR_LIST_ )/ 4 - 2 )
            KEEP( * ( SORT( . ctors * ) ) )
            _CTOR_END_  = . ;
            LONG( 0 )
            _CTOR_LIST_END_  = . ;
            _DTOR_LIST_  = . ;
            LONG( ( _DTOR_END_ - _DTOR_LIST_ )/ 4 - 2 )
            KEEP ( * ( SORT( . dtors * ) ) )
            LONG( 0 )
            _DTOR_END_  = . ;

            .  = ALIGN(0x10) ;
            _edata  = . ;
    } > flatmem
        . bss : {
            .  = ALIGN(0x4) ;
            _sbss  = ALIGN(0x4) ;

            _bss_start  = . ;
            * ( . dynsbss)
            * ( . sbss)
            * ( . sbss. * )
            * ( . scommon)
            * ( . dynbss)
            * ( . bss)
            * ( . bss. * )
            * ( COMMON)

            .  = ALIGN(0x10) ;
            _ebss  = . ;
            _end  = . ;
                end  = . ;
        } > flatmem
        . junk 0 : { * ( . rel * ) * ( . rela * ) }
        / * Stabs debugging ) sections.      * /
        . stab 0 : { * ( . stab) }
        . stabstr 0 : { * ( . stabstr) }
        . stab. excl 0 : { * ( . stab. excl) }
        . stab. exclstr 0 : { * ( . stab. exclstr) }
```

```
. stab. index 0 : {  * (. stab. index) }
. stab. indexstr 0 : {  * (. stab. indexstr) }
. comment 0 : {  * (. comment) }
. debug_abbrev 0 : {  * (. debug_abbrev) }
. debug_info 0 : {  * (. debug_info) }
. debug_line 0 : {  * (. debug_line) }
. debug_pubnames 0 : {  * (. debug_pubnames) }
. debug_aranges 0 : {  * (. debug_aranges) }
}
```

思考题与习题

4.1 请利用宏定义写一个标准宏 MAX,这个宏输入两个参数并返回较大的一个。

4.2 请利用内嵌汇编优化 C 的赋值函数,将"数组一"赋值给"数组二",要求每一个字节都相符。

```
char string1[512], string2[512];
int j;
for (j = 0; j < 512; j ++)
 * (string2 + j) = * (string1 + j);
```

4.3 请解释下列数据定义。

```
int i;
int * i;
int * * i;
int i[10];
int * i[10];
int ( * i) [10];
int ( * i) (int);
int ( * i[10]) (int);
```

4.4 采用 CK-CPU 汇编实现 Big endian 到 Little endian 的转换函数:

```
unsigned int htons (unsigned int x)
```

本章参考文献

杭州中天微系统有限公司. 2007-08-02. CKCORE software development platform [EB/OL]. [2011-05-05]. http://www. c-sky. com/dowlist. php? id = 17.

杭州中天微系统有限公司, 2007-08-02. Applications binary interface standards manual [EB/OL]. [2011-05-05]. http://www. c-sky. com/dowlist. php? id = 17.

宋宝华. 2006. C 语言嵌入式系统编程修炼之道 [EB/OL]. [2011-05-05]. http://blog. csdn. net/21cnbao/archive/2010/03/11/5372143. asp.

Kamal R. 2003. Embedded Systems Architecture Programming and design [M]. The McGraw-Hill Companies.

第5章　基于 CK-CPU 的嵌入式系统应用开发

嵌入式系统的原型开发通常基于开发板平台进行,以缩短嵌入式产品的开发周期,开发板是嵌入式系统应用开发不可或缺的工具。目前,国内基于 CK – CPU 系列处理器的嵌入式系统开发板主要由杭州中天微系统有限公司和杭州国家集成电路设计产业化基地有限公司设计并制作,本章是基于杭州中天微系统有限公司研制开发的 CK5A6EVB 开发板进行的,杭州国家集成电路设计产业化基地有限公司设计的开发板相关资料可通过该公司的主页获得(http://www.hicc. org. cn/ckdev. html)。本章主要以 CK5A6 微控制器(micro control unit,MCU)为例介绍基于 CK – CPU 处理器系列的嵌入式系统应用开发,并以一块带有多种外围接口的 MCU 开发版 CK5A6EVB 为基础详细列举多种应用实例。CK5A6 微控制器是杭州中天微系统有限公司研制开发的一款以 CK – CPU 系列处理器为核心,基于 AMBA2. 0 总线协议的 32 位多功能高性能微控制器。

5.1　CK5A6EVB 开发板

CK5A6EVB 开发板是基于 CK5A6 MCU 芯片的软件开发测试评估板,具备全套外围接口,可为应用软件开发者提供完整的硬件环境。

5.1.1　主要特征

CK5A6EVB 开发板实物如图 5.1 所示。

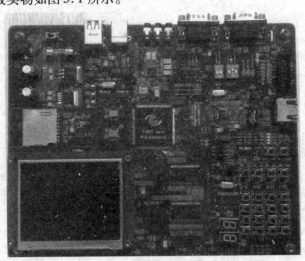

图 5.1　CK5A6EVB 开发板实物图

CK5A6EVB 开发板的结构如图 5.2 所示,其主要组成部件包括:
(1)208 脚、QLFP 封装的 CK5A6-3C 微处理器;
(2)32M SDRAM 存储器;
(3)16M NOR Flash 存储器;

（4）可选容量 NAND Flash 存储器；

（5）两个 RS232 串行通信接口；

（6）两个 USB Host 接口；

（7）一个 USB Device 接口；

（8）一个 SDIO 接口；

（9）一个 SPI 接口；

（10）一个 TFT LCD 真彩液晶屏（320240）；

（11）AC97 音频接口；

（12）10M/100M 网络接口；

（13）若干按键及 LED 数码管；

（14）若干 GPIO 及配置电路；

（15）电源电路,将 5V 直流输入电源转化成板内工作的各种电源。

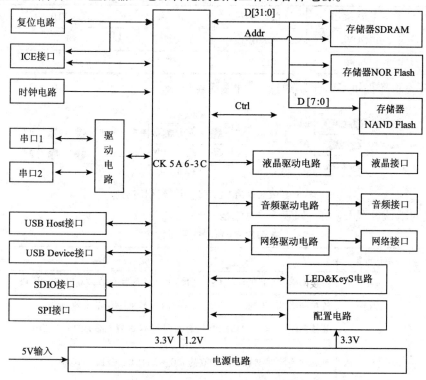

图 5.2　CK5A6EVB 开发板结构框图

5.1.2　开发板配置

CK5A6EVB 开发板提供了两个系统状态设置开关 S1（2 位）和 S2（3 位）,各状态位的定义如图 5.3 所示。

各状态位的含义如下所述。

1. PLL_BYPASS

选择系统时钟是否经过 PLL。

ON 表示系统时钟经过 PLL,CPU 频率默认

为 200MHz,AHB/APB 总线时钟为 50MHz。

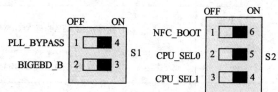

图 5.3　CK5A6EVB 开发板系统状态控制引脚分布

OFF 表示系统时钟不经过 PLL,CPU 频率为 OSC1 晶振的频率 12MHz,AHB/APB 总线时钟为 3MHz。

2.BIGEBD_B

选择系统的 ENDIAN 模式。

ON 表示系统为大端模式 big endian。

OFF 表示系统为小端模式 little endian。

3.NFC_BOOT

ON 表示系统从 NAND Flash 启动。

OFF 表示系统不从 NAND Flash 启动。

4.CPU_SEL0 和 CPU_SEL1

选择 CPU 的型号,如表 5.1 所示。

表 5.1 CPU 型号选择

CPU_SEL1	CPU_SEL0	CPU 型号	CPU_SEL1	CPU_SEL0	CPU 型号
ON	ON	CK610	OFF	ON	CK560E
ON	OFF	CK510S	OFF	OFF	CK610

此外,开发板还提供了若干跳线选择,如图 5.4 所示。

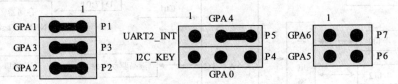

图 5.4   CK5A6EVB 开发板跳线引脚分布

各跳线的默认设置及功能,如表 5.2 所示。

表 5.2   控制模式引脚配置

器件标号		默认设置	功 能 表 示
P1		连接	连接网络 GPA1 到 LCD_CS1,通过 GPIOA1 配置 LCD 液晶屏的 LCD_CS
P2		连接	连接网络 GPA2 到 LCD_SCL1,通过 GPIOA2 配置液晶屏的 LCD_CS
P3		连接	连接网络 GPA3 到 LCD_SDI1,通过 GPIOA2 配置液晶屏的 LCD_SDI
P4	Pin 1 Pin 2	未连接	此处如连接,将连接 ZLG7290 的 I2C_KEYINT 信号到 GPIOA0
	Pin2 Pin3	未连接	此处如连接,将连接网络 K-GPA0 到 GPIOA0,即按键 K3 通过 GPIOA0 与主芯片通信
P5	Pin1 Pin2	未连接	此处如连接,将连接网络 UART2_INT 到 GPA4
	Pin2 Pin3	连接	连接网络 GPA4 与 K-GPA4,即按键 K4 通过 GPIOA4 与主芯片通信
P6		未连接	连接网络 GPA5 与 K-GPA5
P7		未连接	连接网络 GPA6 与 K-GPA6

5.1.3 开发板 ICE 接口

CK-CPU 的开发用户可以通过 ICE 连接开发宿主机和开发板。ICE 的特点包括：

(1)USB2.0 高速设备；

(2)USB 接口供电；

(3)支持 CK-CPU 体系结构全系列 CPU；

(4)支持即插即用(PnP)；

(5)支持在线升级。

在 ICE 与目标主机之间接触或者建立连接时，目标系统必须断电，否则可能损坏目标系统。连接步骤如下：

步骤 1　关闭目标系统(开发板)电源。

步骤 2　用 ICE 连接开发宿主机和开发板，及需要的其他外设(如 UART)。

步骤 3　连接完成，打开目标系统电源(目标系统开发板为里正外负 5V 直流电源供电)。

CK-CPU 目标系统的 ICE 连接接口为 14 针连接器，其引脚分配如图 5.5 所示。

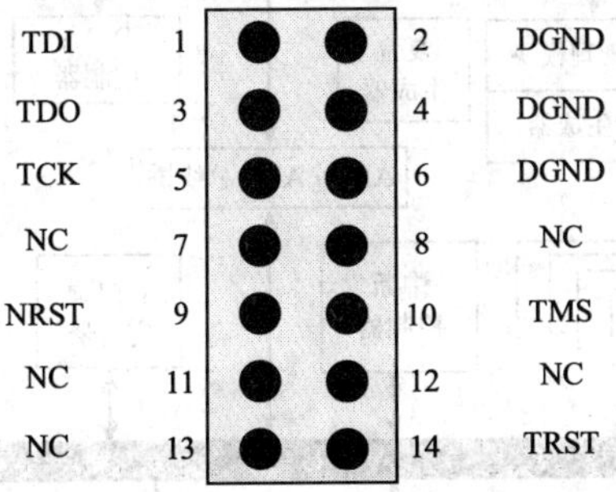

TDI	1 ● ● 2	DGND	
TDO	3 ● ● 4	DGND	
TCK	5 ● ● 6	DGND	
NC	7 ● ● 8	NC	
NRST	9 ● ● 10	TMS	
NC	11 ● ● 12	NC	
NC	13 ● ● 14	TRST	

图 5.5　CK5A6EVB JTAG 引脚分布

各引脚对应的名称及功能如表 5.3 所示。

表 5.3　JTAG ICE 接口信号定义

引脚	名称	功　　能	引脚	名称	功　　能
1	TDI	JTAG 数据信号输入	8	NC	未定义
2	DGND	地	9	NRST	系统复位信号
3	TDO	JTAG 数据信号输出	10	TMS	JTAG 测试模式选择信号
4	DGND	地	11	NC	未定义
5	TCK	JTAG 测试时钟信号	12	NC	未定义
6	DGND	地	13	NC	未定义
7	NC	未定义	14	TRST	JTAG 测试复位信号

5.2　CK5A6 MCU 芯片

CK5A6 MCU 以 CK-CPU 处理器为核心，集成了多个高速模块，并为外围设备提供了功能齐全的接口，是一款多功能和高性能的微控制器。

5.2.1 MCU 总体架构和功能

CK5A6 MCU 采用高速 AHB 总线连接处理器、存储器和高速功能模块,采用低速 APB 总线连接多种低速接口模块。在最坏条件下,MCU 的处理器最高时钟频率可达 240MHz,系统总线可最高运行 120MHz。CPU 与 MCU 的总线外设可运行在不同的时钟频率上,支持四种内外频比例:1∶1,2∶1,4∶1 和 8∶1。MCU 芯片采用 130nm 工艺设计和 208 脚 LQFP 封装,外围 IO 供电为 3.3V(±10%),芯片内部电路供电为 1.2V(±10%)。CK5A6 MCU 的组成框图如 5.6 所示。

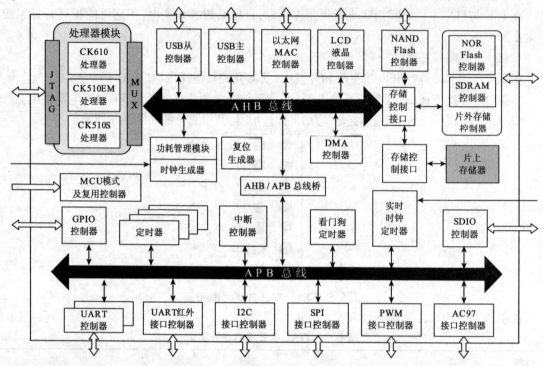

图 5.6 CK5A6 MCU 组成框图

1. 不同类型的处理器选择

CK5A6 MCU 芯片内部可提供三种不同类型的 CK-CPU 系列处理器选择,从而满足不同的应用需求。可通过芯片的 CPU 选择信号选择所需处理器。下面对三种处理器的型号和功能进行介绍。

(1)CK610 处理器。双发射超标量处理器,性能超过 1.4 Dhrystone MIPS,分别具备 8KB 的指令 Cache 和数据 Cache,可满足高性能应用需求。

(2)CK510S 处理器。单发射 RISC 处理器,性能超过 0.8 Dhrystone MIPS,具备 16KB 的指令高速暂存(SPM)和 16KB 的数据高速暂存,并具备 8KB 的指令 Cache 和 8KB 的数据 Cache,可满足高速数据处理需求。

(3)CK560E 处理器:单发射 RISC 处理器,性能超过 0.8 Dhrystone MIPS,具备 16KB 的指令 cache 和 16KB 的数据 Cache,并具备 MMU 内存管理单元,可运行 Linux 等复杂操作系统。

2. 灵活可配的时钟和复位控制

CK5A6 MCU 提供灵活可配的时钟控制,通过可编程动态调节系统 PLL 的比例和处理器内外频率比例,可使 MCU 更为高效地运行,满足不同的应用需求。在上电复位后,MCU 系统内部的初始频率为：处理器运行在晶振时钟 X50/3（当晶振为 12MHz 时，处理器默认频率为 200MHz），MCU 总线系统运行在晶振时钟 X50/12（当晶振为 12MHz 时，MCU 总线（AHB 和 APB 总线）系统默认频率为 50MHz）。

CK5A6 MCU 共有下述三种复位源，可使 MCU 全部逻辑复位。

（1）上电复位信号。在系统上电时，会自动产生复位信号，对 MCU 进行系统复位操作。

（2）看门狗复位信号。在程序跑飞时，软件不能及时地采取措施重载看门狗定时器，看门狗定时器会产生全局复位信号，对 MCU 进行系统复位操作。

（3）外部复位引脚。可通过外部按键，产生全局复位信号，对 MCU 进行系统复位操作。

3. 主流的存储器接口

CK5A6 MCU 提供多种主流的存储器接口，可外接包括 NOR Flash、NAND Flash、SRAM、SDRAM 和 SD 卡等不同的存储器。

4. 功能强大的外设接口

CK5A6 MCU 内有 LCD 液晶控制器（liquid crystal display controller，LCDC），通过 AHB 高速总线连接到处理器和系统存储器，支持 8/16/24 位色深的液晶显示，最大显示分辨率可达 800×600。LCDC 模块具备 DMA 传输方式，以提高显示数据的传输速度。

CK5A6 MCU 内有以太网 MAC 控制器，通过 AHB 高速总线连接到处理器和系统存储器，兼容 802.3 协议，可支持 10M/100M 以太网卡应用。MAC 控制器内置 DMA 传输模块，以提高自主网络数据的搬运速度。

CK5A6 MCU 内有 USB 主控制器（USB hoster，USBH），通过 AHB 高速总线连接到处理器和系统存储器，提供两个接口，支持同时外接两个 USB 从设备。USBH 符合开放式主机控制接口协议（open host controller interface，OHCI）和 USB1.1 标准，同时支持低速（1.5Mbps）和全速（12Mbps）的 USB 设备。USBH 模块具备 DMA 传输方式，以提高 USB 通道数据的传输速度。

CK5A6 MCU 内有 USB 从控制器（USB device，USBD），通过 AHB 高速总线连接到处理器和系统存储器，兼容 USB1.1 标准，同时支持低速（1.5Mbps）和全速（12Mbps）的 USB 数据传输，并且支持控制传输、块传输和中断传输三种传输方式。USBD 模块具备 DMA 传输方式，以提高 USB 通道数据的传输速度。

CK5A6 MCU 可通过低速 APB 总线上的同步串行 SPI 控制器、I2C 总线控制器、AC97 音频控制器、脉宽调制控制器和异步串口 UART 控制器，连接多种片外模块，以满足不同系统应用方案的需求。

CK5A6 MCU 具有多组 GPIO 接口，支持输入输出可配置，其中 GPIO PORTA 引脚支持中断功能。

CK5A6 MCU 可提供 4 个定时器，1 个看门狗定时器和 1 个实时时钟定时器。

5.2.2　MCU 工作模式

CK5A6 MCU 的工作模式主要有以下四种：运行（RUN）模式、等待（WAIT）模式、休眠（DOZE）模式和停止（STOP）模式。其中运行模式指 MCU 处于正常运行工作状态，而等待、休眠和停止模式都属于低功耗工作模式。CK5A6 MCU 工作模式的转换如图 5.7 所示。CPU 在运行工作模式下，通过配置低功耗寄存器，并执行 WAIT、DOZE 和 STOP 低功耗指令，可使 MCU 分别进入等待、休眠和停止模式。系

图 5.7　系统工作模式转换图

芯片通过停止模式实现芯片工作频率的动态调节。

各工作模式具体介绍如下。

1. 运行模式

运行模式是系统复位后的默认工作模式。在运行模式下,所有模块的时钟被打开,此时如果 MCU 中某些模块处于空闲状态,可通过软件配置来关闭这些模块的时钟,以节约功耗。例如,如果 I2C 控制器不需工作,可以通过软件配置来关闭 I2C 控制器的时钟。运行模式在四种工作模式中功耗最大。

2. 等待模式

在等待模式下,处理器处于睡眠状态,其他模块则没有影响。当 MCU 检测到任何中断时,处理器会被唤醒。等待模式减少了处理器的功耗。

3. 休眠模式

在休眠模式下,处理器处于睡眠状态,而其他模块是处于睡眠状态还是活动状态则取决于功耗管理模块中相关寄存器的配置。用户可以通过软件灵活地控制其他模块的运行以及设置如何唤醒处理器。

4. 停止模式

在停止模式下,处理器处于睡眠状态,其他大部分模块也处于睡眠状态,只有一些唤醒逻辑仍然处于活动状态。停止模式包括两种子模式:时钟变频模式和完全停止模式。时钟变频模式下,用户可以通过配置功耗管理模块中的相关寄存器来控制锁相环及时钟分频器,从而改变时钟频率,之后功耗管理模块负责将 MCU 从停止模式中唤醒。完全停止模式下,锁相环也处于睡眠状态,MCU 的功耗达到最小,用户可以通过系统复位或者外部中断将 MCU 从停止模式中唤醒。

5.2.3 MCU 地址空间分配

CK5A6 MCU 内部采用 32 位地址线和 32 位数据线,可实现 4GB 地址空间寻址。CK5A6 MCU 地址空间主要由两部分组成:存储器地址空间和外设寄存器地址空间,如图 5.8 所示。

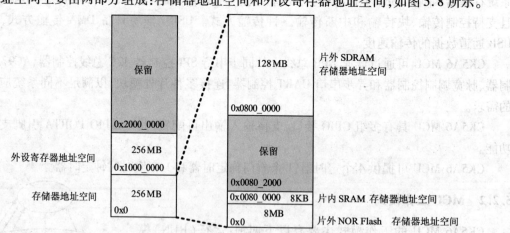

图 5.8 CK5A6 MCU 芯片地址空间分配

相应各地址空间的介绍如下:

(1)256MB 存储器地址空间(物理地址范围:0x0 ~ 0x0FFF_FFFF),主要分配包括:①8MB 片外 NOR Flash 存储器地址空间(物理地址范围:0x0 ~ 0x007F_FFFF);②8KB 片上 SRAM 存储器地址空间(物理地址范围:0x0080_0000 ~ 0x00801FFF);③128MB 片外 SDRAM 寄存器地址空

间(物理地址范围:0x0800_0000 ~ 0x0FFF_FFFF);④其他为保留地址空间。

（2）256MB 外设寄存器地址空间(物理地址范围:0x1000_0000 ~ 0x1FFF_FFFF),主要分配如表5.4 所示。

表 5.4　CK5A6 MCU 寄存器地址映射表

地址范围(十六进制)	IP 模块寄存器
0x1000_0000 ~ 0x1000_0FFF	AHB 总线仲裁器
0x1000_1000 ~ 0x1000_1FFF	片外存储控制器
0x1000_2000 ~ 0x1000_2FFF	功耗管理控制器
0x1000_3000 ~ 0x1000_3FFF	DMA 控制器
0x1000_4000 ~ 0x1000_4FFF	LCDC 控制器
0x1000_5000 ~ 0x1000_5FFF	USB 从控制器
0x1000_6000 ~ 0x1000_6FFF	以太网 MAC 控制器 -registers
0x1000_7000 ~ 0x1000_7FFF	以太网 MAC 控制器-bufferdescriptor
0x1000_8000 ~ 0x1000_AFFF	NAND FLASH 控制器
0x1000_B000 ~ 0x1000_BFFF	USB 主控制器
0x1000_C000 ~ 0x1000_FFFF	保留
0x1001_0000 ~ 0x1001_0FFF	中断控制器
0x1001_1000 ~ 0x1001_1FFF	定时器
0x1001_2000 ~ 0x1001_2FFF	实时时钟定时器
0x1001_3000 ~ 0x1001_3FFF	看门狗定时器
0x1001_4000 ~ 0x1001_4FFF	脉宽调制控制器
0x1001_5000 ~ 0x1001_5FFF	Uart0 控制器
0x1001_6000 ~ 0x1001_6FFF	Uart1 控制器
0x1001_7000 ~ 0x1001_7FFF	Uart2 控制器
0x1001_8000 ~ 0x1001_8FFF	I2C 控制器
0x1001_9000 ~ 0x1001_9FFF	GPIO 控制器
0x1001_A000 ~ 0x1001_AFFF	SPI 控制器
0x1001_B000 ~ 0x1001_BFFF	AC97 控制器
0x1001_C000 ~ 0x1001_CFFF	SDIO 控制器
0x1001_D000 ~ 0x1001_FFFF	保留
0x1002_0000 ~ 0x1FFF_FFFF	保留

在系统上电复位后,部分地址空间默认为保留状态,不做任何使用。如果处理器访问这块保留地址区间,将会导致访问错误异常。

一般情况下,用于 CK5A6 MCU 每个外设的寄存器组地址均分布在 4KB 内(NAND Flash 控制器除外)。AHB 高速总线上的外设地址空间在 0x1000_0000 到 0x1000_FFFF 范围内,APB 低速总线上的外设地址空间在 0x1001_0000 到 0x1001_FFFF 范围内。

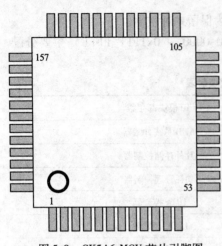

图 5.9   CK5A6 MCU 芯片引脚图

在一个 4KB 地址空间块内,某个外设的寄存器可能并没有完全被译码。因此,对于 4KB 地址空间内未定义的地址访问,读操作返回零,写操作无效。对于不到 32 位的寄存器,当读取没有使用的位时将会返回零,写操作无效。一般情况下,对保留的寄存器地址空间访问时,读操作返回零,写操作无效。

5.2.4   MCU 引脚功能

CK5A6 MCU 芯片采用 208 引脚 LQFP 封装,包括 179 根功能引脚和 29 根电源/地引脚,功能引脚又可分为系统控制信号、处理器调试信号、片外存储器总线信号和外围功能接口信号四类。芯片引脚分布如图 5.9 所示,各引脚功能如表 5.5 所示。

表 5.5   CK5A6 MCU 引脚功能

引脚序号	模块名称	引脚名	引脚序号	模块名称	引脚名
1	MMC	mmc_data[3]	74	电源	VDD33
2	电源	VDD33	75	电源	VSSD
3	电源	VSSD	76:77	GPIO	gpiob[8:9]
4:19	MMC	mmc_data[4:19]	78:82	GPIO	gpioa[10:6]
20	电源	VSS	83	NFC	nfc_ce_b
21	电源	VDD	84	NFC	nfc_wp_b
22:33	MMC	mmc_data[20:31]	85	电源	VSS
34:40	MMC	mmc_addr[0:6]	86	电源	VDD
41	电源	VDD33	87	电源	VSS
42	电源	VSSD	88	NFC	nfc_rbn
43:49	MMC	mmc_addr[7:13]	89:90	GPIO	gpioa[5:4]
50:51	MMC	cs_b[0:1]	91	SYS	mcu_rst_b
52	MMC	sdr_clk	92:95	GPIO	gpioa[3:0]
53	MMC	sdr_cas_b	96	PWM	pwm_0
54	MMC	sdr_ras_b	97	MAC	mcoll
55	MMC	sdr_cke	98	MAC	mcrs
56:59	MMC	sdr_dqm[0:3]	99	MAC	mrx_clk
60	电源	VDD33	100:103	MAC	mrx_data[3:0]
61	电源	VSSD	104	MAC	mrxd_valid
62	MMC	sdr_we_b	105:108	MAC	mtx_data[3:0]
63	MMC	sdr_prchbit	109	MAC	mrx_error
64:65	MMC	sdr_ba[0:1]	110	SYS	gateclk_en_b
66:73	GPIO	gpiob[0:7]	111	电源	VDD33

引脚序号	模块名称	引脚名	引脚序号	模块名称	引脚名
112	电源	VSSD	148	电源	VSS
113	SYS	cpu_sel_1	149	电源	AVDD33
114	SYS	cpu_sel_0	150	电源	AVSS33
115	电源	VDD33	151	电源	DVDD12
116	MAC	mtx_clk	152	电源	DVSS12
117	MAC	mdc	153	SYS	syspll_bypass
118	电源	VDD33	154	RTC	rtc_ext_clk
119	MAC	mtxen	155	RTC	rtc_ext_rst_b
120	MAC	mdc_data	156	SYS	mcu_oscclk
121	UART	uart0_sout	157	USB	usb_ext_refclk
122	UART	uart0_sin	158	USB	usbpll_bypass
123	UART	uart1_sin	159	USBD	usbd_dp
124	UART	uart2_sin	160	USBD	usbd_dn
125	UART	uart1_sout	161	USBH	usbh_dp1
126	电源	VDD	162	USBH	usbh_dn1
127	电源	VSS	163	USBH	usbh_dp2
128	CPU	jtg_trst_b	164	USBH	usbh_dn2
129	CPU	jtg_tclk	165	SDIO	sdhc_cmd
130	CPU	jtg_tms	166:169	SDIO	sdhc_data[3:0]
131	CPU	jtg_tdi	170	SDIO	sdhc_sdclk
132	CPU	jtg_tdo	171:181	LCDC	lcdc_data[1:11]
133	UART	uart2_sout	182	电源	VDD33
134	UART	uart2_sir_in	183	电源	VSSD
135	UART	uart2_sir_out_b	184:195	LCDC	lcdc_data[12:23]
136	SPI	spim_sclk	196		lcdc_data[0]
137	SPI	spim_cs0_b	197	电源	VDD
138	SPI	spim_cs1_b	198	电源	VSS
139	SPI	spim_cs2_b	199	LCDC	
140	SPI	spim_data	200	LCDC	lcdc_oe
141	AC97	ac97_resetn	201	LCDC	lcdc_hsync
142	AC97	ac97_out_sdata	202	LCDC	lcdc_vsync
143	AC97	ac97_sync	203	I2C	i2c_scl
144	AC97	ac97_bit_clk	204	I2C	i2c_sda
145	AC97	ac97_in_sdata	205	PWM	pwm_1
146	SPI	spim_data	206:208	MMC	mmc_data[0:2]
147	电源	VDD			

1. 系统控制信号(SYS)

1)时钟信号

CK5A6 MCU 系统时钟信号外接有源晶振,位于第 156 号引脚,作为外部晶振时钟输入到 MCU 片内 PLL 中,产生所需的芯片系统时钟。在 PLL 被旁路时,该时钟信号将直接驱动芯片内部逻辑。

2)时钟模式选择信号

CK5A6 MCU 支持旁路片内 PLL 的工作模式。可通过位于第 153 号引脚的 PLL 旁路信号,将片内 PLL 旁路,使得晶振时钟直接驱动片内逻辑。

3)门控时钟使能信号

CK5A6 MCU 支持门控时钟方式,采用门控时钟关闭空闲状态的逻辑,从而降低功耗。可通过位于第 110 号的引脚使能门控时钟方式。该信号低电平有效。

4)复位信号

CK5A6 MCU 片外复位输入信号,位于第 91 号引脚,可作为全局复位信号来复位 MCU 芯片。该信号低电平有效。

5)处理器选择信号

CK5A6 MCU 包括三种不同类型的处理器,可以通过位于第 113 和 114 号的两根处理器类型选择信号线来使能所需的处理器。同一时刻,只能有一个处理器被使能。选择信号的具体功能如下:

(1)当 cpu_sel_0 = 0 且 cpu_sel_1 = 0 时,CK610 处理器被使能;

(2)当 cpu_sel_0 = 1 且 cpu_sel_1 = 1 时,CK610 处理器被使能;

(3)当 cpu_sel_0 = 0 且 cpu_sel_1 = 1 时,CK560EM 处理器被使能;

(4)当 cpu_sel_0 = 1 且 cpu_sel_1 = 0 时,CK510S 处理器被使能。

2. 处理器调试信号(CPU)

CK5A6 MCU 支持通过处理器的 JTAG 接口,仿真调试 MCU 芯片和软件程序。具体信号如下:

(1)第 128 号引脚信号 jtag_trst_b。调试复位信号,为低电平有效输入信号,用于对处理器内部 HAD 逻辑初始化。

(2)第 129 号引脚信号 jtag_tclk。调试时钟信号,驱动处理器内部 HAD 逻辑。

(3)第 130 号引脚信号 jtag_tms。调试模式选择信号,在调试时钟信号上升沿被采样,用于 HAD 的状态机定序。

(4)第 131 号引脚信号 jtag_tdi。测试指令和数据的串行输入信号,在调试时钟信号上升沿被采样。

(5)第 132 号引脚信号 jtag_tdo。测试指令和数据的串行输出信号,在调试时钟信号的下降沿被采样。

3. 片外存储总线信号(MMC)

(1)片外存储数据总线信号 mmc_data[31:0]。32 位双向三态数据信号,作为 MCU 和片外存储器连接的数据通道。

(2)片外存储地址总线信号 mmc_addr[22:0]。23 位片外存储器地址总线信号,其中,低 18 位地址总线独立直接输出。高 5 位地址总线和 GPIO 的 B 端口的低 5 位数据复用。在上电复位后,芯片引脚的第 66 ~ 70 号 5 位信号默认工作在片外存储器地址总线的高 5 位。

（3）片外存储地址控制信号。包括 NOR Flash 和 SDRAM 的片选信号、读/写使能信号、块选择信号、位掩蔽信号等,详见表5.5中属于 MMC IP 的引脚。

4. 外围功能接口信号

（1）可配置输入输出信号（GPIO）。CK5A6 MCU 支持 11 根 GPIO A 端口和 10 根 GPIO B 端口。其中 GPIO A 端口支持外部中断功能。部分 GPIO 信号和其他功能接口信号进行复用,在使用时,需注意配置处理器的 gcr 寄存器,确保引脚功能复用正确。

（2）NAND Flash 信号（NFC）。CK5A6 MCU NAND Flash 数据信号全部与片外存储数据总线的低 8 位复用,部分控制信号也与片外存储器控制信号复用,如表5.6所示。

表5.6　CK5A6 MCU 引脚复用

引脚号 （Num）	引脚名	复用选择控制	复用引脚功能
80～81	gpioa［8:7］	cpu gcb［0］= 0	片外存储器地址总线［15:14］
		cpu gcb［0］= 1	GPIOA 信号［8:7］
78～79	gpioa［10:9］	cpu gcb［1］= 0	片外存储器地址总线［17:16］
		cpu gcb［1］= 1	GPIOA 信号［10:9］
66 ～ 70	gpiob［4:0］	cpu gcb［2］= 0	片外存储器地址总线［22:18］
		cpu gcb［2］= 1	GPIOB 信号［4:0］
71～73, 76	gpiob［8:5］	cpu gcb［2］= 0	NOR Flash 写使能信号
		cpu gcb［2］= 1	GPIOB 信号［8:5］
77	gpiob［9］	cpu gcb［2］= 0	NOR Flash 输出使能信号
		cpu gcb［2］= 1	GPIOB 信号［9］
206～208, 1, 4～7	mmc_data［7:0］	nfc busy = 0	片外存储器数据总线［7:0］
		nfc busy = 1	NANDFLASH 数据总线［7:0］
53	sdr_cas_b	nfc busy = 0	SDRAM 列地址选择信号
		nfc busy = 1	NANDFLASH 命令选择信号
54	sdr_ras_b	nfc busy = 0	SDRAM 行地址选择信号
		nfc busy = 1	NANDFLASH 地址选择信号
62	sdr_we	nfc busy = 0	SDRAM 写使能信号
		nfc busy = 1	NANDFLASH 写使能信号
63	sdr_prchbit	nfc busy = 0	SDRAM 预充电信号
		nfc busy = 1	NANDFLASH 读使能信号

（3）脉宽调制信号（PWM）。CK5A6 MCU 具有两个脉宽调制信号输出,分别位于第96号和205号引脚。

（4）以太网 MAC 的 MII 信号（MAC）。CK5A6 MCU 具有一组以太网 MAC 的 MII 信号,包括与以太网物理层芯片相连接的发送和接收数据、时钟和控制信号等。如表5.5所示的 MAC IP 相应引脚。

（5）异步串口信号（UART）。CK5A6 MCU 可提供三组 UART 接口,其中两个通用 UART 接口（UART0 和 UART1）和一个支持红外的 UART 接口（UART2）,如表5.5所示的 UART IP 相应引脚。

（6）同步串口信号（SPI）。CK5A6 MCU 可提供一组 SPI 主设备接口，具备三根从设备片选信号，可连接三个外围从设备，如表 5.5 所示的 SPI IP 相应引脚。

（7）AC97 数字音频接口信号（AC97）。CK5A6 MCU 可提供一组 AC97 接口，包括 AC97 的比特时钟、复位、同步信号和输入及输出信号，如表 5.5 所示的 AC97 IP 相应引脚。

（8）实时时钟定时器（RTC）。CK5A6 MCU 中 RTC 接口包括外部晶振实时时钟和复位信号，分别位于第 154 和 155 号引脚。

（9）USB 主设备接口信号（USBH）。CK5A6 MCU 的 USB 主设备提供两组接口（dp1/dn1，dp2/dn2），位于从第 161 号到第 164 号引脚，可连接两个外围 USB 从设备。

（10）USB 从设备接口信号（USBD）。CK5A6 MCU 提供一组 USB 从设备接口，dp 和 dn 分别位于第 159 号和第 160 号引脚。

（11）SD 卡接口信号（SDIO）。CK5A6 MCU 提供一组 SDIO 接口信号，包括 SD 卡时钟信号输出、命令和 4 位的数据信号，位于第 165 号到 170 号引脚。

（12）液晶显示接口信号（LCDC）。CK5A6 MCU 提供一组 LCD 显示接口，包括像素时钟、行/场同步、输出使能和 24 位数据总线，如表 5.5 所示的 LCDC IP 相应引脚。

（13）I2C 接口信号（I2C）。CK5A6 MCU 提供一组 I2C 接口，scl 和 sda 信号分别位于第 203 和 204 号引脚。

（14）电源/地引脚。CK5A6 MCU 芯片共有 29 根电源和地信号，其中 VDD33 为 3.3V 电源、VDD 为 1.2V 电源、VSS 和 VSSD 为数字地、AVDD33 和 AVSS33 为 PLL 的 3.3V 模拟电源和地、DVDD12 和 DVSS12 为 PLL 的 1.2V 数字电源和地。

CK5A6 MCU 的引脚可支持软件配置复用和硬件复用两种方式，如表 5.6 所示。在软件配置复用方式下，部分芯片引脚通过处理器的 gcb 寄存器位选择不同的引脚功能。例如，在 gcb 寄存器的最低位为 0 时，编号为 80 和 81 的两个引脚功能为片外存储器地址总线的 15 和 14 位；在 gcb 寄存器的最低位为 1 时，编号为 80 和 81 的两个引脚功能分别工作成第 8 位和第 7 位的 GPIOA 信号。编程者可以通过处理器执行 mtcr 指令对处理器 gcb 寄存器的写操作，从而实现 MCU 芯片引脚功能复用。上电复位后，处理器的 gcb 寄存器全部为 0。硬件复用方式主要用于 NAND Flash 和其他外部存储器数据信号和部分控制信号的复用。在处理器访问 NAND Flash 时，MCU 硬件会自动屏蔽对片外 NOR Flash 和 SDRAM 的访问，并将相应引脚复用给 NAND Flash。在处理器访问片外 NOR Flash 和 SDRAM 时，MCU 硬件会自动屏蔽对 NAND Flash 的访问，并将相应引脚复用给片外存储器。硬件复用时，引脚的选择通过芯片内部 NFC Busy 这根硬件信号线完成，对软件不可见。

5.2.5　MCU 系统功能模块

1. 时钟生成器

1）功能概述

CK5A6 MCU 的时钟生成器为 MCU 中各模块提供时钟，并具有功耗管理和时钟变频功能。如图 5.10 所示，时钟生成器主要由五个模块组成：功耗管理模块、系统时钟锁相环、USB 参考时钟锁相环、时钟分频器和时钟门控模块。

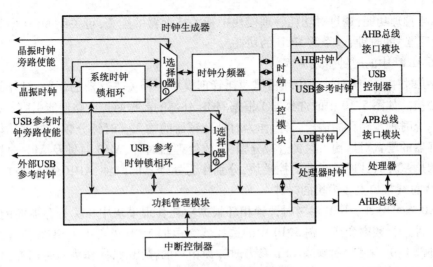

图 5.10　时钟生成器结构框图

以嵌入式处理器为核心的系统芯片设计日趋庞大复杂,系统功耗控制管理问题已成为系统软硬件开发者必须面对的挑战。近些年来,动态模块时钟关断(dynamic module clock switching, DMCS)和动态频率调节(dynamic frequency scaling, DFS)技术作为 SoC 系统中典型的低功耗方法,广泛应用于系统芯片设计。DMCS 和 DFS 可根据应用需求,通过嵌入式处理器,实现系统芯片模块时钟的动态控制和调节。系统的计算能力通常是与系统时钟频率成正比的,频率越高,计算能力越强。所以,系统常常需要在功耗和计算能力之间作折中,而这个折中可以依靠对系统时钟频率的调节(DFS 技术)来实现。当需要较高计算能力时,可以将系统时钟频率调高,使得系统能够快速地得到计算结果;当系统对计算能力的要求不高时,可以将系统时钟频率调低,从而降低系统功耗;在系统不需要某些功能时,可以通过关断时钟,完全消除这些功能模块的动态功耗。CK5A6 MCU 的时钟生成器提供可编程配置的功耗管理模块,由处理器通过 AHB 总线配置功耗管理模块中的寄存器,实现功耗管理和时钟变频。

系统时钟锁相环负责对 MCU 外部进来的晶振时钟进行变频。时钟分频器负责生成处理器时钟、AHB 时钟和 APB 时钟。USB 参考时钟锁相环负责对 MCU 外部进来的 USB 参考时钟进行变频。时钟门控模块控制是否生成 MCU 中各模块的时钟。

CK5A6 MCU 的时钟生成器具备以下特点:

(1)两个锁相环,一个用于整个系统,另一个专门用于 USB 参考时钟;

(2)具有锁相环旁路逻辑;

(3)锁相环变频参数(倍频因子、分频因子等)软件可配;

(4)处理器时钟与 AHB 时钟的频率比软件可配(1:1,2:1,4:1,8:1),AHB 时钟与 APB 时钟的频率比软件可配(1:1,2:1);

(5)支持功耗管理。

CK5A6 MCU 的时钟生成器具备以下功能。

(1)锁相环旁路功能:通过 MCU 外部的两根旁路使能引脚分别控制系统时钟锁相环和 USB 参考时钟锁相环的旁路逻辑。

(2)时钟变频功能:通过对功耗管理模块中相关寄存器的配置,可控制系统时钟锁相环、时钟分频器及 USB 参考时钟锁相环,从而改变处理器时钟、AHB 时钟、APB 时钟及 USB 参考时钟的频率。

（3）功耗管理功能：通过对功耗管理模块中相关寄存器的配置，可关闭 MCU 中某些空闲模块（包括处理器）的时钟，以降低 MCU 的功耗。

CK5A6 MCU 中的时钟生成流程：

（1）系统时钟。系统时钟锁相环根据功耗管理模块中相关寄存器的配置，对外部晶振时钟进行频率变换。如图 5.10 中的选择器①根据 MCU 外部的晶振时钟旁路使能引脚选择外部晶振时钟或者系统时钟锁相环的输出时钟，作为时钟分频器的输入。时钟分频器根据功耗管理模块中相关寄存器的配置对该输入时钟进行分频，生成处理器时钟、AHB 时钟及 APB 时钟。时钟分频器生成的这三种时钟通过时钟门控模块，分别作为处理器的时钟、AHB 总线接口上各模块的时钟及 APB 总线接口上各模块的时钟。

（2）USB 参考时钟。USB 参考时钟锁相环根据功耗管理模块中相关寄存器的配置，对外部 USB 参考时钟进行频率变换。图 5.10 中的选择器②根据 MCU 外部的 USB 参考时钟旁路使能引脚选择外部 USB 参考时钟或者 USB 参考时钟锁相环的输出时钟，作为时钟门控模块的输入。选择器②的输出时钟通过时钟门控模块，作为 USB 主控制器和 USB 从控制器的参考时钟。

由前面介绍，CK5A6 MCU 支持运行模式、等待模式、休眠模式和停止四种工作模式。针对给定的任务，用户可以通过对功耗管理模块中相关寄存器的配置转换 MCU 的工作模式。

CK5A6 MCU 中不同模块在各种工作模式下的状态如表 5.7 所示。

表 5.7　CK5A6 MCU 中各工作模式下的模块状态

模　　块	运行模式	等待模式	休眠模式	停止模式
处理器	√	×	×	×
AHB 总线/APB 总线	√	√	√	×
片内 SRAM 存储控制器	√	√	√	×
片外 Flash 和 DRAM 存储控制器	√	√	√	×
中断控制器	√	√	√	×
NAND Flash 存储控制器	×1	×1	×1	×
液晶显示控制器	×1	×1	×1	×
以太网 MAC 控制器	×1	×1	×1	×
USB 主控制器	×1	×1	×1	×
USB 从控制器	×1	×1	×1	×
DMA 控制器	×1	×1	×1	×
定时器	×1	×1	×1	×
实时时钟定时器	×1	×2	×2	×2
看门狗定时器	×1	×1	×1	×
PWM 控制器	×1	×1	×1	×
UART 串口控制器	×1	×1	×1	×
I2C 控制器	×1	×1	×1	×
GPIO 控制器	×1	×2	×2	×2
SPI 控制器	×1	×1	×1	×
AC97 控制器	×1	×1	×1	×

模　块	运行模式	等待模式	休眠模式	停止模式
SDIO 控制器	×1	×1	×1	×
进入该低功耗模式的处理器指令	–	wait	doze	stop
该低功耗模式的唤醒方式	–	中断	中断	外部中断
		系统复位	系统复位	系统复位
		调试请求	调试请求	调试请求

注:表 5.7 中各符号的含义定义如下:√为模块处于活动状态;×为模块处于睡眠状态(时钟被关闭);×1 为可以开启或关闭模块时钟;×2 为模块的总线时钟被关闭,但仍提供外部时钟

2)寄存器说明

时钟生成器中的功耗管理模块作为 AHB 接口总线的从设备,具有一组用于功耗管理逻辑的控制和状态寄存器。这些寄存器包括低功耗控制寄存器、锁相环控制寄存器、时钟门控状态寄存器等。表 5.8 给出了 CK5A6 MCU 的功耗管理模块中所有控制和状态寄存器的地址映射与相关功能的描述。

表 5.8　功耗管理模块的寄存器地址映射与功能描述

寄存器	地址偏移	位宽	读/写	初始值	说　明
LPCR	0x00	32	读/写	0x0	低功耗控制寄存器
SMCR	0x04	32	读/写	0x0	停止模式控制寄存器
PCR	0x08	32	读/写	0x332	系统时钟锁相环控制
PLTR	0x0C	32	读/写	0x7000	系统时钟锁相环时钟稳定等待时间
CRCR	0x10	32	读/写	0x4	系统时钟频率比控制
CGCR	0x14	32	读/写	0xFFFF	各模块时钟门控设置
CGSR	0x18	32	只读	0xFFFF	各模块时钟门控状态
INTM	0x1C	32	读/写	0x0	中断屏蔽寄存器
INTR	0x20	32	读/写	0x0	中断源寄存器
DCNT	0x24	32	读/写	0x0	处理器唤醒延时计数器
USBPCR	0x28	32	读/写	0x10220	USB 参考时钟锁相环控制

由于功耗管理模块的控制寄存器和状态寄存器对 MCU 的时钟变频和功耗管理起到至关重要的作用,以下将分别对各个寄存器做详细的说明。

(1)低功耗控制寄存器(LPCR)。如表 5.9 所示,用户可通过配置该寄存器来控制系统低功耗模式管理。当用户想要在运行模式下关掉某些模块的时钟时,应先将该寄存器的第 4 位置为 1 以使功耗管理模块有效。当用户想要进入低功耗模式时,第 3、4 位均应置为 1 来使功耗管理模块有效并进入低功耗模式,最低三位也应相应设置来确定系统进入哪个低功耗模式。需要强调的是,当用户配置寄存器以使系统进入低功耗模式后,系统并不马上进入相应的低功耗模式,而是直到处理器进入相应的低功耗模式后,系统才进入该低功耗模式。

表5.9　低功耗控制寄存器位段说明

位	说　明	初始值
31:5	保留	
4	值为1时:功耗管理模块使能	0
3	值为1时:系统低功耗模式有效	0
2	值为1时:系统进入停止模式	0
1	值为1时:系统进入休眠模式	0
0	值为1时:系统进入等待模式	0

（2）停止模式控制寄存器（SMCR）。CK5A6 MCU 的停止模式支持两种子模式:时钟变频模式和完全停止模式。如表5.10所示,用户可通过配置该寄存器来选择这两种子模式。

表5.10　停止模式控制寄存器位段说明

位	说　明	初始值
31:1	保留	
0	0:时钟变频;1:完全停止模式	0

（3）系统时钟锁相环控制寄存器（PCR）。如表5.11所示,用户可通过配置该寄存器控制系统时钟锁相环。M、N 和 D 分别为M[7:0]、N[3:0]和OD[2:0]的十进制表示,NO 为 2 的 D 次幂。CLK_OUT 表示系统时钟锁相环的输出时钟频率,X_{in} 表示片外晶振时钟的频率。当 PD = 1 时,CLK_OUT 为 0,当 PD = 0 时,N 应大于等于2。

表5.11　系统时钟锁相环控制寄存器位段说明

位	说　明	初始值
31:19	保留	
18	系统时钟锁相环掉电(PD)使能 0:系统时钟锁相环正常工作 1:系统时钟锁相环掉电	0
17:16	系统时钟锁相环输出分频因子(OD[2:0])	2'h0
15:12	保留	
11:8	系统时钟锁相环输入分频因子(N[3:0])	4'h3
7:0	系统时钟锁相环反馈分频因子(M[7:0])	8'h32

注意:在配置该寄存器时,需满足以下三个条件:$1MHz \leqslant X_{in}/N \leqslant 25MHz$; $200MHz \leqslant CLK\_OUT \times NO \leqslant 1000MHz$; $2 \leqslant M$, $2 \leqslant N$。

（4）系统时钟锁相环时钟稳定等待时间寄存器（PLTR）。由于锁相环开启或变频后,需要一段时间才能稳定工作,所以功耗管理模块中有一个系统时钟锁相环时钟稳定等待时间计数器。如表5.12所示,用户可通过配置该寄存器来设定系统时钟锁相环时钟稳定等待时间计数器的初始值。当系统在停止模式下被设置新的时钟频率或者系统在完全停止模式中收到了唤醒信号后,该计数器会从配置的计数值往下计数,直到计数器被清零,功耗管理模块会产生一个锁相环计数器中断来唤醒处理器,使系统离开停止模式。

表 5.12　系统时钟锁相环时钟稳定等待时间寄存器位段说明

位	说　明	初始值
31:16	保留	
15:0	系统时钟锁相环时钟稳定等待时间计数值	16'h7000

（5）系统时钟频率比控制寄存器（CRCR）。如表 5.13 所示，用户可通过配置该寄存器来改变处理器时钟、AHB 时钟和 APB 时钟之间的频率比。

表 5.13　系统时钟频率比控制寄存器位段说明

位	说　明	初始值
31:3	保留	
2:1	处理器时钟与 AHB 时钟的频率比 2'b11：8：1；2'b10：4：1；2'b01：2：1；2'b00：1：1	2'b10
0	AHB 时钟与 APB 时钟的频率比：1：2：1；0：1：1	0

（6）时钟门控控制寄存器（CGCR）。如表 5.14 所示，用户可通过配置该寄存器关闭各模块的时钟。例如，如果用户想要关掉以太网 MAC 控制器的时钟来节约功耗，则该寄存器的第 13 位应该被置成 0。应当注意，在配置该寄存器关闭某模块的时钟前需确保该模块处于空闲状态，否则即便该模块对应的那位被置成 0，它的时钟也不会被关闭。

表 5.14　时钟门控控制寄存器位段说明

位	说　明	初始值	位	说　明	初始值
31:22	保留		10	保留	
21	SDIO 控制器	1	9	I2C 控制器	1
20	AC97 控制器	1	8	SPI 控制器	1
19	PWM 控制器	1	7	保留	
18	保留		6	UART 串口控制器 2	1
17	USB 主控制器	1	5	UART 串口控制器 1	1
16	NAND Flash 存储控制器	1	4	UART 串口控制器 0	1
15	片内 SRAM 存储控制器	1	3	GPIO 控制器	1
14	USB 从控制器	1	2	定时器	1
13	以太网 MAC 控制器	1	1	实时时钟定时器	1
12	DMA 控制器	1	0	看门狗定时器	1
11	液晶显示控制器				

（7）时钟门控状态寄存器（CGSR）。如表 5.15 所示，用户可通过读该寄存器来查询各模块的时钟开关情况，1 表示时钟开启，0 表示时钟被关闭。对于等待和休眠模式，时钟门控控制寄存器的第 0 位至第 21 位与该寄存器必须一致，如果不一致，则表示用户想要关闭时钟的模块在进入这两种低功耗模式之前实际上并没有被关闭时钟。当这 22 位一致时，功耗管理模块会产生一个中断来告知系统现在可以通过执行等待或休眠指令进入相应模式了。对于停止模式，所有模块的时钟都应该被关闭，即该寄存器的所有位均应为 0。所以用户必须停用所有的模块，然后通过配置时钟门控控制寄存器来关闭所有模块的时钟，当该寄存器的低 22 位均为 0 时，功耗管理

模块会产生一个中断来告知系统现在可以通过执行停止指令进入停止模式了。在执行停止指令后,处理器、中断控制器、片外 Flash 和 DRAM 存储控制器、AHB 总线/APB 总线的时钟会逐个被关断,即该寄存器的第 28 位到第 31 位会逐位从 1 变成 0,随后系统真正进入停止模式。

表 5.15　时钟门控状态寄存器位段说明

位	说　明	初始值	位	说　明	初始值
31	AHB 总线/APB 总线	1	12	DMA 控制器	1
30	片外 Flash 和 DRAM 存储控制器	1	11	液晶显示控制器	1
29	中断控制器	1	10	保留	
28	处理器	1	9	I2C 控制器	1
27:22	保留		8	SPI 控制器	1
21	SDIO 控制器	1	7	保留	
20	AC97 控制器	1	6	UART 串口控制器 2	1
19	PWM 控制器	1	5	UART 串口控制器 1	1
18	保留		4	UART 串口控制器 0	1
17	USB 主控制器	1	3	GPIO 控制器	1
16	NAND Flash 存储控制器	1	2	定时器	1
15	片内 SRAM 存储控制器	1	1	实时时钟定时器	1
14	USB 从控制器	1	0	看门狗定时器	1
13	以太网 MAC 控制器	1			

(8)中断屏蔽寄存器(INTM)。如表 5.16 所示,用户可通过配置该寄存器来屏蔽功耗管理模块的三种中断源。1 表示屏蔽中断,0 表示使能中断。

表 5.16　中断屏蔽寄存器位段说明

位	说　明	初始值
31:3	保留	
2	低功耗模式错误中断屏蔽	0
1	处理器进入低功耗模式中断屏蔽	0
0	系统时钟锁相环时钟稳定等待时间计数器中断屏蔽	0

(9)中断源寄存器(INTR)。如表 5.17 所示,功耗管理模块能够生成三种中断:低功耗模式错误中断、处理器进入低功耗模式中断、锁相环时钟稳定等待时间计数器中断。

表 5.17　中断源寄存器位段说明

位	说　明	初始值
31:3	保留	
2	低功耗模式错误中断	0
1	处理器进入低功耗模式中断	0
0	系统时钟锁相环时钟稳定等待时间计数器中断	0

进行模式转换时,如果 LPCR 的低 3 位中有两个或者三个是 1,即用户想要同时进入两个或

者三个低功耗模式,会导致低功耗模式错误中断,该中断告诉用户应当重新设置 LPCR。

如果 LPCR 被配置为进入低功耗模式并且时钟门控状态寄存器的低 22 位与时钟门控控制寄存器的低 22 位一致,即需要关闭时钟的模块确实都被关闭时钟,会产生处理器进入低功耗模式中断,该中断表示系统可以通过执行等待、休眠或者停止指令进入相应的低功耗模式了。该中断在中断服务程序中应该被屏蔽,离开中断服务程序后,处理器的低功耗模式指令将被执行。该中断在系统离开低功耗模式时会自动被清除。

当系统退出停止模式时,需要一定等待时间来确保系统时钟稳定,该等待过程通过功耗管理模块中的系统时钟锁相环时钟稳定等待时间计数器实现,当该计数器计数完毕后会产生系统时钟锁相环时钟稳定等待时间计数器中断,该中断会唤醒处理器,整个系统将退出停止模式。处理器应该通过将该寄存器的第 0 位写 0 来清除该中断。

(10)处理器唤醒延时计数器寄存器(DCNT)。如表 5.18 所示,该寄存器用来设置从唤醒中断产生至处理器进入工作状态所需的延迟时间。设置该延迟时间是为了确保 AHB 总线、APB 总线、片外 Flash 和 DRAM 存储控制器等其他模块先于处理器被唤醒。

表 5.18　处理器唤醒延时计数器寄存器位段说明

位	说　明	初始值
31:0	处理器唤醒延迟计数值	32'h0

(11)USB 参考时钟锁相环控制寄存器(USBPCR)。如表 5.19 所示,用户可通过配置该寄存器控制 USB 参考时钟锁相环。由于 USB 参考时钟锁相环和系统时钟锁相环用的是同一锁相环模块,所以该寄存器与系统时钟锁相环控制寄存器(PCR)类似。M、N 和 D 分别为 $M[7:0]$、$N[3:0]$ 和 $OD[2:0]$ 的十进制表示。NO 表示 2 的 D 次幂。CLK_OUT 表示 USB 参考时钟锁相环的输出时钟频率,X_{in} 表示片外 USB 参考时钟的频率。当 PD = 1 时,CLK_OUT = 0,USB 锁相环掉电;当 PD = 0 时,CLK_OUT = $(X_{in} \times M)/(N \times NO)$。

表 5.19　USB 参考时钟锁相环控制寄存器位段说明

位	说　明	初始值
31:19	保留	
18	USB 参考时钟锁相环掉电(PD)使能 0:USB 参考时钟锁相环正常工作 1:USB 参考时钟锁相环掉电	0
17:16	USB 参考时钟锁相环输出分频因子(OD[2:0])	2'h3
15:12	保留	
11:8	USB 参考时钟锁相环输入分频因子(N[3:0])	4'h2
7:0	USB 参考时钟锁相环反馈分频因子(M[7:0])	8'h40

注意:在配置该寄存器时,需满足以下三个条件:$1\text{MHz} \leqslant X_{in}/N \leqslant 25\text{MHz}$;$200\text{MHz} \leqslant \text{CLK\_OUT} \times NO \leqslant 1000\text{MHz}$;$2 \leqslant M$,$2 \leqslant N$。

与 PCR 不同,USB 锁相环的输出时钟(USB 参考时钟)在用户配置该寄存器后立刻改变,所以用户在确保 USB 主控制器和 USB 从控制器的时钟被关闭后就可以配置该寄存器对 USB 参考时钟进行变频,而不需要让系统进入停止模式。

3)操作说明

本节将简要介绍 CK5A6 MCU 的软件编程中有关功耗管理的操作流程,主要分以下六个部分。

(1)运行模式中对模块时钟的关闭与开启。系统复位后处于运行模式,所有模块的时钟都被开启,但一些模块可能处于空闲状态,为了节省功耗,可以关闭这些空闲模块的时钟。步骤如下:

步骤1　确保该模块处于空闲状态,否则应当先停用该模块。

步骤2　配置 LPCR 为"0x10",使能功耗管理模块。

步骤3　配置 CGCR 中对应于该模块的位为0。

步骤4　等待并查询 CGSR 中对应于该模块的位,若为0则表示该模块的时钟被关闭。

模块时钟被关闭后可以被重新开启,步骤如下:

步骤1　配置 LPCR 为"0x10",使能功耗管理模块。

步骤2　配置 CGCR 中对应于该模块的位为1。

步骤3　等待并查询 CGSR 中对应于该模块的位,若为1则表示该模块的时钟被开启。

(2)USB 参考时钟变频

步骤1　按照(1)中关闭模块时钟的方法关闭 USB 主控制器和 USB 从控制器的时钟。

步骤2　配置 USBPLR 来改变 USB 参考时钟锁相环的输出时钟。

步骤3　USB 参考时钟改变后不会立刻稳定,所以应等待一段时间后,再按照(1)中开启模块时钟的方法开启 USB 主控制器和 USB 从控制器的时钟。

(3)等待模式的进入和退出。等待模式使用户可以灵活地关掉处理器,直到某些给定任务完成。例如,有许多数据需要转移,这时处理器可以通过配置 DMA 控制器来进行数据转移任务而自己进入睡眠状态,直到数据转移任务完成后 DMA 控制器发出了中断。

进入等待模式的步骤如下:

步骤1　配置 LPCR 为"0x19",使能功耗管理模块并告知其系统想进入等待模式。

步骤2　等待功耗管理模块生成"处理器进入低功耗模式中断",在该中断生成后在其中断服务程序中配置 INTM 屏蔽该中断。

步骤3　中断服务程序结束后,执行 wait 指令使系统进入等待模式。

退出等待模式的步骤如下:

步骤1　当某些工作的模块完成任务并生成中断后,功耗管理模块会自动重置 LPCR 以清除等待模式。

步骤2　处理器时钟被开启,随后处理器被唤醒,系统返回运行模式。

(4)休眠模式的进入和退出。休眠模式和等待模式类似。从某种程度上来说,等待模式是休眠模式的一部分。如果大多数模块处于工作状态,用户需要考虑使用等待模式。如果大多数模块处于空闲状态并且给定的任务仅与极少数的模块有关,则选择休眠模式更合适。

进入休眠模式的步骤如下:

步骤1　停用不需要的模块并配置 CGCR 使这些模块的时钟被关闭。

步骤2　配置 LPCR 为"0x1A",使能功耗管理模块并告知其系统想进入休眠模式。

步骤3　等待功耗管理模块生成"处理器进入低功耗模式中断",在该中断生成后在其中断服务程序中配置 INTM 屏蔽该中断。

步骤4　中断服务程序结束后,执行 doze 指令使系统进入休眠模式。

退出休眠模式的步骤如下:

步骤1　当某些工作的模块完成任务并生成中断后,功耗管理模块会自动重置 LPCR 以清除休眠模式。

步骤2 处理器时钟被开启,随后处理器被唤醒,系统返回运行模式。

步骤3 进入休眠模式前被关闭时钟的模块的时钟依旧关闭,有需要的话可按照(1)中开启模块时钟的方法开启这些模块的时钟。

(5)系统时钟变频。系统时钟变频有两种方法:一种方法是通过配置 PCR 控制系统时钟锁相环的参数,这种方法会使该锁相环输出时钟的频率发生改变;另一种方法是通过配置 CRCR 来实现(改变处理器时钟与 AHB 时钟的频率比,或者 AHB 时钟与 APB 时钟的频率比),这种方法不需要等待锁相环锁定。当然,两种方法结合使用可以使得系统时钟变频更灵活。系统时钟变频步骤如下:

步骤1 配置中断控制器,屏蔽除功耗管理模块中断之外的所有中断。

步骤2 停用所有外围模块并配置 CGCR 使这些模块的时钟被关闭。

步骤3 配置 PCR、CRCR 来控制系统时钟锁相环和时钟分频器的参数,以产生所需的系统时钟频率。

步骤4 配置 SMCR 为"0x0",选择时钟变频模式。

步骤5 配置 PLTR 及 DCNT。(可选)

步骤6 配置 LPCR 为"0x1C",使能功耗管理模块并告知其系统想进入停止模式。

步骤7 等待功耗管理模块生成"处理器进入低功耗模式中断",在该中断生成后配置 INTM 屏蔽该中断。

步骤8 执行 stop 指令使系统进入停止模式。

步骤9 等待功耗管理模块生成"系统时钟锁相环时钟稳定等待时间计数器中断",在该中断生成后在其中断服务程序中将 INTR 的第0位置0清除该中断。系统时钟变频完成,所有模块时钟被开启,系统返回运行模式。

完全停止模式的进入和退出步骤如下:

步骤1 配置中断控制器,屏蔽除功耗管理模块中断和外部中断(如 GPIO 控制器中断)之外的所有中断。

步骤2 停用所有外围模块并配置 CGCR 使这些模块的时钟被关闭。

步骤3 配置 SMCR 为"0x1",选择完全停止模式。

步骤4 配置 PLTR 及 DCNT。(可选)

步骤5 配置 LPCR 为"0x1C",使能功耗管理模块并告知其系统想进入停止模式。

步骤6 等待功耗管理模块生成"处理器进入低功耗模式中断",在该中断生成后配置 INTM 屏蔽该中断。

步骤7 执行 stop 指令使系统进入完全停止模式,系统时钟锁相环也进入掉电模式。

步骤8 外部中断生成后,功耗管理模块会启动系统时钟锁相环时钟稳定等待时间计数器,同时系统时钟锁相环返回正常工作模式。

步骤9 等待功耗管理模块生成"系统时钟锁相环时钟稳定等待时间计数器中断",在该中断生成后在其中断服务程序中将 INTR 的第0位置0清除该中断。所有模块时钟被开启,系统返回运行模式。

4)应用实例

CK5A6 MCU 系统时钟变频的汇编代码实例如下所示:

行数	代　码	注　释
0	CONFIG_INTC:	
1	....	//配置中断控制器,屏蔽除功耗管理模块中断之外的所有中断
2	CONFIG_POWM:	
3	LRW R1, _POWM_BADDR	
4	MOVI R2, 0x0	
5	ST R2, (R1, 0x14)	// 配置 CGCR,关闭所有外围模块的时钟
6	LRW R2, 0x10278	
7	ST R2, (R1, 0x8)	// 配置 PCR,控制系统时钟锁相环参数(M = 120, N = 2, OD = 2)
8	MOVI R2, 0x5	
9	ST R2, (R1, 0x10)	// 配置 CRCR,控制系统时钟频率比(处理器时钟:AHB 时钟:APB 时钟 = 8:2:1)
10	MOVI R2, 0x6	
11	ST R2, (R1, 0x1C)	// 配置 INTM,屏蔽"低功耗模式错误中断"和"处理器进入低功耗模式中断"
12	MOVI R2, 0x1	
13	ST R2, (R1, 0x4)	// 配置 SMCR,选择时钟变频模式
14	LRW R2, 0xFFF	
15	ST R2, (R1, 0x24)	// 配置 DCNT,设置处理器唤醒延迟计数值
16	LRW R2, 0x1C	
17	ST R2, (R1)	// 配置 LPCR,选择停止模式
18	WAIT_CPU2LP:	// 查询并等待"处理器进入低功耗模式中断"位被置 1
19	LD R2, (R1, 0x20)	
20	BTSTI R2, 0x1	
21	BF WAIT_CPU2LP	
22	STOP	// 使系统进入停止模式
23	ISR_CNT_INT:	//"系统时钟锁相环时钟稳定等待时间计数器中断"的中断服务程序
24	MOVI R2, 0x0	
25	ST R2, (R1, 0x20)	// 配置 INTR 的第 0 位为 0,清除"系统时钟锁相环时钟稳定等待时间计数器中断"
26	JMP R15	// 中断服务程序结束,返回主程序。

2. 复位生成器

功能概述

CK5A6 MCU 的复位生成器为 MCU 中各模块提供复位信号,包括处理器复位信号、AHB 复位信号、APB 复位信号、USB 参考时钟复位信号等。CK5A6 MCU 中有三个复位源:上电复位、外部复位、看门狗定时复位。如图 5.11 所示,复位生成器主要由四个部分组成:上电复位逻辑、计数器、三输入与门、复位信号生成逻辑。上电复位逻辑和计数器负责生成上电复位信号。复位信号生成逻辑是复位生成器中的核心部分,它负责通过复位源、外部晶振时钟、时钟发生器提供的 AHB/APB 时钟及 USB 参考时钟来生成 MCU 中各模块的复位信号。

CK5A6 MCU 的复位生成器具备以下特点:

(1)复位源与生成的复位信号均是低电平有效;

(2)支持上电复位;

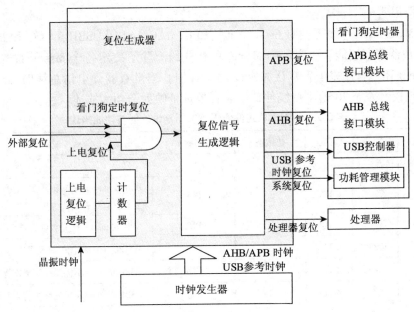

图 5.11　复位生成器结构框图

（3）支持外部复位；

（4）支持看门狗定时复位。

CK5A6 MCU 的复位生成器具备以下功能：

（1）生成处理器复位信号，该信号提供给处理器；

（2）生成 AHB 复位信号，该信号提供给 AHB 总线接口及连接在 AHB 总线接口上的外围模块，如 USB 主控制器、DMA 控制器等；

（3）生成 APB 复位信号，该信号提供给 APB 总线接口及连接在 APB 总线接口上的外围模块，如 I2C 控制器、AC97 控制器等；

（4）生成 USB 参考时钟复位信号，该信号提供给 USB 主控制器和 USB 从控制器；

（5）生成系统复位信号，该信号提供给时钟发生器中的功耗管理模块，用于复位该模块中的锁相环时钟稳定等待时间计数器。

CK5A6 MCU 一上电，上电复位逻辑立即工作，生成的上电复位信号经过计数器延时一段时间以确保时钟发生器中锁相环输出时钟已稳定，随后该复位信号才有效，并通过三输入与门作用于复位信号生成逻辑，从而使整个 MCU 系统复位。

CK5A6 MCU 提供了一根外部复位引脚，用户可以在系统处于运行状态时通过控制这根引脚使外部复位信号有效，从而使整个 MCU 系统复位。

CK5A6 MCU 还支持看门狗定时复位功能。用户可以通过配置看门狗定时器的相关寄存器使 MCU 在运行一段时间后自动系统复位。

3. AHB 总线仲裁器

1）功能概述

总线仲裁器决定各个 AHB 总线上 Master 接口的优先级，当两个或多个器件同时对 AHB 总线发起请求时，总线仲裁器将把 AHB 总线的使用权交给优先级最高的器件。在 AHB 总线中共有 6 个 Master 接口，他们分别是 CPU、MAC、USBD、USBH、LCDC 和 DMAC。用户可以通过配置总线仲裁器的寄存器，来决定各个器件的优先级。

2)寄存器说明

CK5A6 MCU AHB 总线上共有 6 个 Master：CPU、MAC、USBD、USBH、LCDC 和 DMAC。配置 AHB 总线仲裁器寄存器能够决定各个 Master 的优先级。除了决定各个 Master 优先级的仲裁器寄存器外，AHB 还包含用来配置默认 Master 的寄存器。当没有器件申请总线时，默认 Master 将获得总线使用权。表 5.20 给出总线仲裁器寄存器地址映射与功能描述。

表 5.20 AHB 总线仲裁器寄存器地址映射与功能描述

地址偏移	读/写	宽度	初始值	名称	说　　明
Master 优先级寄存器					
0x00	读/写	4 bits	1	PL1	DMAC master 优先级配置寄存器（重启后它具有最低的优先级）
0x04	读/写	4 bits	2	PL2	CPU 的 master 优先级配置寄存器
0x08	读/写	4 bits	3	PL3	MAC 的 master 优先级配置寄存器
0x0C	读/写	4 bits	4	PL4	USBD 的 master 优先级配置寄存器
0x10	读/写	4 bits	5	PL4	USBII 的 master 优先级配置寄存器
0x14	读/写	4 bits	6	PL5	LCDC 的 master 优先级配置寄存器（重启后它具有最高的优先级）
0x18 – 0x38	读/写	4 bits	0	PL6 – 16	保留
0x3C-0x44	读/写				保留
默认 Master 接口寄存器					
0x48	读/写	4 bits	0	DFT_M	默认的 Master 号配置寄存器
0x4C-90	读/写	4 bits	0		保留

因为 AHB 总线仲裁器的寄存器决定了各个 Master 的优先级，以下将对表 5.20 给出的各个寄存器做详细的介绍。

（1）DMAC master 优先级配置寄存器（PL1），如表 5.21 所示。

表 5.21 DMAC master 优先级配置寄存器位段说明

位	名称	读/写	初始值	说　　明
31:4				保留
3:0	PL1	读/写	1	DMAC master 优先级配置寄存器（重启后它具有最低的优先级）

（2）CPU 的 master 优先级配置寄存器，如表 5.22 所示。

表 5.22 CPU 的 master 优先级配置寄存器位段说明

位	名称	读/写	初始值	说　　明
31:4				保留
3:0	PL2	读/写	2	CPU 的 master 优先级配置寄存器

（3）MAC 的 master 优先级配置寄存器，如表 5.23 所示。

表 5.23 MAC 的 master 优先级配置寄存器位段说明

位	名称	读/写	初始值	说　　明
31:4				保留
3:0	PL3	读/写	2	MAC 的 master 优先级配置寄存器

（4）USBD 的 master 优先级配置寄存器，如表 5.24 所示。

表 5.24　USBD 的 master 优先级配置寄存器位段说明

位	名称	读/写	初始值	说　　明
31:4				保留
3:0	PL4	读/写	2	USBD 的 master 优先级配置寄存器

（5）USBH 的 master 优先级配置寄存器，如表 5.25 所示。

表 5.25　USBH 的 master 优先级配置寄存器位段说明

位	名称	读/写	初始值	说　　明
31:4				保留
3:0	PL5	读/写	2	USBH 的 master 优先级配置寄存器

（6）LCDC 的 master 优先级配置寄存器，如表 5.26 所示。

表 5.26　LCDC 的 master 优先级配置寄存器位段说明

位	名称	读/写	初始值	说　　明
31:4				保留
3:0	PL6	读/写	2	LCDC 的 master 优先级配置寄存器（重启后它具有最高的优先级）

（7）默认的 master 号配置寄存器，如表 5.27 所示。

表 5.27　默认的 master 优先级配置寄存器位段说明

位	名称	读/写	初始值	说　　明
31:4				保留
3:0	DFT_M	读/写	0	默认的 Master 号配置寄存器。当没有器件申请总线时，默认 Master 将获得总线使用权

3）操作说明

对 CK5A6 的总线仲裁器的操作比较简单，只要把对应 Master 的优先级序号写入相应的寄存器即可。推荐步骤如下：

步骤 1　配置各个 master 的优先级。

步骤 2　配置默认的 Master 号。

4）应用实例

DMAC 的 Master 优先级配置实例如下：

行数	代　　码	注释
0	DMAC_PCOF:	//配置 DMAC 的优先级
1	LRW R2,_ARB_BADDR	
2	LRW R3,0x4	
3	ST. W R3,(R2)	
4	LD. W R4,(R2)	//读出写入的数据
5	CMPNE R3,R4	//判断数据是否写入成功
6	BT ERROR	

4. 中断控制器

1）功能概述

中断控制器就是在一个计算机系统中专门用来管理 I/O 中断的器件，它的功能是接收外部中断源的中断请求,并对中断请求进行处理后再向处理器发出中断请求,然后由处理器响应中断并进行处理。在处理器的响应中断的过程中,中断控制器仍然负责管理外部中断源的中断请求,从而实现中断的嵌套与禁止,而如何对中断进行嵌套和禁止则与中断控制器的工作模式与状态有关。

系统常使用中断控制器在向处理器中断引脚发送信号之前将设备中断进行分组。这样可以节省处理器上中断引脚个数,同时增加了系统设计的灵活性。中断控制寄存器收集了来自各个中断源的中断请求并提供了与处理器中断逻辑模块的接口。中断控制器通过屏蔽与状态寄存器来控制中断。通过设置屏蔽寄存器中的某些位可以使能或者关闭中断,读取状态寄存器可得到系统当前处于活动状态的中断。

中断控制器收集了来自各个中断源的中断请求并提供了与处理器中断逻辑模块的接口。中断控制器的主要功能有扩展中断接口、提供中断向量、配置中断优先级以及屏蔽指定中断等。中断控制器是嵌入式系统中不可缺少的重要模块之一,它在处理器和各个可以产生中断的外设模块之间传递中断信号,为处理器响应各种中断提供了便利。

CK5A6 MCU 的中断控制器负责管理系统中的 32 个中断源,每个中断源被赋予 0~31 中的一个优先级,每个优先级对应一个中断号,每个优先级都有独立的挂起中断使能/使无效,可以为每个优先级都能选择普通或快速中断,快速中断比普通中断有更高的优先级,能屏蔽定义的优先级或该优先级以下的中断,能选择自动向量中断请求或向量中断请求,能为普通或快速中断产生不同的中断向量号。

CK5A6 MCU 系统的中断控制器主要有以下几个功能。

(1)中断源和优先级区分。CK5A6 MCU 系统中的每个中断源都会发送一个唯一的信号到中断控制器,系统共支持 32 个中断源。通过改变中断控制器的优先级配置寄存器,每个中断源均能被赋予 32 个优先级中的一个(最高优先级是 31,而最低优先级是 0)。默认状态下,每个中断源的优先级为 0。中断控制器使用中断源的优先级来区分传送给处理器的中断信号。

(2)快速和普通中断请求。CK5A6 MCU 系统支持快速中断和普通中断两种中断配置,快速中断比普通中断有更高的优先级。根据不同的应用需求,可将不同的中断源配成快速中断和普通中断。如图 5.12 所示,中断控制器将分别产生快速中断信号(FINT_B)和普通中断信号(INT_B),传送到处理器,使得处理器响应不同的中断处理。

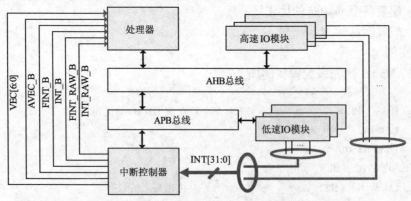

图 5.12　中断控制器片内互连框图

(3)异步中断和同步中断请求。中断控制器可产生异步中断(INT_RAW_B 和 FINT_RAW_B)和同步中断(INT_B 和 FINT_B)信号,传送给处理器。两种中断具有不同功能,异步中断主要用于将处理器从低功耗模式唤醒,处理器不会进入相应中断服务程序,而同步中断会促使处理器响应中断需求,跳转到中断服务程序。

(4)自动向量和向量中断请求。CK5A6 MCU 支持自动向量和向量中断两种不同模式。中断控制器可产生 AVEC_B 信号,传送给处理器,告知当前中断时自动向量中断,还是向量中断。在系统复位状态下,AVE_B 信号被置 1,所有的中断请求都使用中断处理器自动分配的矢量号。中断处理器需通过读取快速/普通中断状态寄存器来决定相应哪一个中断源。如果多个中断源使用同一个优先级,则由中断服务程序来寻找正确的中断源。在配置中断控制器为向量中断模式后,AVE_B 信号被置 0,所有的中断源是具有特定向量号的中断请求。中断控制器通过 VEC[6:0]信号告知处理器,当前有效中断源的向量号。处理器根据该向量号,可以快速获得中断服务程序入口地址,加快中断处理效率。

CK5A6 MCU 的 32 个中断分别编号为 0 ~ 31,如表 5.28 所示。

表 5.28 中断源分配表

中断号	中断源	说　明
0	GPIO 控制器	对应于 GPIO 的中断 0
1		对应于 GPIO 的中断 1
2		对应于 GPIO 的中断 2
3		对应于 GPIO 的中断 3
4		对应于 GPIO 的中断 4
5		对应于 GPIO 的中断 5
6		对应于 GPIO 的中断 6
7		对应于 GPIO 的中断 7
8		对应于 GPIO 的中断 8
9		对应于 GPIO 的中断 9
10		对应于 GPIO 的中断 10
11	USB 主控制器	来自 Watchdog 的中断
12	定时器	来自定时器 0 的中断
13		来自定时器 1 的中断
14		来自定时器 2 的中断
15		来自定时器 3 的中断
16	UART	来自 UART0 的中断
17		来自 UART1 的中断
18	异步串口控制器	来自 UART2 的中断
19	SDIO 控制器	来自 SDIO 控制器的中断
20	AC97 接口模块	来自 AC97 模块的中断
21	SPI 接口模块	来自 SPI 接口模块的中断
22	I^2C 总线接口模块	来自 I^2C 模块的中断
23	脉宽调制模块	来自脉宽调制模块的中断

中断号	中断源	说 明
24	看门狗定时器 WDT	来自看门狗定时器模块的中断
25	实时时钟模块 RTC	来自 RTC 的中断
26	以太网 MAC 控制器	来自 MAC 的中断
27	USB 从控制器	来自 USB 从控制器的中断
28	液晶控制器	来自液晶控制器的中断
29	DMA 控制器	来自 DMA 控制器的中断
30	功耗管理模块	来自功耗管理模块的中断
31	NAND Flash 控制器	来自 NAND Flash 控制器的中断

2) 寄存器说明

CK5A6 MCU 的中断控制器主要由中断控制寄存器、中断状态寄存器、中断使能/挂起寄存器和中断优先级寄存器等组成,其地址映像及功能描述如表 5.29 所示。

表 5.29 中断控制器的寄存器地址映像与功能描述

寄存器	地址偏移	位宽	读/写	初始值	说 明
ISR	0x00	16	读	0x0000	中断状态寄存器
ICR	0x02	16	读/写	0x8000	中断控制寄存器
IFR	0x04	32	读/写	0x0	强制中断寄存器
IPR	0x08	32	读	0x0	中断挂起寄存器
NIER	0x0C	32	读/写	0x0	普通中断使能寄存器
NIPR	0x10	32	读	0x0	普通中断挂起寄存器
FIER	0x14	32	读/写	0x0	快速中断使能寄存器
FIPR	0x18	32	读	0x0	快速中断挂起寄存器
PR0	0x40	8	读/写	0x0	埠号 0 中断源的优先级
PR1	0x41	8	读/写	0x0	埠号 1 中断源的优先级
⋮	⋮	⋮	⋮	⋮	⋮
PR31	0x5F	8	读/写	0x0	埠号 31 中断源的优先级

（1）中断控制寄存器（ICR）。ICR 寄存器作为中断控制器的核心控制寄存器,决定着中断控制器的工作模式和运行状态。ICR 寄存器的位段说明如表 5.30 所示。

表 5.30 INTC 的 ICR 寄存器位段说明

位	命名	读/写	初始值	说 明
15	AVE	读/写	0x1	设置自动中断向量号方式
14	FVE	读/写	0x0	设置快速中断请求与普通中断请求是否使用相同的中断向量
13	ME	读/写	0x0	启用或禁用中断屏蔽功能
12	MFI	读/写	0x0	设置中断屏蔽功能的作用范围
11:5	未定义	只读	0x0	保留
4:0	MASK	读/写	0x0	决定哪些优先级的中断被屏蔽

ICR 寄存器的第 15 位是 AVE 位,该位可读可写,用来设置快速和普通中断的向量号分配方式。该值在复位之后为 1。当 AVE 为 1 时,中断控制器模块的 AVE_B 端口信号置 1,自动向量中断请求有效;当 AVE 为 0 时,中断控制器模块的 AVE_B 端口信号置 0,向量中断请求有效。

ICR 寄存器的第 14 位是 FVE 位,该位可读可写,用来设置快速中断请求与普通中断请求是否使用相同的中断向量。该值在复位后为 0。当 FVE 为 1 时,快速中断请求使用不同的中断向量号;当 FVE 为 0 时,快速和普通中断请求使用相同的中断向量。

如果 FVE 位为 0,快速和普通中断请求有相同的中断向量。中断优先级 0 ~ 31 位对应于中断号 32 ~ 63。如果 FVE 位为 1,普通中断请求 0 ~ 31 的优先级对应 32 ~ 63 的中断号,快速中断请求 0 ~ 31 的优先级对应于中断号 64 ~ 95。中断向量关系如表 5.31 所示。

表 5.31　中断向量关系表

AVE	FVE	快速中断	中断向量 [6:5] 位	用　　法
0	X	X	00	其他情况(包括自动向量)
1	X	No	01	普通中断向量(FVE = 1) 普通/快速中断向量(FVE = 0) 32 为最低优先级/63 为最高优先级
1	0	X	01	快速中断向量(FVE = 1) 64 为最低优先级/95 为最高优先级
1	1	Yes	10	未使用

ICR 寄存器的第 13 位为 ME 位,该位可读可写,作用是启用或禁用中断屏蔽功能。复位后该位为 0。当 ME 为 1 时,中断屏蔽有效;当 ME 为 0 时,中断屏蔽无效。

ICR 寄存器的第 12 位为 MFI 位,该位可读可写,用来设置中断屏蔽功能的作用范围。复位后该位清零。当 MFI 为 1 时,快速中断根据 MASK 值被屏蔽,所有的普通中断被屏蔽;当 MFI 为 0 时,不管 MASK 值为多少,快速中断请求都不被屏蔽,MASK 值只对普通中断请求有效。MASK 位与屏蔽优先级对应关系如表 5.32 所示。

表 5.32　ICR 寄存器 MASK 位说明

MASK[4:0]		屏蔽优先级
十进制	二进制	
0	00000	0
1	00001	1 – 0
2	00010	2 – 0
3	00011	3 – 0
⋮	⋮	
31	11111	31 – 0

ICR 寄存器的第 4 位到 0 位为 MASK 位,该 5 位可读可写,他们决定哪些优先级的中断被屏蔽。当 ME 位被置为 1 时,所有优先级低于 MASK 值(包括该值)的中断请求被屏蔽。若要屏蔽所有的普通中断而不屏蔽任何一个快速中断,只需把 MASK 值设置为 31,同时把 MFI 位清零。

复位后 MASK[4:0]清零。

（2）中断状态寄存器（ISR）。ISR 寄存器主要用于存储中断控制器工作状态信息，供处理器访问查询。ISR 寄存器位段具体说明如表 5.33 所示。

表 5.33　INTC 的 ISR 寄存器位段说明

位	命名	读/写	初始值	说　明
15:10	未定义	只读	0x0	保留
9	INT	只读	0x0	是否有普通中断产生（置1时，表明有中断）
8	FINT	只读	0x0	是否有快速中断（置1时，表明有中断）
7	未定义	只读	0x0	保留
6:0	VEC	只读	0x0	中断向量号

（3）强制中断寄存器（IFR）。32 位可读可写的强制中断寄存器可以分别对各中断源进行强制请求。IFR 寄存器位段具体说明如表 5.34 所示。通过软件写入强制中断寄存器能强制产生软件中断，IFR 寄存器的 0～31 位为强制中断位。当 IFR 中某位为 1 时，则对相应的中断源进行强制中断请求；当该位为 0 时，则强制中断无效。来自各个中断源的原始中断信号首先与强制中断寄存器中对应的软件中断位进行逻辑或运算，然后再通过优先级选择逻辑电路，生成最终的中断信号传递给处理器。

表 5.34　INTC 的 IFR 寄存器位段说明

位	命名	读/写	初始值	说　明
31:0	IF	读/写	0x0	对哪些中断源进行强制请求

（4）中断挂起寄存器（IPR）。32 位只读的 IPR 寄存器反映了当前被赋予优先级后挂起的中断。IPR 寄存器位段具体说明如表 5.35 所示。IPR 寄存器的所有位均为为中断挂起位，只读的 IPX 位在优先级 X 中，只要有一个中断请求发生就被置 1，否则为 0。

表 5.35　INTC 的 IPR 寄存器位段说明

位	命名	读/写	初始值	说　明
31:0	IPX(0～31)	只读	0x0	对于优先级 X，是否有中断被挂起

（5）普通中断使能寄存器（NIER）。NIER 寄存器的 32 比特分别代表 0～32 级优先级普通中断使能位，用于使能 0～32 级优先级普通中断，使对应中断优先级的普通中断请求有效。根据不同应用需求，处理器可以使能不同优先级的中断，并将一些实时需求不高的中断关闭。NIER 寄存器位段具体说明如表 5.36 所示。只有当快速中断被忽略时，普通中断信号才有效。软件通过查询 NIPR 寄存器就可获得优先级最高的普通中断请求。

表 5.36　INTC 的 NIER 寄存器位段说明

位	命名	读/写	初始值	说　明
31:0	NIEX(0～31)	读/写	0x0	对于优先级 X，相应普通中断使能

（6）普通中断挂起寄存器（NIPR）。32 位只读的 NIPR 寄存器反映了当前被赋予优先级后挂起的普通中断。NIPR 寄存器位段具体说明如表 5.37 所示。NIPR 寄存器的所有位均为中断挂起位，只读的 NIPX 位在优先级 X 中，只要有一个中断请求发生就被置 1，否则为 0。当处理器使用向量中断请求方式时，NIPR 的输出需经过编码产生中断向量号。如果快速中断有效，则中断向量号由最高级的快速中断决定。

表 5.37 INTC 的 NIPR 寄存器位段说明

位	命名	读/写	初始值	说　明
31:0	NIPX(0～31)	只读	0x0	对于优先级 X,是否有普通中断被挂起

(7)快速中断使能寄存器(FIER)。FIER 寄存器的 32 个比特分别代表 0～31 级优先级快速中断使能位,用于使能 0～31 级优先级快速中断,使对应中断优先级的快速中断请求有效。根据不同应用需求,处理器可以使能不同优先级的中断,并将一些实时需求不高的中断关闭。FIER 寄存器位段具体说明如表 5.38 所示。

表 5.38　INTC 的 FIER 寄存器位段说明

位	命名	读/写	初始值	说　明
31:0	NIEX(0～31)	读/写	0x0	对于优先级 X,相应快速中断使能

(8)快速中断挂起寄存器(FIPR)。32 位只读的 FIPR 寄存器反映了当前被赋予优先级后挂起的快速中断。FIPR 寄存器位段具体说明如表 5.39 所示。FIPR 寄存器的 0～31 位为快速中断挂起位,只读的 FIPX 位在优先级 X 中,只要有一个中断请求发生就被置 1,否则为 0。

表 5.39　INTC 的 FIPR 寄存器位段说明

位	命名	读/写	初始值	说　明
31:0	FIPX(0～31)	只读	0x0	对于优先级 X,是否有快速中断被挂起

(9)优先级选择寄存器。8 位的可读可写的优先级寄存器(PRx)是 32 个可读可写的为中断源服务的 8 位优先级选择寄存器 PR0 ～ PR31 中的一个。PRx 寄存器对中断源 x 赋予一个优先级。PLSR 的 0～4 位为相应的中断源被赋予的 0～31 优先级数值。0 是最低优先级,而 31 为最高优先级。PRx 寄存器位段具体说明如表 5.40 所示。

表 5.40　INTC 的 PRx 寄存器位段说明

位	命名	读/写	初始值	说　明
7:5	未定义	只读	0x0	保留
4:0	PL	读/写	0x0	对中断源赋予优先级

3)操作说明

系统复位之后,所有的中断都被设置为无效状态。为了正确处理中断请求,系统的中断配置流程可分为以下三个步骤。

步骤 1　配置处理器,开启异常和中断使能位。

步骤 2　配置中断控制器,默认状态下,连接到中断控制器的中断源都被设置为无效,并且优先级为 0。每个中断源可以配置为 32 个优先级中的一种,可以设置成快速中断或普通中断。在 ICR 寄存器中,FVE 和 AVE 位可以设置成自动矢量/矢量中断,同时决定了快速中断向量号和普通中断向量号是否相同。如果需要使用快速中断方式,需设置处理器中 FIER 寄存器的 FIEX 位,如果是普通中断,就设置 NIEX 位。

步骤 3　配置外围接口模块。外围接口模块一般会通过其内部中断使能和屏蔽寄存器来开启和关闭中断。因此,需使能外围接口模块的内部中断寄存器,才可以使得中断源正常产生中断。

4)应用实例

CK5A6 MCU 中断汇编代码实例如下所示:

行数	代码	注释
0	SET_CPU_EE_IE_FE:	
1	PSRSET EE, IE, FE	// 开启处理器 PSR 寄存器中的 EE 位、IE 位和 FE 位
2	SET_INTC_INT_PRIORITY:	// 配置中断源的优先级。
		// 此例中,按端口顺序,配置优先级顺序
3	LRW R2, _INTC_BADDR + 0x40	
4	LRW R4, 0x00010203	
5	STW R4, (R2)	// 配置 0～3 中断端口号的中断优先级
6	LRW R2, _INTC_BADDR + 0x44	
7	LRW R4, 0x04050607	
8	STW R4, (R2)	// 配置 4～7 中断端口号的中断优先级
9	LRW R2, _INTC_BADDR + 0x48	
10	LRW R4, 0x08090A0B	
11	STW R4, (R2)	// 配置 8～11 中断端口号的中断优先级
12	LRW R2, _INTC_BADDR + 0x4C	
13	LRW R4, 0x0C0D0E0F	
14	STW R4, (R2)	// 配置 12～15 中断端口号的中断优先级
15	LRW R2, _INTC_BADDR + 0x50	
16	LRW R4, 0x10111213	
17	STW R4, (R2)	// 配置 16～19 中断端口号的中断优先级
18	LRW R2, _INTC_BADDR + 0x54	
19	LRW R4, 0x14151617	
20	STW R4, (R2)	// 配置 20～23 中断端口号的中断优先级
21	LRW R2, _INTC_BADDR + 0x58	
22	LRW R4, 0x18191A1B	
23	STW R4, (R2)	// 配置 24～27 中断端口号的中断优先级
24	LRW R2, _INTC_BADDR + 0x5C	
25	LRW R4, 0x1C1D1E1F	
26	STW R4, (R2)	// 配置 28～31 中断端口号的中断优先级
27	SET_INTC:	// 配置中断控制器
28	LRW R2, _INTC_BADDR	
29	MOVI R3, 0	
30	STW R3, (R2)	// 关闭自动向量模式,配置中断控制器进入向量模式,
		清除 FVE 位,无中断屏蔽
31	STW R3, (R2, 0x8)	// 清除 IFR 寄存器
32	STW R3, (R2, 0x18)	// 关闭快速中断
33	LRW R4, 0x1	
34	LRW R2, _TIMER1_INT_NUM	
35	LSL R4, R5	
36	STW R3, (R2, 0x10)	// 使能中断端口号为 13 的中断源
		//(TIMER1)
37	SET_TIMER:	
38	LRW R1, _TIMER1_BADDR + 0x08	
39	LRW R3, 0x2	

40	ST R3, (R1,0)	// 配置定时器控制寄存器,确定为用户定义运行模式
41	LRW R1, _TIMER1_BADDR	
42	LRW R3, 0xFF	
43	ST R3, (R1,0)	// 配置定时器
44	LRW R1, _TIMER1_BADDR + 0x08	
45	LRW R3, 0x3	
46	ST R3, (R1,0)	// 配置定时器控制器,清除中断 MASK 位,使能定时器

5. 计时器

1)功能概述

计时器(timer)一种可编程的专用外围接口设备,可以用来实现延时、定时发出信号等功能。

CK5A6 的计时器部件是 AMBA 2.0 高级外围总线(advanced peripheral bus, APB)的一个从设备。它包含六个功能相同但是可以独立工作的子计时器,它们通过同一接口与 APB 总线相连,每个子计时器有独立的外部时钟。

每个子计时器从预先设定的值开始递减,减到计数器为零时,将会产生一个中断信号。计时器部件可以根据每个子计时器的中断产生情况,来产生中断。计时器的初始值,可以通过在计时器开始工作前,写入相应的寄存器中,计时器开启后,计时器会将该值载入到相应的计数器中,实现用户自定义计时。

CK5A6 的计时器部件有以下一些特性:

(1)六个独立的子计时器;

(2)32 位内部计数器;

(3)可自定义计数器初始值;

(4)支持两种运行模式,即自动模式与用户定义模式;

(5)每个子计时器有独立的时钟;

(6)每个子计时器的中断的优先级可以配置;

(7)可配置计时器部件的中断输出。

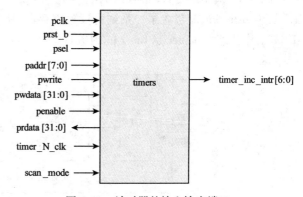

图 5.13　计时器的输入输出端口

图 5.13 和表 5.41 所示的是计时器的输入输出端口及其声明。

表 5.41　计时器的端口声明

端口名称	宽度	I/O	描　述
APB 接口			
pclk	1 位	I	APB 系统时钟
prst_b	1 位	I	APB 异步复位信号
hpb_tim_psel	1 位	I	APB 片选信号
hpb_tim_paddr[7:0]	8 位	I	APB 地址总线
hpb_tim_pwdata[31:0]	32 位	I	APB 写数据总线
hpb_tim_pwrite	1 位	I	APB 写数据使能信号
hpb_tim_penable	1 位	I	APB 片选使能信号
tim_hpb_prdata[31:0]	32 位	O	APB 读数据总线
计时器接口			

端口名称	宽度	I/O	描　述
i_timer_1_clk	1 位	I	计时器 1（Timer1）独立时钟信号
i_timer_2_clk	1 位	I	计时器 2（Timer2）独立时钟信号
i_timer_3_clk	1 位	I	计时器 3（Timer3）独立时钟信号
i_timer_4_clk	1 位	I	计时器 4（Timer4）独立时钟信号
i_timer_5_clk	1 位	I	计时器 5（Timer5）独立时钟信号
i_timer_6_clk	1 位	I	计时器 6（Timer6）独立时钟信号
i_test_mode	1 位	I	扫描模式使能信号,高电平时进入测试模式, 低电平时进入正常工作模式
timer_inc_intr[5:0]	6 位	O	计时器中断输出信号

图 5.14 所示的是计时器的结构框图。GT BIU 是 APB Slave 接口,负责将 timer 接入 AMBA 总线;Register block 包含了一系列可读写寄存器,用户可通过配置这些寄存器控制 timer,并查询 timer 工作状态;Counter 是 timer 的内置计数器;Interrupt controller 负责控制 timer 中断的屏蔽和产生。

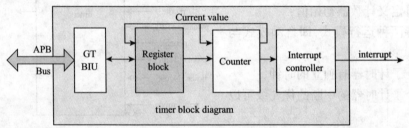

图 5.14　计时器结构框图

2) 寄存器说明

CK5A6 分配给 timer 的地址范围为:0x1001_0000 ~ 0x1001_0FFF。所有寄存器的基地址是 0x1001_0000。各子计时器地址范围如表 5.42 所示。

表 5.42　计时器的地址空间

地址空间（Base +）	功能	地址空间（Base +）	功能
0x00 to 0x10	Timer1 寄存器	0x50 to 0x60	Timer5 寄存器
0x14 to 0x24	Timer2 寄存器	0x64 to 0x74	Timer6 寄存器
0x28 to 0x38	Timer3 寄存器	0xA0 to 0xA8	Timer 全局寄存器
0x3C to 0x4C	Timer4 寄存器		

表 5.43 所示的是子计时器 1 的内部寄存器及其描述。其他子计时器寄存器结构与计时器 1 相同,具体的地址偏移如表 5.42 所示。

表 5.43 子计时器 1 内部寄存器

寄存器名称	地址偏移 （Base +）	位宽	类型	默认值	功能描述
Timer1 Load Count	0x00	32 位	读/写	32'b0	范围:0 到(23^2 - 1) 描述:用户定义模式时,计时器 1 的计时数值,在计时器 1 使能或是一次计时结束时,该寄存器的值被载入到计时器 1 的计数器中
Timer1 Current Value	0x04	32 位	只读	32'b0	范围:0 到(23^2 - 1) 描述:计时器 1 的计数器的当前值。只有在 timer_N_clk 是系统时钟 Pclk 时有效,如果 timer_N_clk 是外部的独立时钟,那么读取该寄存器不能显示正确的值
Timer1 Control Reg	0x08	4 位	读/写	4'b0	计时器 1 的控制寄存器,包括模式选择,计时器 1 使能,中断屏蔽等控制。具体功能见表 5.45
Timer1 EOI	0x0C	1 位	只读	1'b0	计时器 1 中断清除寄存器,读取该寄存器可以清除计时器 1 的中断信号
Timer1 IntStatus	0x10	1 位	只读	1'b0	计时器 1 中断状态寄存器,读取该寄存器可以查询计时器 1 当前中断的状态

计时器具有以下三个系统全局寄存器,如表 5.44 所示。

表 5.44 计时器系统全局寄存器

寄存器名称	地址偏移 （Base +）	位宽	类型	默认值	功能描述
TimersInt Status	0xA0	6 位	只读	6'b0	读取系统全局中断状态寄存器可以查询所有子计时器的中断情况,每一位对应一相应的子计时器 0:该计时器未产生中断信号 1:该计时器有中断信号产生
TimersEOI	0xA4	6 位	只读	6'b0	读取系统全局中断清除寄存器可以清除所有子计时器的中断,每一位对应一相应的子计时器
TimersRaw IntStatus	0xA8	6 位	只读	6'b0	读取该寄存器可以查询所有子计时器的未被屏蔽的中断情况,每一位对应一相应的子计时器 0:该计时器未产生中断信号 1:该计时器有中断信号产生

用户可以通过写相应的子计时器所对应的控制寄存器,如表 5.45 所示,来开启或关闭该计时器,以及选择计时器的运行模式。

表 5.45 TimerNControl 寄存器

寄存器位段	信号名称	默认值	功能描述
3	计时器参考时钟选择位	1'b0	0:计时器时钟使用 APB 总线时钟 1:计时器时钟使用计时器外部输入时钟
2	计时器中断屏蔽位	1'b0	0:计时器中断未被屏蔽 1:计时器中断被屏蔽
1	运行模式选择位	1'b0	0:自动模式;1:用户定义模式
0	计时器使能控制位	1'b0	0:计时器关闭;1:计时器使能

3）操作说明

（1）开启/禁止计时器功能。在系统上电时,计时器功能默认被关闭。用户可以通过将计时器的控制寄存器(TimerNControlReg)的第 0 位写 1,来开启计时器。如果需要关闭计时器,则将计时器的控制寄存器(TimerNControlReg)的第 0 位写 0。如果一个计时器被使能,那么在下一个 timer_N_clk 时钟的上升沿,TimerNLoadCount 寄存器中的值会被载入到计时器的计数器中,计数器中的值在每一个 timer_N_clk 时钟上升沿递减。

（2）计数器的初始化有两种情况可能使 TimerNLoadCount 寄存器中的值被载入到计时器的计数器中:①计时器刚被启动;②计时器计时到零,重新开始计时。

（3）设定计时器的运行模式。当计时器计时到零时,它会根据所选择的运行模式,载入两个不同的值。在用户定义模式中,它会载入 TimerNLoadCount 寄存器中的值;在自动模式中,它会把最大值(2^{32})减 1 后的值载入。也就是说,在用户定义模式中,可以由用户定义定时的时间,并可以在每次定时开始前改变;在自动模式中,只有单一的定时时间,即计时器内部计数器的最大值。

用户可以通过将计时器的控制寄存器(TimerNControlReg)的第 1 位写 1,来开启用户定义模式。

用户可以通过将计时器的控制寄存器(TimerNControlReg)的第 1 位写 0,来开启自动模式。

（4）中断操作。

中断产生:不管是在用户定义模式,还是在自动模式中,计时器会在计数器从零值变到最大值的时钟周期,产生中断信号。具体时序如图 5.15 所示。内部中断信号的产生与计时器的时钟同步,它需要同步到系统时钟域(Pclk)以产生真正的系统中断。当计时器不使能时,内部中断和系统中断都不会产生;如果系统中断已经产生,停止使能计时器会清除系统中断。

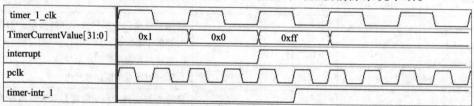

图 5.15　计时器中断的产生

中断清除:计时器的系统中断一旦产生,它只能通过以下三种方法来清除。①通过读取中断清除寄存器(TimerNEOI)来清除每个子计时器产生的中断;②通过使相应的子计时器停止使能来清除中断;③通过读取总中断清除寄存器(TimersEOI)来清除计时器所有的中断。

如果通过这种方法清除中断,计时器所有的中断会在系统时钟(Pclk)的上升沿被清除,同时 APB 片选使能信号(penable)为低。

如果在内部中断产生的时刻读取中断清除寄存器,内部中断同样会产生。因为中断产生的优先级高于中断清除的优先级。图 5.16 所示的是中断被清除的时序图。

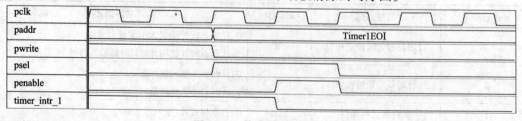

图 5.16　计时器中断清除

中断状态：用户可以通过读取每个子计时器的中断状态寄存器（TimerNIntStatus），来查询子计时器的中断状态。同样，用户可以通过读取总计时器的全局中断状态寄存器（TimerIntStatus），来查询所有计时器的中断情况。

每个子计时器的中断可以通过写控制寄存器来屏蔽。将子计时器的控制寄存器（Timer NControlReg）的第 2 位写 1，可以屏蔽该计时器中断信号。如果所有计时器的中断都被屏蔽了，那么总计时器的组合中断信号也被屏蔽。

（5）计时器的编程基本操作。

步骤 1　关闭计时器，通过写计时器的控制寄存器，来选择该计时器的运行模式。

步骤 2　将初始值写入计时器的 TimerNLoadCount 寄存器中。

步骤 3　将计时器使能。

4）应用实例

行数	代码	注释
	……	// 配置 cpu 中断控制器,使能 timer1 中断
0	LRW R1，_TIMER1_BADDR + 0x8	
1	LRW R3，0x2	
2	ST R3，(R1)	// 禁用 timer1
3	LRW R1，_TIMER1_BADDR	
4	LRW R3，0x00002000	
5	ST R3，(R1)	// 配置 timer1 计数器
6	LRW R1，_TIMER1_BADDR + 0x8	
7	LRW R3，0x3	
8	ST R3，(R1)	// 启用 timer1

6. 看门狗定时器

1）功能概述

看门狗定时器（watch dog timer，WDT）是一个 AMBA®2.0 兼容的 APB 从动装置。它是一个 APB 外围从设备，可用于防止可能由 RTO 的组件或程序间的竞争引起的系统锁定。它通过周期性关注来确保正确的操作以防止超时复位。产生的中断被传送到中断控制器。产生的复位被传送到一个复位组件，产生系统所有组件的全局复位，包括 WDT 本身。

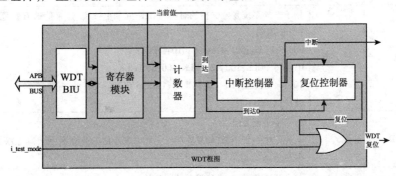

图 5.17　WDT 框图

WDT 时钟与系统 APB 时钟相关联，WDT 从一个可编程的初始值开始，在系统 APB 总线时钟的上升沿递减计数。当计数器递减计数至 0 时,产生中断。如果中断在第二个超时发生前没有清零,则产生一个系统复位。如果看门狗计数器计数至 0 的同时也进行了重启,则不产生中断。图 5.17 为 WDT 的框图。

WDT 具有下列几个特性:

(1)计数器的宽度为 32 位;

(2)计数器从一个预设值开始递减至 0,从而表示发生超时;

(3)可编程的超时范围周期;

(4)可编程的响应模式;

(5)可编程的并且固定的复位脉冲长度;

(6)防止意外的 WDT 禁用;

(7)防止意外的 WDT 计数器重启;

(8)外部时钟启用信号以控制计数器计数速率;

(9)测试模式信号以减少功能测试所需时间。

2)寄存器说明

WDT 的寄存器地址范围为 0x1001_8000 – 0x1001_8FFF。表 5.46 显示了 WDT 相关的寄存器的一系列信息。

表 5.46　WDT 存储分配

名称	地址偏移	宽度	访问	复位值	描　　述
WDT_CR	0x00	5	读/写	5'h2	WDT 控制寄存器
WDT_TORR	0x04	8	读/写	8'hf	WDT 超时范围寄存器
WDT_CCVR	0x08	32	只读	32'hffff	WDT 计数器当前值寄存器
WDT_CRR	0x0C	8	只写	8'h0	WDT 计数器重启寄存器
WDT_STAT	0x10	1 bit	只读	1'b0	WDT 中断状态寄存器
WDT_EOI	0x14	1 bit	只读	1'b0	WDT 中断清零寄存器

以下是寄存器字段描述。

(1)控制寄存器 WDT_CR(表 5.47)。

表 5.47　WDT 控制寄存器字段描述

位	名称	访问	描　　述
31:5	N/A		保留;读取时,值为 0
4:2	RPL	读/写	用于选择系统复位保持的时间(PCLK 周期个数)。这个值的有效范围为 2 ~ 256 个 PCLK 周期 000:2 PCLK;001:4 PCLK;010:8 PCLK; 011:16 PCLK;100:32 PCLK;100:32 PCLK; 101:64 PCLK;110:128 PCLK;111:256 PCLK 复位值:3'b0
1	RMOD	读/写	0:产生系统复位 1:先产生一个中断,如果在第二个超时发生前未被清零,则产生系统复位 复位值:1
0	WDT_EN	读/写	当此位启用后,它只能被系统复位清零 0:WDT 禁用;1:WDT 启用 复位值:0

（2）超时范围寄存器 WDT_TORR（表 5.48）。

表 5.48　WDT 超时范围寄存器字段描述

位	名称	访问	描述
31:8			保留；读取返回 0
7:4	TOP_INIT	读/写	初始化的超时周期。用于选择用于第一次计数器重启（kick）的看门狗计数器超时周期 此寄存器必须在复位之后且在 WDT 启用之前进行写操作 TOP_INIT 的变化仅可见，一旦 WDT 启用；第一次之后的 kick 用 TOP 位设定的周期，因此之后的任何变化都不可见 复位值：4'b0
3:0	TOP	读/写	超时周期。此字段用来设置看门狗计数器重启的超时周期 超时周期的变化仅在下一个计数器复位（kick）之后有效 复位值：4'b0

（3）计数器当前值寄存器 WDT_CCVR（表 5.49）。

表 5.49　WDT 计数器当前值寄存器字段描述

位	名称	访问	描述
31:0	计数器当前值寄存器	只读	对于此寄存器，读取操作时，返回内部计数器的当前值。这个值任意时刻都是读取连续的，APB_DATA_WIDTH 小于计数器的宽度的情况下这一点很重要 复位值：32'hFFFF

（4）计数器重启寄存器 WDT_CRR（表 5.50）。

表 5.50　WDT 计数器重启寄存器字段描述

位	名称	访问	描述
31:8			保留；读取返回 0
7:0	计数器重启寄存器	只写	此寄存器用于重启 WDT 计数器。这显示了安全特性，即防止意外重启，值 0x76 须被写入。重启同时也会将 WDT 中断清零。读取此寄存器时，返回 0 复位值：0

（5）中断状态寄存器 WDT_STAT（表 5.51）。

表 5.51　WDT 中断状态寄存器字段描述

位	名称	访问	描述
31:1			保留；读取返回 0
0	中断状态寄存器	只读	此寄存器表示 WDT 的中断状态 1：中断有效（忽略极性）；0：中断闲置 复位值：0

（6）中断清零寄存器 WDT_EOI（表 5.52）。

表 5.52　WDT 中断清零寄存器字段描述

位	名称	访问	描述
31:1			保留；读取时，值为 0
0	中断清零寄存器	只读	将看门狗中断清零。这可用于将中断清零但不重启看门狗计数器 复位值：0

3）操作说明

（1）WDT 启用与 WDT 禁用。系统复位后 WDT 被禁用。控制寄存器中的 WDT_EN 的最低位，管理员可访问。对此位写入 1 以启用 WDT，写入 0 为禁用 WDT。设定之后，WDT 不会停止直到系统复位。

（2）计数过程。WDT 从（超时的）预设值开始递减计数直至值为 0。当系统复位后，WDT 启用，计数器会装载一个缺省的超时周期以递减计数。用户也可以在 WDT 启用之前设定一个初始的超时周期，则 WDT 将装载这个用户定义的值作为超时周期。初始超时周期的范围为 1 至 $(232-1)$。当计数器达到 0 时，根据输出响应模式在系统复位和产生中断二者之中选其一；计数器将回到设定的超时周期值，并且继续递减计数。用户可以重启计数器为其初始值。此计数器可在任意时刻对重启寄存器写入编程。

（3）重启。通过对当前重启寄存器写入 0x76，用户可重启计数器为其初始值。如果用户要修改超时周期，必须要在启动之前设定（图 5.18）。

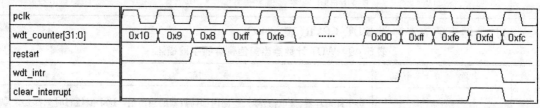

图 5.18　WDT 重启和清零

（4）中断和系统复位

当超时发生时，WDT 可编程产生中断（然后系统复位）。当逻辑 1 被写入看门狗定时控制寄存器（WDT_CR（Control Register））的响应模式字段（RMOD, bit 1）时，WDT 产生一个中断。两个模式可用于看门狗中断清零。一个是读取 EOI 寄存器（interrupt clear register），另一个是重启计数器。读取 EOI 寄存器不会重新装载计数器值，计数器继续递减。重启计数器将重新装载计数器值，然后计数器将从初始值开始递减。如果它在第二次超时发生之前未被清零，则产生一个系统重启。如果重启的同时看门狗的计数器达到 0，则不产生中断。图 5.19 显示了时域图上的中断产生及清零。

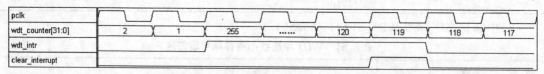

图 5.19　中断产生

当逻辑 0 被写入看门狗定时控制寄存器（WDT_CR）的输出响应模式字段（RMOD, bit 1）时，当超时发生时，WDT 产生一个系统复位。WDT 可配置为在 WDT 复位后立即启用。在此情况下，WDT_CR 寄存器中第 0 位（WDT 使能字段）中的值被覆盖。图 5.20 显示了计数器重启和系统复位的时域图。

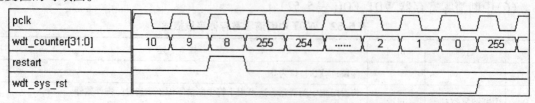

图 5.20　计数器重启和系统复位

(5)外部时钟启用。WDT 可配置为包括一个外部时钟启用(WDT_CLK_EN),它控制计数器递减的速率。输入信号 WDT_CLK_EN 可用于屏蔽计数器时钟 PCLK。如果 WDT_CLK_EN 被置 1,计数器使用参考时钟(PCLK)计数,否则不计数。当计数器到达 0 时,WDT_CLK_EN 必须为中断或是系统复位的产生而被置 1。如果当 WDT_CLK_EN 在低电平时重启,重启是内部扩展至下一个 WDT_CLK_EN 的上升沿,则它可见,计数器重启。中断清零相对于时钟使能是独立的,但仅当时钟使能为高电平时,产生中断和复位。

(6)扫描方式。扫描方式信号在扫描测试时,控制部分触发器的异步设置引脚。图 5.21 描述了此操作。WDT_RST_B 来自内部逻辑电路,因此它必须对 DFT 屏蔽。当扫描方式信号 I_TST_EN 被断言,内部 WDT_RST_B 信号被屏蔽。

以上描述了 WDR 简单使用所需的相关配置。特殊配置请参见 WDT 寄存器说明书。

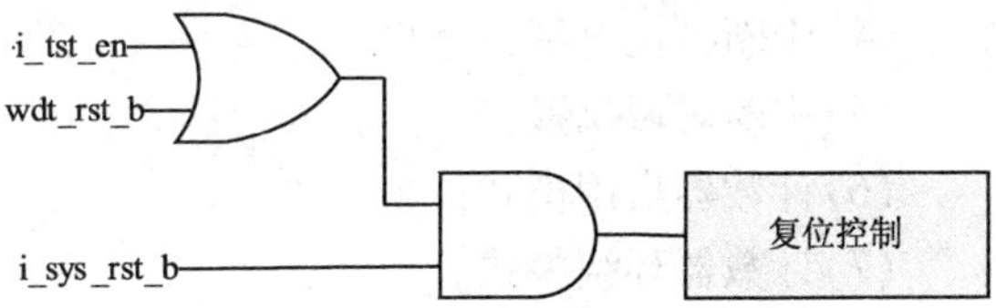

图 5.21　WDT 对 DFT 的扫描方式

WDT 使用配置步骤如下:

步骤 1　通过对看门狗控制寄存器 WDT_CR 写操作来禁用 WDT。

步骤 2　配置 WDT_TORR。

步骤 3　对 WDT_CR 写操作以启用 WDT。

4)应用实例

配置 WDT 的汇编代码如下所示:

行数	代码	注释
	……	// 初始化中断控制器,使能 WDT 中断
0	LRW R1, _WDT_BADDR	
1	LRW R3, 0x00000002	
2	LT R3, (R1)	// 禁用 WDT,第一次产生一个中断
		// 第二次产生一个复位
3	LRW R1, _WDT_BADDR + 0x4	
4	LRW R3, 0x00000020	
5	ST R3, (R1)	// 初始化的超时周期 0x3FFFF
		// 超时周期 0xFFFF
6	LRW R1, _WDT_BADDR	
7	LRW R3, 0x00000003	
8	ST R3, (R1)	// 启用 WDT
9	LRW R1, _WDT_BADDR + 0x4	
10	LRW R3, 0x00000011	
11	ST R3, (R1)	// 初始化的超时周期 0x1FFFF
		// 超时周期 0x1FFFF
12	LRW R1, _WDT_BADDR + 0xC	
13	LRW R3, 0x00000076	
14	ST R3, (R1)	// 重置 WDT 的计数器,
		// 从 0x1FFFF 开始递减计数

7. 实时时钟定时器

1)功能概述

实时时钟(real time clock,RTC)定时器单元在系统电源关断时,可利用备用电池操作。MCU

里的 RTC 是一个与 AMBA 2.0 兼容的 APB 从动装置。图 5.22 是这个模块的框图。

RTC 具有以下几个特性:

(1)APB 从动接口对寄存器具有读写一致性;

(2)递增计数器和比较器产生中断;

(3)自由运行的 pclk 时钟。

自定义的参数:

(1)APB 数据总线宽度;

(2)计数器宽度;

(3)总线时钟和计数器时钟之间的时钟关系;

(4)中断极性电平;

(5)中断时域位置;

(6)计数器启用模式;

(7)计数器环绕模式。

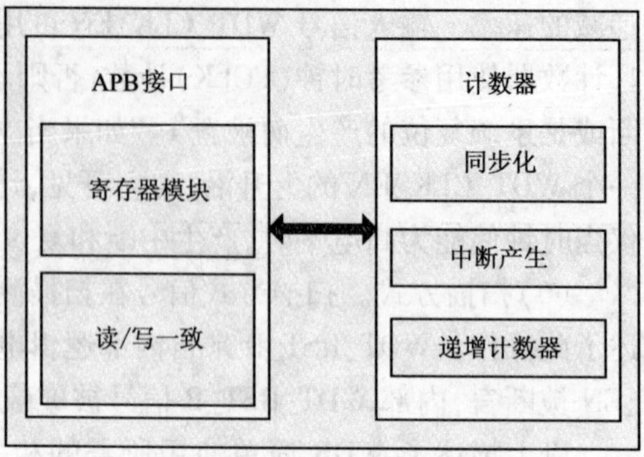

图 5.22 RTC 框图

2)寄存器说明

实时时钟的地址值域是 0x1001_6000 - 0x1001_6FFF。表 5.53 描述了寄存器的存储分配。

表 5.53 RTC 存储分配

名称	地址偏移	位宽	访问	复位值	描述
RTC_CCVR	0x00	32	只读	0x0	计数器当前值寄存器
RTC_CMR	0x04	32	读/写	0x0	计数器匹配寄存器
RTC_CLR	0x08	32	读/写	0x0	计数器装载寄存器
RTC_CCR	0x0C	4 ~ 2bit	读/写	0x0	计数器控制寄存器
RTC_STAT	0x10	32	只读	0x0	中断状态寄存器
RTC_RSTAT	0x14	32	只读	0x0	中断原始状态寄存器
RTC_EOI	0x18	32	只读	0x0	中断结束寄存器
RTC_COMP_VERSION	0x1C	32	只读	0x0	组件版本寄存器

以下为寄存器字段描述。

(1)计数器当前值寄存器 RTC_CCVR(表 5.54)。

表 5.54 RTC_CCVR 字段描述

位	名称	访问	描述
RTC_CNT_WIDTH - 1:0	计数器当前值	只读	当被读取时,此寄存器是内部计数器的当前值。对该寄存器的读操作使用"读一致"策略 复位值:0x0

(2)计数器匹配寄存器 RTC_CMR(表 5.55)。

表 5.55 RTC_CMD 字段描述

位	名称	访问	描述
RTC_CNT_WIDTH - 1:0	计数器匹配	读/写	中断匹配寄存器。当内部计数器与此寄存器相匹配时,且此时中断产生为启用状态,则产生中断。在适当的时候,这个值被连续写入。中断检测逻辑仅当所有字节被写入后使用该寄存器 复位值:0x0

(3)计数器装载寄存器 RTC_CLR(表5.56)。

表5.56　RTC_CLR 字段描述

位	名称	访问	描　述
RTC_CNT_WIDTH − 1:0	计数器装载	读/写	作为装载值装载到计数器中,这是连续写入的 复位值:0x0

(4)计数器控制寄存器 RTC_CCR(表5.57)。

表5.57　RTC_CCR 字段描述

位	名称	访问	描　述
31:4	N/A	N/A	保留;读取返回0
3	RTC_WEN	读/写	当匹配发生时,允许用户强制计数器环绕(归零),而非等待计数器达到计数上限 0:环绕禁用;1:环绕启用 复位值:0x0
2	RTC_EN	读/写	允许用户控制计数器的计数功能 0:计数器禁用;1:计数器启用 复位值:0x0
1	RTC_MASK	读/写	允许用户屏蔽中断产生 0:中断不屏蔽;1:中断屏蔽 复位值:0x0
0	RTC_IEN	读/写	允许用户禁用中断产生 0:中断禁用;1:中断启用 复位值:0x0

(5)中断状态寄存器 RTC_STAT(表5.58)。

表5.58　RTC_STAT 字段描述

位	名称	访问	描　述
31:1	N/A	N/A	保留;读取返回0
0	RTC_STAT	只读	此寄存器是已屏蔽的原始状态 0:中断闲置;1:中断有效(忽略极性) 复位值:0x0

(6)中断原始状态寄存器 RTC_RSTAT(表5.59)。

表5.59　RTC_RSTAT 字段描述

位	名称	访问	描　述
31:1	N/A	N/A	保留;读取返回0
0	RTC_RSTAT	只读	0:中断闲置;1:中断有效(忽略极性) 复位值:0x0

(7)中断结束寄存器 RTC_EOI(表5.60)。

表5.60 RTC_EOI 字段描述

位	名称	访问	描述
31:1	N/A	N/A	保留;读取返回0
0	RTC_EOI	只读	通过读取此位置,中断匹配被清零。在中断时执行读取清零,读取结束后即中断清零 复位值:0x0

3)操作说明

(1)递增计数。RTC 有一个可编程的二进制计数器。这个计数器在输入计数器时钟(RTC_CLK)的连续上升沿递增计数。当计数器装载寄存器(RTC_CLR)被编程时,计数器装载入一个初始值允许计数器增计数。当计数器达到它的最大值(所有位上均为高电平),它将重置为0,再继续递增。根据用户配置的计数器时钟和 APB 总线时钟之间的关系,计数器的装载值可能要在两个时域间进行转移。装载值被转移之后,就被装载入计数器。一个新的值限定信号和装载值一起被转移以产生计数器的装载使能。计数器中的时间顺序如下:

步骤1 用户对 RTC_CLR 写入新的装载值。

步骤2 RTC_CLR 被转移至计数器时域。

步骤3 装载值转移后被装载入计数器。

步骤4 计数器从装载的初始值开始,在计数器时钟的上升沿递增。

(2)匹配寄存器和中断产生。RTC_CMR 是可编程的匹配寄存器,与内部计数器比较。当匹配寄存器和内部计数器值相等时,产生一个中断,仅在中断产生启用(RTC_CCR,第0位)的前提下满足。如果 RTC_CCR 寄存器第1位被置为1,即用户获得发送外部中断的控制权,则上述中断被屏蔽。匹配寄存器可在任何时候进行读取操作。产生的中断的极性是用户可指定的特性之一。中断持续有效直至被中断结束清零,即对 RTC_EOI 进行读取操作(图5.23)。中断状态位是极性不敏感的。当读取状态为1时,中断有效;否则中断闲置。控制寄存器(RTC_CCR)的中断使能位通过编程可屏蔽中断。此中断状态可在任意时刻读取。即使当中断被屏蔽时,中断原始状态可读取。理想状态下,为了能直接被主机服务,中断应在 PCLK 域上产生,但事实上不可能总能实现。

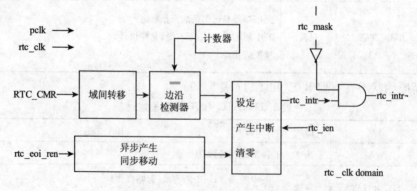

图5.23 RTC 时域上的中断产生

(3)RTC 时域上的中断产生。当 RTC_CLK 时域上产生一个中断时,只有 RTC_CLK 必须检测中断。此时 RTC_CLK 正在运行,就无 PCLK 可用,因此匹配寄存器被转移至 RTC_CLK 时域。

当计数器与已转移的匹配寄存器的值相等时,产生一个中断。因为有了 RTC_CLK 时域上的中断,所以 PCLK 时域上的清零是异步清零和与 RTC_CLK 有关的同步转移。图 5.24 中的时域图说明了上述的中断产生。以上描述了 RTC 简单使用所需的相关配置。特殊配置请参见 RTC 寄存器说明书。RTC 使用配置步骤如下:

步骤1 先将控制寄存器(RTC_CCR)设置为复位值以禁用 RTC。

步骤2 设置 RTC 计数器匹配寄存器(RTC_CMR)。

步骤3 设置 RTC 计数器装载寄存器(RTC_CLR)。

步骤4 将 RTC 计数器控制寄存器(RTC_CCR)设置为相应的值。

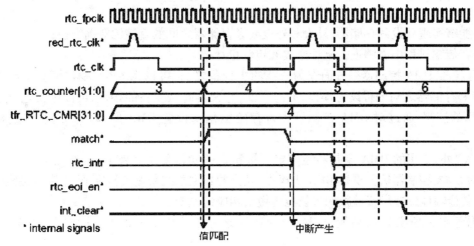

图 5.24 RTC_CLK 时域上的中断产生的定时

4)应用实例

配置 RTC 的汇编代码如下所示:

行数	代码	注释
	……	// 初始化中断控制器,使能 RTC 中断
0	LRW R1, _RTC_BADDR + 0xC	
1	LRW R2, 0x0	
2	LT R2, (R1)	// 设置 RTC 控制寄存器值为复位值
3	LRW R1, _RTC_BADDR + 0x4	
4	LRW R2, 0x100	
5	ST R2 (R1)	// 设置 RTC 计数器匹配寄存器
6	LRW R1, _RTC_BADDR + 0x8	
7	LRW R2, 0xF0	
8	ST R2 (R1)	// 设置 RTC 计数器装载寄存器
9	LRW R1, _RTC_BADDR + 0xC	
10	LRW R2, 0xD	
11	LT R2, (R1)	// 设置 RTC 控制寄存器

8. DMA 控制器

1)功能概述

DMA(direct memory access)是一种不经过 CPU 而直接对内存或总线从设备进行读写操作的数据交换模式。DMA 传输在硬件上由 DMA 控制器实现,它是总线上常见的主设备之一,在工作时从总线仲裁器处请求总线占用权,得到占用权后,控制器直接在源地址和目的地址之间传送数据,不需要 CPU 实时控制,也不需要其他中间媒介,传输速率比较高。在嵌入式系统中,DMA 模式可以有效地减少数据交换对处理器的依赖,降低对 CPU 的干扰程度,提高片上系统的整体性能。

通用的 DMA 控制器应具有以下功能:

(1)可编程设定 DMA 的传输模式及源设备和目的设备的地址区域;

(2)可屏蔽或接收从设备的 DMA 请求,当有多个设备同时请求时,还要进行优先级排队,首先响应优先级最高的请求;

(3)能够向 CPU 或总线仲裁器提出占用总线请求和控制总线上的数据传输,即具有主设备的接口;

(4)能够实现外设和存储器、外设和外设或者存储器之间的直接的数据交换;

(5)在传输过程中能够进行地址修改和传输量计数。

总而言之,DMA 控制器一方面作为总线的主设备之一,可以像 CPU 一样接管总线,直接在 I/O 接口和存储器之间进行读写操作,另一方面,它又具有从设备的接口,可以像其他外设一样接受 CPU 的控制,通过对 DMA 控制器中寄存的编程来设置 DMA 的工作方式和传输模式等参数。

除此之外,专用的 DMA 控制器还需要支持特定的功能要求。例如,工作在 AMBA 的 AHB 总线上的 DMA 控制器需要支持 BURST 操作,还需要根据总线带宽支持字节、半字或是全字的读写操作,其传输地址递增或递减的步长也要做出相应的改变。

根据各部分所实现的功能,DMA 控制器可分为如下几个子模块,其结构框图如图 5.25 所示。

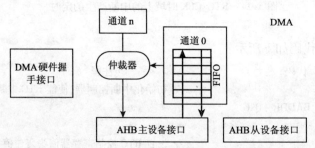

图 5.25　DMA 控制器结构框图

其中,AHB 从设备接口模块主要实现了响应总线读写操作的通信协议,以及通过总线读写进行寄存器配置的功能,该模块除了含有这些命令控制寄存器之外,还包括一些状态寄存器和中断寄存器。

AHB 主设备接口则负责实现主动发起读写操作的总线协议,包括申请总线占用权、控制传输参数和释放总线等,DMA 的数据传输部分就是通过这个接口完成的,它一方面从源地址处读取数据存放在单独的通道中,一方面将通道中的数据发送到目的地址对应的设备中。

DMA 控制器通常都具有多个通道,可以存储来自于不同源设备的数据,这些通道在硬件上都是由 FIFO 组成的,其功能是暂时储存 DMA 搬运的数据,并可根据目的设备能够接收的数据格式进行数据拆分、组合或重整。DMA 的每个通道都对应一系列的控制寄存器,通过配置这些寄存器就可以指定该通道的传输参数、源地址、目的地址等。DMA 允许多个通道中的数据同时传输,但是每个时刻则只能有一个通道通过 AHB 主设备接口占用总线,所以 DMA 为各个通道设置了不同的优先级,当发生竞争时,其仲裁子模块就根据设定的优先级来选择级别最高的通道进行数据传输。

DMA 控制器除了有和总线相连的接口之外,还有和外设相连的硬件握手接口。外设通过这些接口和 DMA 控制器交换控制信息和传输状态,如源设备的数据是否准备好、目的设备是否可以接收数据以及数据块是以单个还是突发形式传输的等信息。硬件握手接口的通信协议根据传输过程中流程控制器的不同而略有差异。

流程控制器在数据传输过程控制各个数据块的长度。如果数据块的大小是事先可知的,一般都将 DMA 设为流程控制器,而如果数据块大小未知或不定,则必须让参与数据交换的源设备或目的设备作为流程控制器。在配置 DMA 控制器时就需要指明外设类型和相应的流程控制器。表 5.61 列出了有效的传输类型和流程控制器的组合。

表 5.61 传输类型与流程控制器的组合

传输类型	流程控制器	传输类型	流程控制器
存储器到存储器	DMA 控制器	外设到存储器	外设
存储器到外设	DMA 控制器	外设到外设	DMA 控制器
存储器到外设	外设	外设到外设	源外设
外设到存储器	DMA 控制器	外设到外设	目的外设

一个非存储器的外设在请求 DMA 传输模式时既可以通过硬件握手接口来发起数据传输,也可以利用软件握手的方式,通过 CPU 对 DMA 寄存器的配置来进行数据交换。硬件握手的好处是不需要通过中断干扰处理器的正常工作,传输效率较高;而软件握手的好处是灵活性强,没有硬件连线,软件实现方案的改动更加方便。

总而言之,DMA 控制器是片上系统中关键的模块之一,它具有多种工作模式,可以在不同类型的 I/O 设备以及存储器之间进行高效的数据交换,而不需要处理器实时监控和频繁进入中断状态,大大减轻了处理器的工作负担。可见,正确的设计和配置 DMA 控制器对提高嵌入式系统的整体性能起着非常重要的作用。

在 CK5A6 的 MCU 系统中,DMA 控制器模块与片内其他模块通过 AMBA 总线以及专用的硬件握手接口相连,如图 5.26 所示。另外,DMA 和处理器之间还有中断相连,在图中并未画出。由图可见,在 MCU 系统中,处理器负责配置 DMA 工作流程,而其他和 DMA 相连的模块如存储器以及 APB 总线上的外围设备都是使用 DMA 传输模式较频繁的组件。

CK5A6 的 DMA 控制器基于 AMBA2.0 总线,具有 AHB 从设备接口和主设备接口,处理器可以通过寄存器读写操作对 DMA 控制器进行配置。如前一节所述,AHB 主设备接口能够支持存储器之间、存储器到外设、外设到存储器或者外设之间的数据传输。除此之外,该 DMA 控制器还可以通过总线桥接模块支持 APB 外围设备的数据交换。在数据传输量方面,该 DMA 支持多达 1024 个字的块数据传输和固定长度为 4 个字的 AMBA 突发传输模式。考虑到硬件资源的利用率,该 DMA 控制器例化了两个 FIFO 单向通道,只支持单向传输,每个通道分别拥有可配置的源地址、目的地址以及优先级等参数。由于 CK5A6 片上系统 I/O 设备较多,DMA 共设有 9 个硬件握手接口,与各接口相连的外设如表 5.62 所示。

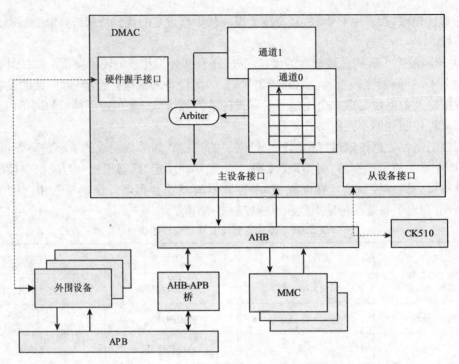

图 5.26 DMA 与 CK5A6 主要模块相连的结构图

表 5.62 与 DMA 硬件握手接口相连的外部设备

端口号	外部设备	描 述
0	SSI	SSI 请求发送数据
1	SSI	SSI 请求接收数据
2	ⅡC	ⅡC 请求发送数据
3	ⅡC	ⅡC 请求接收数据
4	UART0	UART0 请求发送数据
5	UART0	UART0 请求接收数据
6	UART1	UART1 请求发送数据
7	UART1	UART1 请求接收数据
8	保留	接地

　　CK5A6 片内 DMA 控制器在实现了基本的 DMA 传输功能的基础上,为系统的 I/O 模块定制了合适的传输参数和专用的硬件接口,并充分考虑了嵌入式应用中数据交换的方式与块数据大小,在面积功耗成本和性能的折中下做出了合理的硬件优化。然而 DMA 的性能和工作效率不仅只取决于硬件架构,还依赖于传输流程中控制寄存器的正确配置。

　　2)寄存器说明

　　DMA 控制器具有灵活的可配置性,能够支持多种模式的数据传输,在硬件结构不可变的情况下,模块级别的可配置性便体现在对诸多控制寄存器的读写编程上。另外,DMA 还设有一些状态寄存器,以供处理器查询中断状态、数据传输状态以及错误状态等信息。在配置 DMA 和监控数据交换流程的过程中,处理器通过 AHB 从设备接口对 DMA 的寄存器进行读写操作,须注意的是,并非每个寄存器都是可读可写的,例如大多数状态寄存器只响应总线上的读操作,而对写操作返回错误信息。表 5.63 给出了 CK5A6 的 DMA 控制器中所有控制和状态寄存器的地址映射与相关功能的描述。

表 5.63 DMA 控制器的寄存器地址映射与功能描述

寄存器	地址偏移	位宽	访问	初始值	说　明
通道 0 寄存器					
SAR0	0x000	32	读/写	0x0	通道 0 源设备起始地址
DAR0	0x008	32	读/写	0x0	通道 0 目的设备起始地址
CTRLa0	0x018	32	读/写	0x304801	通道 0 控制寄存器(低 32 位)
CTRLb0	0x01C	32	读/写	0x2	通道 0 控制寄存器(高 32 位)
CFGa0	0x040	32	读/写	0xC00	通道 0 配置寄存器(低 32 位)
CFGb0	0x044	32	读/写	0x4	通道 0 配置寄存器(高 32 位)
通道 1 寄存器					
SAR1	0x058	32	读/写	0x0	通道 1 源设备起始地址
DAR1	0x060	32	读/写	0x0	通道 1 目的设备起始地址
CTRLa1	0x070	32	读/写	0x304801	通道 1 控制寄存器(低 32 位)
CTRLb1	0x074	32	读/写	0x2	通道 1 控制寄存器(高 32 位)
CFGa1	0x098	32	读/写	0xC20	通道 1 配置寄存器(低 32 位)
CFGb1	0x09C	32	读/写	0x4	通道 1 配置寄存器(高 32 位)
中断寄存器					
RawTfr	0x2C0	32	只读	0x0	传输中断原始状态寄存器
RawBlock	0x2C8	32	只读	0x0	块传输中断原始状态寄存器
RawSrcTran	0x2D0	32	只读	0x0	源设备传输中断原始状态寄存器
RawDstTran	0x2D8	32	只读	0x0	目的设备传输中断原始状态寄存器
RawErr	0x2E0	32	只读	0x0	错误中断原始状态寄存器
StatusTfr	0x2E8	32	只读	0x0	传输中断状态寄存器
StatusBlock	0x2F0	32	只读	0x0	块传输中断状态寄存器
StatusSrcTran	0x2F8	32	只读	0x0	源设备传输中断状态寄存器
StatusDstTran	0x300	32	只读	0x0	目的设备传输中断状态寄存器
StatusErr	0x308	32	只读	0x0	错误中断状态寄存器
MaskTfr	0x310	32	读/写	0x0	传输中断屏蔽寄存器
MaskBlock	0x318	32	读/写	0x0	块传输中断屏蔽寄存器
MaskSrcTran	0x320	32	读/写	0x0	源设备传输中断屏蔽寄存器
MaskDstTran	0x328	32	读/写	0x0	目的设备传输中断屏蔽寄存器

寄存器	地址偏移	位宽	访问	初始值	说　　明
中断寄存器					
MaskErr	0x330	32	读/写	0x0	错误中断屏蔽寄存器
ClearTfr	0x338	32	只写	0x0	传输中断清除寄存器
ClearBlock	0x340	32	只写	0x0	块传输中断清除寄存器
ClearSrcTran	0x348	32	只写	0x0	源设备传输中断清除寄存器
ClearDstTran	0x350	32	只写	0x0	目的设备传输中断清除寄存器
ClearErr	0x358	32	只写	0x0	错误中断清除寄存器
StatusInt	0x360	32	只读	0x0	中断类型寄存器
软件握手寄存器					
ReqSrcReg	0x368	32	读/写	0x0	源设备软件握手传输请求寄存器
ReqDstReg	0x370	32	读/写	0x0	目的设备软件握手传输请求寄存器
SglReqSrcReg	0x378	32	读/写	0x0	源设备单个传输请求寄存器
SglReqDstReg	0x380	32	读/写	0x0	目的设备单个传输请求寄存器
LstSrcReg	0x388	32	读/写	0x0	源设备末次传输请求寄存器
LstDstReg	0x390	32	读/写	0x0	目的设备末次传输请求寄存器
其他寄存器					
DmaCfgReg	0x398	32	读/写	0x0	DMA 设置寄存器
ChEnReg	0x3A0	32	读/写	0x0	DMA 通道选通寄存器
DmaTestReg	0x3B0	32	读/写	0x0	DMA 测试寄存器

鉴于 DMA 的控制寄存器和状态寄存器对数据传输的流程控制起到至关重要的作用,以下将分别对各个寄存器做详细的说明。

A. DMA 设置寄存器(DmaCfgReg)

如表 5.64 所示,该寄存器用于启用 DMA 控制器,即在通道工作前必须先设置此寄存器以开启 DMA。须注意的是,如果在通道仍处于工作状态的情况下,处理器对 DMA 启用位做清零操作,DmaCfgReg. DMA_EN 将保持值 1,以此通知处理器 DMA 通道中仍有数据等待传输,直到所有通道的工作在硬件上全部完成或结束,DmaCfgReg. DMA_EN 的值才变成 0。

表 5.64　DMA 设置寄存器位段说明

位	命名	读/写	初始值	说　　明
31:1	未定义	N/A	0x0	保留
0	DMA_EN	读/写	0x0	DMA 启用位:0:DMA 禁用;1:DMA 启用

B. 通道选通寄存器(ChEnReg)

如表 5.65 所示,该寄存器用于选择和开启 DMA 通道。只有在 DMA 设置寄存器的启用位(DmaCfgReg[0])为 1 时才可以对这个寄存器进行读写配置。当 DmaCfgReg[0] 为 0 时,此寄存器的所有位都被置为 0,并且写操作无效,读操作返回值为 0。除此之外,只有当相应的通道写操作使能位 CH_EN_WE 被置为 1 的同时,通道启用位 CH_EN 的值才可以被修改,例如对该寄存器写入十六进制数 0x0101,才能启用通道 0。由于该寄存器对应了多个通道,为了避免对其他通道的相关值产生影响,通常的软件配置需要执行先读再修改的操作,而这种设置写有效位的方式,则使得软件可以直接进行写操作,而不必担心影响其他通道的设置。

表 5.65　DMA 通道选通寄存器位段说明

位	命名	访问	初始值	说　明
31:10	未定义	N/A	0x0	保留
9:8	CH_EN_WE	只写	0x0	允许对通道启用位进行写操作
7:2	未定义	N/A	0x0	保留
1:0	CH_EN	读/写	0x0	通道启用位:0:通道禁用;1:通道启用

注:CH_EN 位在 DMA 的末次传输完成后会被硬件自动清零,并禁用通道,因此软件可通过查询此位来判断是否有空闲的通道可用于新的 DMA 传输请求

C. 通道寄存器

CK5A6 的 DMA 控制器例化了两个通道,每个通道都设有相应的寄存器,包括配置寄存器、控制寄存器、源设备起始地址和目的设备起始地址等。这些寄存器负责指定通道的工作方式和数据传输的地址,在硬件上控制数据交换的具体实施过程。由于每个通道的寄存器类型都是一样的,这里对通道 0 或 1 不作区分,仅以 x 泛指其序号,即 x 为 0 或 1。

如表 5.66 所示,通道 x 的源设备起始地址寄存器用于储存当前数据传输的 32 位地址。此寄存器应在 DMA 通道启用前写入,因为一旦传输在进行中,该寄存器的值就会随着数据交换过程不断更新。地址变化的方式是由通道控制寄存器 CTRLax 的 SINC 位段所指定的,可以是增加、减少或是保留原值不变,这一点将在后文做具体介绍。

表 5.66　源设备起始地址寄存器位段说明

位	命名	访问	初始值	说　明
31:0	SAR	读/写	0x0	DMA 传输的源设备起始地址

与源设备起始地址寄存器类似,通道 x 的目的设备起始地址寄存器中也储存了 32 位地址,如表 5.67 所示。同样的,该寄存器也须在通道启用前预先配置好。通道控制寄存器 CTRLax 的 DINC 位段指明了该寄存器所储存的地址在 DMA 传输过程中变化的趋势,如增加、减少或是保留原值不变等。

表 5.67　目的设备起始地址寄存器位段说明

位	命名	读/写	初始值	说　明
31:0	DAR	读/写	0x0	DMA 传输的目的设备起始地址

通道控制寄存器 CTRLx 共有 64 位,分为低位 CTRLa 和高位 CTRLb 两部分。低位控制器寄存器指明了 DMA 的传输类型、控制设备、数据格式以及地址变化方式等信息,而高位控制寄存器则只设定了传输的数据块大小这一参数。以下将分别对这两个寄存器做详细阐述。

如表 5.68 所示,通道控制寄存器的低 32 位包含了五类控制信息,分别是数据交换的传输类型和流程控制器、突发传输的数据长度、地址变化方式、数据传输宽度以及中断方式。其中,DMA 的传输类型如本章 5.2 节所述,可支持四种模式,分别为存储器到存储器(CTRLax.TT_FC = 3x000)、存储器到外设(CTRLax.TT_FC = 3x001)、外设到存储器(CTRLax.TT_FC = 3x010)和外设到外设(CTRLax.TT_FC = 3x011),而流程控制器在 DMA 的设计过程中已硬件上固定为 DMA 控制器,不可软件更改。从应用角度来讲,DMA 作为流程控制器是一种较为灵活的设计方案,既可以节省硬件开销,又降低了软件编程的复杂程度,使系统能够赋予 DMA 控制器更多的

主控权。

表 5.68　通道控制寄存器低 32 位(LSB)位段说明

位	命名	访问	初始值	说　　明
31:23	未定义	N/A	0x0	保留
22:20	TT_FC	读/写	0x3	设定传输类型和控制设备,可支持四种传输类型,但流程控制器始终为 DMA 且不可变
19:17	未定义	N/A	0x0	保留
16:14	SRC_MSIZE	读/写	0x1	源设备突发传输方式下的数据长度
13:11	DEST_MSIZE	读/写	0x1	目的设备突发传输方式下的数据长度
10:9	SINC	读/写	0x0	源设备地址变化方式
8:7	DINC	读/写	0x0	目的设备地址变化方式
6:4	SRC_TR_WIDTH	读/写	0x0	源设备数据传输宽度
3:1	DST_TR_WIDTH	读/写	0x0	目的设备数据传输宽度
0	INT_EN	读/写	0x1	中断使能位,当值为 1 时,表示所有中断源都被启用

控制寄存器中的第二类参数——突发传输的数据长度指的是,当源设备或目的设备通过专用的硬件握手接口或软件握手方案向 DMA 申请突发传输方式的请求时,DMA 一次性的从源设备读出或向目的设备写入的数据单元的数目。对于 CK5A6 系统中的 DMA 控制器,该参数的有效值只有两个,分别是 3x000 和 3x001,各自对应传输的数据长度为 1 和 4。例如,CTRLax. SRC_MSIZE 或是 CTRLax. DEST_MSIZE = 3x000,则代表进行一次数据传输的长度为 1。须注意的是,AHB 总线传输的 HBURST 参数和该值并没有直接联系,前者表示总线一次读写操作的突发长度,后者是 DMA 一次传输的数据长度,而后者通常需要总线上的多次读写操作才能完成。

控制寄存器的第三类参数——地址变化方式,则是前面介绍过的源设备起始地址或目的设备起始地址在 DMA 传输过程中的增减趋势,其中 CTRLax. SINC 或是 CTRLax. DINC = 2x00,代表地址将在每次读写操作后依次增大,若是该参数为 01,则地址按依次减小的趋势变化,如果该值为 1x(x 为 0 或 1),地址将保持不变,如从一个固定地址的外设 FIFO 中读取数据,则可将此值设为 10 或是 11。

控制寄存器中所指定的第四类参数,包括 CTRLax. SRC_TR_WIDTH 和 CTRLax. DST_TR_WIDTH,是非常重要的数据传输格式。在前两类控制参数中,数据单元的大小是以该参数为单位来表示的,而地址变化的步长,也必须和数据宽度相一致。一般这两个值都设为 AHB 总线位宽,如果是非存储器的外设,此值应设为外设的 FIFO 宽度。该参数的有效值为 3x000,3x001 以及 3x010,分别对应 8 位、16 位和 32 位的数据宽度。该值与总线控制信号 HSIZE 有直接关系,因为 DMA 就是根据指定的数据宽度来设定总线上读写操作中 HSIZE 的大小。

最后一个控制参数是通道 x 的中断使能位,如果该值为 1,则对应该通道的中断源都被启用,当有中断产生时,中断事件会被记录在相应的中断状态寄存器中,并通知 DMA 有中断产生;如果该值为 0,则所有的中断源都被禁用,本应引发中断的事件被忽略,中断状态寄存器的值也不会被更新。

如表 5.69 所示,通道控制寄存器的高 32 位只指明了一个参数,即 DMA 的传输数据块大小。该寄存器须在通道启用前预先配置好,写入值即为需要传输的数据块的大小。具体而言,以 CTRLax. SRC_TR_WIDTH 的值为宽度,并假设 DMA 采用单个传输的方式,该值表示在这种条件下所需传输的数据个数。当传输开始以后,对该寄存器进行读操作得到的返回值为已经从源设备读取的数据个数。

表5.69　通道控制寄存器高32位(MSB)位段说明

位	命名	访问	初始值	说　明
31:10	未定义	N/A	0x0	保留
9:0	BLOCK_TS	读/写	0x2	传输数据块大小

通道配置寄存器同样也分为低位寄存器 CFGax 和高位寄存器 CFGbx 两部分。低位配置寄存器指明了 DMA 可支持的突发传输的最大长度、握手方式选择、FIFO 状态、通道状态以及通道的优先级等参数,高位配置寄存器则列出了通道的源设备或目的设备与 DMA 硬件握手接口的连接关系,以及通道的 FIFO 模式等信息。以下将对这两个配置寄存器做进一步的介绍。

如表5.70所示,通道配置寄存器的低32位共包含6个有意义的位段。首先,CFGax. MAX_ABRST 指定了 DMA 可支持的 AMBA 总线上突发传输的最大长度,如果该值为0,则表示软件对通道 x 进行突发传输时的数据长度没有限制。

表5.70　通道配置寄存器低32位(LSB)位段说明

位	命名	访问	初始值	说　明
31:30	未定义	N/A	0x0	保留
29:20	MAX_ABRST	读/写	0x0	AMBA 突发传输的最大长度
19	SRC_HS_POL	读/写	0x0	源设备硬件握手信号极性 0:高电平有效;1:低电平有效
18	DST_HS_POL	读/写	0x1	目的设备硬件握手信号极性 0:高电平有效;1:低电平有效
17:12	未定义	N/A	0x0	保留
11	HS_SEL_SRC	读/写	0x1	源设备软件/硬件握手方式的选择 0:硬件握手有效;1:软件握手有效
10	HS_SEL_DST	读/写	0x1	目的设备软件/硬件握手方式的选择 0:硬件握手有效;1:软件握手有效
9	FIFO_EMPTY	读	0x0	表示通道 FIFO 中是否有数据 1:通道 FIFO 为空;0:通道 FIFO 为非空
8	CH_SUSP	读/写	0x0	暂停通道 0:不暂停;1:暂停源设备的 DMA 传输
7:5	CH_PRIOR	读/写	通道的序号	通道优先级 1:较高优先级;0:较低优先级
4:0	未定义	N/A	0x0	保留

其次,通道配置寄存器的 CFGax. SRC_HS_POL 和 CFGax. DST_HS_POL 位段定义了通道 x 对应的源设备和目的设备的硬件握手信号的极性,当该值为 0 时,表示硬件握手信号高电平有效,如果该值为 1 则表示低电平有效。

通道配置寄存器的 HS_SEL_SRC 和 HS_SEL_DST 位段指明了相应的源设备和目的设备软/硬件握手方式的选择。该值为 0 时,表示 DMA 选择硬件握手方式与外设进行控制参数的传递,软件发起的传输请求均被忽略;如果该值为 1,则使用软件握手方式来通信,来自硬件握手接口上的请求也均被忽略。然而当源设备(或目的设备)为存储器时,CFGax. HS_SEL_SRC(或 CF-Gax. HS_SEL_DST)的值是无意义的,可忽略此位段。

低位配置寄存器中唯一一个只读的位,是 CFGax. FIFO_EMPTY 位段,该参数用来表明通道的 FIFO 中是否存留有数据,该值为 1 时意味着 FIFO 已空,为 0 时则表示 FIFO 非空。FIFO_EMPTY 位段常与下面将介绍的 CFGax. CH_SUSP 联合使用,用来禁用一个已空的通道。

低位配置寄存器的 CH_SUSP 位段用来暂停通道。当该值为 1 时,所有从源设备到 DMA 的数据传输都会被暂停,而不管当前的传输是否能够顺利完成。此位若与 CFGax. FIFO_EMPTY 一起使用,则可以确保不丢失任何数据的情况下禁用一个已空的通道。

低位配置寄存器的最后一个位段定义了 CH_PRIOR 参数,该值用来指明通道 x 的优先级,值越大表示优先级越高。由于 CK5A6 系统中的 DMA 控制器只例化了两个通道,因此通道 0 的默认优先级为 0,而通道 1 的默认优先级为 1,通道 1 具有较高的优先级。在软件编程时须注意,CFGax. CH_PRIOR 的值只能设为 0 或 1(因为只有两个通道),超出此范围的值会导致通道产生错误行为。

表 5.71 列出了高位的通道配置寄存器各位段的说明。该寄存器包含了硬件握手方式下的 DMA 与外设的连接关系以及通道 FIFO 的模式等信息。其中,CFGbx. DEST_PER 的值指明了通道 x 对应的目的设备与 DMA 的哪一个硬件握手接口相连。须注意的是,该值只在 CFGax. HS_SEL_DST 为 0 时有效,即通道 x 选择了硬件握手方式的情况下。如果通道 x 使用软件握手方式,则此位段被忽略。为了使 DMA 工作正常,每个硬件握手接口只允许和一个外设相连,而且这种连接关系在 DMA 的设计过程中已经硬件固定,不可能通过软件编程进行更改。在 CK5A6 系统中,各个使用 DMA 的外设都被分配了不同的硬件握手接口,见表 5.62。由此可知,CFGbx. DEST_PER 位段的作用只是告知通道 x 应选用哪一个 DMA 硬件握手接口与指定的目的设备进行通信,而不是在硬件握手接口与目的设备之间建立连接关系。因此该位段的值应该根据目的设备与表 5.62 的对应关系来设定。例如,如果要配置 DMA 从存储器向 SSI 外设发送数据,而 SSI 接收数据端与 DMA 的硬件握手接口序号为 1,则应向 CFGbx. DEST_PER 位段写入值 4x0001。

表 5.71 通道配置寄存器高 32 位(MSB)位段说明

位	命名	读/写	初始值	说　　明
31:15	未定义	N/A	0x0	保留
14:11	DEST_PER	读/写	0x0	与通道 x 对应的目的设备相连的硬件握手接口序号
10:7	SRC_PER	读/写	0x0	与通道 x 对应的源设备相连的硬件握手接口序号
6:2	未定义	N/A	0x0	保留
1	FIFO_MODE	读/写	0x0	FIFO 模式选择
0	未定义	N/A	0x0	保留

类似的,CFGbx. SRC_PER 的值指明了通道 x 对应的源设备使用了 DMA 的哪一个硬件握手接口。该值只在通道 x 选择了硬件握手方式与源设备进行通信,相应的 CFGax. HS_SEL_SRC 为 0 时有效,否则,此位段的值被忽略。同样的,该参数也要根据源设备与表 5.62 中各个硬件接口的连接关系来设定。

高位配置寄存器的 FIFO_MODE 位段,定义了 FIFO 模式选择参数,该参数的含义是,在通道响应一个突发传输的请求前,FIFO 中需要留出多大的空间(在接收数据时)或是存储多少数据

（在发送数据时）。该值为 0 时，表示 FIFO 只需留出指定传输宽度的单个可用数据或空间即可。若该值为 1，则表示 FIFO 要为目的设备的数据传输留出大于或等于 FIFO 深度的一半的可用数据，为源设备留出小于 FIFO 深度一半的可用空间。但是突发传输或块传输的结尾部分不受此限制。

以上为 DMA 的通道所对应的控制和配置寄存器，这些寄存器在 DMA 传输中起着极其重要的作用，在对 DMA 进行编程时要格外注意正确和合理的设定这些寄存器的值，以最大化的发挥 DMA 的作用。

D. 中断寄存器

DMA 的中断寄存器用来存储中断状态，并可以通过软件读写来清除。对每个通道而言，都有五种类型的中断源，分别为：

（1）块传输完成中断 IntBlock。此中断在 DMA 与目的设备之间的块传输完成之后产生。

（2）目的设备传输完成中断 IntDstTran：此中断在目的设备一方已经完成了所请求的单个或突发传输中的最后一次传输时产生。DMA 与目的设备的握手方式既可以是软件握手也可以是硬件握手。

（3）错误中断 IntErr。如果在传输过程中，DMA 在总线的响应信号线 HRESP 上接收到来自 AHB 从设备的 ERROR 响应，就会产生此中断，同时 DMA 传输被取消且通道状态变为禁用。

（4）源设备传输完成中断 IntSrcTran。此中断在源设备一方已经完成了所请求的单个或突发传输中的最后一次传输时产生。DMA 与源设备的握手方式既可以是软件握手也可以是硬件握手。

（5）DMA 传输完成中断 IntTfr。此中断在 DMA 与目的设备之间的数据传输完成之后产生。

相应的，DMA 为每个通道的不同中断类型设置了相应的中断寄存器，包括以下五组：

（1）块传输中断原始状态寄存器，目的设备传输中断原始状态寄存器，错误中断原始状态寄存器，源设备传输中断原始状态寄存器，传输中断原始状态寄存器；

（2）块传输中断状态寄存器，目的设备传输中断状态寄存器，错误中断状态寄存器，源设备传输中断状态寄存器，传输中断状态寄存器；

（3）块传输中断屏蔽寄存器，目的设备传输中断屏蔽寄存器，错误中断屏蔽寄存器，源设备传输中断屏蔽寄存器，传输中断屏蔽寄存器；

（4）块传输中断清除寄存器，目的设备传输中断清除寄存器，错误中断清除寄存器，源设备传输中断清除寄存器，传输中断清除寄存器；

（5）中断类型寄存器。

当一个通道被允许产生中断（即 CTRLax. INT_EN = 1）时，中断事件首先被记录在相应的原始状态寄存器中；随后原始状态寄存器的值与相应的屏蔽寄存器的内容进行逻辑运算，被设定为屏蔽的中断不会输出；逻辑运算结果写入相应的中断状态寄存器；状态寄存器的值用来驱动相应的中断端口信号（int_ *）；如果需要清除中断，则对清除寄存器的相应位写入适当的值，原始状态寄存器和状态寄存器中存储的相应中断会在同一个时钟周期内被清除。

中断类型寄存器中的内容，是将五个中断状态寄存器中每个的所有位进行或运算，得到了各个中断类型所对应的一位信号值，记录在中断类型寄存器的相应位置。该寄存器用以表明 DMA 控制器发生了何种类型的中断，而具体是哪个通道产生的中断，则需要查询相应的状态寄存器。

以下将对各个中断寄存器做详细说明。由于五种中断类型对应的原始状态寄存器、屏蔽寄存器、状态寄存器和清除寄存器的格式都是完全相同的，这里便只对寄存器类型进行介绍，而不单独把每个寄存器都列出了。

一旦中断事件发生,便被记录在如表 5.72 所示的相应原始状态寄存器中,包括块传输中断原始状态寄存器、目的设备传输中断原始状态寄存器、错误中断原始状态寄存器、源设备传输中断原始状态寄存器以及传输中断原始状态寄存器,而不受屏蔽寄存器的影响。原始状态寄存器中的每一位对应一个通道,依次从高位到低位指定相应通道序号的中断状态。例如,RawTfr[1] 对应的是通道 1 的传输完成中断的原始状态值。

表 5.72　中断原始状态寄存器(五个)位段说明

位	命名	读/写	初始值	说　明
31:2	未定义	N/A	0x0	保留
1:0	RAW	只读	0x0	五种中断类型对应的中断原始状态

通过对清除寄存器中的位进行写 1 操作,可以实现对原始状态寄存器中的相应位进行中断清除操作。

如表 5.73 所示,来自于各个通道的中断事件在经过屏蔽寄存器的过滤之后都存储在中断状态寄存器中,包括块传输中断状态寄存器、目的设备传输中断状态寄存器、错误中断状态寄存器、源设备传输中断状态寄存器以及传输中断状态寄存器。每一个中断状态寄存器中都有一位对应于一个通道,例如,StatusTfr[1] 表示的是通道 1 的传输完成中断。这些寄存器的值用来产生从 DMA 发出的中断信号(int 或 int_n 总线,取决于中断的极性)。

表 5.73　中断状态寄存器(五个)位段说明

位	命名	读/写	初始值	说　明
31:2	未定义	N/A	0x0	保留
1:0	STATUS	只读	0x0	五种中断类型对应的中断状态

中断原始状态寄存器的值经过屏蔽之后才能记录到相应的中断状态寄存器之中。屏蔽值是通过对屏蔽寄存器的总线写操作来设定的,包括块传输中断屏蔽寄存器、目的设备传输中断屏蔽寄存器、错误中断屏蔽寄存器、源设备传输中断屏蔽寄存器以及传输中断屏蔽寄存器。

每一个屏蔽寄存器中都有一位对应于一个通道,例如,MaskTfr[1] 对应于通道 1 的传输完成中断的屏蔽值。INT_MASK 的任何一位为 1,都会使相应的中断不被屏蔽,即状态寄存器的值与原始状态寄存器是一致的,int_* 端口信号也会相应变化。

中断屏蔽寄存器的设置与通道选通寄存器(ChEnReg)类似,都要先开启写有效位,才能对相应的屏蔽位进行修改。如表 5.74 所示,只有当 INT_MASK_WE 位段的值为 1 时,AMBA 总线上的写操作才能写到相应的 INT_MASK 位中去。例如,对传输中断屏蔽寄存器写十六进制数 0x01x1(x 代表 0–f 任意值),结果是只对 MaskTfr[0] 写 1,而 MaskTfr[1] 位的值则没有变化。写十六进制数 0x00xx,MaskTfr[1:0] 也都不会有变化。

表 5.74　中断屏蔽寄存器(五个)位段说明

位	命名	读/写	初始值	说　明
31:10	未定义	N/A	0x0	保留
9:8	INT_MASK_WE	只写	0x0	中断屏蔽写有效位 0:写无效;1:写有效
7:2	未定义	N/A	0x0	保留
1:0	INT_MASK	读/写	0x0	中断屏蔽位 0:屏蔽;1:未屏蔽

如果要清除已产生的中断,则可以对清除寄存器的相应位进行总线写 1 操作来完成,相应的中断原始状态寄存器位和中断状态寄存器位就会在同一个时钟周期内被清除,如表5.75 所示。同样的,清除寄存器也包括五个对应不同中断类型的寄存器,如块传输中断清除寄存器、目的设备传输中断清除寄存器、错误中断清除寄存器等。中断清除寄存器的每一位对应于一个通道,例如,ClearTfr[1]对应于通道 1 的传输完成中断的清除位。对该寄存器写 0 没有任何影响,并且这些寄存器是不可读的,读操作会引起 DMA 的从设备接口在HRESP 信号线上返回 ERROR 响应。

表 5.75　中断清除寄存器(五个)位段说明

位	命名	读/写	初始值	说　　明
31:2	未定义	N/A	0x0	保留
1:0	CLEAR	只写	N/A	中断清除位 0:无影响;1:清除中断

五个状态寄存器(块传输中断状态寄存器、目的设备传输中断状态寄存器、错误中断状态寄存器、源设备传输中断状态寄存器以及传输中断状态寄存器)中每个的所有位做或运算,产生了每种中断类型的一位信号值,存储在中断类型寄存器中,如表 5.76 所示。该寄存器是只读的。

表 5.76　中断类型寄存器位段说明

位	命名	读/写	初始值	说　　明
31:5	未定义	N/A	0x0	保留
4	ERR	只读	0x0	错误中断状态寄存器所有位的或运算结果
3	DSTT	只读	0x0	目的设备传输中断状态寄存器所有位的或运算结果
2	SRCT	只读	0x0	源设备传输中断状态寄存器所有位的或运算结果
1	BLOCK	只读	0x0	块传输中断状态寄存器所有位的或运算结果
0	TFR	只读	0x0	传输中断状态寄存器所有位的或运算结果

总而言之,DMA 控制器中各个中断寄存器具有不同的功能。通常 DMA 控制器传递给处理器或中断控制器的中断信号是一位数值,当处理器要响应 DMA 中断时,需要先查询中断类型寄存器以确定中断的类型,然后再查询相应的中断状态寄存器,才能定位到产生中断的通道,并采取相应的中断响应操作。如果某些类型的中断被屏蔽了,DMA 就不会发起中断,在必要时处理器则须查询中断原始状态寄存器。

E. 软件握手寄存器

DMA 控制器的硬件握手方案通过专用的硬件握手接口来实现,而软件握手方案则是通过对这些软件握手寄存器的配置来实现的。软件握手和硬件握手虽然借助的手段不同,但是都可以起到传递控制信息的作用,如发起传输请求、使用单个还是突发的传输方式等。软件握手寄存器包括以下六个:目的设备末次传输请求寄存器、源设备末次传输请求寄存器、目的设备软件握手传输请求寄存器、源设备软件握手传输请求寄存器、目的设备单个传输请求寄存器和源设备单个传输请求寄存器。在配置这些寄存器的同时,应确保通道 x 与源设备或目的设备使用软件握手方案进行通信,即 CFGax.HS_SEL_SRC=1 或 CFGax.HS_SEL_DST=1,在硬件握手方式下这些寄存器的值是无意义的。另外,在传输过程中,流程控制器始终为 DMA,这一点在前文中已阐述。

以下将分别对这六个软件握手寄存器以及 DMA 软件握手方式的配置做详细介绍。

如表 5.77 所示，每个通道在此寄存器中对应一位。当通道 x 对应的源设备需要进行软件握手的传输请求时，则通过总线向对应通道位写入值 1。因为包含了多个通道的设置参数，该寄存器同样使用了写有效位。如果源设备不使用软件握手方式，则该值被忽略。

表 5.77　源设备软件握手传输请求寄存器位段说明

位	命名	读/写	初始值	说　明
31:10	未定义	N/A	0x0	保留
9:8	SRC_REQ_WE	只写	0x0	源设备传输请求写有效位 0:写无效;1:写有效
7:2	未定义	N/A	0x0	保留
1:0	SRC_REQ	读/写	0x0	源设备传输请求

目的设备软件握手传输请求寄存器和源设备软件握手传输请求寄存器的格式是完全相同的，如表 5.78 所示。每个通道在此寄存器中对应一位。当通道 x 对应的目的设备需要进行软件握手的传输请求时，则通过总线向对应通道位写入值 1。

表 5.78　目的设备软件握手传输请求寄存器位段说明

位	命名	读/写	初始值	说　明
31:10	未定义	N/A	0x0	保留
9:8	DST_REQ_WE	只写	0x0	目的设备传输请求写有效位 0:写无效;1:写有效
7:2	未定义	N/A	0x0	保留
1:0	DST_REQ	读/写	0x0	目的设备传输请求

虽然以上的源设备或目的设备软件握手传输请求寄存器并未指明所请求的数据传输的长度，但是对这两个寄存器进行总线写 1 操作，通道会默认使用突发的传输方式。然而，仅设置源设备或目的设备软件握手传输请求寄存器却并不会激活突发传输，软件必须向表 5.79 和表5.80 所示的源设备或目的设备单个传输请求寄存器进行总线写 1 操作，突发传输请求才会真正的被响应。

表 5.79　源设备单个传输请求寄存器位段说明

位	命名	读/写	初始值	说　明
31:10	未定义	N/A	0x0	保留
9:8	SRC_SGLREQ_WE	只写	0x0	源设备单个传输请求写有效位 0:写无效;1:写有效
7:2	未定义	N/A	0x0	保留
1:0	SRC_SGLREQ	读/写	0x0	源设备单个传输请求

表 5.80　目的设备单个传输请求寄存器位段说明

位	命名	读/写	初始值	说　明
31:10	未定义	N/A	0x0	保留
9:8	DST_SGLREQ_WE	只写	0x0	目的设备单个传输请求写有效位 0:写无效;1:写有效
7:2	未定义	N/A	0x0	保留
1:0	DST_RSGLEQ	读/写	0x0	目的设备单个传输请求

外设在请求 DMA 传输之前,如果需传输的数据块的大小是一次突发传输长度的整数倍,或者虽然不是整数倍,但是仍然大于一次突发传输的长度,则称该外设处于非单个传输区域中;反之,如果须传输的数据块的大小不够一个突发传输的长度,只能由若干个单个传输完成,则称该外设处于单个传输区域。

处于非单个传输区域中的外设,在使用软件握手方式向 DMA 发起传输请求时,需要对源设备或目的设备软件握手传输请求寄存器以及源设备或目的设备单个传输请求寄存器都进行总线写 1 操作,DMA 才会响应并发起突发传输。对这两个寄存器进行配置时没有顺序要求,可以先写其中任何一个。当两个寄存器都被置 1 后,DMA 才进行数据交换工作。在突发传输完成后,硬件会自动清除这两个寄存器中对应通道的值。

对于处在单个传输区域中的外设,由于突发传输方式和单个传输方式都有可能被使用,故对这两个寄存器的配置就需要区分先后顺序了。当对源设备或目的设备单个传输请求寄存器进行总线写 1 操作时,DMA 会立即响应请求并发起单个传输,如果之后再对源设备或目的设备软件握手传输请求寄存器进行总线写 1 操作,则不会引起任何传输,因为在单个传输完成之后,硬件会自动清除这两个寄存器中的设置。因此,当处在单个传输区域中的外设需要发起一个突发传输的请求时,必须先对源设备或目的设备软件握手传输请求寄存器进行总线写 1 操作,明确通知 DMA 请求的是突发传输,然后再向源设备或目的设备单个传输请求寄存器写入值 1,随后 DMA 才会响应传输请求。由于数据块大小不够一次突发传输的长度,DMA 会以提前结束的突发传输形式来完成数据交换。同样的,硬件将在传输结束后自动对两个寄存器进行清零。

软件可以通过查询源设备或目的设备软件握手传输请求寄存器和源设备或目的设备单个传输请求寄存器中相关通道对应的位,以确定请求的单个传输或突发传输是否完成。另外,如果中断被启用,相应的源设备或目的设备传输中断状态寄存器都会显示传输是否完成。

源设备末次传输请求寄存器和目的设备末次传输请求寄存器只在外设是流程控制器的情况下才会用到,而在 CK5A6 系统中,DMA 已在硬件上被固定为流程控制器,无法更改,所以这两个在软件握手方式的配置中不应被使用,可忽略其设置。

F. 其他 DMA 寄存器

除了前面介绍的启用寄存器、通道寄存器、中断寄存器以及软件握手寄存器这些控制 DMA 工作状态的寄存器之外,DMA 还有一些起到其他作用的寄存器,如表 5.81 所示的 DMA 测试寄存器。

DMA 测试寄存器用于将 AHB 从设备接口设置为测试模式时。在测试模式下,所有寄存器的读取值需要与写入值匹配;在普通模式下,一些寄存器的读取值是 DMAC 状态的函数,与写入值不匹配。

表 5.81　DMA 测试寄存器位段说明

位	命名	读/写	初始值	说　明
31:1	未定义	N/A	0x0	保留
0	TEST_SLV_IF	读/写	0x0	设置 AHB 从设备接口为测试模式 0:普通模式;1:测试模式

总之,DMA 的灵活性和可配置性来自这些控制不同功能和工作模式的寄存器,DMA 的某种工作状态和传输方式应该是多个寄存器正确配置和合理组合的结果。另外须注意 DMA 某些硬件固化的特征对这些寄存器取值的影响,以免造成软件编程和硬件设计上的冲突,引起不可预测的错误行为。

3)操作说明

本节将简要介绍 CK5A6 系统的软件编程中常用的 DMA 操作流程,基于来自于不同外设的传输请求和对不同 DMA 工作模式的要求,DMA 寄存器的配置可能有所差异。这里仅以最基本的块数据传输为例,介绍各个功能寄存器的配置顺序和 DMA 操作流程。

以单块数据传输为例,DMA 软件配置过程如下:

步骤 1　读取通道选通寄存器(ChEnReg)选择一个空闲的通道。

步骤 2　写中断清除寄存器(ClearTfr,ClearBlock,ClearSrcTran,ClearDstTran 和 ClearErr),清除前一次 DMA 传输中被置位的中断信号;然后读中断原始状态寄存器(RawTfr,RawBlock,RawSrcTran,RawDstTran 和 RawErr)和中断状态寄存器(StatusTfr,StatusBlock,StatusSrcTran,StatusDstTran 和 StatusErr),再次确认所有的中断已经清除。

配置通道寄存器,需要进行以下操作步骤:

步骤 1　写 SARx,配置通道 x 的源设备起始地址。

步骤 2　写 CTRLax 和 CTRLbx,配置通道 x 的传输控制参数,包括传输方式(CTRLax.TT_FC)的设定、数据交换双方的传输特性如源设备传输数据宽度(CTRLax.SRC_TR_WIDTH)、目的设备传输数据宽度(CTRLax.DRC_TR_WIDTH)、源设备起始地址变化方式(CTRLax.SINC)以及目的设备起始地址变化方式(CTRLax.DINC)。

步骤 3　写 CFGax 和 CFGbx,进行通道的进一步配置,如设定握手接口方式,选择软(CFGax.HS_SEL_SRC)或硬件握手(CFGax.HS_SEL_DRC),如果 DMA 是在存储器之间传递数据,则不需要配置以上两位。另外,如果使用硬件握手方式,还需要配置相应外设与 DMA 进行硬件握手的专用端口序号(CFGbx.SRC_PER / CFGbx.DRC_PER)。

步骤 4　通道配置完成之后,对通道启用位 ChEnReg.CH_EN 以及相应的写有效位 ChEnReg.CH_EN_WE 位进行总线置 1 操作,开启配置好的通道。然后再将 DmaCfgReg 最低位置 1,启用 DMA。

步骤 5　源设备和目的设备通过设定的握手方式发起单个或突发 DMA 传输请求,传输完成后 DMA 返回完成信号。

步骤 6　传输结束之后,硬件将置中断位,并关闭通道。此时,用户可以通过查询中断状态寄存器来判断相应的传输是否正确完成。

在 DMA 的正常运行时,软件通过对 ChEnReg.CH_EN 的相应位写入值 1 来启用一个通道,然后硬件在传输完成后会自动清除 ChEnReg.CH_EN 的同一位来关闭通道。

如果需要使用软件方式来关闭一个通道,推荐联合使用通道配置寄存器(CFGax)中的 CH_

SUSP 位和 FIFO_EMPTY 位,这样可以确保关闭通道且不会导致数据丢失。具体的操作步骤如下所示:

步骤1 当软件希望在传输完成前关闭一个通道时,可以首先对 CFGax. CH_SUSP 进行置1操作,通知 DMA 暂停所有来自源设备的数据传输,此时,通道 FIFO 不能接收到新数据。

步骤2 随后软件将监视 CFGax. FIFO_EMPTY 位,直到此位的值为1,即表示 FIFO 已空,数据已全部读取完毕。

步骤3 一旦 CFGax. FIFO_EMPTY 为1,软件就可以对 ChEnReg. CH_EN 位写入值0来关闭当前通道了。

但是也有一种例外会发生,在 CTRLax. SRC_TR_WIDTH 的值小于 CTRLax. DST_TR_WIDTH 的情况下,意味着源设备数据宽度小于目的设备的数据宽度。如果软件已将 CFGx. CH_SUSP 位置为1,而一旦 FIFO 中留下的数据小于 CTRLax. DST_TR_WIDTH 时,CFGax. FIFO_EMPTY 仍会被置位,但此时却有数据存留在通道的 FIFO 中,只是不足以发起一次单个传输。在这种情况下,留在通道 FIFO 中的数据将不会被传送到目的设备中。DMA 允许对 CFGax. CH_SUSP 位写入值0来取消通道的暂停状态,此时,DMA 传输将恢复到暂停前的状态。

另外,正在进行中的 DMA 传输可能会被软件突然打断(ChEnReg. CH_EN 被置0),但是用户不能就此断定通道已经被关闭。使用 AHB 从设备的总线接口对 ChEnReg. CH_EN 进行清零操作,这个可以被认为是一个中断通道的请求。用户必须使用总线读操作查询 ChEnReg. CH_EN 位,如果返回的值0,才可以确认通道已经关闭。

类似的,软件可以通过清除配置寄存器中的全局使能位(DmaCfgReg[0])来中断全部通道。同样,用户也不能在此时断定所有通道已经关闭。因为一旦任何一个通道 FIFO 中留有数据,它必须等待所有的数据全部传输完毕,才会关闭通道,从而关闭 DMA。因此用户也必须查询 DmaCfgReg[0] 位,只有返回的值为0时,才可以确认所有通道已经关闭。

4)应用实例

UART 利用 DMA 进行数据接收的实例如下所示:

行数	代码	注释
	……	// 配置 UART
0	LRW R1, _DMAC_BADDR + 0x398	// DMA 模式,检查 DMA 是否启用
1	LD. W R2, (R1)	
2	BTSTI R2, 0x0	
3	BT DMACEN	
4	LRW R11, 0x1	
5	ST. W R11, (R1)	// 启用 DMA
6	DMACEN:	// DMA 已经启用,检查通道0是否被禁用
7	LRW R12, _DMAC_BADDR + 0x3A0	
8	LD. W R14, (R12)	
9	BTSTI R14, 0x0	
10	BT DMACEN	// 如果通道0忙碌,等待直到其空闲
		// 以下配置 DMA 的寄存器
11	LRW R14, 0x0	// 屏蔽 DMA 的中断,除非出现 ERROR 的情况
12	LRW R12, _DMAC_BADDR + 0x318	
13	ST. W R14, (R12)	

```
14    LRW R12, _DMAC_BADDR + 0x328
15    ST. W R14, (R12)
16    LRW R12, _DMAC_BADDR + 0x320
17    ST. W R14, (R12)
18    LRW R12, _DMAC_BADDR + 0x310
19    LRW R12, _DMAC_BADDR + 0x340         // 清除所有的 DMA 中断,因为不支 DMA 的中断

20    MOVI R14, 0xF
21    ST. W R14, (R12)
22    LRW R12, _DMAC_BADDR + 0x350
23    ST. W R14, (R12)
24    LRW R12, _DMAC_BADDR + 0x358
25    ST. W R14, (R12)
26    LRW R12, _DMAC_BADDR + 0x348
27    ST. W R14, (R12)
28    LRW R12, _DMAC_BADDR + 0x338
29    ST. W R14, (R12)
30    CLLI0:
31    LRW R12, _DMAC_BADDR + 0x2E0
32    LDW R14, (R12)
33    BTSTI R14, 0x0
34    BT CLLI0
35    LRW R12, _DMAC_BADDR                 // 设置源地址为 UART 的 RBR 基地址
36    LRW R14, _UART_BADDR
37    ST. W R14, (R12)
38    LRW R12, _DMAC_BADDR + 0x08          // 设置目的地址为
39    LRW R13, _DMEM_BADDR + 0x5000        // DMEM_BADDR + 0x5000
40    ST. W R13, (R12)
41    LRW R12, _DMAC_BADDR + 0x18          // 编程 CTRLa0 为
42    LRW R14, 0x204C04                    // 010 000 001 001 10 00 000 010 0
43    ST. W R14, (R12)
44    LRW R12, _DMAC_BADDR + 0x1C          // 编程 CTRLb0 为 0x9, 块大小为 9 B
45    LRW R13, 0x9
46    ST. W R13, (R12)
47    LRW R12, _DMAC_BADDR + 0x40          // 编程 CFGa0 为
48    LRW R14, 0x400400                    // 0100 0 0 000000 0 1 0 0 000 00000
49    ST. W R14, (R12)
50    LRW R14, _UART_RX_DMAC_PORT          // 编程 CFGb0 为
51    LSLI R14, 7                          // 0000 0101 00000 00
52    LRW R12, _DMAC_BADDR + 0x44
53    ST. W R14, (R12)
54    LRW R12, _DMAC_BADDR + 0x3A0         // 启用通道 0
55    LDW R14, (R12)
56    BSETI R14, 0x08
```

57	BSETI R14, 0x0	
58	ST. W R14, (R12)	
59	WBF0:	// 等待 DMA 传输的结束
60	LDW R14, 0x0	
61	BTSTE R14, 0x0	
62	BT WBF0	
63	MOVI R8, 0xF	// 等待最后一个数据传输结束
64	RECEIVW0:	
65	DECGT R8	
66	BT RECEIVW0	
	......	

5.3 CK5A6 MCU 外围接口模块

5.3.1 存储器接口模块

1. 片内 SRAM 存储控制器

1) 功能概述

CK5A6 MCU 中有一块大小为 8KB 的片内同步 SRAM,片内 SRAM 存储控制器负责控制这块 SRAM 的读写。如图 5.27 所示,片内 SRAM 存储控制器主要由三个模块组成:先进高性能总线 (advanced high performance bus, AHB) 从设备接口模块、读写控制模块和 8KB SRAM。作为 AHB 总线与片内 SRAM 的接口,AHB 总线从设备接口模块的主要作用是将 AHB 总线上的控制信号进行简化后传送到读写控制模块中,以及 SRAM 读写数据的传递。8KB 大小的片内同步 SRAM 由四块 2KB 大小的 SRAM 组成。读写控制模块负责分析读写控制信号,并生成四块 2KB SRAM 的控制信号(片选使能、读/写、读写大小端),分别传送到这四块 2KB SRAM 中。

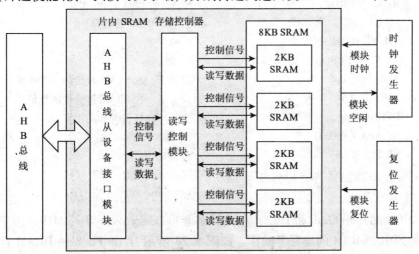

图 5.27 片内 SRAM 存储控制器结构框图

CK5A6 MCU 的片内 SRAM 存储控制器具备以下特点:

(1)支持 8KB 片内同步 SRAM 的读写;

（2）支持所有 burst 操作类型；

（3）支持多种存取大小，字节（8 位）、半字（16 位）、字（32 位）；

（4）支持功耗管理。

CK5A6 MCU 的片内 SRAM 存储控制器主要用来控制片内 SRAM 的读写，当片内 SRAM 空闲时，可通过配置功耗管理模块中的相关寄存器来关闭片内 SRAM 存储控制器的时钟，从而节约功耗。

2）操作说明

CK5A6 MCU 的软件编程中对片内 SRAM 读写的操作流程十分简单，用户可通过处理器的 load/store 指令对 SRAM 进行读/写，也可以通过配置 DMA 控制器的相关寄存器对 SRAM 进行读写操作。

3）应用实例

CK5A6 MCU 中写片内 SRAM 的前 10 个地址并进行校验的汇编代码实例如下所示：

行数	代码	注释
0	Lrw r1, _SRAM_BADDR	// 初始化 SRAM 写操作的地址
1	MOVI R2, 10	// 初始化 SRAM 写操作的次数
2	MOVI R3, 0	// 初始化 SRAM 写操作的数据
3	WRITE_WORD:	// SRAM 写操作循环（10 次）
4	ST R3,（R1）	// 写 SRAM（32 位数据）
5	ADDI R3, 1	// 设置下一次 SRAM 写操作的数据
6	ADDI R1, 4	// 设置下一次 SRAM 写操作的地址
7	DECGT R2	// 更新 SRAM 写操作的次数
8	BT WRITE_WORD	
9	LRW R1, _SRAM_BADDR	// 初始化 SRAM 读操作的地址
10	MOVI R2, 10	// 初始化 SRAM 读操作的次数
11	MOVI R3, 0	// 初始化 SRAM 校验的参考数据
12	READ_WORD:	// SRAM 校验循环（10 次）
13	LD R4,（R1）	// 读 SRAM（32 位数据）
14	CMPNE R3, R4	// 校验数据
15	BT TEST_ERROR	// 校验失败
16	ADDI R3, 1	// 设置下一次 SRAM 校验的参考数据
17	ADDI R1, 4	// 设置下一次 SRAM 读操作的地址
18	DECGT R2	// 更新 SRAM 读操作的次数
19	BT READ_WORD	
20	BR SUCCESS	// 校验成功

2. 片外 Flash 和 DRAM 存储控制器

1）功能概述

CK5A6 MCU 的片外 Flash 和 DRAM 存储控制器（memory controller, MMC）用于控制片外的 NOR Flash 和 SDR SDRAM 的读写等操作。如图 5.28 所示，片外 Flash 和 DRAM 存储控制器主要由两个模块组成：AHB 接口模块和存储器接口模块。AHB 接口模块负责根据 AHB 总线上的信号生成控制寄存器和片外存储器的读写请求，并发送到存储器接口模块。AHB 接口模块包括三个子模块：控制器、地址 FIFO 和数据 FIFO。存储器接口模块负责根据 AHB 接口模块提供的信号生成相应的片外存储器读写的地址、数据和控制信号，并发送到片外 NOR Flash 和 SDR

SDRAM 中。存储器接口模块包括四个子模块:地址解码器、控制寄存器、NOR Flash 控制器和 SDR SDRAM 控制器。

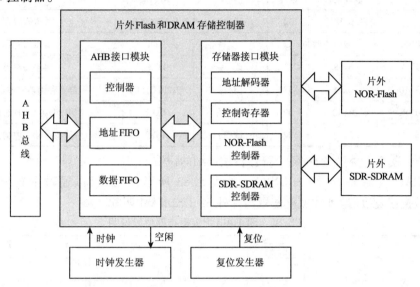

图 5.28　片外 Flash 和 DRAM 存储控制器结构框图

CK5A6 MCU 的片外 Flash 和 DRAM 存储控制器具备以下特点:

(1)23 位地址线。对于 SDR SDRAM,可配置行地址线宽度为 11 ~ 16 位,列地址线宽度为 8 ~ 15 位,块地址线宽度为 1 ~ 2 位。

(2)两块存储器 Bank。Bank0 用于片外 NOR Flash,Bank1 用于片外 SDR SDRAM。

(3)片外 NOR Flash 和片外 SDR SDRAM 的起始地址及大小可配。

(4)支持 SDR SDRAM 的 Self-refresh 和 Power-down 模式。

(5)支持功耗管理。

CK5A6 MCU 的片外 Flash 和 DRAM 存储控制器主要用来控制片外 NOR Flash 的擦除、读、写等操作以及片外 SDR SDRAM 的 Auto-refresh、读、写等操作,另外存储控制器也拥有功耗管理功能,通过对相关寄存器的配置,可使 SDR SDRAM 进入 Self-refresh 模式,从而支持片外 Flash 和 DRAM 存储控制器和片外 SDR SDRAM 的时钟的关闭,以降低系统功耗。

2)寄存器说明

片外 Flash 和 DRAM 存储控制器具有一组寄存器,包括 SDRAM 配置寄存器、SDRAM 时序寄存器、片选寄存器等。表 5.82 给出了 CK5A6 MCU 的片外 Flash 和 DRAM 存储控制器中所有寄存器的地址映射与相关功能的描述。

表 5.82　片外 Flash 和 DRAM 存储控制器的寄存器地址映射与功能描述

寄存器	地址偏移	位宽	读/写	初始值	说　明
SCONR	0x00	32	读/写	0x3388	SDRAM 配置寄存器
STMG0R	0x04	32	读/写	0x19A5252	SDRAM 时序寄存器 0
STMG1R	0x08	32	读/写	0x74E20	SDRAM 时序寄存器 1
SCTLR	0x0C	32	读/写	0x3048	SDRAM 控制寄存器
SREFR	0x10	32	读/写	0xC3	SDRAM 刷新寄存器
SCSLR0	0x14	32	读/写	0x0	片选寄存器 0

寄存器	地址偏移	位宽	读/写	初始值	说　明
SCSLR1	0x18	32	读/写	0x8000000	片选寄存器1
SMSKR0	0x54	32	读/写	0x48	屏蔽寄存器0
SMSKR1	0x58	32	读/写	0x20C	屏蔽寄存器1
SMTMGR_SET0	0x94	32	读/写	0x201C15CF	静态存储器时序寄存器0
FLASH_TRPDR	0xA0	32	读/写	0xC8	NOR Flash tRPD 时序寄存器
SMCTLR	0xA4	32	读/写	0x82	静态存储器控制寄存器

表 5.83 ~ 表 5.92 将分别对各个寄存器做详细的说明。

(1)SDRAM 配置寄存器(SCONR)。如表 5.83 所示,用户可以通过配置该寄存器,使 SDRAM 的数据线宽度、地址线宽度配置与片外 SDR SDRAM 匹配。

表 5.83　SDRAM 配置寄存器位段说明

位	命名	读/写	初始值	说　明
31:15	未定义			保留
14:13	s_data_width	读/写	2'b01	SDRAM 数据总线宽度 00:16 位;01:32 位;10:64 位;11:128 位
12:9	s_col_addr_width	读/写	9	SDRAM 列地址宽度 0 ~ 6 及 15:保留;7 ~ 14:8 ~ 15 位
8:5	s_row_addr_width	读/写	12	SDRAM 行地址宽度 0 ~ 9:保留;10 ~ 15:11 ~ 16 位
4:3	s_bank_addr_width	读/写	1	SDRAM 块地址宽度 2 ~ 3:保留;0 ~ 1:1 ~ 2 位(2 块或 4 块)
2:0	未定义			保留

(2)SDRAM 时序寄存器 0(STMG0R)。如表 5.84 所示,用户可以通过配置该寄存器,使 SDRAM 的时序配置与片外 SDR SDRAM 匹配。

表 5.84　SDRAM 时序寄存器 0 位段说明

位	命名	读/写	初始值	说　明
25:22	t_rc		6	Active 命令周期 0 ~ 15:1 ~ 16 个时钟周期
31:27	extended_t_xsr	读/写	6	退出 Self - refresh 模式至 active 或 Auto-refresh 命令的最小间隔时间
21:18	t_xsr	读/写		0 ~ 511:1 ~ 512 个时钟周期
17:14	t_rcar	读/写	9	Auto-refresh 周期,两次 Auto-refresh 命令的最小间隔时间 0 ~ 15:1 ~ 16 个时钟周期
13:12	t_wr	读/写	1	写操作时,最后一个数据写入到下次 precharge 命令的时延 0 ~ 3:1 ~ 4 个时钟周期

位	命名	读/写	初始值	说明
11:9	t_rp	读/写	1	Precharge 周期 0~7:1~8 个时钟周期
8:6	t_rcd	读/写	1	Active 命令和读/写命令之间的最小时延 0~7:1~8 个时钟周期
5:2	t_ras_min	读/写	4	Active 命令和 precharge 命令之间的最小时延 0~15:1~16 个时钟周期
26	extended_cas_latency	读/写	2	发出读命令到得到第一个有效数据的最小时延 0~3:1~4 个时钟周期;4~7:保留
1:0	cas_latency	读/写		

（3）SDRAM 时序寄存器 1（STMG1R）。如表 5.85 所示,用户可以通过配置该寄存器,使 SDRAM 的时序配置与片外 SDR SDRAM 匹配。

表 5.85　SDRAM 时序寄存器 1 位段说明

位	命名	读/写	初始值	说明
31:20	未定义			保留
19:16	num_init_ref	读/写	7	初始化过程中 Auto-refresh 的次数 0~15:1~16 次
15:0	t_init	读/写	20000	SDRAM 上电后,输入信号稳定时间,在此之后才能对 SDRAM 发送命令

（4）SDRAM 控制寄存器（SCTLR）（表 5.86）

表 5.86　SDRAM 控制寄存器位段说明

位	命名	读/写	初始值	说明
31:17	未定义			保留
16:12	num_open_banks	读/写	3	SDRAM 内部块的开启数目 0~15:1~16 块
11	self_refresh_status	只读	0	表示 SDRAM 是否处于 Self-refresh 模式 1:SDRAM 处于 Self-refresh 模式
10	未定义			保留
9	set_mode_reg	读/写	0	置 1 使 MMC 刷新 SDRAM 内部的模式寄存器,当刷新完毕后,该位自动清 0
8:6	read_pipe	读/写	1	读路径上插入的寄存器的数目 0~7:0~7 个寄存器
5	full_refresh_after_sr	读/写	0	SDRAM 退出 Self-refresh 模式后的刷新方式 0:只刷新当前行;1:刷新所有行
4	full_refresh_before_sr	读/写	0	SDRAM 进入 Self-refresh 模式前的刷新方式 0:只刷新当前行;1:刷新所有行

位	命名	读/写	初始值	说 明
3	precharge_algorithm	读/写	1	precharge 模式 0:立即 precharge 模式,读/写操作后立即 precharge 1:延时 precharge 模式,读/写操作后不 precharge
2	power_down_mode	读/写	0	控制 SDRAM 进入 Power-down 工作模式
1	self_refresh	读/写	0	控制 SDRAM 进入 Self-refresh 工作模式
0	initialize	读/写	0	置1使 MMC 初始化 SDRAM,当初始化完毕后,该位自动清 0

(5)SDRAM 刷新寄存器(SREFR)(表5.87)。

表5.87　SDRAM 刷新寄存器位段说明

位	命名	读/写	初始值	说 明
31:16	未定义			保留
15:0	t_ref	读/写	195	相邻两次刷新之间的周期间隔

(6)片选寄存器 0/1(SCSLR0/ SCSLR1)。如表5.88 所示,用户可以通过这两个寄存器分别配置两块片选的基地址(基地址低 16 位固定为 16'h0)。

表5.88　片选寄存器 0/1 位段说明

位	命名	读/写	初始值	说 明
31:16	chip_select_register0	读/写	16'h0	片选 0 基地址的高 16 位
	chip_select_register1		16'h0800	片选 1 基地址的高 16 位
15:0	未定义			保留

(7)屏蔽寄存器 0/1(SMSKR0/ SMSKR1)。如表5.89 所示,用户可以通过这两个寄存器分别配置两块片选的类型、大小等。

表5.89　屏蔽寄存器 0/1 位段说明

位	命名	读/写	初始值	说 明
31:11	未定义			保留
10:8	reg_select	读/写	3'h0	片选使用的静态存储器时序寄存器(当片选类型为 SDRAM 时,这个字段无效) 0:静态时序寄存器 0 1:静态时序寄存器 1 2:静态时序寄存器 2
7:5	mem_type	读/写	3'h2 3'h0	片选所连的存储器类型 0:SDRAM;2:NOR Flash
4:0	mem_size	读/写	5'h4 5'hC	片选所连的存储器大小 0:无连接;1~17:215 + mem_size 字节

(8)静态存储器时序寄存器 0(SMTR_SET0)。如表5.90 所示,用户可以通过配置该寄存器

使 NOR Flash 的时序配置与片外 NOR Flash 的时序匹配。

表5.90　静态存储器时序寄存器0位段说明

位	命名	读/写	初始值	说　　明
31:30	未定义			保留
29:28	sm_read_pipe	读/写	2	读数据路径上插入的寄存器的数目
27:26	未定义			保留
25:24	page_size	读/写	0	片外 NOR Flash 页的大小 0:4 – word;1:8 – word; 2:16 – word;3:32 – word
23	page_mode	读/写	0	片外 NOR Flash 是否支持页模式 0:不支持页模式;1:支持页模式
22:19	t_prc	读/写	3	页模式读周期 0~15:1~16 个时钟周期
18:16	t_bta	读/写	4	在读写或者写读之间的空闲周期 0~7:0~7 个时钟周期
15:10	t_wp	读/写	5	写冲击宽度 0~63:1~64 个时钟周期
9:8	t_wr	读/写	1	写地址/写数据保持时间 0~3:0~3 个时钟周期
7:6	t_as	读/写	3	写地址建立时间 0~3:0~3 个时钟周期
5:0	t_rc	读/写	15	读周期 0~63:1~64 个时钟周期

(9) NOR Flash 时序寄存器(FLASH_TRPDR)(表 5.91)。

表5.91　NOR Flash 时序寄存器位段说明

位	命名	读/写	初始值	说　　明
31:12	未定义			保留
11:0	t_rpd	读/写	200	NORFlash 复位后到第一次读写的延时周期

(10) 静态存储器控制寄存器(SMCTLR)(表 5.92)。

表5.92　静态存储器控制寄存器位段说明

位	命名	读/写	初始值	说　　明
31:10	未定义			保留
9:7	sm_data_width_set0	读/写	3'b001	NORFlash 数据宽度 000:16 位;001:32 位;010:64 位; 011:128 位;100:8 位
6:2	未定义			保留
1	wp_n	读/写	0	NORFlash 写保护模式
0	sm_rp_n	读/写	1	NORFlash Power-down 模式 0:进入 Power-down 模式 1:退出 Power-down 模式

3)操作流程

本节将简要介绍 CK5A6 MCU 的软件编程中对片外 NOR Flash 和 SDR SDRAM 的操作流程。

不同型号的片外 NOR Flash 可能会有不同的配置(数据宽度、页大小等)、时序要求和操作命令,对片外 NOR Flash 的操作主要包括读操作、擦除操作、写操作等。

(1)读片外 NOR Flash。

步骤1　配置 MMC 中相关寄存器,使它们与 CK5A6 MCU 连接的片外 NOR Flash 匹配。

步骤2　通过处理器 load 指令或配置 DMA 控制器从片外 NOR Flash 中读取数据。

(2)擦除片外 NOR Flash。

步骤1　配置 MMC 中相关寄存器,使它们与 CK5A6 MCU 连接的片外 NOR Flash 匹配。

步骤2　通过处理器向片外 NOR Flash 发送擦除操作命令。

步骤3　通过延时或查询相关地址的方式等待擦除操作完成。

(3)写片外 NOR Flash。

步骤1　配置 MMC 中相关寄存器,使它们与 CK5A6 MCU 连接的片外 NOR Flash 匹配。

步骤2　通过处理器向片外 NOR Flash 发送写操作命令。

步骤3　通过延时或查询相关地址的方式等待写操作完成。

不同型号的片外 SDR SDRAM 可能会有不同的配置(数据线宽度、行地址宽度等)和时序要求,对片外 SDR SDRAM 的操作主要包括读写操作、进出 Self-refresh 模式、进出 Power-down 模式等。

(4)读写片外 SDR SDRAM。

步骤1　配置 MMC 中相关寄存器,使它们与 CK5A6 MCU 连接的片外 SDR SDRAM 匹配。

步骤2　通过处理器 load/store 指令或配置 DMA 控制器对片外 SDR SDRAM 进行读/写操作。

(5)控制 SDR SDRAM 进出 Self-refresh 模式。在 Self-refresh 模式中,MMC 输入到片外 SDR SDRAM 的时钟使能信号被置无效。在该模式中,SDR SDRAM 不需进行 Auto-refresh,对 SDR SDRAM 的读写操作无效。

步骤1　配置 MMC 中相关寄存器,使它们与 CK5A6 MCU 连接的片外 SDR SDRAM 匹配。

步骤2　配置 SCTLR[5:4],选择进入 Self-refresh 前和退出 Self-refresh 后的 refresh 方式。

步骤3　配置 SCTLR[1] 为 1,控制 MMC 向片外 SDR SDRAM 发送进入 Self-refresh 模式的命令。

步骤4　等待并查询 SCTLR[11],直到该位为 1,说明片外 SDR SDRAM 已进入 Self-refresh 模式。

步骤5　配置 SCTLR[1] 为 0,控制 MMC 向片外 SDR SDRAM 发送退出 Self-refresh 模式的命令。

步骤6　等待并查询 SCTLR[11],直到该位为 0,说明片外 SDR SDRAM 已退出 Self-refresh 模式。

(6)控制 SDR SDRAM 进出 Power-down 模式。在 Power-down 模式中,MMC 输入到片外 SDR SDRAM 的时钟使能信号被置无效,但当 SDR SDRAM 需要 Auto-refresh 或用户对其发起读写操作时,MMC 会将时钟使能信号置有效,等到当前的 Auto-refresh 或读写操作完成后,重新将时钟使能信号置无效。

步骤1　配置 MMC 中相关寄存器,使它们与 CK5A6 MCU 连接的片外 SDR SDRAM 匹配。

步骤 2 配置 SCTLR[2]为 1,控制 MMC 向片外 SDR SDRAM 发送进入 Power-down 模式的命令。

步骤 3 片外 SDR SDRAM 处于 Power-down 模式。配置 SCTLR[2]为 0,控制 MMC 向片外 SDR SDRAM 发送退出 Power-down 模式的命令。片外 SDR SDRAM 退出 Power-down 模式。

4)应用实例

CK5A6 MCU 使片外 SDR SDRAM 进入 Power-down 模式,在该模式下对其进行写操作,然后使其退出 Power-down 模式并校验数据的汇编代码实例如下所示:

行数	代码	注释
0	SET_SDR_IN_PD:	
1	LRW R1, _MMC_BADDR	
2	LD R2, (R1, 0xC)	
3	OR R2, 0x4	
4	ST R2, (R1, 0xC)	// 配置 SCTLR[2] = 1,使 SDR SDRAM 进入 Power – down 模式
5	WRITE_DATA:	// 在 SDR SDRAM 的 Power-down 模式下,对 SDRSDRAM 进行写操作
6	LRW R3, _SDR_ADDR	// 设置 SDR SDRAM 写操作的地址
7	LRW R4, 0x11223344	// 设置 SDR SDRAM 写操作的数据
8	LRW R5, 0x55667788	
9	LRW R6, 0x99AABBCC	
10	LRW R7, 0xDDEEFF00	
11	STQ R4 – R7, (R3)	// 向 SDR SDRAM 写四个 Word
12	SET_SDR_OUT_PD:	
13	LD R2, (R1, 0xC)	
14	AND R2, 0xFFFFFFFB	
15	ST R2, (R1, 0xC)	// 配置 SCTLR[2] = 0,使 SDR SDRAM 退出 Power-down 模式
16	READ_DATA:	// 在 SDR SDRAM 退出 Power-down 模式后对 SDR SDRAM 进行读操作
17	LRW R4, 0x0	// 对 R4 ~ R7 清零
18	LRW R5, 0x0	
19	LRW R6, 0x0	
20	LRW R7, 0x0	
21	LRW R3, _SDR_ADDR	// 设置 SDR SDRAM 读操作的地址
22	LDQ R4 – R7, (R3)	// 将写入 SDR SDRAM 的四个 Word 读出
23	CHECK_DATA:	
24	LRW R8, 0x11223344	// 设置 SDR SDRAM 校验的参考数据
25	LRW R9, 0x55667788	
26	LRW R10, 0x99AABBCC	
27	LRW R11, 0xDDEEFF00	
28	CMPNE R4, R8	// 校验第一个 Word
29	BT TEST_ERROR	// 校验失败
30	CMPNE R5, R9	// 校验第二个 Word
31	BT TEST_ERROR	// 校验失败
32	CMPNE R6, R10	// 校验第三个 Word

33	BT TEST_ERROR	// 校验失败
34	CMPNE R7，R11	// 校验第四个 Word
35	BT TEST_ERROR	// 校验失败
36	BR SUCCESS	// 校验成功

3. NAND Flash 控制器

1）功能概述

NAND Flash 具有高速，大容量，价格便宜，功耗低，体积小等特点，在新的系统设计中得到广泛的应用。但 NAND Flash 的架构相对于一般的存储器有很大的不同，需要根据 NAND Flash 特点设计专门的控制器。CK5A6 MCU 的 NAND Flash 控制器 NFC 为用户提供了 RAM 接口，使用户能够很方便地方便对 NAND Flash 进行操作，它的架构如图 5.29 所示。

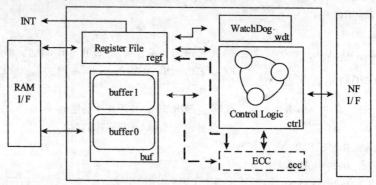

图 5.29　NAND Flash 控制器整体架构

NFC 由控制逻辑、寄存器单元、数据缓存、watchdog 定时器和 ECC 校验模块组成。ECC 单元能够定位 1 比特的错误，在不需要 ECC 单元时用户可以通过配置寄存器把它关闭。CK5A6 MCU 的 NAND Flash 控制器具备以下的特点：

（1）兼容 AHB2.0 slave 总线接口；

（2）支持随机访问数据 buffer，数据 buffer 的有效大小与连接的 NAND Flash 的大小相同；

（3）同时支持页面大小为 2KB 和 512 KB 的 NAND Flash；

（4）支持 ONFI NAND Flash 器件，实现基本的命令集；

（5）可配置的地址时钟锁存周期；

（6）ECC 校验，能够定位 1 比特错误，可以通过软件关闭 ECC 校验；

（7）IO 端口宽度为 16，但能够用软件配置成 8 位有效；

（8）工作频率为 100MHz。

2）寄存器说明

CK5A6 MCU 的 NAND Flash 控制器使用 14 位地址线访问寄存器和数据缓存器。CK5A6 MCU 的 NFC 地址空间分配如下：

寄存器——14'b00_0000_0000_0000 ～ 14'b00_1111_1111_1111；

数据缓存器 0——14'b01_0000_0000_0000 ～ 14'b01_1000_0111_1111；

数据缓存器 1——14'b10_0000_0000_0000 ～ 14'b10_1000_0111_1111。

表 5.93 给出了 CK5A6 MCU 的 NFC 中所有控制和状态寄存器的地址映射与相关功能的描述。

表 5.93　NAND Flash 控制器的寄存器地址映射与功能描述

地址偏移	寄存器	读/写	说　明
NFC 功能寄存器			
0x0	NFC_EN	读/写	NAND Flash 控制器使能
0x4	IMASK	读/写	中断屏蔽寄存器
NFC 参数寄存器			
0x8	DEVICE_CFG	RW	器件配置寄存器
0xC	IDR	R	NAND Flash ID 寄存器
NFC 控制和状态寄存器			
0x10	COLAR	RW	列地址寄存器
0x14	ROWAR	RW	行地址寄存器
0x18	CMDR	RW	命令寄存器
0x1C	SR	RW	状态寄存器
0x20	ECC_CODE1	R	第一个 1024 比特的 24 位 ECC 码
0x24	ECC_CODE2	R	第二个 1024 比特的 24 位 ECC 码
0x28	WPR	RW	写保护寄存器
0x2C	TIMOUT	RW	最大操作时间寄存器

　　由于用户通过配置 NFC 的控制寄存器来对 NAND Flash 进行操作,同时通过访问相应的寄存器来对操作成功与否进行判断。表 5.94 ~ 表 5.105 将分别对各个寄存器做详细的说明。

　　(1)NFC 使能寄存器(MODER)。

表 5.94　NFC 使能寄存器的功能描述

位	读/写	初始值	说　明
31:3	读	29'b0	保留
2	读/写	1'b1	用来开启 ECC 模块 1:ECC 使能;0:ECC 校验禁止
1	读/写	1'b0	中断使能位 1:中断禁止;0:中断使能
0	读/写	1'b1	1:NFC 使能;0:NFC 禁止 当 NAND Flash 控制被关闭时,用户将不能对 NAND Flash 发起人和操作,但是对 NFC 的寄存器和数据缓存的操作时允许的

　　(2)中断屏蔽寄存器(IMASK)。

表 5.95　NFC 中断屏蔽寄存器(IMASK)的描述

位	读/写	初始值	说　明
31:2	读	30'b0	保留
1	读/写	1'b0	1:屏蔽 ECC 错误中断;0:允许 ECC 错误中断
0	读/写	1'b0	1:屏蔽 NAND Flash 操作完成中断 0:允许 NAND Flash 操作完成中断

（3）器件参数配置寄存器（DEVICE_COF）。

表 5.96　NFC 器件参数配置寄存器的描述

位	读/写	初始值	说　明
31:20	读	12'0	保留
19	读/写	1'b0	0:使用一个时钟命令 00h 进行 NAND Flash 读操作 1:是用两个时钟命令 00h 和 30h 进行 NAND Flash 读操作
18:16	读/写	3'b0	保留
15:14	读/写	2'b0	保留
13:12	读/写	2'b10	行地址锁存周期
11:10	读	2'b0	保留
9:8	读/写	2'b11	列地址锁存周期
7	读/写	1'b1	I/O 宽度 1:x16；0:x8
6~5	读	2'b0	保留
4	读/写	1'b1	NAND Flash 页宽度 1:512B/页；0:2KB/页
3~0	读/写	4'h1	NAND Flash 大小 4'b0000:1G；4'b0001:2G

（4）NAND Flash ID 寄存器（IDR）。

表 5.97　NAND Flash ID 寄存器的描述

位	读/写	初始值	说　明
31-0	WR	32'b0	保存读 NAND Flash ID 操作的结果

（5）列地址寄存器（COLAR）。

表 5.98　列地址寄存器的描述

位	读/写	初始值	说　明
31~12	读	20'b0	保留
11~0	读/写	12'b0	列地址表示当前操作对象在当前页中的起始地址。 NAND Flash 的页大小为 512B 时,该寄存器被固定为 0x0,即不支持页大小为 512B 的 NAND Flash 的部分读; 当页大小为 2KB 时,需要 12 位来表示列地址,7~0 位在第一个列地址时钟周期被发送到 NAND Flash,11~4 位在第二个列地址时钟周期被发送到 NAND Flash

（6）行地址寄存器（ROWAR）。

表 5.99　行地址寄存器的描述

位	读/写	初始值	说　明
31~0	读/写	32'b0	行地址用来索引当前操作的页; 7~0 位在第一个行地址时钟发送到 NAND Flash 的寄存器; 15~8 位在第二个行地址时钟发送到 NAND Flash 的寄存器; 23~16 位和 31~24 位分别在第三第四个行地址时钟发送到 NAND Flash 的寄存器

（7）命令寄存器（CMDR）。

表 5.100　命令寄存器的描述

位	读/写	初始值	说　明
3~0	读/写	4'b0	表示当前操作,用户通过配置寄存器3~0发起对 NAND Flash 的操作。 0x0:读页(read page);0x6:擦出块(erase block) 0x7:读当前状态(read status);0x8:写页(program page) 0x9:读ID(read id) 0xE:读 NAND Flash 的参数(read parameter page) 0xF:复位(reset)
5~4	读	2'b0	保留
6	读/写	1'b0	数据缓存选取位,如果当前操作是写操作,则选中的缓存中的数据被写到 NAND Flash 中,如果当前操作时读操作,则从 NAND Flash 中读取的数据被存入选中的缓存中。 1:数据缓存1被选中;0:数据缓存0被选中
31~7	读	25'b0	保留

（8）状态寄存器（SR）。

表 5.101　状态寄存器的描述

位	读/写	初始值	说　明
0	读/写	1'b0	NAND Flash 控制器的状态。 1:NFC 正在执行操作;0:NFC 空闲 NOTE: 向该位写1'b1能够清除状态和中断
1	读	1'b0	NAND Flash 的状态。 读 NAND Flash 状态操作的返回结果最后一位被保存在该位中,它表示对 NAND Flash 的上一次操作是否成功 1:失败;0:成功
9~2	读	8'b0	ecc 校验的状态 3~2,5~4,7~6,9~8位分别表示当前所读页的第一,第二,第三,第四个512B数据的状态 2'b00:无错误;2'b01:1 比特错误 2'b10:1 比特以上错误;2'b11:保留
10	读	1'b0	该位表示操作是否超过最大时限 1:当前操作超过了最大实现;0:当前操作正常
31:11	读	22'b0	保留

（9）ECC 校验码寄存器1（ECC_CODE1）。

表 5.102　ECC 校验码寄存器1的描述

位	读/写	初始值	说　明
31~24	读	8'b0	保留
23~12	读	12'b0	第二个512B数据的 ECC 校验码
11~0	读	12'b0	第一个512B数据的 ECC 校验码

（10）ECC 校验码寄存器 2（ECC_CODE2）。

表 5.103　ECC 校验码寄存器 1 的描述

位	读/写	初始值	说　　明
31～24	读	8'b0	保留
23～12	读	12'b0	第四个 512 B 数据的 ECC 校验码
11～0	读	12'b0	第三个 512 B 数据的 ECC 校验码

（11）写保护寄存器（WPR）

表 5.104　写保护寄存器的描述

位	读/写	初始值	说　　明
31～1	读	31'b0	保留
0	读/写	1'b0	1：对 NAND Flash 的写操作无效；0：无保护

（12）最大操作时间寄存器（TIMOUT）

表 5.105　最大操作时间寄存器的描述

位	读/写	初始值	说　　明
31～0	读/写	32'hFFFFFFF	当前操作允许的最大响应时间

3）操作说明

本节将简要介绍 CK5A6 MCU 系统的软件编程中常用的 NFC 的主要功能与操作流程。

NFC 主要支持以下的操作：存储数据到 NAND Flash 页；从 NAND Flash 中读取数据；擦除 NAND Flash 一个 block 的数据；读 NAND Flash 的状态；读 NAND Flash 的参数；读 NAND Flash 的 ID 号。

以下将详细介绍 NAND Flash 的常用操作步骤，以及对于操作错误的检验。

（1）NFC 的一般编程步骤。对 NAND Flash 的操作与 NAND Flash 的类型密切相关，所以对 NAND Flash 进行操作之前先要对 NAND Flash 器件的型号有所了解。如果所选用的 NAND Flash 符合 ONFI 标准，可采用以下步骤对 NAND Flash 进行操作：

步骤 1　使能 NFC，读取 NAND Flash 的参数信息。

步骤 2　通过寄存器 DEVICE_COF 配置 NAND Flash 的信息。

步骤 3　配置命令寄存器 CMDR 进行对应操作。

步骤 4　通过查询状态寄存器 SR 或中断等待操作的完成。

步骤 5　通过读状态操作查看上一次操作是否正确。

（2）存储数据到 NAND Flash。对页大小为 512B，端口宽度为 8 比特的 NAND Flash 写操作的步骤如下：

步骤 1　配置 DEVICE_COF 寄存器。

步骤 2　配置 NFC_EN 寄存器，使能 ECC 和 NFC。

步骤 3　向往数据缓存 0 中写入 512B 的目标数据。

步骤 4　配置行地址寄存器（ROWAR），给出页目标地址。

步骤 5　配置 CMDR 寄存器为 0x8，表示写操作。

步骤 6　读取 SR 寄存器，判断操作是否完成，当操作完成时，检查 ECC 校验是否正确以及操作是否超出最大时间。

步骤7　配置 CMDR 寄存器为 0x7,读 NAND Flash 的状态。

步骤8　读取 SR 寄存器,判断读状态操作是否完成,当操作完成时,通过判断 SR[1] 比特查询上一次对 NAND Flash 的操作是否正确。

（3）从 NAND Flash 中断读取数据。对页大小为 512B,端口宽度为 8 比特的 NAND Flash 读操作的步骤如下：

步骤1　配置 DEVICE_COF 寄存器。

步骤2　配置 NFC_EN 寄存器,使能 ECC 和 NFC。

步骤3　配置行地址寄存器(ROWAR),给出读取页目标地址。

步骤4　配置 CMDR 寄存器为 0x0,表示读操作,读入的数据存入数据缓存 0。

步骤5　通过读取寄存器 SR,判断读操作是否成功完成。

步骤6　从数据缓存 0 中读取相应的数据。

（4）擦除块。对页大小为 512B,端口宽度为 8 比特的 NAND Flash 擦除块操作的步骤如下：

步骤1　配置 DEVICE_COF 寄存器。

步骤2　配置 NFC_EN 寄存器,使能 NFC。

步骤3　配置 ROWAD 寄存器,给出擦除块的目标地址。

步骤4　通过读取状态寄存器 SR,判断读操作是否完成。

步骤5　发送一个读状态操作查看擦除块操作是否成功完成。

（5）ECC 校验错误。通过读取状态寄存器的 SR[9:2],可以判断在读数据过程中是否有错误发生。如果有一个比特的错误发生,用户可以通过从 ECC_CODE1 或 ECC_CODE2 寄存器中读取对应数据的 ECC 码来定位错误并进行修改,但如果有多位错误发生,这个错误是不可恢复的,用户需要重新进行读操作。

（6）NFC 操作超过最大时限错误。SR[10] 为 1 表示 NFC 不能在一定的时间内完成相应的操作。在 NFC 超过最大工作时间后,NFC 将自动关闭,如果用户还要对 NFC 发起操作,必须重新使能 NFC。

对页大小为 2KB 的 NAND falsh 的操作与 512B 的基本相同,用户可以参考对 512B 的 NAND Flash 的操作来完成对页大小为 2KB 页大小的 NAND Flash 的相应操作。

4）应用实例

基于 NAND Flash 控制器 NFC 的 NAND Flash 写实例如下：

行数	代码	注释
0	DEVICE_COF:	
1	LRW R1,0x81311	
2	LRW R2,_REG_BADDR + 0x8	// 配置 DEVICE_COF 寄存器,设置行地址
3	ST. W R1,(R2,0)	//位 3 个时钟,列地址为一个时钟
4	NFC_EN:	
5	LRW R1,0x3	
6	LRW R2,_REG_BADDR	
7	ST. W R1,(R2,0)	//使能 NFC,关闭 ECC 和中断
8	WR_BUF0:	// 存储数据到 NFC 的数据存取 0
9	LRW R1,_BUF0_BADDR	
10	LRW R2,_BUF0_BADDR + 0x210	

11	LRW R3,0x12345678	
12	WR_LOOP:	
13	ST. W R3,(R1,0)	
14	ADDI R1,4	
15	ADDI R3,1	
16	CMPNE R1,R2	
17	BT WR_LOOP	
18	ADDR_CONF:	//配置行地址寄存器,数据写到第二块的第二页
19	LRW R4,0x0040	
20	LRW R5,_REG_BADDR+0x14	
21	ST. W R4,(R5,0)	
22	CMDR_COF:	// 配置CMDR寄存器,发送写操作命令
23	LRW R6,0x8	
24	LRW R7,_REG_BADDR+0x18	
25	ST. W R6,(R7,0)	
26	WAIT_CPM:	//等待操作完成
27	LRW R11,_REG_BADDR+0x1C	
28	LD. W R12,(R11,0)	
29	CMPNEI R12,0x0	
30	BT WAIT_CMP	
31	BR SUCCESS	

4. SDIO 控制器

1)功能概述

CK5A6 MCU 的 SDIO 主控制器是介于片上总线和 SD 卡接口之间的接口设备,如图 5.30 所示,是按照安全数字卡联盟的 SD 卡主控制器物理层标准规格文件设计的,主要作用是完成总线和 SD 卡设备之间的物理层接口和命令协议交换。

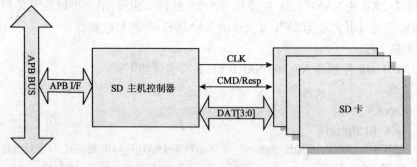

图 5.30 SDIO 主控制器连接

SDIO 主控制器的内部结构主要包括 APB 总线接口模块,SD 接口模块,时钟控制模块,命令控制模块,数据控制模块,发送接收缓冲器和寄存器组等模块,如图 5.31 所示,主要处理 SD 标准协议规定的物理传输层时序、数据打包、处理 CRC 校验、开始结束位以及检查传输格式正确性等功能。

SDIO 主控制器支持 CK5A6 MCU 通过 AMBA 的 APB 总线访问内部寄存器和数据收发,同时支持独立 DMA 数据传输方式。

CK5A6 MCU 的 SD 主控制器具备以下特点:

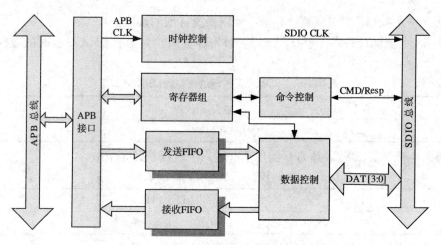

图 5.31　SDIO 主控制器主要组成模块

（1）适应 SD 卡主控制器标准协议 2.00 版；

（2）适应 SD 卡存储器物理层标准协议 2.00 版；

（3）支持 SD 卡插入、拔出监测；

（4）支持 DMA 和非 DMA 方式传输；

（5）符合 APB 总线从设备标准，支持 1 比特和 4 比特 SD 传输模式；

（6）主控制器时钟可变范围为 0 ~ 25MHz；

（7）支持对 SD 卡存储设备的多块读写；

（8）命令 CRC7 校验，数据 CRC16 校验；

（9）最高传输速率为 50Mbit/s；

（10）兼容 MMC 标准。

2）寄存器说明

表 5.106　标准 SDIO 主控制器寄存器映射

地址偏移	说　明	地址偏移	说　明
00h	SDMA 系统地址（SDMASA）（高）	34h	电源配置寄存器（PC）
04h	块大小寄存器（BS）	38h	块空隙控制寄存器（BGC）
08h	块计数寄存器（BC）	3Ch	唤醒控制寄存器（WC）
0Ch	参数寄存器（A）	40h	时钟控制寄存器（CC）
10h	传输模式寄存器（TM）	44h	超时控制寄存器（TC）
14h	命令寄存器（C）	48h	软件复位寄存器（SR）
18h	回复寄存器 0（R0）	4Ch	正常中断状态寄存器（NIS）
1Ch	回复寄存器 1（R1）	50h	错误中断状态寄存器（EIS）
20h	回复寄存器 2（R2）	54h	正常中断状态使能寄存器（NISTE）
24h	回复寄存器 3（R3）	58h	错误中断状态使能寄存器（EISTE）
28h	缓冲数据端口（BDP）	5Ch	正常中断信号使能寄存器（NISGE）
2Ch	当前状态寄存器（PS）	60h	错误中断信号使能寄存器（EISGE）
30h	主控制寄存器（HC）		

表 5.107 ~ 表 5.127 将对主要的几个寄存器做更详细的说明。

（1）SDMA 系统地址寄存器（SDMASA）。该寄存器内容为用于 DMA 传输时的数据的物理系统地址。

表 5.107　SDMA 系统地址寄存器（SDMASA）

D31	D00
SDMA 系统地址	

（2）块大小寄存器（BS）。该寄存器用于配置每个数据块的字节数。

表 5.108　块大小寄存器（BS）

D15	D14	D12	D11	D00
预留	主 SDMA 缓冲边界		传输块大小	

（3）块计数寄存器（BC）。该寄存器用于配置数据块的个数。

表 5.109　块计数寄存器（BC）

D15	D00
当前传输的块计数	

（4）参数寄存器（A）。该寄存器内容为 SD 命令包含的参数。

表 5.110　参数寄存器（A0 – A1）

D31	D00
命令参数	

（5）传输模式寄存器（TM）。该寄存器用于控制数据传输操作。主控制器的驱动程序必须在发起或重启数据传输命令前配置该寄存器，并且在数据传输被暂时挂起时保存该配置以便在重启数据传输时恢复配置。为防止数据丢失，主控制器在数据传输过程中必须禁止对该寄存器的写入。

表 5.111　传输模式寄存器（TM）

D15 D06	D05	D04	D03	D02	D01	D00
预留	多/单块选择	数据传输的方向选择	预留	自动命令12 使能	块计数使能	DMA 使能

（6）命令寄存器（C）。该寄存器内容为主控制器对 SD 卡发送的命令，一旦写入该寄存器将触发主控制向 SD 发送相应命令。

表 5.112　命令寄存器（C）

D15 D14	D13 D08	D07 D06	D05	D04	D03	D02	D01 D00
预留	命令索引	命令类型	数据发送选择	检测使能命令索引	命令 CRC检测使能	预留	回复类型选择

（7）回复寄存器（R0 ~ R3）。该寄存器存储来自 SD 卡的命令响应信息。

表 5.113　回复寄存器（R0 ~ R6）

地址	位宽/bit	说　明
偏移 010h	32	命令回复 0 ~ 31

地址	位宽/bit	说　　明
偏移 014h	32	命令回复 32~63
偏移 018h	32	命令回复 64~95
偏移 01Ch	32	命令回复 96~127

（8）缓冲数据端口寄存器（BDP）。该寄存器为访问内部数据缓冲器的 32 位数据口。

表 5.114　缓冲数据端口寄存器（BDP0~BDP1）

D31	D00
缓冲数据	

（9）主控制寄存器（HC）。该寄存器为主控制器本身的一些配置信息。

表 5.115　主控制寄存器（HC）

D07	D06	D05	D04 D03	D02	D01	D00
卡检测信号选择	卡检测测试级别	扩展数据传输宽度	DMA 选择	高速使能	数据传输宽度	LED 控制

（10）电源配置寄存器（PC）。该寄存器为主控制器电源配置信息。

表 5.116　电源配置寄存器（PC）

D07　　　　　　D04	D03　　　　　　　　　　D01	D00
预留	SD 总线电源选择	SD 总线功率

（11）块空隙控制寄存器（BGC）。该寄存器为数据块传输空隙相应操作的控制信息。

表 5.117　块空隙控制寄存器（BGC）

D07　　　D04	D03	D02	D01	D00
预留	在块空隙中断	读等控制	继续请求	在块间隙请求停止

（12）唤醒控制寄存器（WC）。该寄存器为主控制器休眠唤醒控制信息。

表 5.118　唤醒控制寄存器（WC）

D07　　　D03	D02	D01	D00
预留	当 SD 卡移出时唤醒事件使能	当 SD 卡插入时唤醒事件使能	当 SD 卡中断时唤醒事件使能

（13）时钟控制寄存器（CC）。该寄存器为主控制器对 SD 时钟频率控制信息。

表 5.119　时钟控制寄存器（CC）

D15　　　　D08	D07　　　D03	D02	D01	D00
SD 时钟频率选择	预留	SD 时钟使能	内部时钟稳定	内部时钟使能

（14）超时控制寄存器（TC）。该寄存器为传输超时信息配置。

表 5.120　超时控制寄存器（TC）

D07　　　　　　　　　　D04	D03　　　　　　　　　　　　　　　　D00
预留	数据超时计数值

（15）软件复位寄存器（SR）。当驱动程序在该驱动器相应位写 1 时，触发相应复位操作。复

位操作完成后,主控制器对相应位自动清零,驱动程序通过查询清零,确认相应复位操作完成。

表5.121　软件复位寄存器(SR)

D07　　　　　　　　D03	D02	D01	D00
预留	数据线软件复位	命令线软件复位	所有软件复位

(16)正常中断寄存器(NIS、NISTE、NISGE)。正常中断状态寄存器(NIS),正常中断状态使能寄存器(NISTE),正常中断信号使能寄存器(NISGE)三个寄存器需配合使用,以控制正常中断的产生,如表5.122～表5.124所示。

表5.122　正常中断状态寄存器(NIS)

位	说　明	位	说　明
D15	错误中断	D04	写缓冲准备好
D14～D09	预留	D03	DMA中断
D08	卡中断	D02	块间隙事件
D07	卡移出	D01	传输完成
D06	卡插入	D00	命令完成
D05	读缓冲准备好		

表5.123　正常中断状态使能寄存器(NISTE)

位	说　明	位	说　明
D15	固定为0	D04	写缓冲准备好状态使能
D14～D09	预留	D03	DMA中断状态使能
D08	卡中断状态使能	D02	块间隙事件状态使能
D07	卡请求状态使能	D01	传输完成状态使能
D06	卡插入状态使能	D00	命令完成状态使能
D05	读缓冲准备好状态使能		

表5.124　正常中断信号使能寄存器(NISGE)

位	说　明	位	说　明
D15	固定为0	D04	写缓冲准备好信号使能
D14～D09	预留	D03	DMA中断信号使能
D08	卡中断信号使能	D02	块间隙事件信号使能
D07	卡请求信号使能	D01	传输完成信号使能
D06	卡插入信号使能	D00	命令完成信号使能
D05	读缓冲准备好信号使能		

(17)错误中断寄存器(EIS、EISTE、EISGE)。错误中断状态寄存器(EIS),错误中断状态使能寄存器(EISTE),错误中断信号使能寄存器(EISGE)三个寄存器需配合使用,以控制错误中断的产生,如表5.125～表5.127所示。

表5.125 错误中断状态寄存器(EIS)

位	说　明	位	说　明
D15 ~ D12	供应商特有状态错误	D05	数据 CRC 校验错误
D11 ~ D10	预留	D04	数据超时错误
D09	ADMA 错误	D03	命令号索引错误
D08	自动命令 12 错误	D02	命令结束比特错误
D07	供电错误	D01	命令 CRC 校验错误
D06	数据结束比特错误	D00	命令超时错误

表5.126 错误中断状态使能寄存器(EISTE)

位	说　明	位	说　明
D15 ~ D12	供应商特有状态错误使能	D05	数据 CRC 校验错误使能
D11 ~ D10	预留	D04	数据超时错误使能
D09	ADMA 错误使能	D03	命令号索引错误使能
D08	自动命令 12 错误使能	D02	命令结束比特错误使能
D07	供电错误使能	D01	命令 CRC 校验错误使能
D06	数据结束比特错误使能	D00	命令超时错误使能

表5.127 错误中断信号使能寄存器(EISGE)

位	说　明	位	说　明
D15 ~ D12	供应商特有状态错误信号使能	D05	数据 CRC 校验错误信号使能
D11 ~ D10	预留	D04	数据超时错误信号使能
D09	ADMA 错误信号使能	D03	命令号索引错误信号使能
D08	自动命令 12 错误信号使能	D02	命令结束比特错误信号使能
D07	供电错误信号使能	D01	命令 CRC 校验错误信号使能
D06	数据结束比特错误信号使能	D00	命令超时错误信号使能

另外,还有一些其他寄存器,这里不做具体介绍,有兴趣的读者可以从主控制器参考设计标准协议中查找。

3)操作说明

本节将简要介绍 CK5A6 MCU 系统的软件编程中常用的 SDIO 主控制器的操作流程。

SD 数据传输根据传输块的数量可分为三种形式。

(1)单块传输。主控制器定义的传输块数量在传输前是确定的,而且为 1。

(2)多块传输。主控制器定义的传输块数量是传输前确定的,可以为 1,也可以大于 1。

(3)无限块传输。主控制器定义的传输块数量在传输前是不确定的,传输过程中通过停止命令来终止传输。

SD 主控制器的数据传输根据发起方的不同可分为非 DMA 模式,DMA 模式和 ADMA 模式。

A. 非 DMA 模式的数据传输的操作步骤

步骤 1　在 Block Size 寄存器中设置每个数据传输块的字节长度。

步骤 2　在 Block Count 寄存器中设置传输块的个数。

步骤3　在 Argument 寄存器中设置传输命令的参数。

步骤4　在 Data Transfer Mode 寄存器中设置单块、多块选择、块计数使能、传输方向等寄存器位。

步骤5　在 Command 寄存器中设置产生的命令;一旦写入该寄存器,SD 命令即被发送出去。

步骤6　等待命令传输完成中断。

步骤7　写1到 Normal Interrupt Status 寄存器的命令完成位,清除命令传输完成中断。

步骤8　读取 Response 寄存器,得到必要的命令响应信息。

步骤9　如果是对卡的写操作,则转向步骤10,如果是对卡的读操作,则转向步骤14。

步骤10　等待写缓冲准备中断。

步骤11　写1到 Normal Interrupt Status 寄存器得写缓冲准备状态位,清除写缓冲准备中断。

步骤12　写块数据到 Buffer Data Port 寄存器。

步骤13　重复直到所有块数据都被发送,转向步骤18。

步骤14　等待读缓冲准备中断。

步骤15　写1到 Normal Interrupt Status 寄存器得读缓冲准备状态位,清除读缓冲准备中断。

步骤16　读块数据到 Buffer Data Port 寄存器。

步骤17　重复直到所有块数据都被接收,转向步骤18。

步骤18　如果是单块或多块的数据传输,转向步骤19,如果是非确定数量的块传输,转向步骤21。

步骤19　等待传输完成中断。

步骤20　写1到 Normal Interrupt Status 寄存器的传输完成位,清除传输完成中断。

步骤21　执行终止传输操作。

B. DMA 模式数据传输的操作步骤

步骤1　在 System Address 寄存器中设置 DMA 所要传输数据的系统地址。

步骤2　在 Block Size 寄存器中设置每个数据传输块的字节长度。

步骤3　在 Block Count 寄存器中设置传输块的个数。

步骤4　在 Argument 寄存器中设置传输命令的参数。

步骤5　在 Data Transfer Mode 寄存器中设置单块、多块选择、块计数使能、传输方向等寄存器位。

步骤6　在 Command 寄存器中设置产生的命令;一旦写入该寄存器,SD 命令即被发送出去。

步骤7　等待命令传输完成中断。

步骤8　写1到 Normal Interrupt Status 寄存器的命令完成位,清除命令传输完成中断。

步骤9　读取 Response 寄存器,得到必要的命令响应信息。

步骤10　等待传输完成中断和 DMA 中断。

步骤11　如果传输完成中断为1,则转向步骤14,如果 DMA 中断为1,则转向步骤12,传输完成中断优先级高于 DMA 中断。

步骤12　写1到 Normal Interrupt Status 寄存器的 DMA 中断位,清除 DMA 中断。

步骤13　在 System Address 寄存器中设置下一个 DMA 所要传输数据的系统地址,转向步骤10。

步骤14　写1到 Normal Interrupt Status 寄存器的传输完成中断位和 DMA 中断位,清除传输完成中断和 DMA 中断。

C. ADMA 模式数据传输的操作步骤

步骤 1　建立 ADMA 系统地址的描述表。

步骤 2　在 System Address 寄存器中设置 ADMA 所要传输数据的描述表地址。

步骤 3　在 Block Size 寄存器中设置每个数据传输块的字节长度。

步骤 4　在 Block Count 寄存器中设置传输块的个数。

步骤 5　在 Argument 寄存器中设置传输命令的参数。

步骤 6　在 Data Transfer Mode 寄存器中设置单块、多块选择、块计数使能、传输方向等寄存器位。

步骤 7　在 Command 寄存器中设置产生的命令；一旦写入该寄存器，SD 命令即被发送出去。

步骤 8　等待命令传输完成中断。

步骤 9　写 1 到 Normal Interrupt Status 寄存器的命令完成位，清除命令传输完成中断。

步骤 10　读取 Response 寄存器，得到必要的命令响应信息。

步骤 11　等待传输完成中断和 ADMA 错误中断。

步骤 12　如果传输完成中断为 1，则转向步骤 13，如果 ADMA 错误中断为 1，则转向步骤 14。

步骤 13　写 1 到 Normal Interrupt Status 寄存器的传输完成中断位，清除传输完成中断。

步骤 14　写 1 到 Normal Interrupt Status 寄存器的 ADMA 错误中断位，清除 ADMA 错误中断。

步骤 15　执行终止 ADMA 操作，SD 卡操作也要用终止命令终止。

D. 终止数据传输操作

在两种情况下，主控制器可以通过发送 CMD12 命令来终止 SD 卡的传输过程。一种情况是，终止非确定数据块的传输操作，另一种情况是，在多块传输过程中，提前终止数据块的传输操作。

终止数据传输操作分为同步和异步两种方式。异步方式是只要在命令线空闲的状态下，随时可以发送终止命令终止传输，操作过程简单。

同步方式则需要在块与块传输的空隙来终止传输，操作过程稍有不同，如下所示：

步骤 1　在 Block Gap Control 寄存器中设置 Stop At Block Gap Request 位为 1 终止传输。

步骤 2　等待传输完成中断。

步骤 3　写 1 到 Normal Interrupt Status 寄存器的传输完成中断位，清除传输完成中断。

步骤 4　发送终止传输命令（CMD12 或者是 CMD52）。

步骤 5　在 Software Reset 寄存器中设置 DAT 线和 CMD 线的软复位状态位 1，软件复位。

步骤 6　检查软件复位是否成功。

4）应用实例

基于 SDIO 控制器的数据包发送汇编代码实例如下所示：

行数	代码	注释
0	SET_BLOCK_SIZE:	
1	LRW R5, _SDHC_BADDR + 0x004	// 配置传输块大小为 1024B
2	LRW R6, 0x2400	
3	ST R6, (R5,0)	
4	SET_BLOCK_COUNT:	
5	LRW R5, _SDHC_BADDR + 0x008	//配置传输两个块

```
6        LRW R6, 0x2
7        ST R6，(R5,0)
8        SET_ARGUMENT:
9        LRW R5，_SDHC_BADDR +0x00C          //配置参数寄存器
10       LRW R6, 0x0
11       ST R6，(R5,0)
12       SET_TRANS_MODE
13       LRW R5，_SDHC_BADDR +0x010          //配置传输模式寄存器为多块传输·
14       LRW R6, 0x22
15       ST R6，(R5,0)
16       SET_COMMAND
17       LRW R5，_SDHC_BADDR +0x014          //配置传输命令 25
18       LRW R6, 0x0000193A
19       ST R6，(R5,0)
20       WAIT_FOR_COMMAND_COMPLETE
21       LRW R4，_SDHC_BADDR +0x050          //等待命令结束
22       LRW R4，_SDHC_BADDR +0x04C
23       LRW R7, 0x00000001
24       COMMAND_COMPLETE_CMD25：
25       LDW R6,(R5,0)
26       AND R6,R7
27       CMPNE R6,R7
28       BT COMMAND_COMPLETE_CMD25
29       CLR_COMMAND_COMPLETE_STATUS
30       LRW R5，_SDHC_BADDR +0x04C          //清除命令状态寄存器
31       LRW R6, 0x1
32       STW R6，(R5, 0)
33       GET_RESPONSE_DATA
34       LRW R5，_SDHC_BADDR +0x018          //读取回复的数据
35       LRW R6, 0x FFFFFFFF
36·      LRW R7,0x00000900
37       LDW R6，(R5,0)
```

5.3.2　高速接口模块

1. 以太网 MAC 控制器

1）功能概述

以太网介质访问控制(media access control，MAC)协议位于 OSI 七层协议中数据链路层的下半部分,主要负责控制与连接物理层的物理介质。MAC 协议中一个数据帧的组成部分如下所示:目标地址和源地址分别占 6B,传输类型占 2B,然后是传输的数据内容,最后是 4B 的循环冗余检验码。

目标地址	源地址	传输类型	数据	循环冗余检验码
6B	6B	2B	XB	4B

CK5A6 MCU 的以太网 MAC 控制器兼容 IEEE 802.3 协议,通过 MII 接口连接外围以太网物理层芯片。如图 5.32 所示,以太网 MAC 控制器主要由五个模块组成:AHB 总线接口模块、传输模块、接收模块、MAC 控制模块和 MII 控制模块。通过 AHB 总线,处理器可以完成对 MAC 内寄存器的配置,MAC 也可以独自完成存储器到发送 FIFO 和接收 FIFO 到内存的数据搬运工作。以太网 PHY 是外接物理层芯片,与 MAC 进行数据交互,该模块实现了数据在网线上的传输。MAC 控制模块控制和协调其他模块的进程;传输模块和接收模块分别负责以太网数据包的发送和接收;MII 控制模块可控制并配置以太网物理层芯片。

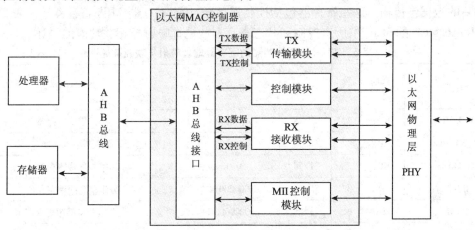

图 5.32　以太网 MAC 控制器结构框图

CK5A6MCU 的以太网 MAC 控制器能基于载波监听多路访问/冲突检测(carrier sense multiple access/collision detect,CSMA/CD)方法来实现半双工或全双工工作模式。当一个 MAC 是半双工模式时,它可观察物理层媒质上有无活动(是否有载波)。如果媒质是空闲的,网络上任何一个 MAC 都可以开始发送数据。假如有两个或以上同时发数据,那么冲突信号会被检测到。所有的 MAC 停止发送并且随机退出一段时间。随后,MAC 又开始检测活动性,假如媒质显示为空闲,那么它开始发送数据,其他的 MAC 将等待当前的传输完成。全双工模式时,载波和冲突检测信号被忽略。MAC 的控制模块负责发送和接收暂停控制帧以此来达到控制数据流的目的。

CK5A6 MCU 的以太网 MAC 控制器具备以下特点:

(1)支持 10/100M 数据传输速率;

(2)兼容 IEEE 802.3 协议 MII 接口,连接外部物理层芯片;

(3)支持半/全双工;

(4)支持 CSMA/CD 协议;

(5)支持全双工模式下的数据包流程控制;

(6)支持硬件自动 32 位 CRC 生成和检查;

(7)提供 128 个传输/接收包的缓存描述符,实现高效的传输包批处理功能;

(8)支持 DMA 功能,提高数据搬运效率。

CK5A6 MCU 的以太网 MAC 控制器具备以下功能:

(1)处理器将准备好的一帧数据放于内存中指定地址,MAC 能够自动从该内存中读取出数据并发送;

(2)MAC 可自动将接收到的数据放于内存中指定的地址,若一帧接收完毕可产生中断;

(3)控制帧的发送和接收,使 MAC 之间的数据传输间隙可控,即当接收方太忙时可以向发

送方发送控制帧请求暂停数据传输;

(4)对介质无关接口(media independence interface, MII)进行操作,用来读取和控制物理层信息;

(5)能够向 CPU 或总线仲裁器提出占用总线请求和控制总线上的数据传输,即具有主设备的接口。

2)寄存器说明

MAC 完成数据包的发送或接收后,需要处理器对其状态寄存器进行检查,并配置控制寄存器发起新的数据包传输。这些寄存器包括控制寄存器、状态寄存器、中断寄存器等。表5.128 给出了 CK5A6 MCU 的 MAC 中所有控制和状态寄存器的地址映射与相关功能的描述。

表5.128　MAC 控制器的寄存器地址映射与功能描述

寄存器	地址偏移	位宽	读/写	初始值	说　明
MODER	0x00	32	读/写	0x000A000	工作模式寄存器
INT_SOURCE	0x04	32	读/写	0x0	中断源寄存器
INT_MASK	0x08	32	读/写	0x0	中断屏蔽寄存器
IPGT	0x0C	32	读/写	0x00000012	分组信息间隙寄存器
IPGR1	0x10	32	读/写	0x0000000C	无分组信息间隙寄存器1
IPGR2	0x14	32	读/写	0x00000012	无分组信息间隙寄存器2
PACKETLEN	0x18	32	读/写	0x00400600	数据长度(最大和最小)寄存器
COLLCONF	0x1C	32	读/写	0x000f003F	冲突和重试寄存器
TX_BD_NUM	0x20	32	读/写	0x00000040	发送缓冲描述符的个数
CTRLMODER	0x24	32	读/写	0x0	控制模块模式寄存器
MIIMODER	0x28	32	读/写	0x00000046	MII 模式寄存器
MIICOMMAND	0x2C	32	读/写	0x0	MII 命令寄存器
MIIADDRESS	0x30	32	读/写	0x0	MII 地址寄存器,包括物理层地址和物理层内的寄存器的地址
MIITX_DATA	0x34	32	读/写	0x0	要发送给 MII 的数据
MIIRX_DATA	0x38	32	只读	0x0	从 MII 接收到的数据
MIISTATUS	0x3C	32	只读	0x0	MII 状态寄存器
MAC_ADDR0	0x40	32	读/写	0x0	MAC 地址的低四个字节
MAC_ADDR1	0x44	32	读/写	0x0	MAC 地址的高两个字节
ETH_HASH0_ADR	0x48	32	读/写	0x0	哈希 0 寄存器
ETH_HASH1_ADR	0x4C	32	读/写	0x0	哈希 1 寄存器
ETH_TXCTRL	0x50	32	读/写	0x0	发送控制命令寄存器

由于 MAC 的控制寄存器和状态寄存器对数据传输的流程控制起到至关重要的作用,以下将分别对各个寄存器做详细的说明。

(1)MAC 工作模式寄存器(MODER)。MODER 寄存器是以太网 MAC 控制器核心寄存器,控制着 MAC 模块的工作模式。如表5.129 所示,该寄存器用于开启 MAC 并使其处于某一工作模式,并确定发送/接收数据包的处理方式。需注意的是:如果 TX_BD_NUM 寄存器等于 0 时,即使 MODER.TXEN 置 1,发送数据仍被禁止。如果 TX_BD_NUM 寄存器等于 128 时,所有缓存描述符(buffer descriptor,BD)被用来发送数据,此时即使 MODER.RXEN 置 1,接收数据仍被禁止。

表 5.129 MAC 工作模式寄存器位段说明

位	命名	读/写	初始值	说　明
31:19	未定义	N/A	0x0	
18	BES	只读	0x0	0:Little Endian;1:Big Endian
17	LPMD_RXEN	读/写	0x0	接收低功耗模式 0:在进入低功耗之前禁止接收功能 1:进入低功耗后使能接收功能
16	RESMALL	读/写	0x0	0:忽略低于 MINFL 值的数据帧 1:接收低于 MINFL 的数据帧
15	PAD	读/写	0x1	0:不给长度短的帧加 PAD 1:给长度短的帧加 PAD 直到达到 MINFL
14	HUGEN	读/写	0x0	0:超过 MAXFL 的字节部分丢弃 1:最大 64k 的数据可被接收
13	CRCEN	读/写	0x1	0:超过 MAXFL 的字节部分丢弃 1:最大 64k 的数据可被接收
12	DLYCRCEN	读/写	0x0	0:Tx MAC 不加 CRC(循环冗余检测码) 1:Tx MAC 加 CRC 每一个帧
11	未定义	N/A	0x0	
10	FULLD	读/写	0x0	0:半双工模式 1:全双工模式
9	EXDFREN	读/写	0x0	0:延迟超过限制,数据停止接收 1:MAC 一直等待载波信号
8	NOBCKOF	读/写	0x0	0:正常操作 1:冲突信号后 MAC 立即发送
7	LOOPBCK	读/写	0x0	0:正常操作 1:TX 后转变到 RX
6	IFG	读/写	0x0	0:正常操作(最小的 IFG 是需要的) 1:所有的帧不考虑 IFG
5	PRO	读/写	0x0	0:检查接收的帧的目的地址 1:不考虑地址接收任何帧
4	IAM	读/写	0x0	0:当有帧接收时物理地址检查 1:哈希表用来检查所有的地址
3	BRO	读/写	0x0	0:接收包含广播地址的帧 1:拒绝包含广播地址的帧,除非 BRO 为 1

位	命名	读/写	初始值	说　　明
2	NOPRE	读/写	0x0	0:有 7 个字节的前同步信号 1:没有前同步信号发送
1	TXEN	读/写	0x0	0:发送禁止 1:使能发送,当 TX_BD_NUM 寄存器等于 0 时,发送自动禁止
0	RXEN	读/写	0x0	0:接收禁止 1:使能接收,当 TX_BD_NUM 为 128 时,所有 BD 用于发送,接收自动禁止

(2)中断源寄存器(INT_SOURCE)。中断源寄存器用于存储以太网 MAC 控制器的八种中断源状态,如表 5.130 所示。该寄存器是可读/写的。在读寄存器的时候,若某一位为 1 则表明对应中断发生;寄存器中断位写入 1 时,相应中断被清零。

表 5.130　MAC 中断源寄存器位段说明

位	命名	读/写	初始值	说　　明
31:8	保留	N/A	0x0	
7	BER	读/写	0x0	总线错误信号标志位
6	RXC	读/写	0x0	接收到控制帧发送中断,前提是 CTRLMODER 里的 RXFLOW 位为 1
5	TXC	读/写	0x0	发送控制帧后中断。前提是 CTRLMODER 里位 TXFLOW 为 1
4	BUSY	读/写	0x0	忙中断,表明由于缓冲不够而丢弃了一些数据
3	RXE	读/写	0x0	接收帧错误中断,前提是接收的 BD 里位 IRQ 为 1
2	RXB	读/写	0x0	接收帧中断,表明接收到一帧,前提是接收 BD 里位 IRQ 为 1
1	TXE	读/写	0x0	发送错误中断,发送时有错误发生。前提是发送 BD 里位 IRQ 为 1
0	TXB	读/写	0x0	发送帧后中断,前提是发送 BD 里位 IRQ 为 1

(3)中断屏蔽寄存器(INT_MASK)。中断屏蔽寄存器可用于屏蔽中断源寄存器的相应中断位,其位段说明如表 5.131 所示。例如,INT_MASK. RXB_M 位置 1,当 MAC 接收一帧数据后,INT_SOURCE. RXB 置 1,但不向 CPU 申请中断,这时可以通过查询 INT_SOURCE. RXB 状态,完成数据包的接收。

表 5.131　MAC 中断屏蔽寄存器位段说明

位	命名	读/写	初始值	说　　明
31:8	保留	N/A	0x0	保留
7	BER_M	读/写	0x0	总线错误中断屏蔽
6	RXC_M	读/写	0x0	接收控制帧中断屏蔽
5	TXC_M	读/写	0x0	发送控制帧中断屏蔽
4	BUSY_M	读/写	0x0	忙中断屏蔽
3	RXE_M	读/写	0x0	接收错误中断屏蔽
2	RXB_M	读/写	0x0	接收帧中断屏蔽
1	TXE_M	读/写	0x0	发送错误中断屏蔽
0	TXB_M	读/写	0x0	发送帧中断屏蔽

（4）相连帧间隙寄存器（IPGT）。MAC 在发送数据时,相连的帧之间需有一定的时间间隙,以使接收方有足够的时间处理数据。如表 5.132 所示,相连帧间隙寄存器用于设定帧间隙的大小,并定义全双工或半双工的间隙推荐值。

表 5.132　MAC 相连帧间间隙寄存器位段说明

位	命名	读/写	初始值	说　明
31:7	保留	N/A	0x0	
6:0	IPGT	读/写	0x12	全双工时推荐值为 0x15,等于 0.96μs(100M) 或 9.6μs(10M) 半双工时推荐值为 0x12,等于 0.96μs(100M) 或 9.6μs(10M)

（5）无帧间间隙寄存器 1（IPGR1）（表 5.133）。

表 5.133　MAC 无帧间间隙寄存器 1 位段说明

位	命名	读/写	初始值	说　明
31:10	未定义	N/A	0x0	保留
9:0	IPGR1	读/写	0x0C	当载波出现在 IPGR1 窗口时,MAC 发送推迟,IPGR 计数器复位;当载波出现在 IPGR1 窗口之后时,IPGR 计数器继续计数,推荐值为 0x0C,必须在[0:IPGR2]之间

（6）无帧间间隙寄存器 2（IPGR2）（表 5.134）。

表 5.134　MAC 无帧间间隙寄存器 2 位段说明

位	命名	读/写	初始值	说　明
31:10	未定义	N/A	0x0	保留
9:0	IPGR2	读/写	0x12	推荐值为 0x12,在 100Mbit/s 时为 0.96μs,在 10Mbit/s 时为 9.6μs

（7）数据帧长度寄存器（PACKETLEN）（表 5.135）。数据帧长度寄存器规定了发送/接收数据帧的最大/最小长度,数据帧长度超出范围会出错或丢失。

表 5.135　MAC 数据帧长度寄存器位段说明

位	命名	读/写	初始值	说　明
31:16	MINFL	读/写	0x0040	最小帧的长度:缺省的为 64B,当接收或发送更小的帧时,可以改变 MINFL。要发送更小的帧,则要设置 MODER.PAD 位为 1,可以填充 PAD 扩充数据
15:0	MAXFL	读/写	0x0600	最大帧的长度:缺省的为 1536B,当接收或发送更大的帧时,可以改变 MAXFL 的值或者设置 MODER.HUGEN

（8）冲突重试寄存器（COLLCONF）（表 5.136）。

表 5.136　MAC 冲突重试寄存器位段说明

位	命名	读/写	初始值	说　明
31:20	保留	N/A	0x0	
19:16	MAXRET	读/写	0xF	最大重试次数,当超过该次数时,TxMAC 报告一个错误并停止发送当前帧,默认最大重试次数为 15(0xF)
15:6	保留	N/A	0x0	
5:0	COLLVALID	读/写	0x3F	冲突有效,当一个冲突发生在时间窗之后,被认为是最近的冲突,当前帧的发送被取消。缺省值为 0x3F(即最近的冲突发生在同步信号前 64B)

（9）发送 BD 数量寄存器（TX_BD_NUM）（表 5.137）。发送 BD 数量寄存器用于配置所需发送 BD 的个数，发送 BD 的个数等于要发送的帧的个数。MAC 里最多有 128 个 BD，接收 BD 的个数等于 128 减去发送 BD 的个数。因此若 TX_BD_NUM. TX_BD 设置为 0，则发送被禁止；若 TX_BD_NUM. TX_BD 设置为 0x80，则接收被禁止。

表 5.137　MAC 发送 BD 数量寄存器位段说明

位	命名	读/写	初始值	说　明
31:8	保留	N/A	0x0	
7:0	TX_BD	读/写	0x40	发送 BD 的个数。接收 BD 的个数等于（ 0x80-TX_BD）。发送 BD 最大为 0x80，大于该值的数不能写入

（10）控制模式寄存器（CTRLMODER）。控制模式寄存器规定了控制帧的发送和接收，控制帧也即使暂停控制帧，其位段说明如表 5.138 所示。发送暂停控制帧时通知数据发送方暂停发送数据；MAC 接收到暂停控制帧时暂停发送数据，直到满足控制帧所设定的时间间隔。表 5.139 给出了控制帧与中断、帧的存储之间的关系。

表 5.138　MAC 控制模式寄存器位段说明

位	命名	读/写	初始值	说　明
31:3	保留	N/A	0x0	
2	TXFLOW	读/写	0x0	0:阻止暂停控制帧的发送 1:暂停控制帧允许发送，能使 INT_SOURCE 中位 TXC 发生中断
1	RXFLOW	读/写	0x0	0:阻止接收暂停控制帧 1:接收暂停控制帧，MAC 暂停发送数据，能使 INT_SOURCE 中位 RXC 发生中断
0	PASSALL	读/写	0x0	0:控制帧不传给主控制器 1:所有的帧(包括控制帧)都传给主控制器

表 5.139　MAC 控制帧与中断、帧的存储关系说明

PASSALL	RXFLOW	说　明
0	0	当控制帧接收到时，无中断发生，也不会存到存储器中
0	1	当控制帧接收到时，INT_SOURCE. RXC 置 1，暂停时间更新，控制帧不存到存储器中
1	0	控制帧接收到时作为一般的帧作为数据保存到存储器里，INT_SOURCE. RXB 置为 1(前提是 BD 里 IRQ 位置 1)。INT_SOURCE. RXC 未被置 1，暂停时间不更新
1	1	当控制帧接收到时，INT_SOURCE. RXC 置 1，暂停时间更新，控制帧同时保存到存储器中

（11）MII 模式寄存器（MIIMODER）。独立媒质接口模式寄存器规定了 MAC 与物理层交互的模式，可配置物理层和获取其状态，其寄存器位段说明如表 5.140 所示。交互的时钟由系统时钟分频得到。

表 5.140　MAC 独立媒质接口模式寄存器位段说明

位	命名	读/写	初始值	说　明
31:9	保留	N/A	0x0	
8	MIINOPRE	读/写	0x0	0:32 位的前同步信号发送 1:没有前同步信号发送
7:0	CLKDIV	读/写	0x64	时钟分频:系统时钟被该偶数值相除，缺省值为 0x64

（12）MII 命令寄存器（MIICOMMAND）（表 5.141）。

表 5.141　MAC 独立媒质接口模式寄存器位段说明

位	命名	读/写	初始值	说　明
31:3	保留	N/A	0x0	
2	WCTRLDATA	读/写	0x0	写控制数据
1	RSTAT	读/写	0x0	读 MII 的状态
0	SCANSTAT	读/写	0x0	扫描状态

注：当一个操作正在进行时，BUSY 信号置为高。当一个操作完成时才开始下一个操作

（13）MII 地址寄存器（MIIADDRESS）（表 5.142）。

表 5.142　MAC 独立媒质地址寄存器位段说明

位	命名	读/写	初始值	说　明
31:13	保留	N/A	0x0	
12:8	RGAD	读/写	0x0	PHY（物理层）里的寄存器的地址，由 FIAD[4:0]选择
7:5	保留	N/A	0x0	
4:0	FIAD	读/写	0x0	PHY 的地址

（14）MII 发送数据寄存器（表 5.143）。

表 5.143　MAC 独立媒质发送数据寄存器位段说明

位	命名	读/写	初始值	说　明
31:16	保留	N/A	0x0	
15:0	CTRLDATA	读/写	0x0	要被发送到 PHY 的控制数据

（15）MII 接收数据寄存器（表 5.144）。

表 5.144　MAC 独立媒质接收数据寄存器位段说明

位	命名	读/写	初始值	说　明
31:16	保留	N/A	0x0	
15:0	PRSD	只读	0x0	从 PHY 接收的数据

（16）MII 状态寄存器（表 5.145）。

表 5.145　MAC 独立媒质状态寄存器位段说明

位	命名	读/写	初始值	说　明
31:3	保留	N/A	0x0	0:MSTARUS 寄存器里的数据有效 1:MSTARUS 寄存器里的数据无效
2	NVALID	只读	0x0	0:MII 是 ready 1:MII 正忙
1	BUSY	只读	0x0	0:已连接上 1:连接失败
0	LINKFAIL	只读	0x0	0:MSTARUS 寄存器里的数据有效 1:MSTARUS 寄存器里的数据无效

（17）地址寄存器 0（MAC_ADDR0）（表 5.146）。

表 5.146　MAC 地址寄存器 0 位段说明

位	命名	读/写	初始值	说　明
31:24	BYTE2	读/写	0x0	MAC 地址的字节 2
23:16	BYTE3	读/写	0x0	MAC 地址的字节 3
15:8	BYTE4	读/写	0x0	MAC 地址的字节 4
7:0	BYTE5	读/写	0x0	MAC 地址的字节 5

(18)地址寄存器 1(MAC_ADDR1)(表 5.147)。

表 5.147　MAC 地址寄存器 1 位段说明

位	命名	读/写	初始值	说　明
31:16	保留	N/A	0x0	
15:8	BYTE0	读/写	0x0	MAC 地址的字节 0
7:0	BYTE1	读/写	0x0	MAC 地址的字节 1

(19)哈希寄存器 0(HASH0)(表 5.148)。

表 5.148　MAC 哈希寄存器 0 位段说明

位	命名	读/写	初始值	说　明
31:0	HASH0	读/写	0x0	哈希 0 的值

(20)哈希寄存器 1(HASH1)(表 5.149)。

表 5.149　MAC 哈希寄存器 1 位段说明

位	命名	读/写	初始值	说　明
31:0	HASH1	读/写	0x0	哈希 1 的值

(21)发送控制寄存器(TXCTRL)(表 5.150)。

表 5.150　MAC 发送控制寄存器位段说明

位	命名	读/写	初始值	说　明
31:17	保留	N/A	0x0	
16	TXPAUSERQ	读/写	0x0	发送暂停请求;该位写入 1 则开始发送控制帧
15:0	TXPAUSETV	读/写	0x0	暂停时间值,该值在控制帧里发送出去

3)操作说明

本节将简要介绍 CK5A6 MCU 系统的软件编程中常用的 MAC 的操作流程。按其功能来划分,有以下五个部分:

(1)主控通过 AHB 总线配置 BD,完成对发送帧或接收帧的设置;

(2)TX 以太网 MAC 执行发送功能;

(3)RX 以太网 MAC 执行接收功能;

(4)MAC Control 模块执行全双工的控制;

(5)MII 管理模块执行物理层的控制和提取物理层的状态信息。

A. 缓冲描述符设置

MAC 发送和接收数据是基于缓冲描述符进行的(表 5.151 ～表 5.154)。发送缓冲描述符用来配置要发送的数据帧,而接收缓冲描述符用来定义对接收的数据帧进行的处理。缓冲描述符是 64 位的,被分成两个 32 位的字段,前 32 位包含帧数据大小和控制位,后 32 位是一个指向内存某个地址的指针。MAC 内部有一个 RAM,可以存储 128 个 BD(既有发送 BD 也有接收 BD)。TX_BD_NUM 存有要用到的发送描述符的个数,而接收描述符的个数为 128 减去发送缓冲描述符的个数。如前面章节所述,一旦设置 TX_BD_NUM 等于 128,则 MAC 将禁止接收数据,或者设置 TX_BD_NUM 等于 0,则 MAC 将禁止发送数据。发送数据之前,先配置好发送缓冲描述符,MAC 自动按所设定的方式发送数据;同样当接收到数据时,也要配置缓冲描述符,MAC 自动将接收到帧信息等写入缓冲描述符,并将数据搬运至指定内存地址。

表 5.151　发送缓冲描述符前 32 位位段说明

位	命名	读/写	初始值	说　明
31:16	LEN	读/写	0x0	要发送的字节个数
15	RD	读/写	0x0	0:该 BD 没准备好,能操作该位 1:BD 已经准备好发送,不能再操作该位
14	IRQ	读/写	0x0	中断使能位 0:发送后没有中断产生 1:当和这个 BD 相关的数据发送完后会,INT_SOURCE 里的 TXB 和 TXE 能申请中断
13	WR	读/写	0x0	0:该 BD 不是缓冲描述表里的最后一个 1:该 BD 是描述符表里最后一个,这个 BD 用完后会自动转到第一个 BD
12	PAD	读/写	0x0	0:当要发送的数据量少于 PACKETLEN 中设置的最小帧的长度时,不加 PAD 到帧尾 1:当要发送的数据量少于 PACKETLEN 中设置的最小帧的长度时,加 PAD 到帧尾以使数据量等于最小帧的长度
11	CRC	读/写	0x0	0:CRC(循环冗余检验码)不加到每个帧的末尾 1:CRC 加到每个帧的末尾
10:9	保留	N/A	0x0	
8	UR	读/写	0x0	当发送数据时有欠载发生
7:4	RTRY	读/写	0x0	当发送失败时 MAC 重试次数计数
3	RL	读/写	0x0	被置高时表明发送失败。重试次数超过了在 COLLCONF 寄存器里设定的次数
2	LC	读/写	0x0	被置高时表明发送时有最新的冲突发生,发送暂停
1	DF	读/写	0x0	被置高时表示在成功发送前有延时产生
0	CS	读/写	0x0	在发送数据时载波丢失,MAC 发送完数据后将该位置位

表 5.152　发送缓冲描述符后 32 位位段说明

位	命名	读/写	初始值	说　明
31:0	TXPNT	读/写	0x0	是要发送的数据在内存中的指针

表 5.153 接收缓冲描述符前 32 位位段说明

位	命名	读/写	初始值	说　明
31:16	LEN	读/写	0x0	接收字节的长度
15	EMPTY	读/写	0x0	0:该 BD 对应的缓冲填满了数据,或者由于错误发生而停止,以及表示该 BD 不被使用 1:缓冲是空的,可以接收数据
14	IRQ	读/写	0x0	使能中断请求 0:接收后没有中断产生 1:接收后 INT_SOURCE 里的 RXF 位中断发生
13	WR	读/写	0x0	0:该 BD 不是最后一个 BD 1:该 BD 是最后一个,这个 BD 用了后,第一个 BD 接着使用
12:9	保留	读/写	0x0	
8	CF	读/写	0x0	0:正常的帧接收 1:控制帧接收
7	MISS	读/写	0x0	0:帧接收是由于 MAC 地址符合 1:帧接收是由于混杂模式 该位表示一个帧是否以该发送站为目的
6	OR	读/写	0x0	当处理接收帧时超载运行,该位置高
5	IS	读/写	0x0	物理层 PHY 检测到无效的符号时,该位置高
4	DN	读/写	0x0	当接收的数据量不是 8 的倍数时,该位置高
3	TL	读/写	0x0	当接收的帧太长时,该位置高
2	SF	读/写	0x0	接收的帧太短时,该位置高
1	CRC	读/写	0x0	CRC 发生错误时,该位置高
0	LC	读/写	0x0	当有最新的冲突发生时,该位置高

表 5.154 接收缓冲描述符后 32 位位段说明

位	命名	读/写	初始值	说　明
31:0	RXPNT	读/写	0x0	是指向要把数据存放在内存中某个地址的指针

B. 数据帧的发送步骤

步骤 1　配置 MAC 的 MODER 模式寄存器,先禁止发送和接收。

步骤 2　把要发送的数据存到某个位置,数据排列方式要符合帧的格式。

步骤 3　配置 MIICOMMAND 和 MIISTATUS 寄存器,读取 PHY 的状态,判断是否与外界建立连接。若连接上执行下一步。

步骤 4　写入 TX_BD_NUM 寄存器说明要使用的 BD 个数。配置 BD,把数据所在的地址和要发送的字节的数量给予 BD,并设置 BD 中的控制位。

步骤 5　设置 INT_MASK 寄存器,是否要求中断。在 PACKETLEN 寄存器里设置允许发送和接收的数据帧的最小和最大字节个数。

步骤 6　在配置 MODER 模式寄存器,使能发送。

C. 数据帧的接收步骤

步骤 1　配置 MIICOMMAND 和 MIISTATUS 寄存器,读取 PHY 的状态,判断是否与外围建立连接。若连接上执行下一步。

步骤 2　写入 TX_BD_NUM 寄存器,一般没有要发送的数据时使该寄存器的值为 0。配置 BD,使 BD 指向存储器的某个地址,MAC 会自动把接收的数据存到该位置。

步骤 3　配置 INT_MASK 寄存器,是否要求中断。配置 PACKETLEN 寄存器以设置最小和最大的帧字节的个数。

步骤 4　在配置 MODER 模式寄存器,使能接收。

注意:从步骤 2 开始,若第一次配置了两个或两个以上缓冲描述符 BD 参与接收,到最后一个 BD 接收完后。若想再用前面的 BD(使 BD 指向的地址与第一次配置的不同)。则应在第一次最后一个 BD 未接收完时再执行步骤 4,然后配置 BD 使其指向与第一次不同的地址。若第一次配置了一个 BD,想在 BD 接收完后在利用该 BD 接收数据并把数据存到另一个地址。则应在判断接收帧的中断的循环中一直执行步骤 4 改变地址。

D. 控制帧的发送和接收

控制帧在 MAC 之间传输数据时起到互相协调的作用,当 MAC 处理接收的帧数据太忙时,就向发送数据的一方发送控制帧,让发送方暂停发送数据。如下所示为控制帧的格式,与一般数据帧大致相同,不同之处在于控制帧没有数据,而多出了 2B 的操作码和 2B 的暂停时间值。操作码决定了控制类型,暂停时间值规定了发送方可再次发送数据的时间。

目标地址	源地址	传输类型	操作码	暂停时间值	保留	循环冗余检测码
6B	6B	2B	2B	2B	42B	4B

控制帧的发送步骤:

步骤 1　配置 CTRLMODER 寄存器,使 TXFLOW 位为 1,使 MAC 能发送控制帧。

步骤 2　配置 INT_MASK 寄存器,发送完控制帧后是否申请中断。

步骤 3　配置 TXCTRL 寄存器,位 16 置 1,低 16 位设置要暂停的时间。则 MAC 会自动按控制帧的格式发送暂停控制帧命令。

控制帧的接收步骤:

控制帧的接收与一般数据帧的接收步骤相同,除了下面两个寄存器的设置。

步骤 1　配置 CTRLMODER 寄存器,使 RXFLOW 位为 1,使 MAC 能接收控制帧。

步骤 2　配置 INT_MASK 寄存器,接收完控制帧后是否申请中断。

MAC 接收到暂停控制帧后会自动暂停发送数据,过了所设置的时间后,MAC 继续发送数据。

E. 对 MII 独立媒质接口操作

MII 是位于主控和外部物理层中间的两线的接口,即 MDC、MDIO,主要用来配置和读取物理层的信息。一根是时钟线另一根是双向的数据线,数据在时钟线的上升沿把数据给发送出去。有三种模式来操作 MII。

(1)写控制命令,写到物理层的配置寄存器里;

(2)读取物理层的状态;

(3)扫描物理层的状态,持续扫描来判断是否连接上。

向物理层 PHY 写控制数据:配置 MIICOMMAND 寄存器,将 WCTRLDATA 位置 1。该位使 MIITX_DATA 和 MIIADDRESS 寄存器里的数据有效,如 FIAD[4:0] 和 CTRLDATA[15:0]。

从物理层 PHY 读取状态：

步骤1 配置 MIICOMMAND 寄存器，将 RSTAT 位置 1。该位使 MIITX_DATA 和 MIIAD-DRESS 寄存器的数据有效，如 FIAD[4:0]和 CTRLDATA[15:0]。

步骤2 MII 释放 MDOEN 信号，使 MDIO 为输入线。

步骤3 物理层发送数据到 MII 模块，MII 将数据存放在 PRSD[15:0]里，在读操作的最后，MII 模块释放 BUSY 信号，表明数据已在 PSRD[15:0]里。

扫描物理层状态：配置 MIICOMMAND 寄存器，将位 SCANSTAT 位置 1。MII 控制模块会连续的执行物理层的状态寄存器读操作，可判断是否和物理层连接上。

4) 应用实例

基于以太网 MAC 控制器的数据包发送汇编代码实例如下所示：

行数	代码	注释
0	SET_MODER:	
1	LRW R1, _MAC_BADDR	
2	LRW R2, 0x2400	// 配置 MODER，不使能 TX_EN 和 RX_EN
3	ST R2, (R1)	
4	TX_SREG:	
5	LRW R1, _MAC_BADDR + 0x30	
6	LRW R2, 0x102	// 配置 MII 地址寄存器，RGAD = 0x1, FIAD = 0x2
7	ST R2, (R1)	
8	LRW R1, _MAC_BADDR + 0x2C	
9	LRW R2, 0x2	// 配置 MII 命令寄存器，读物理层芯片状态
10	ST R2, (R1)	
11	TX_WLINK:	
12	LRW R1, _MAC_BADDR + 0x3C	
13	LD R2, (R1)	
14	BTSTI R2, 0	// 检查物理层芯片连接状态
15	BT TX_WLINK	// 等待物理层芯片连接成功
16	BR TX_WREG	
17	TX_WREG:	
18	LRW R1, _MAC_BADDR + 0x20	
19	LRW R2, 0x1	// 设置 TX_BD_NUM 为 1，发送一个包
20	ST R2, (R1)	
21	LRW R1, _MAC_BADDR + 0x400	
22	LRW R2, 0x003CE00	// 配置 BD 寄存器，设置当前 BD 有效，设置，中断功能，使能回绕功能，设置包长为 60
23	ST R2, (R1)	
24	LRW R1, _MAC_BADDR + 0x404	
25	LRW R2, _MEM_BADDR + 0x1000	
26	ST R2, (R1)	
27	LRW R1, _MAC_BADDR + 0x08	
28	LRW R2, 0xFF	

29	ST R2, (R1)	
30	LRW R1, _MAC_BADDR + 0x18	
31	LRW R2, 0x400600	// 数据包长度在[0x40, 0x600]范围内
32	ST R2, (R1)	
33	LRW R1, _MAC_BADDR	
34	LRW R2, 0x20462	// 配置 MODER 寄存器,使能 TX_EN
35	ST R2, (R1)	

2. 液晶显示控制器

1)功能概述

LCDC 用于将像素编码数据转换为规定格式和时序的数据,以驱动各种单色和彩色 LCD。CK5A6 MCU 的 LCDC 提供了两种显示方式,即被动矩阵式中的超扭曲向列(super twisted nematic, STN)和薄膜场效应晶体管(thin film transistor, TFT)LCD 显示方式。

(1)STN 显示方式。STN 显示面板要求像素模式生成算法来提供假灰度缩放,这只适用于单色显示器。

(2)TFT 显示方式。TFT 显示面板要求每个像素的颜色信息以数字形式表示,用于显示输入的数据。

编码的像素数据包通过 AMBA AHB 接口传输给两个用于输入数据流缓冲存储器的 32 位独立可编程 DMA FIFO。

根据 LCD 的种类和模式,缓冲存储器中的已编码像素数据包可以表示以下信息:

(1)一个实际真正灰色或彩色的值,16bpp(bits per pixel)帧缓冲输入,而调色板 RAM 被绕过。

(2)一个指向 256×16 位宽的存储灰色或彩色值的调色板 RAM(CLUT)的地址。

在 STN 显示方式中,地址表示的调色板位置获得的值或是真值将被传送到灰度缩放生成器。硬件编码灰度级别算法逻辑将地址化的像素活动按照编好的帧序号排序,以提供有效的显示外观。

而在 TFT 显示方式中,地址表示的调色板位置获得的值或是真值将绕过灰度缩放算法逻辑,从而直接被传送到输出显示驱动。

LCDC 的结构框如图 5.33 所示。

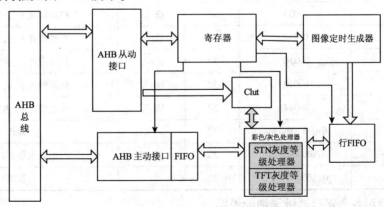

图 5.33 LCDC 结构框图

CK5A6 MCU 的液晶显示控制器具备以下特点：

（1）AHB 总线接口；

（2）对 STN 和 TFT LCD 有被动模式和主动模式；

（3）被动模式下支持单色；

（4）主动模式下支持高达 64K 色；

（5）显示尺寸高达 800×600 像素；

（6）内部调色板 RAM 为 256×16 位；

（7）编码的 8bpp 或 16bpp（位每像素）的像素数据；

（8）在每行开始与结束的等待状态插入操作是可编程的；

（9）对输出使能、帧时钟和行时钟极性可编程；

（10）可编程的中断。

2）寄存器说明（表 5.155）

表 5.155　LCDC 的寄存器地址映射与功能描述

寄存器	地址偏移	位宽	读/写	说　明
LCD_CONTROL	0x000	32	读/写	控制寄存器
LCD_TIMING0	0x004	32	读/写	水平轴面板定时寄存器
LCD_TIMING1	0x008	32	读/写	垂直轴面板定时寄存器
LCD_TIMING2	0x00C	32	读/写	面板时钟和两极信号寄存器
LCD_PBASE	0x010	32	读/写	面板基地址寄存器
	0x014	32		保留
LCD_PCURR	0x018	32	读	面板当前地址寄存器
	0x01C	32		保留
LCD_INT_STAT	0x020	32	读/写	中断状态寄存器
LCD_INT_MASK	0x024	32	读/写	中断屏蔽寄存器
LCD_DP1_2	0x028	32	读/写	抖动模式下，占空比 1/2
LCD_DP4_7	0x02C	32	读/写	抖动模式下，占空比 4/7
LCD_DP3_5	0x030	32	读/写	抖动模式下，占空比 3/5
LCD_DP2_3	0x034	32	读/写	抖动模式下，占空比 2/3
LCD_DP5_7	0x038	32	读/写	抖动模式下，占空比 5/7
LCD_DP3_4	0x03C	32	读/写	抖动模式下，占空比 3/4
LCD_DP4_5	0x040	32	读/写	抖动模式下，占空比 4/5
LCD_DP6_7	0x044	32	读/写	抖动模式下，占空比 6/7
	0x048~0x7FC	32		保留
LCD_PALETTE	0x800~0x9FC	32	读/写	调色板寄存器
	0xA00~0xFFC	32		保留

以下将分别对各个寄存器做详细的说明。

（1）控制寄存器（LCD_CONTROL）（表 5.156）。

表 5.156　控制寄存器位段说明

位	读/写	说　明	初始值
31:12		保留	21'h0
11	读/写	WML,读/写 LCD DMA FIFO 水印标准: 当两帧缓冲 FIFO 中有一帧有四个以及更多空闲位置时,0 = M_HBUSREQ 当两帧缓冲 FIFO 中有一帧有八个以及更多空闲位置时,1 = M_HBUSREQ	0
10:9	读/写	VBL: Video memory Burst Length 11:保留;10:4 个周期;01/00:1 个周期	10
8	读	BES, Little/ Big-endian Select 0:小端像素排序;1:大端像素排序 注意:每次系统依照外部字节存储次序选择引脚而复位时,此位都会相应改变值	未知
7		保留,为保证以后的可移植性而写入 0	0
6:5	读/写	PBS,像素位大小 00:4 位每像素,仅在被动模式(PAS =0)下 01:8 位每像素 10:16 位每像素,仅在主动模式(PAS =1)下 11:保留	2'b00
4		保留,为保证以后的可移植性而写入 0	0
3	读/写	PAS,被动/主动显示方式选择 0:被动或 STN 显示方式操作启用;FRC 逻辑使能 1:主动或 TFT 显示方式操作启用;FRC 逻辑被跳过,引脚定时改变以支持连续的像素 　时钟,输出使能(OE),VSYNC,HSYNC 信号	0
2		保留,为保证以后的可移植性而写入 0	0
1	读/写	CMS, STN LCD 彩色/单色选择。 0:单色操作启用;1:彩色操作启用 注意:在主动模式下(PAS =1),CMS 被忽略	0
0	读/写	LEN, LCD 控制器启用 0:LCD 控制器禁用。PCLK_PAD_O,LCLK_PAD_O, FCLK_PAD_O 和 BIAS_PAD_O 禁 　用(保持低电平) 1:LCD 控制器启用。PCLK_PAD_O,LCLK_PAD_O, FCLK_PAD_O 和 BIAS_PAD_O 启 　用(主动模式)	0

（2）水平轴面板定时寄存器（LCD_TIMING0）（表 5.157）。

表 5.157　水平轴面板定时寄存器位段说明

位	读/写	说　明	初始值
31:24	读/写	BLW,行首像素时钟等待计数 编程将数值减 1。用来指定数个像素时钟周期(1 至 256)以在第一组像素输出显示之 前加到每行传送的开始 注意:在被动显示模式下,行首等待周期中像素时钟被保持在闲置状态,而在主动显示 模式下将被允许转换	8'h0

位	读/写	说　明	初始值
23:16	读/写	ELW,行尾像素时钟等待计数 编程将数值减1。用来指定数个像素时钟周期(1至256)以在行时钟被声明之前加到每行传送的末尾 注意:在被动显示模式下,行尾等待周期中像素时钟被保持在闲置状态,而在主动显示模式下将被允许转换	8'h0
15:10	读/写	HSW,水平同步脉冲宽度 编程将数值减1。用来指定数个像素时钟周期(1至64)以在每行末尾给行时钟一个脉冲 注意:在被动显示模式下,当行时钟产生时,像素时钟被保持在闲置状态,而在主动显示模式下将被允许转换	6'h0
9:4	读/写	PPL, Pixels-per-line,像素每行。真实的像素每行 = 16 × (PPL + 1) PPL 的位字段指定每行中或屏幕上的每行中的像素点个数。PPL 是一个可以表示 16 ~ 1024 之间任意数值的 6 位值	6'h0
3:0		保留	4'h0

注:在启用 LCD 控制器之前必须将该寄存器各位设置为有意义的值

(3)垂直轴面板定时寄存器(LCD_TIMING1)(表 5.158)。

表 5.158　垂直轴面板定时寄存器位段说明

位	读/写	说　明	初始值
31:24	读/写	BFW,帧开头的行时钟等待计数 仅在主动模式下(PAS =1),在 0 ~ 255 之间取值。用来指定数个行时钟周期以在第一组像素输出显示之前加到每帧的开头 注意:在插入另外的行时钟周期过程中,行时钟周期被改变。在被动模式下,BFW 清零(禁用)	8'h0
23:16	读/写	EFW,帧结尾的行时钟等待计数 仅在主动模式下(PAS =1),在 0 ~ 255 之间取值。用来指定数个行时钟周期以加到每帧的末尾 注意:在插入另外的行时钟周期过程中,行时钟周期被改变。在被动模式下,EFW 清零(禁用)	8'h0
15:10	读/写	VSW,垂直同步脉冲宽度 在主动模式下(PAS =1),用来指定数个行时钟周期(0~63)以在 EFW 周期过去之后在每帧末尾给 FCLK_PAD_O 引脚脉冲。在主动模式下,帧时钟被用作 VSYNC 信号 在被动模式下(PAS =0),用来指定数个额外的行时钟周期(0~63)以在帧末尾后插入。注意:在被动模式下,帧时钟宽度不受 VSW 影响,在插入额外的行时钟等待状态周期过程中,行时钟周期被改变。EFW 和 BFW 在被动模式下都必须清零	6'h0
9:0	读/写	LPP,行每面板 编程将数值减1。用来指定行每面板的数值(1~1024)。而在单面板模式中,LPP 表示整个 LCD 显示板上的总行数	10'h0

注:在启用 LCD 控制器之前必须将该寄存器中各位设置为有意义的值

(4)面板时钟和信号极性寄存器(LCD_TIMING2)(表 5.159)。

表 5.159   面板时钟和信号极性寄存器位段说明

位	读/写	说　明	初始值
31:24		保留	8'h0
23:16	读/写	ACB,AC 偏置引脚频率 编程将数值减 1。用来指定数个帧时钟以在被动模式下(PAS=0),在 AC 偏置引脚改变之前计数。此引脚周期性地转换电源极性以防止 DC 电压在显示板中累积上升如果控制下的被动显示不需要用 BIAS_PAD_O,用户必须将 ACB 设置为其最大值(8'hFF)来维持电压。注意:ACB 在主动模式下(PAS = 1)被忽略	8'h0
15:13		保留	3'b000
12	读/写	OEP,输出使能极性 0:BIAS_PAD_O 引脚在主动模式和平行数据输入模式下,高电平有效,低电平为闲置状态 1:BIAS_PAD_O 引脚在主动模式和平行数据输入模式下,高电平有效,闲置时为低电平	0
11	读/写	PCP,像素时钟极性 0:Data 由 LCD 的数据引脚上的 PCLK_PAD_O 的上升沿触发 1:Data 由 LCD 的数据引脚上的 PCLK_PAD_O 的下降沿触发	0
10	读/写	HSP,水平同步极性 0:LCLK_PAD_O 引脚高电平有效,低电平为闲置 1:LCLK_PAD_O 引脚低电平有效,高电平为闲置	0
9	读/写	VSP,垂直同步极性 0:FCLK_PAD_O 引脚高电平有效,低电平为闲置 1:FCLK_PAD_O 引脚低电平有效,高电平为闲置	0
8	读/写	CLKS,像素时钟源选择 0:以 HCLK 为时钟源;1:以外部时钟为时钟源	0
7:0	读/写	PCD,像素时钟因子 在 1~255 之间取值。根据 AHB 时钟(HCLK)的频率来指定像素时钟频率。像素时钟频率在 HCLK/4 至 HCLK/512 之间取值 像素时钟频率 = HCLK/2(PCD+1) 注意:PCD 必须设置为 1 以及更大的值(PCD=8'h00 非法)	8'h1

(5)面板基地址寄存器(LCD_PBASE)(表 5.160)。

表 5.160   面板基地址寄存器位段说明

位	读/写	说　明	初始值
31:2	读/写	PBASE,LCD 面板基地址的地址。这是面板在存储器中始地址,并且是字长对齐的	30'h0
1:0		保留	2'b00

注:在启用 LCD 控制器之前必须将初始值设置为合适的值

(6)面板当前地址寄存器(LCD_PCURR)(表 5.161)。

表 5.161　面板当前地址寄存器位段说明

位	读/写	说　　明	初始值
31:0	读	PCURR,包含当前上面板的帧数据地址	未知

（7）中断状态寄存器（LCD_INT_STAT）（表 5.162）。

表 5.162　中断状态寄存器位段说明

位	读/写	说　　明	初始值
31:4		保留	28'h0
3	读/写	LFU,运行状态下的行 FIFO 置 1 清零	0
2	读/写	BER,总线错误状态 0:DMA 没有尝试访问保留的或是不存在的存储空间 1:DMA 有试图访问保留的或是不存在的存储空间 置 1 清零	0
1	读/写	BAU,基地址更新标识 0:基地址被写入但还未传送到当前地址寄存器 1:基地址已被传送到当前地址寄存器中,在启用 LCD 时或当当前地址指针与 LCD 计 　算得出的结束地址的指针值相同时触发	0
0	读/写	LDD,LCD 已禁用状态 0:LCD 尚未禁用,最后有效帧的操作完成 1:LCD 已禁用,最后有效帧的操作完成 置 1 清零	0

注:中断状态寄存器的第 0 位是用来通知电源管理模块在低电压模式下关闭 LCD,操作者必须在检测到此标识后将这位清零以保证下一次 LCD 可以重启

（8）中断屏蔽寄存器（LCD_INT_MASK）（表 5.163）。

表 5.163　中断屏蔽寄存器位段说明

位	读/写	说　　明	初始值
31:4		保留	28'h0
3	读/写	LFU_M,运行时的行 FIFO 中断屏蔽 0:事件屏蔽;1:事件可产生中断	1
2	读/写	BER_M,总线错误中断屏蔽 0:事件屏蔽;1:事件可产生中断	1
1	读/写	BAU_M,基地址更新中断屏蔽 0:事件屏蔽;1:事件可产生中断	1
0	读/写	LDD_M,LCD 已禁用中断屏蔽 0:事件屏蔽;1:事件可产生中断	1

（9）抖动模式下,占空比为 1_2（LCD_DP1_2）（表 5.164）。

表 5.164　LCD_DP1_2 寄存器位段说明

位	读/写	说　　明	初始值
31:16	读/写	抖动模式下,灰度为 1	16'h0101
15:0	读/写	抖动模式下,灰度为 0	16'h0000

(10)抖动模式下,占空比为4_7(LCD_DP4_7)(表5.165)。

表5.165 LCD_DP4_7 寄存器位段说明

位	读/写	说 明	初始值
31:16	读/写	抖动模式下,灰度为3	16'h1111
15:0	读/写	抖动模式下,灰度为2	16'h0421

(11)抖动模式下,占空比为3_5(LCD_DP3_5)(表5.166)。

表5.166 LCD_DP3_5 寄存器位段说明

位	读/写	说 明	初始值
31:16	读/写	抖动模式下,灰度为5	16'h9249
15:0	读/写	抖动模式下,灰度为4	16'h1249

(12)抖动模式下,占空比为2_3(LCD_DP2_3)(表5.167)。

表5.167 LCD_DP2_3 寄存器位段说明

位	读/写	说 明	初始值
31:16	读/写	抖动模式下,灰度为7	16'h5555
15:0	读/写	抖动模式下,灰度为6	16'h92C9

(13)抖动模式下,占空比为5_7(LCD_DP5_7)(表5.168)。

表5.168 LCD_DP5_7 寄存器位段说明

位	读/写	说 明	初始值
31:16	读/写	抖动模式下,灰度为9	16'hD5D5
15:0	读/写	抖动模式下,灰度为8	16'hD555

(14)抖动模式下,占空比为3_4(LCD_DP3_4)(表5.169)。

表5.169 LCD_DP3_4 寄存器位段说明

位	读/写	说 明	初始值
31:16	读/写	抖动模式下,灰度为11	16'hDDDD
15:0	读/写	抖动模式下,灰度为10	16'hD5DD

(15)抖动模式下,占空比为4_5(LCD_DP4_5)(表5.170)。

表5.170 LCD_DP4_5 寄存器位段说明

位	读/写	说 明	初始值
31:16	读/写	抖动模式下,灰度为13	16'hDFDF
15:0	读/写	抖动模式下,灰度为12	16'hDFDD

(16)抖动模式下,占空比为6_7(LCD_DP6_7)(表5.171)。

表5.171 LCD_DP6_7 寄存器位段说明

位	读/写	说 明	初始值
31:16	读/写	抖动模式下,灰度为15	16'hFFFF
15:0	读/写	抖动模式下,灰度为14	16'hDFFF

(17)调色板寄存器(LCD_PALETTE)(表5.172)。CK5A6 MCU LCD 调色板寄存器包含256

个调色板入口和128个存储位置。只有 TFT 显示使用所有的调色板入口位。每个字长的存储位置包含2个调色板入口,因此有128字长的存储位置用于调色板。当配置为小端字节顺序时,[15:0]位是低位调色板入口,而[31:16]位是高位调色板入口。当配置为大端字节顺序时,以上高低位调色板入口所在位则相反。

调色板 RAM 是双端口 RAM,配有独立控制和对应每个端口的地址。端口1用作读写操作端口,与 AMBA AHB 从动接口相连接。调色板入口可通过此端口被写入和验证。端口2用作读取端口,与色彩处理器相连接。

表 5.172　LCD 调色板寄存器位段说明

位	读/写	说　明	初始值
31	读/写	I,强度位。用于 R,G 和 B 的 LSB 输入到一个6:6:6 的 TFT 显示板。而在 STN 显示模式下,此位被忽略	未知
30:26	读/写	R[4:0],红色调色板数据。在 STN 彩色模式下,只有 R[4:1]被用到	未知
25:21	读/写	G[4:0],绿色调色板数据。在 STN 彩色模式下,只有 G[4:1]被用到	未知
20:16	读/写	B[4:0],蓝色调色板数据。在 STN 彩色模式下,只有 B[4:1]被用到	未知
15	读/写	同位 31	未知
14:10	读/写	同位 30:26	未知
9:5	读/写	同位 25:21	未知
4:0	读/写	同位 20:16	未知

3)操作说明

本节将简要介绍 CK5A6 MCU 系统的软件编程中常用的 LCDC 的操作流程:

步骤1　配置控制寄存器,包括像素比特位数,被动/主动显示模式,系统大小端等参数。

步骤2　配置 timing0 寄存器,包括每行像素数和水平脉冲宽度等参数。

步骤3　配置 timing1 寄存器,包括每帧行数和垂直脉冲宽度等参数。

步骤4　配置 timing2 寄存器,包括像素时钟频率和时钟极性等参数。

步骤5　配置中断状态寄存器和中断屏蔽寄存器。

步骤6　配置面板当前地址寄存器。

4)应用实例

一个 LCDC 配置的汇编代码实例如下所示:

行数	代码	注释
0	CONFIG_CONTROL_REG:	
1	LRW R1, _LCDC_BADDR	// 配置显示模式:16bit, 大端
2	LRW R2, 0xF48	
3	ST R2, (R1,0)	
4	CONFIG_TIMING0_REG:	
5	LRW R1, _LCDC_BADDR + 0x04	// 配置每行像素数和水平脉冲宽度
6	LRW R2, 0x4050800	

```
7    ST R2, (R1,0)
8    CONFIG_TIMING1_REG:
9    LRW R1, _LCDC_BADDR +0x08    // 配置每帧行数和垂直脉冲宽度
10   LRW R2, 0x6041C03
11   ST R2, (R1,0)
12   CONFIG_TIMING2_REG:
13   LRW R1, _LCDC_BADDR +0x0C    // 配置像素时钟频率等参数
14   LRW R2, 0x23001E
15   ST R2, (R1,0)
16   CONFIG_INT_STATUS:
17   LRW R1, _LCDC_BADDR +0x20    // 配置中断状态寄存器
18   LRW R2, 0x0
19   ST R2, (R1,0)
20   CONFIG_INT_MASK:
21   LRW R1, _LCDC_BADDR +0x24    // 配置中断状态屏蔽寄存器
22   LRW R2, 0xF
23   ST R2, (R1,0)
24   CONFIG_BADDR:
25   LRW R1, _LCDC_BADDR +0x10    // 配置面板基址寄存器
26   LRW R2, _DMEM_BADDR
27   ST R2, (R1,0)
28   STORE_VIDEO_DATA:
29   LRW R1, _DMEM_BADDR +0x0     //配置显示数据
30   LRW R2, 0xF0F7E9AA
31   ST R2, (R1,0)
     ……
```

3. USB 主机控制器

1)功能概述

通用串行总线(universal serial bus, USB)接口是由 Intel、Compaq、IBM、Microsoft 等多家公司于 1994 年年底联合提出的接口标准。作为一种流行的接口标准,USB 接口有很多优势:终端用户的易用性、广泛的应用性、同步传输带宽、灵活性、健壮性、与 PC 产业的一致性、价廉物美等。

一个 USB 系统主要被定义为三个部分:USB 的互连、USB 的设备和 USB 的主机。

USB 的互连是指 USB 设备与主机之间进行连接和通信的操作,主要包括 USB 总线拓扑结构、内部层次关系、数据流模式、USB 的调度。如图 5.34 所示,USB 的物理连接是有层次性的星型结构,每个网络集线器是在星型的中心,每条线段是点到点连接,包括从主机到集线器/功能部件,或者从集线器到集线器/功能部件。

在任何 USB 系统中,只有一个主机。USB 和主机系统的接口称作主机控制器,主机控制器由硬件、固件和软件综合实现。根集线器是由主机系统整合的,用以提供更多的连接点。

USB 的设备主要包括提供更多连接点的网络集线器和为系统提供具体功能的功能器件。

USB 是一种轮询方式的总线。主机控制器端初始化所有的数据传输,每次总线执行动作最多传送三个数据包。按传输前指定的,在每次传送开始时,主机控制器发送一个描述传输种类、方向、USB 设备地址和终端号的 USB 数据包,这个数据包通常被称为标志包(token packet)。

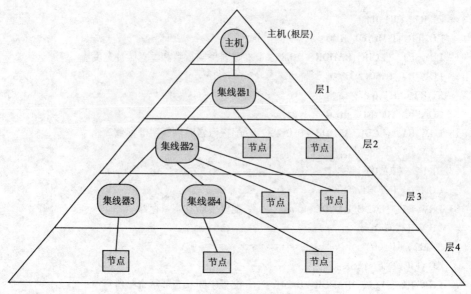

图 5.34 USB 总线拓扑结构

USB 设备从解码后的数据包中取出属于自己的数据。数据传输方向可以是从主机到设备,也可以是从设备到主机。在传输开始时,由标志包来标志数据的传输方向等,然后发送端向接收端发送包含信息的数据包或表明没有数据传输,接收端随即向发送端发送一个握手数据包表明是否传输成功。

USB 包含四种基本的数据传输类型。

(1)控制传输,在一个设备连接到主机时用来配置设备,包括设备的一些指定用途。

(2)块传输,在需要批量、猝发式数据传输时的方式。

(3)中断传输,用于及时但可靠的数据传输,如一些特征反馈信号等。

(4)同步传输,以稳定速率发送和接收实时的数据,通常用于对延时比较敏感的场合。

CK5A6 MCU 的 USB 主机控制器的结构框图如图 5.35 所示。

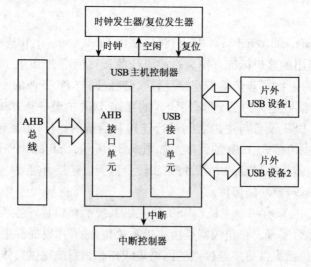

图 5.35 USB 主机控制器结构框图

CK5A6 MCU 的 USB 主机控制器具备以下特点:

(1)符合开放式主机控制接口协议和 USB1.1 标准;

（2）同时支持低速（1.5Mbit/s）和全速（12Mbit/s）的 USB 设备；

（3）两个下行端口，即可以同时连接两个 USB 设备；

（4）支持 USB 的全部四种传输类型；

（5）使用 AHB 总线接口，既作 AHB 主设备，又作 AHB 从设备；

（6）集成了根集线器（Root Hub）；

（7）设有电源管理和过电流检测。

2）寄存器说明

USB 主机控制器具有一组控制和状态寄存器，包括版本寄存器、控制寄存器、命令状态寄存器等。表 5.173 给出了 CK5A6 MCU 的 USB 主机控制器中所有控制和状态寄存器的地址映射与相关功能的描述。

表 5.173　USB 主机控制器的寄存器地址映射与功能描述

寄存器	地址偏移	位宽	读/写	初始值	说　　明
HcRevision	0x00	32	只读	0x00000010	版本寄存器
HcControl	0x04	32	读/写	0x00000200	控制寄存器
HcCommandStatus	0x08	32	读/写	0x00000000	命令状态寄存器
HcInterruptStatus	0x0C	32	读/写	0x00000000	中断状态寄存器
HcInterruptEnable	0x10	32	读/写	0x00000000	中断使能寄存器
HcInterruptDisable	0x14	32	读/写	0x00000000	中断不使能寄存器
HcPeriodCurrentED	0x1C	32	只读	0x00000000	周期当前端点描述符寄存器
HcControlHeadED	0x20	32	读/写	0x00000000	控制列表头端点描述符寄存器
HcControlCurrentED	0x24	32	读/写	0x00000000	控制列表当前端点描述符寄存器
HcBulkHeadED	0x28	32	读/写	0x00000000	块列表头端点描述符寄存器
HcBulkCurrentED	0x2C	32	读/写	0x00000000	块列表当前端点描述符寄存器
HcDoneHead	0x30	32	只读	0x00000000	已完成表头寄存器
HcFmInterval	0x34	32	读/写	0x27782EDF	帧间隔寄存器
HcFmRemaining	0x38	32	只读	0x00000000	帧剩余时间寄存器
HcFmNumber	0x3C	32	只读	0x00000000	帧数寄存器
HcPeriodicStart	0x40	32	读/写	0x00000000	周期开始寄存器
HcLSThreshold	0x44	32	读/写	0x00000628	低速阈值寄存器
HcRhDescriptorA	0x48	32	读/写	0x00001202	根集线器描述符 A 寄存器
HcRhDescriptorB	0x4C	32	读/写	0x00000000	根集线器描述符 B 寄存器
HcRhStatus	0x50	32	读/写	0x00000000	根集线器状态寄存器
HcRhPortStatus1	0x54	32	读/写	0x00000100	根集线器端口状态 1 寄存器
HcRhPortStatus2	0x58	32	读/写	0x00000100	根集线器端口状态 2 寄存器

以下将分别对各个寄存器做详细的说明。HCD 表示 USB 主机控制器驱动（软件），HC 表示 USB 主机控制器（硬件）。ED（endpoint descriptor）表示端点描述符，TD（transfer descriptor）表示传输描述符。

(1)版本寄存器(HcRevision)(表5.174)。

表5.174　版本寄存器位段说明

位	命名	初始值	读/写		说　明
			HCD	HC	
31:8					保留
7:0	REV	8'h10	只读	只读	USB 主机控制器基于的 OHCI 协议版本 8'h10:OHCI 协议 1.0;8'h11:OHCI 协议 1.1

(2)控制寄存器(HcControl)(表5.175)。

表5.175　控制寄存器位段说明

位	命名	初始值	读/写		说　明
			HCD	HC	
31:11					保留
10	RWE	0	读/写	读	远程唤醒使能 这一位是 HCD 用来根据上行恢复信号的方向来确定是否使能远程唤醒特征的。当这一位被置位并且中断状态寄存器(HC_INT_STAT)中的恢复检测位也被置位时,向主机系统发送一个远程唤醒信号。这一位的置位对产生硬件中断没有影响
9	RWC	1	读	读	远程唤醒连接 这一位表明主机控制器是否支持远程唤醒信号,被硬件置1
8	IR	0	读	读	中断路由 这一特征未被支持,被硬件置0
7:6	HCFS	2'b00	读/写	读/写	主机控制器功能状态 2'b00:USB 复位(USB_RESET) 2'b01:USB 恢复(USB_RESUME) 2'b10:USB 操作(USB_OPERATION) 2'b11:USB 挂起(USB_SUSPEND)
5	BLE	0	读/写	读	块列表使能 这一位用来使能下一帧中的块列表处理。不论何时决定处理列表,主机控制器都必须检查这一位。当不使能时,HCD 可能修改这个列表
4	CLE	0	读/写	读	控制列表使能 这一位用来使能下一帧中的控制列表处理。不论何时决定处理列表,主机控制器都必须检查这一位。当不使能时,HCD 可能修改这个列表
3	IE	0	读/写	读	同步使能 这一位是 HCD 用来使能/不使能同步 ED。主机控制器发现一个同步 ED 后要检查这一位的状态
2	PLE	0	读/写	读	周期列表使能 这一位用来使能下一帧中的周期列表处理。在开始处理列表之前,主机控制器就必须检查这一位
1:0	CBSR	2'b00	读/写	读	控制块服务率 这一位指示控制 ED 和块 ED 之间的服务比率 2'b00 : 1:1;2'b01 : 2:1;2'b10 : 3:1;2'b11 : 4:1

（3）命令状态寄存器（HcCommandStatus）（表5.176）。

表5.176　命令状态寄存器位段说明

位	命名	初始值	读/写		说　明
			HCD	HC	
31:18					保留
17:16	SOC	2'b00	读	读/写	安排超限计数 每检测到一次安排超限错误,该位段值加1。用于HCD监测安排超限错误的问题
15:4					保留
3	OCR	0	读/写	读/写	所有权变更请求 不支持
2	BLF	0	读/写	读/写	块列表填充 用来表示是否填充块列表中的TD。当HCD在块列表中的ED上添加一个TD时,HCD应将该位置1
1	CLF	0	读/写	读/写	控制列表填充 用来表示是否填充控制列表中的TD。当HCD在控制列表中的ED上添加一个TD时,HCD应将该位置1
0	HCR	0	读/写	读/写	主机控制器复位 HCD将该位置1用来对主机控制器软件复位。软件复位操作完成后,主机控制器将该位清零

（4）中断状态寄存器（HcInterruptStatus）（表5.177）。

表5.177　中断状态寄存器位段说明

位	命名	初始值	读/写		说　明
			HCD	HC	
31					保留
30	OC	0	只读	只读	该中断指示所有权状态的变更 本版本的USB主机控制器不支持这个功能
29:7					保留
6	RHSC	0	读/写	读/写	根集线器状态变更中断 当根集线器状态寄存器或根集线器端口状态寄存器的内容变更时,该位被置1
5	FNO	0	读/写	读/写	帧数溢出中断 当帧数寄存器的第15位变更时,在HCCA的帧数更新后,该位被置1
4	UE	0	读/写	读/写	不可恢复错误中断 主机控制器监测到与USB无关的系统错误(如AHB总线错误)时将该位置1。当系统错误被纠正前,USB主机控制器不做任何操作。当主机控制器复位后,HCD将该位清零

位	命名	初始值	读/写 HCD	读/写 HC	说　明
3	RD	0	读/写	读/写	恢复监测中断 当主机控制器监测到有 USB 设备发送恢复信号时,该位被置 1。当 HCD 设置了 USB_RESUME 状态时,该位不会被置 1
2	SF	0	读/写	读/写	帧开始中断 当一帧开始时,HCCA 的帧数被更新后,该位被置 1
1	WDH	0	读/写	读/写	完成表头回写中断 当主机控制器向 HCCA 中的完成序列表头寄存器(HC_DONE_HEAD)中写值后,该位立刻被置 1。HCD 只有在保存了 HCCA 完成表头的值后才会将该位清零
0	SO	0	读/写	读/写	安排超限中断 当 USB 对当前帧的安排超限时,在 HCCA 帧数更新后,该位被置 1

(5)中断使能寄存器(HcInterruptEnable)(表 5.178)。

表 5.178　中断使能寄存器位段说明

位	命名	初始值	读/写 HCD	读/写 HC	说　明
31	MIE	0	读/写	只读	主中断使能 1:能够使能该寄存器其他位表示的中断 0:不能使能该寄存器其他位表示的中断
30	OC	0	只读	只读	所有权状态变更中断 不支持
29:7					保留
6	RHSC	0	读/写	读/写	1:使能根集线器状态变更中断
5	FNO	0	读/写	读/写	1:使能帧数溢出中断
4	UE	0	读/写	读/写	1:使能不可恢复错误中断
3	RD	0	读/写	读/写	1:使能恢复监测中断
2	SF	0	读/写	读/写	1:使能帧开始中断
1	WDH	0	读/写	读/写	1:使能完成表头回写中断
0	SO	0	读/写	读/写	1:使能安排超限中断

(6)中断不使能寄存器(HcInterruptDisable)(表5.179)。

表5.179　中断不使能寄存器位段说明

位	命名	初始值	读/写		说　明
			HCD	HC	
31	MIE	0	读/写	只读	主中断使能 1:能够不使能该寄存器其他位表示的中断 0:不能不使能该寄存器其他位表示的中断
30	OC	0	只读	只读	该中断指示所有权状态的变更 本版本的 USB 主机控制器不支持这个功能
29:7					保留
6	RHSC	0	读/写	读/写	1:不使能根集线器状态变更中断
5	FNO	0	读/写	读/写	1:不使能帧数溢出中断
4	UE	0	读/写	读/写	1:不使能不可恢复错误中断
3	RD	0	读/写	读/写	1:不使能恢复监测中断
2	SF	0	读/写	读/写	1:不使能帧开始中断
1	WDH	0	读/写	读/写	1:不使能完成表头回写中断
0	SO	0	读/写	读/写	1:不使能安排超限中断

(7)周期当前端点描述符寄存器(HcPeriodCurrentED)(表5.180)。

表5.180　周期当前端点描述符寄存器位段说明

位	命名	初始值	读/写		说　明
			HCD	HC	
31:4	PCED	0	只读	读/写	周期列表当前 ED 当前同步 ED 或中断 ED 的物理地址
3:0					保留

(8)控制列表头端点描述符寄存器(HcControlHeadED)(表5.181)。

表5.181　控制列表头端点描述符寄存器位段说明

位	命名	初始值	读/写		说　明
			HCD	HC	
31:4	CHED	0	读/写	只读	控制列表头 ED 控制列表中第一个 ED 的物理地址
3:0					保留

(9)控制列表当前端点描述符寄存器(HcControlCurrentED)(表5.182)。

表5.182　控制列表当前端点描述符寄存器位段说明

位	命名	初始值	读/写		说　明
			HCD	HC	
31:4	CCED	0	读/写	读/写	控制列表当前 ED 控制列表中当前 ED 的物理地址
3:0					保留

(10)块列表头端点描述符寄存器(HcBulkHeadED)(表5.183)。

表5.183　块列表头端点描述符寄存器位段说明

位	命名	初始值	读/写		说　　明
			HCD	HC	
31:4	BHED	0	读/写	只读	块列表头 ED 块列表中第一个 ED 的物理地址
3:0					保留

(11)块列表当前端点描述符寄存器(HcBulkCurrentED)(表5.184)。

表5.184　块列表当前端点描述符寄存器位段说明

位	命名	初始值	读/写		说　　明
			HCD	HC	
31:4	BCED	0	读/写	读/写	块列表当前 ED 块列表中当前 ED 的物理地址
3:0					保留

(12)已完成表头寄存器(HcDoneHead)(表5.185)。

表5.185　已完成表头寄存器位段说明

位	命名	初始值	读/写		说　　明
			HCD	HC	
31:4	DH	0	只读	读/写	已完成列表头的物理地址
3:0					保留

(13)帧间隔寄存器(HcFmInterval)(表5.186)。

表5.186　帧间隔寄存器位段说明

位	命名	初始值	读/写		说　　明
			HCD	HC	
31	FIT	0	读/写	只读	帧间隔时间变更 每当 HCD 装载了一个新的帧间隔时间,HCD 就会变更这一位
30:16	FSMPS	15'h2778	读/写	只读	全速最大包大小 这个位段在处理每帧之前指定最大数据包计数器的初始值。计数器的值表示主机控制器在任何时刻能够收/发而不导致安排超值错误的最大数据位数
15:14					保留
13:0	FI	14'h2EDF	读/写	只读	帧间隔时间 这个位段指定两个连续的 SOF 之间的位时间

（14）帧剩余时间寄存器（HcFmRemaining）（表5.187）。

表5.187　帧剩余时间寄存器位段说明

位	命名	初始值	读/写		说　明
			HCD	HC	
31	FRT	0	只读	读/写	帧剩余时间变更 每当帧剩余时间变为0,HcFmInterval 中的帧间隔变更值会被导入这一位。HCD 用这一位来同步帧间隔时间和帧剩余时间
30:14					保留
13:0	FR	0	只读	读/写	帧剩余时间 这个计数器每个位时间减一次。当它的值达到零时,它会将 HcFmInterval 中的帧间隔值导入

（15）帧数寄存器（HcFmNumber）（表5.188）。

表5.188　帧数寄存器位段说明

位	命名	初始值	读/写		说　明
			HCD	HC	
31:16					保留
15:0	FN	0	只读	读/写	帧数 这是一个16 位的帧数计数器,它为主机控制器和 HCD 中发生的事件作时间参考

（16）周期开始寄存器（HcPeriodicStart）（表5.189）。

表5.189　周期开始寄存器位段说明

位	命名	初始值	读/写		说　明
			HCD	HC	
31:14					保留
13:0	PS	0	读/写	只读	周期开始 指定主机控制器开始处理周期列表的最早时间

（17）低速阈值寄存器（HcLSThreshold）（表5.190）。

表5.190　低速阈值寄存器位段说明

位	命名	初始值	读/写		说　明
			HCD	HC	
31:12					保留
11:0	LST	$12'h628$	读/写	只读	低速阈值 当开始一个低速传输前,这个字段的值会与帧剩余时间比较 只有当帧剩余时间不小于这个字段的值时,这个传输才会开始

(18)根集线器描述符 A 寄存器(HcRhDescriptorA)(表 5.191)。

表 5.191　根集线器描述符 A 寄存器位段说明

位	命名	初始值	读/写		说　明
			HCD	HC	
31:24	POTPGT	0	只读	只读	上电稳定时间
23:13			保留		
12	NOCP	1	只读	只读	没有过电流保护
11	OCPM	0	读/写	只读	过电流保护模式(不支持)
10	DT	0	只读	只读	设备类型 根集线器不允许成为混合的设备
9	NPS	1	只读	只读	没有功率开关 1:当主机控制器上电时,端口保持上电状态
8	PSM	0	读/写	只读	功率开关模式(不支持)
7:0	NDP	8'h2	只读	只读	下行端口数 根集线器支持的下行端口数

(19)根集线器描述符 B 寄存器(HcRhDescriptor B)(表 5.192)。

表 5.192　根集线器描述符 B 寄存器位段说明

位	命名	初始值	读/写		说　明
			HCD	HC	
31:16	PPCM	0	读/写	只读	端口功率控制屏蔽(不支持)
15:0	DR	0	读/写	只读	每一位表示一个根集线器的下行端口是否被连接了 USB 设备 值 1:连接;值 0:移除 第 0 及 3~15 位:保留 第 1 位:下行端口 1;第 2 位:下行端口 2

(20)根集线器状态寄存器(HcRhStatus)(表 5.193)。

表 5.193　根集线器状态寄存器位段说明

位	命名	初始值	读/写		说　明
			HCD	HC	
31	CRWE	0	只写	只读	(写)清远程唤醒使能 对该位写 1 清除远程唤醒使能。写 0 无作用
23:18			保留		
17	OCIC	0	只读	只读	过电流监测变更(不支持)
16	LPSC	0	只读	只读	局部功率状态变更(不支持)

位	命名	初始值	读/写		说　　明
			HCD	HC	
15	DRWE	0	读/写	只读	(读)设备远程唤醒使能 这一位使端口状态寄存器中的 CSC 位作为一个恢复事件,导致 USB 挂起到 USB 恢复的状态转换并生成监测恢复中断 0:中断状态变更不是一个远程唤醒事件 1:中断状态变更是一个远程唤醒事件 (写)设置远程唤醒使能 对该位写 1 设置设备远程唤醒使能。写 0 无作用
14:2					保留
1	OCI	0	只读	只读	过电流监测(不支持)
0	LPS	0	只读	只读	局部功率状态(不支持)

(21)根集线器端口状态 1/2 寄存器(HcRhPortStatus1/ HcRhPortStatus2)(表 5.194)。

表 5.194　根集线器端口状态 1/2 寄存器位段说明

位	命名	初始值	读/写		说　　明
			HCD	HC	
31:21					保留
20	PRSC	0	读/写	读/写	端口复位状态变更 10ms 端口复位结束后,该位被硬件置 1。HCD 对该位写 1 清除 该位,写 0 无作用
19	OCIC	0	读/写	读/写	端口过电流监测变更(不支持)
18	PSSC	0	读/写	读/写	端口挂起状态变更 当恢复序列完成后,该位被置 1 HCD 对该位写 1 清除该位,写 0 无作用。当 PRSC 位被置 1 时, 这一位也会被清零
17	PESC	0	读/写	读/写	端口使能状态变更 当硬件使 PES 位被清零时,这一位被置 1。HCD 对该位写 1 清 除该位,写 0 无作用
16	CSC	0	读/写	读/写	连接状态变更 当连接或断开事件发生时,该位被置 1。HCD 对该位写 1 清除该 位,写 0 无作用 若当前连接状态是在端口复位、端口使能或者端口挂起操作时 被清零的,那么这一位会被置 1 以使得驱动重新评估连接状态
15:10					保留
9	LSDA	0	读/写	读/写	(读)低速设备连接 只有当 CCS 被置 1 后,这位才有效 0:全速设备连接;1:低速设备连接 (写)清除端口功率(不支持)

位	命名	初始值	读/写		说　明
			HCD	HC	
8	PPS	1	只读	只读	端口功率状态(不支持)
7:5					保留
4	PRS	0	读/写	读/写	(读)端口复位状态 0:端口复位信号无效;1:端口复位信号有效 (写)设置端口复位 HCD 对该位写 1 来使端口复位信号有效,写 0 无作用。当 CCS 无效时,对 PRS 写 1 不会设置端口复位状态,而是设置连接状态变更。这告诉驱动它在试着复位一个断开的端口
3	POCI	0	读/写	读/写	(读)端口过电流监测(不支持) (写)清除挂起状态 HCD 对该位写 1 来发起恢复,写 0 无作用。恢复只能在 PSS 被置位时才能发起
2	PSS	0	读/写	读/写	(读)端口挂起状态 表示端口处于挂起序列还是恢复序列 0:端口没被挂起;1:端口被挂起 (写)设置端口挂起 HCD 对该位写 1 来将端口设置为挂起状态,写 0 无作用。当 CCS 无效时,对 PSS 写 1 不会设置端口挂起状态,而是设置连接状态变更。这告诉驱动它在试着挂起一个断开的端口
1	PES	0	读/写	读/写	(读)端口使能状态 表示端口是否被使能。当断开事件、总线错误等发生后,根集线器会将这一位清零 0:端口没被使能;1:端口被使能 (写)设置端口使能 HCD 对该位写 1 来将端口使能,写 0 无作用。当 CCS 无效时,对 PES 写 1 不会设置端口使能状态,而是设置连接状态变更。这告诉驱动它在试着使能一个断开的端口
0	CCS	0b	读/写	读/写	(读)当前连接状态 1:有设备连接;0:没设备连接 (写)清除端口使能 HCD 对该位写 1 来清除端口使能,写 0 无作用

3)操作流程

本节简要介绍 CK5A6 MCU 的软件编程中对 USB 主机控制器操作的简单流程。其具体操作步骤如下:

步骤 1　在内存中分配一段空间用于存储 USB 传输的数据结构(ED 和 TD),并根据传输情况填充每个 ED 和 TD 的内容及 TD 对应的数据。

步骤 2　根据 USB 传输的数据结构配置相关的 USB 主机控制器寄存器,如 HcControlHead-ED、HcBulkHeadED 等。

步骤 3　根据实际传输情况配置 HcFmInterval、HcPeriodicStart 等 USB 主机控制器寄存器。

步骤 4　根据需要配置 HcInterruptEnable 使能 USB 主机控制器的中断。

步骤 5　等待 USB 设备连上后生成的根集线器状态变更中断(RHSC)。

步骤 6　屏蔽(配置 HcInterruptDisable)并清除(配置 HcInterruptStatus)根集线器状态变更中断。

步骤 7　查询相应的根集线器端口状态寄存器(HcRhPortStatus1/2),此时该寄存器中的连接状态变更位(CSC)应为 1,并且其当前连接状态位(CCS)也应为 1。

步骤 8　向 CSC 位写 1 清除该位;向 PRS 位写 1 设置端口复位。

步骤 9　配置 HcInterruptEnable 重新使能所需中断。

步骤 10　等待端口复位完成后生成的根集线器状态变更中断(RHSC)。

步骤 11　屏蔽(配置 HcInterruptDisable)并清除(配置 HcInterruptStatus)根集线器状态变更中断。

步骤 12　查询相应的根集线器端口状态寄存器(HcRhPortStatus1/2),此时该寄存器中的端口复位状态变更位(PRSC)应为 1。

步骤 13　向 PRSC 位写 1 清除该位。

步骤 14　根据实际传输情况配置 HcCommandStatus 中的传输填充位(CLF、BLF)。配置 HcControl 中的相关字段(CBSR、PLE、IE、CLE、BLE)并将其中的主机控制器功能状态字段(HCFS)配成"2'b10"(USB 操作状态)。

步骤 15　配置 HcInterruptEnable 重新使能所需中断。

步骤 16　等待一个 ED 传输完成后生成的完成表头回写中断(WDH)。

步骤 17　屏蔽(配置 HcInterruptDisable)并清除(配置 HcInterruptStatus)完成表头回写中断。

步骤 18　查询这个 ED 或其中 TD 的状态位来得知传输是否成功。若不成功,重新配置该 ED 及其 TD,进行重传。

步骤 19　根据实际传输情况配置 HcCommandStatus 中的传输填充位(CLF、BLF)。配置 HcControl 中的相关字段(CBSR、PLE、IE、CLE、BLE)并将其中的主机控制器功能状态字段(HCFS)配成"2'b10"(USB 操作状态)。

步骤 20　配置 HcInterruptEnable 重新使能所需中断。

步骤 21　重复步骤 16 ~ 步骤 20 直到所有 ED 成功传输完毕。

4)应用实例

CK5A6 MCU 用 USB 主机控制器查询其下行端口 1 所连接的 USB 设备的 ID 号的汇编代码实例如下所示:

行数	代码	注释
0	CONFIG_INTC:	
1	...	// 配置中断控制器,使能 USB 主机控制器的中断
2	LRW R1, 0x401800	// 初始化所需的 ED(控制传输)
3	LRW R2, _ED_ADDR	
4	ST R1, (R2)	
5	LRW R1, 0x0	
6	ST R1, (R2, 4)	
7	LRW R1, _TD0_ADDR	

8	ST R1, (R2, 8)	
9	LRW R1, 0x0	
10	ST R1, (R2, 12)	
		// 初始化 ED 中的三个 TD。其中,TD0 用于传输的建立阶段(向 USB 设备发送读 ID 号请求)
	...	// TD1 用于传输的数据阶段(接收 USB 设备回复的 ID 号);TD2 用于传输的握手阶段(回复 USB 设备传输成功)。并设置 TD0 的数据(读 ID 号请求)
11	LRW R1, _ED_ADDR	
12	LRW R2, _HCCONTROLHEADED	
13	ST R1, (R2)	// 配置控制列表头 ED 的地址
14	LRW R1, 0xC0000053	
15	LRW R2, _ HCINTERRUPTENA-BLE	
16	ST R1, (R2)	// 使能所需的 USB 主机控制器中断
17	WAIT_ED_DONE:	
	...	// 等待 ED 传输完成
18	CHECK_ID:	
	...	// 从 TD1 指定的内存中读取接收到的 USB 设备 ID 号,主程序结束
19	ISR_USBH:	// USB 主机控制器的中断服务程序
20	LRW R1, 0xC0000053	
21	LRW R2, _ HCINTERRUPTDIS-ABLE	
22	ST R1, (R2)	// 屏蔽 USB 主机控制器的中断
23	LRW R2, _ HCINTERRUPTSTA-TUS	
24	LD R1, (R2)	
25	ST R1, (R2)	// 对生成的 USB 主机控制器的中断的状态位写清
26	BTSTI R1, 6	
27	BT RHSC_HANDLER	// USB 主机控制器 RHSC 中断
28	BTSTI R1, 1	
29	BT WDH_HANDLER	// USB 主机控制器 WDH 中断
30	BR TEST_ERROR	
31	RHSC_HANDLER:	// RHSC 中断服务
32	LRW R2, _HCRHPORTSTATUS1	// 查询是哪种 RHSC 中断
33	LD R1, (R2)	
34	BTSTI R1, 20	
35	BT RHSC_PORT_RESET	// 若 PRSC 位为 1,则表示端点复位完毕
36	LRW R3, 0x10001	
37	AND R1, R3	
38	CMPNE R1, R3	// 若 CSC 和 CCS 位为 1,则表示 USB 设备已连接
39	BT TEST_ERROR	
40	RHSC_CONNECT:	

41	LRW R1, 0x10010	
42	ST R1, (R2)	// 写清 CSC 位,并使能端口复位
43	BR ISR_USBH_END	
44	RHSC_PORT_RESET:	
45	LRW R1, 0x1F0000	
46	ST R1, (R2)	// 写清所有状态变更位
47	LRW R1, 0x2	
48	LRW R2, _HCCOMMANDSTATUS	
49	ST R1, (R2)	// 填充控制列表
50	LRW R1, 0x92	
51	LRW R2, _HCCONTROL	
52	ST R1, (R2)	// 使能控制传输
53	BR ISR_USBH_END	
54	WDH_HANDLER:	// WDH 中断服务
55	LRW R2, _HCCADONEHEAD	
56	LD R1, (R2)	
57	LRW R3, _TD2_ADDR	
58	CMPNE R1, R3	// 查询 HCCA 中表头回写是否正确
59	BT TEST_ERROR	
60	LRW R2, _ED_ADDR + 8	
61	LD R1, (R2)	
62	BTSTI R1, 0	// 查询 ED 传输停止位(Halt),用来判断 ED 传输是否成功完成
63	BT TEST_ERROR	
64	ISR_USBH_END:	
65	LRW R1, 0xC0000053	
66	LRW R2, _HCINTERRUPTENABLE	
67	ST R1, (R2)	// 重新使能所需的 USB 主机控制器中断
68	JMP R15	// 中断服务程序结束,返回主程序

4. USB 设备控制器

1)功能概述

在当今的嵌入式电子设备中,USB 作为一种串行接口被广泛使用,它提供了外设和主机之间的便捷连接。CK5A6 MCU 的 USB 设备控制器的结构框图如图 5.36 所示,它主要包括三个模块:AHB 接口单元、USB 接口单元、USB 转换器。AHB 接口单元是 AHB 总线与 USB 设备控制器的接口,包括 AHB 主设备接口和 AHB 从设备接口。USB 接口单元负责实现 USB 协议。USB 转换器负责将 USB 设备控制器的端口转换成标准的 USB 总线端口后与片外 USB 主机相连。

CK5A6 MCU 的 USB 设备控制器基于 USB1.1 标准,它具备以下特点:

(1)支持全速(12Mbit/s)操作;

(2)支持控制传输、块传输和中断传输,不支持同步传输;

(3)支持一个控制传输端点(端点 0),两个块传输端点(端点 1 和端点 2),两个中断传输端点(端点 3 和端点 4);

(4)使用 AHB 总线接口,既作 AHB 主设备,又作 AHB 从设备;

(5)内置 DMA;

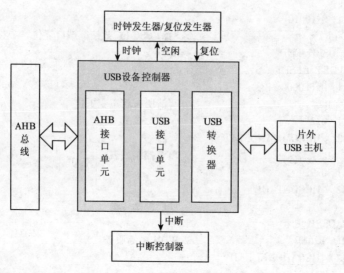

图 5.36　USB 设备控制器结构框图

（6）支持数据隧道和双向缓存；

（7）支持总线供电和自供电；

（8）支持远程唤醒。

2）寄存器说明

USB 设备控制器具有一组控制和状态寄存器，包括 USB 设备控制寄存器、USB 设备状态寄存器、USB 设备地址寄存器等。表 5.195 给出了 CK5A6 MCU 的 USB 设备控制器中所有控制和状态寄存器的地址映射与相关功能的描述。

表 5.195　USB 设备控制器的寄存器地址映射与功能描述

寄存器	地址偏移	位宽	初始值	说　明
USBCtrl	0x00	32	0x0	USB 设备控制寄存器
USBStatus	0x04	32	0x0	USB 设备状态寄存器
USBAddr	0x08	32	0x0	USB 设备地址寄存器
USBInt	0x0C	32	0x0	USB 设备中断寄存器
USBIntMask	0x10	32	0x7FF	中断屏蔽寄存器
USBFrameNum	0x14	32	0x0	帧数寄存器
USBPwrManCtrl	0x18	32	0xA	功耗管理控制寄存器
USBPwrManStatus	0x1C	32	0x0	功耗管理状态寄存器
USBEP0Ctrl	0x20	32	0x0	端点 0 控制寄存器
USBEP0Status	0x24	32	0x8000	端点 0 状态寄存器
USBEP0MaxP	0x28	32	0x3F	端点 0 最大包大小寄存器
USBEP0BUFFER	0x2C	32	0x0	端点 0 收/发缓存寄存器
USBEP1Ctrl	0x30	32	0x0	端点 1 控制寄存器
USBEP1Status	0x34	32	0x30	端点 1 状态寄存器
USBEP1MaxP	0x38	32	0x3F	端点 1 最大包大小寄存器
USBEP1BUFFER	0x3C	32	0x0	端点 1 发送缓存寄存器
USBEP2Ctrl	0x40	32	0x0	端点 2 控制寄存器

寄存器	地址偏移	位宽	初始值	说　明
USBEP2Status	0x44	32	0x2000000	端点 2 状态寄存器
USBEP2MaxP	0x48	32	0x3F	端点 2 最大包大小寄存器
USBEP2BUFFER	0x4C	32	0x0	端点 2 接收缓存寄存器
USBEP3Ctrl	0x50	32	0x0	端点 3 控制寄存器
USBEP3Status	0x54	32	0x10	端点 3 状态寄存器
USBEP3MaxP	0x58	32	0x3F	端点 3 最大包大小寄存器
USBEP3BUFFER	0x5C	32	0x0	端点 3 发送缓存寄存器
USBEP4Ctrl	0x60	32	0x0	端点 4 控制寄存器
USBEP4Status	0x64	32	0x2001000	端点 4 状态寄存器
USBEP4MaxP	0x68	32	0x3F	端点 4 最大包大小寄存器
USBEP4BUFFER	0x6C	32	0x0	端点 4 接收缓存寄存器
USBDMACtrl	0x70	32	0x0	内置 DMA 控制寄存器
USBDMAStatus	0x74	32	0x0	内置 DMA 状态寄存器
USBDMAEP1TransCtrl	0x78	32	0x8	内置 DMA 端点 1 传输控制寄存器
USBDMAEP1BaseAddr	0x7C	32	0x0	内置 DMA 端点 1 传输基地址寄存器
USBDMAEP2TransCtrl	0x80	32	0x8	内置 DMA 端点 2 传输控制寄存器
USBDMAEP2BaseAddr	0x84	32	0x0	内置 DMA 端点 2 传输基地址寄存器
USBDMAEP3TransCtrl	0x88	32	0x408	内置 DMA 端点 3 传输控制寄存器
USBDMAEP3BaseAddr	0x8C	32	0x0	内置 DMA 端点 3 传输基地址寄存器
USBDMAEP4TransCtrl	0x90	32	0x408	内置 DMA 端点 4 传输控制寄存器
USBDMAEP4BaseAddr	0x94	32	0x0	内置 DMA 端点 4 传输基地址寄存器

以下将分别对各个寄存器做详细的说明。

（1）USB 设备控制寄存器（USBCtrl）。如表 5.196 所示，用户可以通过软件配置该寄存器来控制 USB 设备的配置。

表 5.196　USB 设备控制寄存器位段说明

位	命名	初始值	读/写 AHB	读/写 USB	说　明
31:7					保留
6	EP4_EN	0	读/写	只读	端点 4 使能控制位 当这一位被置位且 USB 设备控制器被配置后，端点 4 才能进行正常的数据传输。用户可以通过配置该位来使能或不使能端点 4
5	EP3_EN	0	读/写	只读	端点 3 使能控制位 当这一位被置位且 USB 设备控制器被配置后，端点 3 才能进行正常的数据传输。用户可以通过配置该位来使能或不使能端点 3
4	EP2_EN	0	读/写	只读	端点 2 使能控制位 当这一位被置位且 USB 设备控制器被配置后，端点 2 才能进行正常的数据传输。用户可以通过配置该位来使能或不使能端点 2

位	命名	初始值	读/写		说　明
			AHB	USB	
3	EP1_EN	0	读/写	只读	端点 1 使能控制位 当这一位被置位且 USB 设备控制器被配置后,端点 1 才能进行正常的数据传输。用户可以通过配置该位来使能或不使能端点 1
2	SW_RST	0	读/写	读/清	软件复位整个 USB 设备控制器系统 当发生错误或 USB 设备控制器需要重新配置时,USB 设备控制器应该复位
1	ATTACH_EN	0	读/写	只读	当这一位被置位,USB 设备控制器的 D + 信号将被上拉来表示全速设备。当该位被清零,USB 设备将与 USB 主机断开
0	USB_EN	0	读/写	只读	只有这一位被置位后,USB 设备才能正常工作。当该位为 0 时,USB 设备控制器中除寄存器外的所有模块都被关闭时钟

（2）USB 设备状态寄存器（USBStatus）。如表 5.197 所示,该寄存器报告 USB 设备在被配置和正常工作时的状态。

表 5.197　USB 设备状态寄存器位段说明

位	命名	初始值	读/写		说　明
			AHB	USB	
31:4					保留
3:0	USBD_STATE	4'h0	只读	只写	USB 设备状态: 0000:连接;0001:上电; 0010:上电挂起;0011:默认 0100:默认挂起;0101:地址 0110:地址挂起;0111:配置 1000:配置挂起;1001 ~ 1111:保留

（3）USB 设备地址寄存器（USBAddr）。由于 USB 设备控制器不会硬件解码 USB 主机请求,所有的请求解码和描述符行为都由软件执行,所以当软件检测到当前 USB 主机的"设置地址"请求时,将软件配置 USB 设备功能地址,如表 5.198 所示。

表 5.198　USB 设备地址寄存器位段说明

位	命名	初始值	读/写		说　明
			AHB	USB	
31:4					保留
7	FUN_ADDR_UP	0	读/写	读/清	FUN_ADDR 写使能位。 当软件将功能地址写入 FUN_ADDR 字段时,该位应同时置位。USB 设备控制器会在接收到功能地址后清除该位
6:0	FUN_ADDR	7'h0	读/写	只读	当软件接收到 USB 主机请求中的功能地址后,配置这个字段

（4）USB 设备中断寄存器（USBInt）。中断是 USB 设备控制器和用户软件之间的重要通信方式，如表 5.199 所示，所有重要的 USB 设备操作都会产生一个中断来通知用户软件。

表 5.199　USB 设备中断寄存器位段说明

位	命名	初始值	读/写		说　　明
			AHB	USB	
31:11					保留
10	DMA_CMPT_INT	0	读/清	置位	DMA 完成中断 USB 设备控制器内置 DMA 表示当前数帧已经结束
9	CRC_ERR_INT	0	读/清	置位	CRC 错误中断 当 USB 传输中发生 CRC 校验错误时,该位被置位
8	BIT_STUFF_ ERR_INT	0	读/清	置位	位填充错误中断 当 USB 传输中发生位填充错误时,该位被置位
7	BUS_RST_INT	0	读/清	置位	总线复位中断 当 USB 总线复位时,该位被置位
6	RESUME_INT	0	读/清	置位	恢复中断 当 USB 设备控制器在挂起状态下收到 USB 主机发送的恢复信号时,该位被置位。如果恢复是因为 USB 复位,MCU 会响应恢复中断。如果 BUS_RST_INT 和 RESUME_INT 同时产生,用户应该忽略总线复位中断而处理恢复中断
5	SUSPEND_INT	0	读/清	置位	挂起中断 当 USB 设备控制器从 USB 总线上接收到挂起信息时,该位被置位。当 USB 总线 3 毫秒内无活动时,该位被置位。这会使 USB 设备控制器在被用户配置后进入低功耗模式
4	EP4_INT	0	读/清	置位	端点 4(接收中断传输)中断 满足以下任意一点,产生该中断 接收数据包成功。此时端点 4 状态寄存器中的 RCV_PKT_RDY 位会被置位 向主机发送停止传输握手信号完毕 此时端点 4 状态寄存器中的 SENT_STALL_FINISH 位会被置位
3	EP3_INT	0	读/清	置位	端点 3(发送中断传输)中断 满足以下任意一点,产生该中断 向主机发送数据包成功。此时端点 3 状态寄存器中的 SEND_ PKT_SUCCESS 位会被置位 向主机发送数据包不成功。此时端点 3 状态寄存器中的 SENT_ PKT_FAIL 位会被置位 向主机发送停止传输握手信号完毕。此时端点 3 状态寄存器中的 SENT_STALL_FINISH 位会被置位

位	命名	初始值	读/写		说　明
			AHB	USB	
2	EP2_INT	0	读/清	置位	端点2(接收块传输)中断 满足以下任意一点,产生该中断 接收数据包成功。此时端点2状态寄存器中的RCV_PKT_RDY位会被置位 向主机发送停止传输握手信号完毕 此时端点2状态寄存器中的SENT_STALL_FINISH位会被置位
1	EP1_INT	0	读/清	置位	端点1(发送块传输)中断 满足以下任意一点,产生该中断 向主机发送数据包成功。此时端点1状态寄存器中的SEND_PKT_SUCCESS位会被置位 向主机发送数据包不成功。此时端点1状态寄存器中的SENT_PKT_FAIL位会被置位 向主机发送停止传输握手信号完毕 此时端点1状态寄存器中的SENT_STALL_FINISH位会被置位
0	EP0_INT	0	读/清	置位	端点0(控制传输)中断 满足以下任意一点,产生该中断 接收设置包(SETUP)成功。此时端点0状态寄存器中的RCV_PKT_RDY位会被置位 接收数据包成功。此时端点0状态寄存器中的RCV_PKT_RDY位会被置位 发送数据包成功。此时端点0状态寄存器中的SEND_PKT_SUCCESS位会被置位 向主机发送停止传输握手信号完毕。此时端点0状态寄存器中的SENT_STALL_FINISH位会被置位

（5）中断屏蔽寄存器(USBIntMask)（表5.200）。

表5.200　中断屏蔽寄存器位段说明

位	命名	初始值	读/写		说　明
			AHB	USB	
31:11			保留		
10	DMA_CMPT_INT_MASK	1	读/写	只读	DMA完成中断屏蔽位 0:中断使能;1:中断屏蔽
9	CRC_ERR_INT_MASK	1	读/写	只读	CRC错误中断屏蔽位 0:中断使能;1:中断屏蔽
8	BIT_STUFF_ERR_INT_MASK	1	读/写	只读	位填充错误中断屏蔽位 0:中断使能;1:中断屏蔽
7	BUS_RST_INT_MASK	1	读/写	只读	总线复位中断屏蔽位 0:中断使能;1:中断屏蔽

位	命名	初始值	读/写		说　明
			AHB	USB	
6	RESUME_INT_MASK	1	读/写	只读	恢复中断屏蔽位 0:中断使能;1:中断屏蔽
5	SUSPEND_INT_MASK	1	读/写	只读	挂起中断屏蔽位 0:中断使能;1:中断屏蔽
4	EP4_INT_MASK	1	读/写	只读	端点4(接收中断传输)中断屏蔽位 0:中断使能;1:中断屏蔽
3	EP3_INT_MASK	1	读/写	只读	端点3(发送中断传输)中断屏蔽位 0:中断使能;1:中断屏蔽
2	EP2_INT_MASK	1	读/写	只读	端点2(接收块传输)中断屏蔽位 0:中断使能;1:中断屏蔽
1	EP1_INT_MASK	1	读/写	只读	端点1(发送块传输)中断屏蔽位 0:中断使能;1:中断屏蔽
0	EP0_INT_MASK	1	读/写	只读	端点0(控制传输)中断屏蔽位 0:中断使能;1:中断屏蔽

(6)帧数寄存器(USBFrameNum)(表5.201)。

表5.201　帧数寄存器位段说明

位	命名	初始值	读/写		说　明
			AHB	USB	
31:11			保留		
10:0	FRAME_NUM	11'h0	只读	只写	当前传输的帧数

(7)功耗管理控制寄存器(USBPwrManCtrl)(表5.202)。

表5.202　功耗管理控制寄存器位段说明

位	命名	初始值	读/写		说　明
			AHB	USB	
31:7			保留		
6	SUS_LOW_POWER_EN	0	读/写	只读	USB 设备控制器低功耗模式使能位 0:设备不进入低功耗模式 1:设备进入低功耗模式
5	REMOTE_WAKEUP_EN	0	读/写	只读	USB 设备控制器远程唤醒使能位。USB 主机可以通过向 USB 设备发送"set feature"描述符通知用户配置该位 0:不使能;1:使能
4	USBD_RESUME	0	读/写	读/清	将这一位置位可以使 USB 设备控制器根 RE-SUME_CNT 生成恢复信号

位	命名	初始值	读/写		说　明
			AHB	USB	
3:0	RESUME_CNT	4'b1010	读/写	只读	设置恢复信号的长度 0000:不可用;0001:1ms 0010:2ms;0011:3ms 0100:4ms;0101:5ms 0110:6ms;0111:7ms 1000:8ms;1001:9ms 1010:10ms;1011:11ms 1100:12ms;1101:13ms 1110:14ms;1111:15ms

（8）功耗管理状态寄存器（USBPwrManStatus）（表 5.203）。

表 5.203　功耗管理状态寄存器位段说明

位	命名	初始值	读/写		说　明
			AHB	USB	
31:3			保留		
2	PROTOCOL_RST	0	读/清	只写	表示 USB 设备监测到协议复位。当软件监测到恢复中断和 PROTOCOL_RST 或 USBD_IN_LPMODE 同时置位时,用户可以打开所有被关闭时钟的模块,然后将 USB 设备控制寄存器中的 SW_RST 位置位 0:没有监测到复位;1:监测到复位
1	USBD_IN_LPMODE	0	只读	只写	这一位表示设备出于挂起的低功耗状态 0:不处于挂起的低功耗状态 1:处于挂起的低功耗状态
0	REMOTE_WAKEUP_EN	0	只读	只写	USB 设备远程唤醒使能位 0:不使能;1:使能

（9）端点 0 控制寄存器（USBEP0Ctrl）（表 5.204）。

表 5.204　端点 0 控制寄存器位段说明

位	命名	初始值	读/写		说　明
			AHB	USB	
31:18			保留		
17	DEADDRESS	0	只写	读/清	当从主机接收到设置地址完毕的信息时,用户应该通知 USB 设备从地址状态进入默认状态。当 USB 设备接收到地址为 0 的"设置地址"描述符时表示设置地址完毕。如果地址值不是 0,用户应该设置 FUN_ADDR_UP 来通知 USB 设备进入地址状态
16	CONFIGURE	0	只写	读/清	当从主机接收到配置的信息时,用户应该通知 USB 设备从地址状态进入配置状态。这一位表示软件已经完成配置

位	命名	初始值	读/写 AHB	读/写 USB	说　明
15	DECONFIGURE	0	只写	读/清	当从主机接收到配置完毕的信息时,用户应该通知 USB 设备从配置状态进入地址状态。当 USB 设备接收到值为 0 的"配置"描述符时表示配置完毕
14	SEND_STALL	0	只写	读/清	用户可以将这一位置位来通知 USB 设备向主机发送停止传输握手包
13	TX_BUFFER_FLUSH	0	只写	读/清	软件可以将这一位置位来刷新端点 0 的发送缓存
12	RX_BUFFER_FLUSH	0	只写	读/清	软件可以将这一位置位来刷新端点 0 的接收缓存
11				保留	
10:4	CURRENT_PKT_SIZE	7'h0	只写	只读	这个字段告诉 USB 设备当前有多少字节要发送给主机。USB 设备可以根据这个字段判断当前是否为 0 长度包。如果一个 0 长度数据包被发送,这个字段必须为 0。输出端点用这个字段来向主机发送指定数据
3:1				保留	
0	SEND_PKT_RDY	0	只写	读/清	在向端点 0 发送缓存中写了一个包后,软件将这一位置 1 USB 设备会读清该位,然后向主机发送数据

（10）端点 0 状态寄存器（USBEP0Status）（表 5.205）。

表 5.205　端点 0 状态寄存器位段说明

位	命名	初始值	读/写 AHB	读/写 USB	说　明
31:25				保留	
24	LAST_CRTL_TRANS_INVLD	0	读/清	置位	这一位表示最后一个控制传输无效,软件应该丢弃前一个控制传输中接收到的数据。当 USB 设备在还没完成一个控制传输时接收到了另一个设置包,USB 设备控制器应该将这一位置位
23				保留	
22:20	CTRL_STATUS	3'b000	只读	只写	这个字段表示控制传输阶段 000:空闲 001:设置 010:控制写数据阶段 011:控制读数据阶段 100:控制写状态阶段 101:控制读状态阶段 110:无数据控制状态阶段 111:未定义
19				保留	

位	命名	初始值	读/写		说　明
			AHB	USB	
18	MPS_MISMATCH	0	读/清	置位	当主机设置的最大包大小大于 USB 设备所设置的时,USB 设备控制器将这一位置位。当 USB 设备控制器接收到一个比它所设的最大包大小还大的包时,USB 设备控制器将这一位置位
17	EP0_RXBUFFER_FULL	0	只读	只写	当端口 0 接收缓存满时,USB 设备控制器将这一位置位
16	RCV_IN_TOKEN	0	读/清	置位	当这一位被置位时,软件应该准备主机请求的数据
15	EP0_TXBUFFER_EMPTY	1	只读	只写	当端口 0 发送缓存为空时,USB 设备控制器将这一位置位
14	SENT_STALL_FINISH	0	读/清	置位	用户可以配置 SEND_STALL 使 USB 设备向主机发送停止传输握手信息。当停止传输握手信息发送成功后,USB 设备控制器将这一位置位
13	SEND_PKT_FAIL	0	读/清	置位	当当前包没有成功发送到主机时,USB 设备控制器将这一位置位
12	SEND_PKT_SUCCESS	0	读/清	置位	当当前包成功发送到主机时,USB 设备控制器将这一位置位
11	保留				
10:4	RCV_PKT_SIZE	7'h0	只读	只写	这个字段表示当前包的大小。软件根据这个字段决定要从缓存里读取多少字节。当当前包不是传输中的最后一个包时,这个字段的值与最大包大小相等
3:2	保留				
1	RCV_DATA_END	0	只读	置位	这一位表示这是一次传输中的最后一个数据包
0	RCV_PKT_RDY	0	读/清	置位	当当前包被 USB 设备成功接收时,这一位被置位

(11)端点 0 最大包大小寄存器(USBEP0MaxP)(表 5.206)。

表 5.206　端点 0 最大包大小寄存器位段说明

位	命名	初始值	读/写		说　明
			AHB	USB	
31:6	保留				
5:0	EP0_MAX_PSIZE	6'h3F	读/写	只读	最大包大小 = EP0_MAX_PSIZE + 1 控制传输只支持最大包大小为 8B、16B、32B 和 64B

(12)端点 0 收/发缓存寄存器(USBEP0BUFFER)(表5.207)。

表5.207 端点 0 收/发缓存寄存器位段说明

位	命名	初始值	读/写		说 明
			AHB	USB	
31:8	保留				
7:0	EP0_TX_RX_DATA	8'h0	读/写	读/写	用户可以通过这个字段向发送缓存中写数据或从接收缓存中读数据

(13)端点 1 控制寄存器(USBEP1Ctrl)(表5.208)。

表5.208 端点 1 控制寄存器位段说明

位	命名	初始值	读/写		说 明
			AHB	USB	
31:16	保留				
15	HALT_CLR	0	只写	读/清	用户将这一位置位来通知 USB 设备控制器清除 HALT 位
14	HALT	0	只写	读/清	用户将这一位置位来通知 USB 设备控制器进入暂停(HALT)状况。在这种状况下,传输端点 1 数据时 USB 设备控制器只能向主机发送停止(STALL)信息
13	SEND_STALL	0	只写	读/清	用户将这一位置位来通知 USB 设备控制器向主机发送停止传输握手包
12	BUF_FLUSH	0	只写	读/清	用户将这一位置位来刷新端点 1 缓存
11	保留				
10:4	CURRENT_PKT_SIZE	7'h0	只写	只读	这个字段告诉 USB 设备当前有多少字节要发送给主机。USB 设备可以根据这个字段判断当前是否为 0 长度包。如果一个 0 长度数据包被发送,这个字段必须为 0。输出端点用这个字段来向主机发送指定数据
3:1	保留				
0	SEND_PKT_RDY	0	只写	读/清	在向端点 1 发送缓存中写了一个包后,软件将这一位置 1。USB 设备会读清该位,然后向主机发送数据

(14)端点 1 状态寄存器(USBEP1Status)(表5.209)。

表5.209 端点 1 状态寄存器位段说明

位	命名	初始值	读/写		说 明
			AHB	USB	
31:7	保留				
6	HALT_STATUS	0	只读	只写	当端点 1 处于暂停(HALT)状态时,USB 设备控制器将这一位置位

位	命名	初始值	读/写		说　明
			AHB	USB	
5	EP1_BUFFER1_EMPTY	1	只读	只写	当端点 1 的缓存 1 为空时,USB 设备控制器将这一位置位
4	EP1_BUFFER0_EMPTY	1	只读	只写	当端点 1 的缓存 0 为空时,USB 设备控制器将这一位置位
3	SENT_STALL_FINISH	0	读/清	置位	用户可以配置 SEND_STALL 来通知 USB 设备向主机发送停止传输握手信息。当该信息发送成功后,USB 设备控制器将这一位置位
2	SEND_PKT_FAIL	0	读/清	置位	当当前包未成功发送到主机时,USB 设备控制器将这一位置位
1	SEND_PKT_SUCCESS	0	读/清	置位	当当前包成功发送到主机时,USB 设备控制器将这一位置位
0	RCV_IN_TOKEN	0	读/清	置位	当这一位被置位时,软件应该准备主机请求的数据

(15)端点 1 最大包大小寄存器(USBEP1MaxP)(表 5.210)。

表 5.210　端点 1 最大包大小寄存器位段说明

位	命名	初始值	读/写		说　明
			AHB	USB	
31:6			保留		
5:0	EP1_MAX_PSIZE	6'h3F	读/写	只读	最大包大小 = EP1_MAX_PSIZE + 1 块传输只支持最大包大小为 8B、16B、32B 和 64B

(16)端点 1 发送缓存寄存器(USBEP1BUFFER)(表 5.211)。

表 5.211 端点 1 发送缓存寄存器位段说明

位	命名	初始值	读/写		说　明
			AHB	USB	
31:8			保留		
7:0	EP1_TX_DATA	8'h0	读/写	只读	用户通过这个字段向端点 1 的发送缓存中写数据

(17)端点 2 控制寄存器(USBEP2Ctrl)表 5.212。

表 5.212　端点 2 控制寄存器位段说明

位	命名	初始值	读/写		说　明
			AHB	USB	
31:4			保留		
3	HALT_CLR	0	只写	读/清	用户将这一位置位来通知 USB 设备控制器清除 HALT 位

位	命名	初始值	读/写		说　明
			AHB	USB	
2	HALT	0	只写	读/清	用户将这一位置位来通知 USB 设备控制器进入暂停（HALT）状况。在这种状况下,传输端点 2 数据时 USB 设备控制器只能向主机发送停止（STALL）信息
1	SEND_STALL	0	只写	读/清	用户将这一位置位来通知 USB 设备控制器向主机发送停止传输握手包
0	BUF_FLUSH	0	只写	读/清	用户将这一位置位来刷新端点 2 缓存

（18）端点 2 状态寄存器（USBEP2Status）（表 5.213）。

表 5.213　端点 2 状态寄存器位段说明

位	命名	初始值	读/写		说　明
			AHB	USB	
31:27			保留		
26	HALT_STATUS	0	只读	只写	当端点 2 处于暂停（HALT）状态时,USB 设备控制器将这一位置位
25	MPS_MISMATCH	1	读/清	置位	当主机设置的最大包大小大于 USB 设备所设置的时,USB 设备控制器将这一位置位。当 USB 设备控制器接收到一个比它所设的最大包大小还大的包时,USB 设备控制器将这一位置位
24	SENT_STALL _FINISH	0	读/清	置位	用户可以配置 SEND_STALL 使 USB 设备向主机发送停止传输握手信息。当停止传输握手信息发送成功后,USB 设备控制器将这一位置位
23			保留		
22:16	RCV_PKT_ SIZE_NEW	7'h0	只读	只写	这个字段表示新的包的大小。当 USB 设备控制器成功接收到另一个包时,这个字段里的值会被转移到 RCV_ PKT_SIZE_OLD 字段中
15:14			保留		
13	RCV_PKT_ END_NEW	0	只读	置位	当新的包是当前传输中的最后一个包时,USB 设备控制器将这一位置位。当 USB 设备控制器成功接收到另一个包时,这一位会被转移到 RCV_PKT_END_OLD 中
12	RCV_PKT_ RDY_NEW	0	读/清	置位	当一个新的包被 USB 设备成功接收时,这一位被置位。由于端点 2 中有两个缓存,当另一个包被成功接收时,USB 设备控制器会将这一位转移到 RCV_PKT_RDY_ OLD 中并且将这一位置位。当软件读这个寄存器,发现这一位和 RCV_PKT_RDY_OLD 都被置位时,用户应该从端点 2 缓存中读取两个包的数据。一般情况下,应该先读取老的包数据

位	命名	初始值	读/写		说　明
			AHB	USB	
11			保留		
10:4	RCV_PKT_SIZE_OLD	7'h0	只读	只写	这个字段表示老的包的大小。用来保存 RCV_PKT_SIZE_NEW 字段中的值
3:2			保留		
13	RCV_PKT_END_OLD	0	只读	置位	这一位用来保存 RCV_PKT_END_NEW 位中的值
12	RCV_PKT_RDY_OLD	0	读/清	置位	这一位用来保存 RCV_PKT_RDY_NEW 位中的值

(19)端点 2 最大包大小寄存器(USBEP2MaxP)(表 5.214)。

表 5.214　端点 2 最大包大小寄存器位段说明

位	命名	初始值	读/写		说　明
			AHB	USB	
31:6			保留		
5:0	EP2_MAX_PSIZE	6'h3F	读/写	只读	最大包大小 = EP2_MAX_PSIZE + 1。块传输只支持最大包大小为 8B、16B、32B 和 64B

(20)端点 2 接收缓存寄存器(USBEP2BUFFER)(表 5.215)。

表 5.215　端点 2 接收缓存寄存器位段说明

位	命名	初始值	读/写		说　明
			AHB	USB	
31:8			保留		
7:0	EP2_RX_DATA	8'h0	只读	读/写	用户通过这个字从端点 2 的接收缓存中读取数据

(21)端点 3 控制寄存器(USBEP3Ctrl)。该寄存器位段说明参考端点 1 控制寄存器(USBEP1Ctrl)。

(22)端点 3 状态寄存器(USBEP3Status)(表 5.216)。

表 5.216　端点 3 状态寄存器位段说明

位	命名	初始值	读/写		说　明
			AHB	USB	
31:7			保留		
6	HALT_STATUS	0	只读	只写	当端点 3 处于暂停(halt)状态时,USB 设备控制器将这一位置位

位	命名	初始值	读/写		说　明
			AHB	USB	
5	保留				
4	EP3_BUFFER_EMPTY	1	只读	只写	当端点3的缓存为空时,USB设备控制器将这一位置位
3	SENT_STALL_FINISH	0	读/清	置位	用户可以配置SEND_STALL来通知USB设备向主机发送停止传输握手信息。当该信息发送成功后,USB设备控制器将这一位置位
2	SEND_PKT_FAIL	0	读/清	置位	当当前包未成功发送到主机时,USB设备控制器将这一位置位
1	SEND_PKT_SUCCESS	0	读/清	置位	当当前包成功发送到主机时,USB设备控制器将这一位置位
0	RCV_IN_TOKEN	0	读/清	置位	当这一位被置位时,软件应该准备主机请求的数据

(23)端点3最大包大小寄存器(USBEP3MaxP)(表5.217)。

表5.217　端点3最大包大小寄存器位段说明

位	命名	初始值	读/写		说　明
			AHB	USB	
31:6	保留				
5:0	EP3_MAX_PSIZE	6'h3F	读/写	只读	最大包大小 = EP3_MAX_PSIZE +1 块传输只支持最大包大小不大于64B

(24)端点3发送缓存寄存器(USBEP3BUFFER)。该寄存器位段说明参考端点1发送缓存寄存器(USBEP1BUFFER)。

(25)端点4控制寄存器(USBEP4Ctrl)。该寄存器位段说明参考端点2控制寄存器(USBEP2Ctrl)。

(26)端点4状态寄存器(USBEP4Status)(表5.218)。

表5.218　端点4状态寄存器位段说明

位	命名	初始值	读/写		说　明
			AHB	USB	
31:27	保留				
26	HALT_STATUS	0	只读	只写	当端点4处于暂停(HALT)状态时,USB设备控制器将这一位置位
25	MPS_MISMATCH	1	读/清	置位	当主机设置的最大包大小大于USB设备所设置的时,USB设备控制器将这一位置位。当USB设备控制器接收到一个比它所设的最大包大小还大的包时,USB设备控制器将这一位置位

位	命名	初始值	读/写		说　明
			AHB	USB	
24	SENT_STALL_FINISH	0	读/清	置位	用户可以配置 SEND_STALL 使 USB 设备向主机发送停止传输握手信息。当停止传输握手信息发送成功后,USB 设备控制器将这一位置位
23:13			保留		
12	EP4_BUFFER_FULL	0	读/清	置位	当端点 4 缓存为满时,USB 设备控制器将这一位置位
11			保留		
10:4	RCV_PKT_SIZE	7'h0	只读	只写	这个字段表示当前包的大小。软件根据这个字段决定要从缓存里读取多少字节。当当前包不是传输中的最后一个包时,这个字段的值与最大包大小相等
3:2			保留		
1	RCV_DATA_END	0	只读	置位	这一位表示这是一次传输中的最后一个数据包
0	RCV_PKT_RDY	0	读/清	置位	当当前包被 USB 设备成功接收时,这一位被置位

(27)端点 4 最大包大小寄存器(USBEP4MaxP)(表 5.219)。

表 5.219　端点 4 最大包大小寄存器位段说明

位	命名	初始值	读/写		说　明
			AHB	USB	
31:6			保留		
5:0	EP4_MAX_PSIZE	6'h3F	读/写	只读	最大包大小 = EP4_MAX_PSIZE +1 块传输只支持最大包大小不大于 64B

(28)端点 4 接收缓存寄存器(USBEP4BUFFER)。该寄存器位段说明参考端点 2 接收缓存寄存器(USBEP2BUFFER)。

(29)内置 DMA 控制寄存器(USBDMACtrl)(表 5.220)。CK5A6 MCU 中的 USB 设备控制器中有一个内置 DMA 控制器。中断传输和块传输可以利用内置 DMA 通道来完成从接收缓存到内存或从内存到发送缓存的数据传输。内置 DMA 控制器是 AHB 总线的主设备,能够请求总线来发送或接收数据。软件应该在启动内置 DMA 前配置源地址和目标地址。内置 DMA 控制器通过各端点 DMA 配置寄存器得到 DMA 传输的信息。

表 5.220　内置 DMA 控制寄存器位段说明

位	命名	初始值	读/写		说　明
			AHB	USB	
31:4			保留		
3	EP4_DMA_EN	0	读/写	只读	端点 4 的 DMA 传输使能

位	命名	初始值	读/写		说　明
			AHB	USB	
2	EP3_DMA_EN	0	读/写	只读	端点 3 的 DMA 传输使能
1	EP2_DMA_EN	0	读/写	只读	端点 2 的 DMA 传输使能
0	EP1_DMA_EN	0	读/写	只读	端点 1 的 DMA 传输使能。

（30）内置 DMA 状态寄存器（USBDMAStatus）（表 5.221）。

表 5.221　内置 DMA 状态寄存器位段说明

位	命名	初始值	读/写		说　明
			AHB	USB	
31:8	保留				
7	EP4_DMA_TRANS_FAIL	0	读/清	置位	端点 4 的 DMA 传输由于总线错误传输失败
6	EP4_DMA_TRANS_SUCCESS	0	读/清	置位	端点 4 的 DMA 传输成功。软件可以读清该位
5	EP3_DMA_TRANS_FAIL	0	读/清	置位	端点 3 的 DMA 传输由于总线错误传输失败
4	EP3_DMA_TRANS_SUCCESS	0	读/清	置位	端点 3 的 DMA 传输成功。软件可以读清该位
3	EP2_DMA_TRANS_FAIL	0	读/清	置位	端点 2 的 DMA 传输由于总线错误传输失败
2	EP2_DMA_TRANS_SUCCESS	0	读/清	置位	端点 2 的 DMA 传输成功。软件可以读清该位
1	EP1_DMA_TRANS_FAIL	0	读/清	置位	端点 1 的 DMA 传输由于总线错误传输失败
0	EP1_DMA_TRANS_SUCCESS	0	读/清	置位	端点 1 的 DMA 传输成功。软件可以读清该位

（31）内置 DMA 端点 1/2 传输控制寄存器（USBDMAEP1/2TransCtrl）（表 5.222）。

表 5.222　内置 DMA 端点 1/2 传输控制寄存器位段说明

位	命名	初始值	读/写		说　明
			AHB	USB	
31:24	保留				
23:4	DMA_TRANS_SIZE	20'h0	读/写	只读	当 USER_INTERVENE_EN 有效时，最大 DMA 传输大小为 1MB。当 USER_INTERVENE_EN 无效时，最大 DMA 传输大小为 64B
3:2	DMA_TRANS_WIDTH	2'b10	读/写	只读	00:8 位;01:16 位 10:32 位;11:保留
1	DMA_TRANS_BEGIN	0	读/清	清	当这一位有效时，用户控制信号配置被用来发起一次 DMA 传输。这个信号只维持一个周期
0	USER_INTERVENE_EN	0	读/写	只读	0:用户不干预。当传输成功完成后才产生中断 1:用户干预。当一个包传输成功后，中断产生来通知用户进行下一次包传输的配置

(32)内置 DMA 端点 3/4 传输控制寄存器(USBDMAEP3/4TransCtrl)(表 5.223)

表 5.223　内置 DMA 端点 3/4 传输控制寄存器位段说明

位	命名	初始值	读/写		说　明
			AHB	USB	
31:11			保留		
10:4	DMA_TRANS_SIZE	7'h40	读/写	只读	一次 DMA 传输中的总字节数。当字节数小于相应端点设置的最大包大小时,表示这个包是传输中的最后一个包
3:2	DMA_TRANS_WIDTH	2'b10	读/写	只读	00:8 位;01:16 位 10:32 位;11:保留
1	DMA_TRANS_BEGIN	0	读/清	清	表示当前传输由 DMA 发起。当传输开始时,USB 设备控制器将这一位清零
0			保留		

（33）内置 DMA 端点 1/2/3/4 传输基地址寄存器（USBDMAEP1/2/3/4BaseAddr）(表 5.224)。

表 5.224　内置 DMA 端点 1/2/3/4 传输基地址寄存器位段说明

位	命名	初始值	读/写		说　明
			AHB	USB	
31:0	DMA_BASE_ADDR	32'h0	读/写	只读	表示当前 DMA 传输的起始地址。建议软件配置起始地址按传输宽度对齐

3）操作说明

本节将简要介绍 CK5A6 MCU 的软件编程中对 USB 设备控制器操作的简单流程。

步骤 1　当 USB 主机准备完毕后,配置 USBCtrl 寄存器为 0x5,完成 USB 设备控制器软件复位。

步骤 2　根据需要配置 USBCtrl 寄存器,使能相应的端点传输。(端点 0 无需这一步操作)。

步骤 3　配置 USBIntMask 寄存器,使能所需的中断。

步骤 4　将 USBCtrl 寄存器的第一位(ATTACH_EN)置 1,将 USB 设备连接到主机上。

步骤 5　等待 USB 设备控制器中断。

步骤 6　进入中断服务程序,屏蔽所有中断,查询 USBInt 寄存器判断是哪个中断。

步骤 7　查询相应端点的状态寄存器,判断当前传输是接收成功还是需要准备发送数据。

步骤 8　若接收成功,从相应端点的缓存寄存器中读取数据;若需要发送,向相应端点的缓存寄存器中写数据。

步骤 9　若是发送操作,设置相应端点的控制寄存器启动发送操作。

步骤 10　重新使能相应的端点传输,退出中断服务程序。

步骤 11　若是发送操作,等待相应端点状态寄存器中的发送成功位被置位。

4）应用实例

CK5A6 MCU 中的 USB 设备控制器响应主机要求,向主机发送设备 ID 号的汇编代码实例如下所示:

行数	代码	注释
0	LRW R1, 0x5	
1	LRW R2, _USBCTRL	
2	ST R1, (R2)	// USB 设备控制器软件复位
3	LRW R1, 0x80	
4	LRW R2, _USBINTMASK	
5	ST R1, (R2)	// 使能除总线复位中断外的所有中断
6	LRW R2, _USBCTRL	
7	LD R1, (R2)	
8	BSETI R1, 1	
9	ST R1, (R2)	// USB 设备连接
10	WAIT:	
11	...	// 等待 USB 设备控制器中断,直到发送完设备 ID 号
12	ISR_USBD:	// USB 设备控制器的中断服务程序
13	LRW R1, 0x7FF	
14	LRW R2, _USBINTMASK	
15	ST R1, (R2)	// 屏蔽 USB 设备控制器所有中断
16	LRW R2, _USBINT	
17	LD R1, (R2)	
18	BTSTI R1, 0	// 查询是否端点 0 中断
19	BF TEST_ERROR	
20	USBD_EP0_HANDLER:	// 端点 0 中断服务程序
21	LRW R2, _USBEP0STATUS	
22	LD R1, (R2)	
23	BTSTI R1, 0	// 查询是否接收成功中断
24	BT SETUP_STAGE_CHECK	
25	BTSTI R1, 16	// 查询是否发送数据准备中断
26	BT PREPARE_ID	
27	BR ISR_USBD_END	
28	SETUP_STAGE_CHECK:	
29	LRW R2, 0x700000	
30	AND R1, R2	
31	MOVI R2, 1	
32	CMPNE R1, R2	// 查询是否处于设置(SETUP)阶段
33	BT ISR_USBD_END	

34	...	// 读 8 次 USBEP0BUFFER,检查接收到的数据是否是
		// 主机发送的"读设备 ID"请求。若是该请求,则跳
		// 转到 ISR_USBD_END;若不是该请求,跳转到
		// TEST_ERROR

35	PREPARE_ID:	
36	...	// 向 USBEP0BUFFER 写设备 ID。由于设备 ID 有 18B, // 所以要向该寄存器写 18 次
37	LRW R1, 0x121	
38	LRW R2, USBEP0CTRL	

39	ST R1，（R2）	// 配置 USBEP0Ctrl,说明发送数据已准备完毕,且 发送数据的大小为 18B
40	ISR_USBD_END：	
41	LRW R1, 0x80	
42	LRW R2，_USBINTMASK	
43	ST R1，（R2）	// 重新使能除总线复位中断外的所有中断
44	JMP R15	// 中断服务程序结束,返回主程序

5.3.3 低速接口模块

1. UART 串口控制器

1）功能概述

通用异步接收器和发送器(universal asynchronous receiver/transmitter, UART)用于控制串行设备之间数据通信,是可以和外设(如个人计算机、红外、rs232、rs485 接口等)通信的全双工异步系统。它包括了 rs232、rs499、rs423、rs422 和 rs485 等接口标准规范和总线标准规范,是异步串行通信口的总称。作为系统硬件接口的一部分,UART 主要提供以下功能:

(1)将系统内部传送过来的并行数据转换为串行数据流输出;

(2)将系统外部来的串行数据转换为并行数据,供系统处理;

(3)在输出的串行数据流中加入奇偶校验位,并对从外部接收的数据流进行奇偶校验;

(4)在输出数据流中加入启停标记,并从接收数据流中删除启停标记;

(5)触发系统中断等。

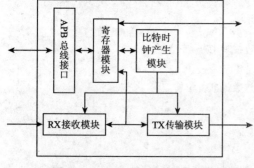

图 5.37　CK5A6 UART 结构框图

CK5A6 MCU 系统所使用的 UART 控制模块结构框图如图 5.37 所示,其主要特性有:

(1)CK5A6 MCU 包含 3 个独立的 UART,均可工作在全双工模式;

(2)基于工业标准 16550;

(3)每个 UART 收发数据都有各自的 FIFO,两个 FIFO 都是 16-entry,宽度为 8bit;

(4)支持 5bit、6bit、7bit、8bit 的数据传输;

(5)可以选择奇偶校验或不选;

(6)具有硬件的数据流控制;

(7)支持 5 种中断类型和 DMA 传输的工作模式;

(8)具有 AMBA2.0 的 APB 接口,数据和地址位宽均为 32bit;

(9)支持所有串行的数据传输波特率,具有 16bit 的分频系数寄存器;

(10)支持可编程的 THRE(transmit holding register empty)中断模式。

UART 每一次完成的传输数据包括起始位、数据位、奇偶校验位和结束位,格式表示如图 5.38 所示。

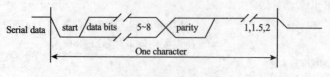

图 5.38　串行数据格式

根据配置不同,数据位位数有 5～8 位可选,结束位位数有 1 位、1.5 位和 2 位三种方式可选。

2)寄存器说明

CK5A6 分配给 3 个 UART 的地址范围分别为:

UART0, 0x1001_5000－0x1001_5FFF;

UART1, 0x1001_6000－0x1001_6FFF;

UART2, 0x1001_7000－0x1001_7FFF。

表 5.225 为 UART 的寄存器列表。

表5.225　UART 的寄存器地址映射与功能描述

寄存器名称	地址偏移	位宽	访问类型	复位值	描　　述
receiver buffer register (RBR)	0x00	8	读	8'b0	接收缓冲寄存器
transmitter holding register (THR)	0x00	8	写	8'b0	发送保持寄存器
divisor latch(low) (DLL)	0x00	8	读/写	8'b0	分频寄存器(低 8 位)
divisor latch(high) (DLH)	0x04	8	读/写	8'b0	分频寄存器(高 8 位)
interrupt enable register(IER)	0x04	8	读/写	8'b0	中断允许寄存器
interrupt identification register(IIR)	0x08	8	读	见表 5.231	中断状态寄存器
FIFO control register(FCR)	0x08	8	写	8'b0	FIFO 控制寄存器
line control register (LCR)	0x0C	8	读/写	8'b0	线控制寄存器
modem control register (MCR)	0x10	6	读/写	6'b0	调制解调器控制寄存器
line status register (LSR)	0x14	8	读	见表 5.236	线状态寄存器
modem status register(MSR)	0x18	8	读	8'b0	调制解调器状态寄存器
UART status register(USR)	0x7C	5	读	见表 5.238	UART 状态寄存器

UART 的控制寄存器和状态寄存器对数据传输的流程控制起着关键作用。以下将对表 5.225 中的各个寄存器分别加以介绍。

(1)接收缓冲寄存器(RBR)(表 5.226)。在 FIFO 模式(FCR[0] =1)下,接收缓冲寄存器存放接收 FIFO 中将要被读的字节。每次读取 RBR 的动作完成后,都会有新的字节从 FIFO 中传送到 RBR。线状态寄存器中的 LSR[0]用来标示接收 FIFO 中是否有数据可被传送给 RBR。当接收 FIFO 装满时,RBR 还未被读取,那么新到的数据将会丢失,即发生溢出错误。在非 FIFO 模式(FCR[0] =0)下,RBR 必须在下个数据到达前读取,否则 RBR 内的数据会被新到的数据覆盖,即发生溢出错误。

表5.226　接收缓存寄存器的描述

位	名称	访问	初始值	说　　明
31:8				保留
7:0	RBR	读	0x00	该寄存器用来存放接收 FIFO 中将要被读的字节

(2)发送保持寄存器(THR)(表 5.227)。线状态寄存器的 LSR[5]用来判断发送保持寄存器中是否有数据。当值为 1 时,表示发送保持寄存器为空。在 FIFO 模式(FCR[0] =1)下,如果发送 FIFO 未满,那么数据(不止一个)可以被写入发送保持寄存器。另外,如果发送 FIFO 已满,则继续写入的数据将会丢失。在非 FIFO 模式(FCR[0] =0)下,向 THR 写数据会覆盖原来未发送的数据。

表 5.227　发送保持存寄存器的描述

位	名称	访问	初始值	说　明
31:8				保留
7:0	THR	只写	0x00	发送保持寄存器用来缓冲发送数据

（3）分频寄存器（DLL）（低 8 位）（表 5.228）。

表 5.228　分频寄存器（低 8 位）描述

位	名称	访问	初始值	说　明
31:8				保留
7:0	DLL	读/写	0x00	分频数的低 8 位。当 LCR[7] = 1 且 USR[0] = 0 时读写有效

（4）分频寄存器（DLH）（高 8 位）（表 5.229）。

表 5.229　分频寄存器（高 8 位）描述

位	名称	访问	初始值	说　明
31:8				保留
7:0	DLH	读/写	0x00	分频数的高 8 位。当 LCR[7] = 1 且 USR[0] = 0 时读写有效 波特率 = 时钟频率/（16 * 分频数）。若 DLL 和 DLH 都为零，那么 UART 将不会与外设发生通信

（5）中断允许寄存器（IER）（表 5.230）。

表 5.230　中断允许寄存器的描述

位	名称	访问	初始值	说　明
31:8				保留，读取时为零值
7	PTIME	读/写	1'b0	可编程的 THRE（transmit holding register empty）中断允许位。若该位置 1 且 IER[1] = 1，则当发送 FIFO 达到阈值时产生中断
6:4				保留，读取时为零值
3	EDSSI	读/写	1'b0	调制解调器状态中断允许位。置 1 有效，优先级第四
2	ELSI	读/写	1'b0	接收线状态中断允许位。置 1 有效，优先级最高
1	ETBEI	读/写	1'b0	发送保持寄存器为空时中断允许位。置 1 有效，优先级第三
0	ERBFI	读/写	1'b0	接收数据可读和字节超时中断允许位。置 1 有效，优先级第二

（6）中断状态寄存器（ⅡR）（表 5.231）。对于不同的中断状态，用户可以采取相应的操作，表 5.232 说明了各种中断产生的原因以及相应的清中断操作。

表 5.231　中断状态寄存器的描述

位	名称	访问	初始值	说　明
31:8				保留，读取时为零值
7:6	FIFOSE	读	2'b1	指明 FIFO 是否被选中 00：未选中；11：选中
5:4				保留，读取时为零值
3:0	ⅡD	读	4'b1	中断 ID。指明当前等待的中断中优先级最高的中断类型 0000：调制解调器状态；0001：没有中断发生 0010：发送保持寄存器为空；0100：接收数据可读 0110：接收线状态；0111：UART 繁忙检测 1100：字节超时中断优先级分为 4 级

表 5.232　中断控制操作

| 中断 ID | | | 中断置位和复位控制 | |
ⅡR[3:0]	中断优先级	中断类型	中断原因	中断复位控制
0110	最高	接收线状态	溢出错误、奇偶错误、帧错误或暂停请求	读线状态寄存器
0100	第二	接收数据可读	接收数据可读（非 FIFO 模式）或接收 FIFO 到达阈值（FIFO 模式）	读接收缓冲寄存器（非 FIFO 模式）或接收 FIFO 低于阈值（FIFO 模式）
1100	第二	字节超时	在四个字节传送时间内，没有数据进入接收 FIFO，也没有数据从接收 FIFO 取出，同时接收 FIFO 中至少仍有一个字节	读接收缓冲寄存器
0010	第三	发送保持寄存器为空	发送保持寄存器为空（可编程 THRE 模式未启用）或发送 FIFO 到达阈值（可编程 THRE 模式启用）	向发送保持寄存器写数据（可编程 THRE 模式未启用）或发送 FIFO 高于阈值（可编程 THRE 模式启用）
0000	第四	调制解调器状态	CTS 信号跳变检测。当 UART 工作在硬件的数据流控制模式下，CTS 信号跳变不发生中断	读调制解调器状态寄存器
0111	第五	UART 繁忙检测	在 UART 工作的时候试图向线控制寄存器写数据	读 UART 状态寄存器
0001			没有中断发生	

（7）FIFO 控制寄存器（FCR）（表 5.233）。

表 5.233　FIFO 控制寄存器的描述

位	名称	读/写	初始值	说　　明
31:8				保留，读取时为零值
7:6	RCVR	写	$2'b0$	接收 FIFO 的阈值。作用：接收 FIFO 到达此阈值后会向 DMAC 请求接收数据；触发接收数据可读中断；控制硬件数据流传输 00:1B;01:4B;10:8B;11:14B
5:4	TET	写	$2'b0$	发送 FIFO 的阈值。作用：发送 FIFO 到达此阈值后会向 DMAC 请求发送数据；触发 THRE 中断 00:FIFO 为空;01:2B;10:4B;11:8B
3	DMAM	写		DMA Mode，无效
2	XFIFOR	写	$2'b0$	发送 FIFO 复位。置1有效，复位发送 FIFO 控制器，同时将发送 FIFO 复位为空
1	RFIFOR	写	$2'b0$	接收 FIFO 复位。置1有效，复位接收 FIFO 控制器，同时将接收 FIFO 复位为空
0	FIFOE	写	$2'b0$	FIFO 使能位。每次改变此位值都会复位发送 FIFO 和接收 FIFO 0:不启用 FIFO;1:启用 FIFO

(8)线控制寄存器(LCR)(表5.234)。

表5.234　线控制寄存器的描述

位	名称	访问	初始值	说　　明
31:8				保留,读取时为零值
7	DLAB	读/写	1'b0	分频寄存器存取控制位。只在 UART 空闲时(USR[0]=0)可写,置位后 DLL、DLH 有效,此时可通过对 DLL 和 DLH 读写来设置波特率
6	BC	读/写	1'b0	暂停控制位。置位后串行数据输出端口始终保持低电平
5	Stick Parity			保留,读取时为零值
4	EPS	读/写	1'b0	奇偶校验选择位。只在 UART 空闲时(USR[0]=0)可写 0:奇校验;1:偶校验
3	PEN	读/写	1'b0	奇偶校验使能位。只在 UART 空闲时(USR[0]=0)可写 0:数据发送和接收不包含奇偶校验位 1:数据发送和接收包含奇偶校验位
2	STOP	读/写	1'b0	每帧数据中结束位位数控制。只在 UART 空闲时(USR[0]=0)可写 0:结束位位数 1bit 1:LCR[1:0]=00 时,结束位位数 1.5bit;否则结束位位数 2bit
1:0	DLS	读/写	1'b0	数据长度选择位。只在 UART 空闲时(USR[0]=0)可写 00:5bit;01:6bit;10:7bit;11:8bit

(9)调制解调器控制寄存器(MCR)(表5.235)。

表5.235　调制解调器控制寄存器的描述

位	名称	访问	初始值	说　　明
31:6				保留,读取时为零值
5	AFCE	读/写	1'b0	自动流控制使能位。当该位置1且 FIFO 启用(FCR[0]=1),则 UART 工作在硬件的自动流控制模式下 0:不启用;1:启用
4	LB	读/写	1'b0	反馈模式使能位。当该位置1,UART 进入反馈诊断模式。此时,串行数据输出直接反馈至串行数据输入口,RTS 输出反馈至 CTS 输入口 0:不启用;1:启用
3:2				保留,读写无效
1	RTS	读/写	1'b0	RTS 输出控制位。直接控制 RTS 输出端口取值。当 UART 工作在自动流控制模式下,接收 FIFO 到达阈值后 UART 自动将该位复位请求外设停止发送数据;接收 FIFO 为空后 UART 再将该位置位请求外设发送数据 向该位写1,RTS 输出口为低电平;向该位写0,RTS 输出口为高电平
0				保留,读写无效

(10)线状态寄存器(LSR)(表5.236)。

表5.236 线状态寄存器的描述

位	名称	访问	初始值	说明
31:8				保留,读取时为零值
7	RFE	读	1'b0	接收FIFO错误指示位。当接收FIFO发生奇偶错误、帧错误或暂停请求时该位被自动置1。若数据错误只发生在接收FIFO顶层,读线状态寄存器(LSR)将清空该位
6	TEMT	读	1'b1	发送为空指示位。在FIFO模式下(FCR[0]=1),若发送FIFO和发送移位寄存器都为空,该位置1;在非FIFO模式下(FCR[0]=0),若发送保持寄存器和发送移位寄存器都为空,该位置1
5	THRE	读	1'b1	发送保持寄存器为空指示位。用来产生发送保持寄存器为空中断,若发送保持寄存器或发送FIFO为空,该位置1。若IER[7]=1且FCR[0]=1,该位变为用来指示发送FIFO已满,发送保持寄存器为空中断产生与否由发送FIFO阈值控制
4	BI	读	1'b0	暂停请求指示位。当串行数据输入口连续收到有超过一帧数据宽度的低电平,该位置1
3	FE	读	1'b0	帧错误指示位。当UART检测到接收到的数据缺少有效的结束位时,该位置1。读线状态寄存器(LSR)将清空该位
2	PE	读	1'b0	奇偶错误指示位 0:无奇偶错误发生;1:有奇偶错误发生
1	OE	读	1'b0	溢出错误指示位。在非FIFO模式(FCR[0]=0)下,若接收缓冲寄存器中的当前数据在下个数据到来时还未被取取,该位置1,同时当前数据被覆盖;在FIFO模式(FCR[0]=1)下,若在下个数据到来时接收FIFO已满,该位置1,同时接收移位寄存器中的数据被覆盖
0	DR	读	1'b0	数据可读指示位。当接收保持寄存器或接收FIFO中至少有1B时,该位置1

(11)调制解调器状态寄存器(MSR)(表5.237)。

表5.237 调制解调状态寄存器的描述

位	名称	读/写	初始值	说明
31:8				保留,读取时为零值
7:5				保留
4	CTS	读	1'b0	外设请求发送数据标志位。该位值为CTS输入端口值取反 1:外设请求发送数据;0:外设请求停止发送数据 在反馈模式(MCR[4]=1)下,该位值与MCR[1](RTS)值相同
3:1				保留
0	DCTS	读	1'b0	CTS输入端口值变化标志位 0:值未发生变化;1:值发生变化 读调制解调器状态寄存器(MSR)将该位复位

（12）UART 状态寄存器（USR）（表5.238）。

表5.238　UART 状态寄存器的描述

位	名称	读/写	初始值	说　　明
31:5				保留，读取时为零值
4	RFF	读	1'b0	0：接收 FIFO 未满；1：接收 FIFO 已满
3	RFNE	读	1'b0	0：接收 FIFO 为空；1：接收 FIFO 非空
2	TFE	读	1'b1	0：发送 FIFO 非空；1：发送 FIFO 为空
1	TFNF	读	1'b1	0：发送 FIFO 已满；1：发送 FIFO 未满
0	BUSY	读	1'b0	UART 繁忙标志位。数据传输（包括读写）完毕后该位复位 0：UART 空闲；1：UART 繁忙

3）操作说明

本节将简要介绍 CK5A6 MCU 系统中常用的 UART 功能以及软件编程的一般流程操作流程。

A. 自动数据流控制

自动数据流控制说明：通过置位 MCR[5]启用自动数据流控制。假设 UART0 为数据接收方，UART1 为数据发送方。当 UART0 的接收 FIFO 到达阈值后，UART0 的输出信号 rts_n 被置为高电平，从而 UART1 的输入信号 cts_n 也为高电平。此时，UART1 的发送 FIFO 将不再向 UART0 发送数据，直至 UART0 的输出 rts_n 重新被置为低电平。

当 UART0 的发送 FIFO 与 UART1 的接收 FIFO 通信时情况相同。

B. DMA 数据通信

UART 可通过 dma_tx_req_n 和 dma_rx_req_n 控制信号与 DMA 直接进行数据通信。dma_tx_req_n 指示当前 UART 内的接收 FIFO 到达指定阈值，通知 DMA 读取数据；dma_rx_req_n 指示当前 UART 内的发送 FIFO 到达指定阈值，通知 DMA 可以写入数据。DMA 数据传输有2个独立通道组成，分别进行数据接收和数据发送。

C. 中断

UART 支持多种中断方式，用户可以通过写中断允许寄存器（IER）相应位使能某类中断，也可以通过读中断状态寄存器（ⅡR）查询当前中断属于哪一类中断。UART 支持以下中断类型：

（1）接收错误；

（2）接收数据可读；

（3）字节超时；

（4）发送保持寄存器为空或低于阈值。

各中断对应寄存器使能位和查询位详见表5.230～表5.232。

D. 软件编程一般步骤

复位后，接收 FIFO 和发送 FIFO 被清空，所有寄存器设为复位值，UART 处于空闲状态。所有中断未使能。

执行以下编程操作使 UART 进入工作：

步骤1　将线控制寄存器第8位置1（LCR[7] =1），写 DLL、DLH 设置波特率大小。

步骤2　根据所需要的线传输模式设置线控制寄存器（LCR），用户可自定义数据位数、结束位位数以及是否选取奇偶校验位等。

步骤3　写 FIFO 控制寄存器 FCR 配置 FIFO（包括 FIFO 启用、阈值选取等）。

步骤4　设置中断允许寄存器(IER),根据需要使能中断。

步骤5　根据线状态寄存器(LSR)的状态,向 THR 写数据进行发送或从 RBR 读取接收到的数据。

步骤6　通过检测 UART 状态寄存器,检查所有操作是否完成。

另外,在配置 UART 进行数据传输过程中,如果遇到数据无法正常接收的问题,可查看数据接收方与数据发送方的波特率大小、数据位位数、结束位位数、奇偶校验位是否一致等方面。

4)应用实例

基于 UART 的数据发送汇编代码如下:

行数	代码	注释
0	LRW R1,_UART_BADDR +0xC	
1	LRW R2, 0x80	
2	ST. W R2,(R1)	// 配置 LCR 使 LCR[7]为1,使得 DLH 与 DLL // 寄存器可配置
3	LRW R1,_UART_BADDR	// 配置波特率
4	MOVI R2,0x3	
5	ST. W R2,(R1)	// 配置 DLL
6	MOVI R2,0x0	
7	ST. W R2,(R1,0x4)	// 配置 DLH
8	MOVI R2, 0x03	
9	ST. W R2, (R1,0x0C)	// 清除 LCR[7]位,同时配置传输模式
10	LRW R2,0x31	
11	ST. W R2,(R1,0x08)	// 配置 FCR,使 FIFO 启动
12	MOVI R2, 0x0	
13	ST. W R2,(R1,0x4)	// 使所有中断都无效
14	LRW R3,0x5	
15	TDL:	// 发送五个数据
16	LRW R1,_UART_BADDR	
17	ST. W R3,(R1)	
18	DECNE R3	
19	BT TDL	// 检查五个数据是否发送完毕
20	WAIT_TRAN:	// 通过判断 USR 寄存器的 TFE 位状态,等待数据发送完毕
21	LRW R4,_UART_BADDR +0x7C	
22	LD. W R5,(R4)	
23	LSRC R5	
24	LSRC R5	
25	LSRC R5	
26	BT DONE	
27	BR WAIT_TRAN	// 若 FIFO 非空,继续等待传输

2. SPI 控制器

1)功能概述

串行外围接口(serial peripheral interface, SPI)是一种可编程的外设同步串行接口,符合 AM-BA 2.0 规范,是一个 APB 从设备(图5.39)。

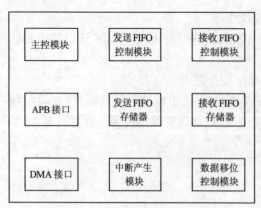

图 5.39　SPI 控制器功能模块图

CK5A6 MCU 的 SPI 控制器具备以下特点：

（1）AMBA 2.0 APB 接口；

（2）32 位的 APB 数据总线带宽；

（3）串行主设备——可以与串行从外设进行串行通信；

（4）DMA 控制器接口——当有传输需求时 SPI 在 AMBA 总线上用握手协议与 DMA 控制器连接；

（5）独立的中断屏蔽机制——可以独立地屏蔽每一个中断；

（6）多主机竞争检测机制——告知处理器有多个串行主机同时访问串行总线；

（7）为同步时钟旁路亚稳态触发器——当 APB 的时钟和 SPI 的串行时钟为同步时钟,传输一些控制信号时不会用到亚稳态触发器；

（8）FIFO——FIFO 的发送与接收的深度为 16 个字,位宽为 16bit；

（9）从设备选择输出的数量——可以产生 1～16 个从设备选择的输出信号；

（10）软/硬件从设备选择——可以用专用的硬件从设备选择线或软件控制来选择串行从设备；

（11）中断线——从 SPI 到中断控制器间有一条联合中断线；

（12）可编程特性：①时钟比特率——数据传输中串行比特率的动态控制,②数据帧长度（4～16bit）——程序员可以控制每个传输的数据帧的尺寸。

2）寄存器说明（表 5.239）

表 5.239　SPI 控制器的寄存器地址映射与功能描述

寄存器	地址偏移	位宽	访问	初始值	说　　明
CTRLR0	0x0	16	读/写	0x7	控制寄存器 0 复位值:可由某字段配置
CTRLR1	0x04	16	读/写	0x0	控制寄存器 1
SPIENR	0x08	1	读/写	0x0	SPI 选通寄存器
SER	0x10	见说明	读/写	0x0	从设备选通寄存器 宽度:SPI_NUM_SLAVES
BAUDR	0x14	16	读/写	0x0	波特率选择 复位值:0x0
TXFTLR	0x18	4	读/写	0x0	发送 FIFO 触发门限
RXFTLR	0x1C	4	读/写	0x0	接收 FIFO 触发门限
TXFLR	0x20	5	读	0x0	发送 FIFO 门限状态寄存器
RXFLR	0x24	5	读	0x0	接收 FIFO 门限状态寄存器
SR	0x28	7	读	0x6	状态寄存器
IMR	0x2C	6	读/写	0x3F/0x1F	中断屏蔽寄存器
ISR	0x30	6	读	0x0	中断状态寄存器 复位值:0x0

寄存器	地址偏移	位宽	访问	初始值	说　　明
RISR	0x34	6	读	0x0	原始中断状态寄存器 复位值:0x0
TXOICR	0x38	1	读	0x0	发送 FIFO 溢出中断清除寄存器
RXOICR	0x3C	1	读	0x0	接收 FIFO 溢出中断清除寄存器
RXUICR	0x40	1	读	0x0	接收 FIFO 下溢中断清除寄存器
MSTICR	0x44	1	读	0x0	多主机中断清除寄存器
ICR	0x48	1	读	0x0	中断清除寄存器
DMACR	0x4C	2	读/写	0x0	DMA 控制寄存器
DMATDLR	0x50	4	读/写	0x0	DMA 发送数据门限
DMARDLR	0x54	4	读/写	0x0	DMA 接收数据门限
IDR	0x58	32	读/写		识别寄存器 复位值:不受复位影响
DR	0x60 – 0x9C	16	读	0x0	数据寄存器
WR	0xC0	1	读/写	0x0	接收或发送模式

以下将分别对各个寄存器做详细的说明。

(1)控制寄存器 0(CTRLR0)(表 5.240,表 5.241)。

表 5.240　控制寄存器 0 位段说明

位	访问	说　　明
15:12		保留
11	读/写	移位寄存器。只在测试时用。当在内部激活时,将发送移位寄存器的输出与接收移位寄存器的输入连接 0:普通模式;1:测试模式
10		保留
9:8	读/写	传输模式。为串行通信选择传输模式 这个字段不影响传输,仅标识接收或发送的数据是否有效。在发送模式,从外部设备接收的数据无效,不被存入 FIFO 的接收寄存器;内存在下一个数据传输时被重写。在接收模式,发送数据无效。在第一次对 FIFO 发送寄存器写入后,同一个字在传输时被转发。在发送与接收模式,发送与接收数据均有效。数据传输持续进行直到 FIFO 发送寄存器为空。从外部设备接收到得数据储存入 FIFO 存储寄存器,主处理机可以对其访问 00:发送与接收模式;01:发送模式;10:接收模式;11:保留
7	读/写	串行时钟极性。用来选择串行时钟极性,在 SPI 主设备没有在串行总线上传输数据时此串行时钟无效 0:串行时钟无效状态置低;1:串行时钟无效状态置高
6	读/写	串行时钟相位。串行时钟相位选择串行时钟与从设备选择信号间的关系 当 SCPH = 0 时,在第一个时钟沿捕捉数据,SCPH = 1 时,串行时钟在从设备选择线被激活后翻转一个周期,数据在第二个时钟沿被捕捉 0:串行时钟在第一个数据位中间翻转 1:串行时钟在第一个数据开始时翻转

位	访问	说　明
5:4	读/写	帧格式。选择以何种串行协议传输数据。只支持00，其他值作保留
3:0	读/写	选择数据帧长度。当数据帧长度低于16bit时，接收逻辑自动地使接收到的数据右对齐，高位补零。在写入FIFO发送寄存器前应将数据做右对齐处理。发送逻辑在发送数据时会忽略未被用到的高位。DFS的编码含义参见表5.241所示DFS解码

表5.241　DFS编码含义

DFS值	描　述	DFS值	描　述
0000～0010	保留，未定义操作	1001	10 bit 串行数据传输
0011	4 bit 串行数据传输	1010	11 bit 串行数据传输
0100	5 bit 串行数据传输	1011	12 bit 串行数据传输
0101	6 bit 串行数据传输	1100	13 bit 串行数据传输
0110	7 bit 串行数据传输	1101	14 bit 串行数据传输
0111	8 bit 串行数据传输	1110	15 bit 串行数据传输
1000	9 bit 串行数据传输	1111	16 bit 串行数据传输

（2）控制寄存器1（CTRLR1）。当TMOD = 0时，这个字段设置了将SPI可以连续接收的数据帧数目。SPI将持续接收数据直到数据帧的数量等于这个寄存器值加1。在连续传输时最高可接收64KB的数据。当SPI配置为串行从设备时，在从机选通期间数据传输始终进行。因此，当SPI配置为串行从设备时，这个字段无效（表5.242）。

表5.242　控制寄存器1位段说明

位	访问	说　明
15:0	读/写	表示数据帧数量

（3）SPI选通寄存器（SPIENR）。当禁止SPI时，所有的串行传输立即中止，同时FIFO的发送与接收缓冲区清空。当SPI选通时，无法对SPI的某些控制寄存器进行配置。当SPI禁止时，SPI_sleep输出在延时后置位，告知系统可以安全地停止时钟SPI_clk，以降低功耗（表5.243）。

表5.243　SPI选通寄存器位段说明

位	访问	说　明
0	读/写	选通或禁止SPI的所有操作

（4）从设备选通寄存器（SER）。寄存器的每一位对应一条SPI主设备到从设备的选择线（ss_x_n）。当其中一位置为1时，对应的选择线在串行传输开始时被激活。需注意的是直到在传输开始时，对此寄存器的置位或清零对被选择的从机输出才有效。可以通过对寄存器的相应位置位来选择主设备需要通信的从设备。在非广播模式下操作时，同一时间应当只有一位被置位（表5.244）。

表5.244　从设备选通寄存器位段说明

位	访问	说　明
31:2	N/A	保留
1:0	读/写	从设备选择选通标志位。1:选择;0:未选择

(5)波特率选择寄存器(BAUDR)(表5.245)。字段的 LSB 始终设为 0,不被写入操作影响,以确保寄存器的值为偶数。当字段设定为 0 时,串行输出时钟(sclk_out)禁用。sclk_out 的时钟频率由以下式子得

$$F_{sclk\_out} = F_{SPI\_clk}/SCKDV$$

SCKDV 是在 2 和 65534 之间的一个偶数值。例如:

当 $F_{SPI\_clk} = 3.6864MHz$,SCKDV = 2,$F_{sclk\_out} = 3.6864/2 = 1.8432MHz$

表5.245　波特率选择寄存器位段说明

位	访问	说　明
15:0	读/写	SPI 时钟分频

(6)FIFO 发送缓冲区触发点寄存器(TXFTLR)(表5.246)。

表5.246　FIFO 发送缓冲区触发寄存器位段说明

位	访问	说　　明
31:4		保留
3:0	读/写	FIFO 发送缓冲区触发点

当 FIFO 发送缓冲区内数据长度低于发送缓冲区触发点时发送 FIFO 触发中断。FIFO 的深度可配置为 2 到 256 中的任意一个;这个寄存器的位宽由访问 FIFO 所需的地址为宽来决定。当试图设置一个大于等于 FIFO 深度的值时,这个字段不能写入并会保持当前值。当 FIFO 发送区内的数据数量小于等于这个值时,将触发 FIFO 发送区空的中断。TFT 字段编码的含义如表5.247所示。

表5.247　TFT 字段编码含义

TFT 值	说　　明
0000_0000	在发送 FIFO 缓冲区没有数据时 SPI_txe_intr 发起中断
0000_0001	在发送 FIFO 缓冲区内有小于等于 1 个数据时 SPI_txe_intr 发起中断
0000_0010	在发送 FIFO 缓冲区内有小于等于 2 个数据时 SPI_txe_intr 发起中断
0000_0011	在发送 FIFO 缓冲区内有小于等于 3 个数据时 SPI_txe_intr 发起中断
⋮	⋮
1111_1100	在发送 FIFO 缓冲区内有小于等于 252 个数据时 SPI_txe_intr 发起中断
1111_1101	在发送 FIFO 缓冲区内有小于等于 253 个数据时 SPI_txe_intr 发起中断
1111_1110	在发送 FIFO 缓冲区内有小于等于 254 个数据时 SPI_txe_intr 发起中断
1111_1111	在发送 FIFO 缓冲区内有小于等于 255 个数据时 SPI_txe_intr 发起中断

(7)FIFO 接收缓冲区触发点寄存器(RXFTLR)(表5.248)。当 FIFO 接收缓冲区内数据长度大于接收缓冲区触发点时接收 FIFO 触发中断。FIFO 的深度可配置为 2~256 中的任意一个;这个寄存器的位宽由访问 FIFO 所需的地址为宽来决定。当试图设置一个大于等于 FIFO 深度的值时,这个字段不能写入并会保持当前值。当 FIFO 接收区内的数据数量大于等于这个值加 1 时,将触发 FIFO 接收区满的中断。RFT 字段编码的含义如表5.249 所示。

表 5.248　FIFO 接收缓冲区触发点寄存器位段说明

位	访问	说　明
31:4		保留
3:0	读/写	FIFO 接收缓冲区触发点

表 5.249　RFT 字段编码含义

TFT 值	说　明
0000_0000	在接收 FIFO 缓冲区有大于等于 1 个数据时 SPI_rxf_intr 发起中断
0000_0001	在接收 FIFO 缓冲区有大于等于 2 个数据时 SPI_rxf_intr 发起中断
0000_0010	在接收 FIFO 缓冲区有大于等于 3 个数据时 SPI_rxf_intr 发起中断
0000_0011	在接收 FIFO 缓冲区有大于等于 4 个数据时 SPI_rxf_intr 发起中断
⋮	⋮
1111_1100	在接收 FIFO 缓冲区有大于等于 253 个数据时 SPI_rxf_intr 发起中断
1111_1101	在接收 FIFO 缓冲区有大于等于 254 个数据时 SPI_rxf_intr 发起中断
1111_1110	在接收 FIFO 缓冲区有大于等于 255 个数据时 SPI_rxf_intr 发起中断
1111_1111	在接收 FIFO 缓冲区有 256 个数据时 SPI_rxf_intr 发起中断

(8) FIFO 发送缓冲区长度寄存器(TXFLR)(表 5.250)。

表 5.250　FIFO 发送缓冲区长度寄存器位段说明

位	读/写	说　明
31:5		保留
4:0	读	FIFO 接收缓冲区长度。表示 FIFO 接收缓冲区的有效数据长度

(9) FIFO 接收缓冲区长度寄存器(RXFLR)(表 5.251)。

表 5.251　FIFO 接收缓冲区长度寄存器位段说明

位	读/写	说　明
31:5		保留
4:0	读	FIFO 接收缓冲区长度。表示 FIFO 接收缓冲区内的有效数据长度

(10) 状态寄存器(SR)(表 5.252)

表 5.252　状态寄存器位段说明

位	读/写	说　明
6	读	数据冲突错误。仅在 SPI 配置为主设备时有效。在 SPI 主设备正在发送数据的同时有另一个主设备将此 SPI 选择为从设备时置位。它通知处理器刚才的数据传输在完成前被异常终止。此位在读取后清零 0:无错误;1:发送数据冲突错误
5	读	发送错误。当传输开始时 FIFO 发送缓冲区为空时置位,仅当 SPI 配置为从机时可以对这个位操作。上次在 txd 传输线上的数据将再次被发送。此位在读取后被清零 0:无错误;1:发送错误
4	读	FIFO 接收缓冲区满。当接收缓冲区全满时置位,当接收缓冲区有 1 个或多个空位人时此位清零 0:FIFO 接收缓冲区未满;1:FIFO 接收缓冲区满

位	读/写	说　明
3	读	FIFO 接收缓冲区非空。当 FIFO 发送缓冲区有 1 个或多个有效数据时置位。当 FIFO 发送缓冲区空时清零。这个位可以软件查询,确认 FIFO 接收缓冲区完全清空 0:FIFO 接收缓冲区空;1:FIFO 发送缓冲区非空
2	读	FIFO 发送缓冲区空。当 FIFO 发送缓冲区全空时置位。当 FIFO 发送缓冲区有 1 个或多个有效数据时清零。这个位不申请中断 0:FIFO 发送缓冲区非空;1:FIFO 发送缓冲区空
1	读	FIFO 发送缓冲区未满。当发送缓冲区有 1 个或者多个空位时置位,当缓冲区满时清零 0:FIFO 发送缓冲区满;1:FIFO 发送缓冲区未满
0	读	SPI 忙标志位。当置位时,表示串行数据传输正在进行;清零时,表示 SPI 空闲或未选通 0:SPI 空闲或禁止;1:SPI 正在传输数据

(11)中断屏蔽寄存器(IMR)(表 5.253)。

表 5.253　中断屏蔽寄存器位段说明

位	读/写	说　明
31:6	读/写	多主机冲突中断屏蔽 0:SPI_mst_intr 中断被屏蔽;1:SPI_mst_intr 中断未屏蔽
5	读/写	FIFO 接收缓冲区满中断屏蔽 0:SPI_rxf_intr 中断被屏蔽;1:SPI_rxf_intr 中断未屏蔽
4	读/写	FIFO 接收缓冲区上溢中断屏蔽 0:SPI_rxo_intr 中断被屏蔽;1:SPI_rxo_intr 中断未屏蔽
3	读/写	FIFO 接收缓冲区下溢中断屏蔽 0:SPI_rxu_intr 中断被屏蔽;1:SPI_rxu_intr 中断未屏蔽
2	读/写	FIFO 发送缓冲区上溢中断屏蔽 0:SPI_txo_intr 中断被屏蔽;1:SPI_txo_intr 中断未屏蔽
1	读/写	FIFO 发送缓冲区空中断屏蔽 0:SPI_txe_intr 中断被屏蔽;1:SPI_txe_intr 中断未屏蔽
0	读/写	多主机冲突中断屏蔽 0:SPI_mst_intr 中断被屏蔽;1:SPI_mst_intr 中断未屏蔽

(12)中断状态寄存器(ISR)(表 5.254)。

表 5.254　中断状态寄存器位段说明

位	读/写	说　明
31:6		保留
5	读	多主机系统冲突中断状态,如果 SPI 被配置成串行受控设备时该位将不存在 0:SPI_mst_intr 中断被屏蔽;1:SPI_mst_intr 中断未屏蔽
4	读	FIFO 接收缓冲区满中断状态 0:SPI_rxf_intr 中断被屏蔽;1:SPI_rxf_intr 中断未屏蔽

位	读/写	说　明
3	读	FIFO 接收缓冲区上溢中断状态 0:SPI_rxo_intr 中断被屏蔽;1:SPI_rxo_intr 中断未屏蔽
2	读	FIFO 接收下溢中断状态 0:SPI_rxu_intr 中断被屏蔽;1:SPI_rxu_intr 中断未屏蔽
1	读	FIFO 发送缓冲区上溢中断状态 0:SPI_txo_intr 中断被屏蔽;1:SPI_txo_intr 中断未屏蔽
0	读	FIFO 发送缓冲区空中断状态 0:SPI_txe_intr 中断被屏蔽;1:SPI_txe_intr 中断未屏蔽

(13)原始中断状态寄存器(RISR)(表 5.255)。

表 5.255　原始中断状态寄存器位段说明

位	读/写	说　明
31:6		保留
5	读	多主机系统冲突原始中断状态,如果 SPI 被配置成串行受控设备时该位将不存在 0:SPI_mst_intr 中断被屏蔽;1:SPI_mst_intr 中断未被屏蔽
4	读	FIFO 接收缓冲区已满的原始中断状态 0:SPI_rxf_intr 中断被屏蔽;1:SPI_rxf_intr 中断未被屏蔽
3	读	FIFO 接收缓冲区上溢的原始中断状态 0:SPI_rxo_intr 中断被屏蔽;1:SPI_rxo_intr 中断未屏蔽
2	读	FIFO 接收缓冲区下溢的原始中断状态 0:SPI_rxu_intr 中断被屏蔽;1:SPI_rxu_intr 中断未被屏蔽
1	读	FIFO 发送缓冲区上溢原始中断状态 0:SPI_txo_intr 中断被屏蔽;1:SPI_txo_intr 中断未被屏蔽
0	读	FIFO 发送缓冲区空原始中断状态 0:SPI_txe_intr 中断被屏蔽;1:SPI_txe_intr 中断未被屏蔽

(14)FIFO 发送缓冲区上溢中断清零寄存器(TXOICR)(表 5.256)。该寄存器反映了中断信号的状态,对该寄存器的一次读操作可以清除 SPI_txo_intr 中断信号,而写操作则没有影响。

表 5.256　FIFO 发送缓冲区上溢中断清零寄存器位段说明

位	读/写	说　明
0	读	清除 FIFO 发送缓冲区上溢中断信号

(15)FIFO 接收缓冲区上溢中断清零寄存器(RXOICR)(表 5.257)。该寄存器反映了中断状态。对该寄存器的一次读操作可以清除 SPI_rxo_intr 中断信号,而写操作则没有影响。

表 5.257　FIFO 接收缓冲区上溢中断清零寄存器位段说明

位	读/写	说　明
0	写	清除 FIFO 接收缓冲区上溢中断信号

(16)FIFO 接收缓冲区下溢中断清零寄存器(RXUICR)(表 5.258)。该寄存器反映中断信号的状态。对该个寄存器的一次读操作可以清除 SPI_rxu_intr 中断信号,而写操作则没有影响。

表 5.258　FIFO 接收缓冲区下溢中断清零寄存器位段说明

位	读/写	说　　明
0	读	清除 FIFO 接收缓冲下溢中断信号 复位值:0x0

(17)多主机中断清零寄存器(MSTICR)(表 5.259)。该寄存器反映中断信号的状态。对这个寄存器的一次读操作可以清除 SPI_mst_intr 中断信号,而写操作则没有影响。

表 5.259　多主机中断清零寄存器位段说明

位	读/写	说　　明
0	读	清除多主机中断信号

(18)中断清零寄存器(ICR)(表 5.260)。如果有上面任何的中断信号则该寄存器被设置。读该寄存器可以清除 SPI_txo_intr,SPI_rxu_intr,SPI_rxo_intr 和 SPI_mst_intr 中断信号。读该寄存器则没有影响。

表 5.260　中断清零寄存器位段说明

位	读/写	说　　明
0	读	清除中断信号

(19)DMA 控制寄存器(DMACR)(表 5.261)。该寄存器只有当 SPI 被配置且 DMA 控制器的接口信号(SPI_HAS_DMA =1)时才有效。当 SPI 没有被配置成对 DMA 操作,该寄存器将不存在而且对该寄存器的写操作将没有效果,读该寄存器将返回 0 值。该寄存器主要用来控制 DMA 控制器的接口操作。

表 5.261　DMA 控制寄存器位段说明

位	读/写	说　　明
1	读/写	传送 DMA 使能为。该位开启/禁止 FIFO DMA 通道的传送 0:禁止 DMA 传送;1:开启 DMA 传送
0	读/写	接收 DMA 使能位。该位开启/禁止 FIFO DMA 通道的接收 0:禁止 DMA 接收;1:开启 DMA 接收

(20)DMA 传送数据状态寄存器(DMATDLR)(表 5.262、表 5.263)。

表 5.262　DMA 传送数据状态寄存器位段说明

位	读/写	说　　明
3:0	读/写	当 FIFO 发送缓冲区中的合法数据的数量小于或等于该字段的值时,才会产生 dma_tx_req 信号

表 5.263　DMATDL 解码值

DMATDL 值	说　　明
0000_0000	当 0 个数据存在于 FIFO 接收缓冲区时 dma_tx_req 被激活
0000_0001	当 1 个或更少的数据存在于 FIFO 接收缓冲区时 dma_tx_req 被激活
0000_0010	当 2 个或更少的数据存在于 FIFO 接收缓冲区时 dma_tx_req 被激活
0000_0011	当 3 个或更少的数据存在于 FIFO 接收缓冲区时 dma_tx_req 被激活

DMATDL 值	说　明
⋮	⋮
1111_1100	当 252 或更少的数据存在于 FIFO 接收缓冲区时 dma_tx_req 被激活
1111_1101	当 253 或更少的数据存在于 FIFO 接收缓冲区时 dma_tx_req 被激活
1111_1110	当 254 或更少的数据存在于 FIFO 接收缓冲区时 dma_tx_req 被激活
1111_1111	当 255 或更少的数据存在于 FIFO 接收缓冲区时 dma_tx_req 被激活

(21)DMA 接收数据水平寄存器(DMARDLR)(表 5.264 ~ 表 5.266)。

表 5.264　DMA 接收数据水平寄存器位段说明

位	读/写	说　明
3:0	读/写	当 FIFO 接收缓冲区中的合法数据的数量大于或等于该字段的值加 1 时,才会产生 dma_rx_req 信号。

表 5.265　DMARDL 解码值

DMARDL 值	说　明
0000_0000	当 1 个或更多的数据存在于 FIFO 接收缓冲区时 dma_rx_req 被激活
0000_0001	当 2 个或更多的数据存在于 FIFO 接收缓冲区时 dma_rx_req 被激活
0000_0010	当 3 个或更多的数据存在于 FIFO 接收缓冲区时 dma_rx_req 被激活
0000_0011	当 4 个或更多的数据存在于 FIFO 接收缓冲区时 dma_rx_req 被激活
⋮	⋮
1111_1100	当 253 个或更多的数据存在于 FIFO 接收缓冲区时 dma_rx_req 被激活
1111_1101	当 254 个或更多的数据存在于 FIFO 接收缓冲区时 dma_rx_req 被激活
1111_1110	当 255 个或更多的数据存在于 FIFO 接收缓冲区时 dma_rx_req 被激活
1111_1111	当 256 个或更多的数据存在于 FIFO 接收缓冲区时 dma_rx_req 被激活

(22)数据寄存器(DR)(表 5.266)。

表 5.266　数据寄存器位段说明

位	读/写	说　明
15:0	读/写	数据寄存器。写该寄存器时,必须将数据右对齐。读该寄存器得到的数据是自动向右对齐的 读:FIFO 接收缓冲区;写:FIFO 发送缓冲区

(23)写寄存器(WR)(表 5.267)。

表 5.267　PWM FIFO 数据寄存器位段说明

位	读/写	说　明
0	读/写	1:接收模式;0:写模式

3)操作说明

SPI 可以利用接口连接到任意的串行受控外围设备,比如摩托罗拉串行外围接口。

用 SPI 串行主控器进行 SPI 或 SSP 串行传输的典型软件设计流程如下:

步骤 1　如果 SPI 有效,向 SPI 使能寄存器(SPIENR)写入 0 可以使 SPI 失效。

步骤 2　建立 SPI 控制寄存器来进行传输,这些寄存器可以以任何的顺序建立起来。

（1）写控制寄存器 0（CTRLR0）。对于 SPI 传输：串行时钟的极性和串行时钟的相位必须配置成与目标设备相同的参数。

（2）如果传输模式是只进行发送模式：把要传输的数据帧的数目总和减 1 写入 CTRLR1（控制寄存器 1）。比如，如果你想要接收 4 帧的数据，把数值 3 写入该寄存器。

（3）写波特率选择寄存器设定合适的波特率来进行传输。

（4）写 FIFO 接收和发送缓冲区阈值水平寄存器（TXFTLR 和 RXFTLR）来设定 FIFO 的阈值的大小。

（5）写 IMR 寄存器来建立中断掩码。

（6）写从设备使能寄存器（SER）选择所需的目标从设备。如果一个从设备有效，只要有一个有效的数据进入 FIFO 发送缓冲区就开始传输。如果向数据寄存器（DR）写入数据前没有一个从设备有效，传输将不会开始直到从设备有效为止。

步骤 3　向 SPIENR 寄存器写 1 使 SPI 有效。

步骤 4　向目标从设备写入传输数据到 FIFO 发送缓冲区中（写 DR 寄存器）。如果此时在 SER 寄存器中没有设定任何从设备有效，现在就设定该寄存器使从设备有效来开始传输。

步骤 5　轮换忙状态来等待数据传输结束。忙状态不能立即被轮换。如果有 FIFO 发送缓冲区空中断信号，向 FIFO 发送缓冲区中写入数据（写 DR 寄存器）。如果有 FIFO 接收缓冲区满中断请求信号，向 FIFO 接收缓冲区读数据（读 DR 寄存器）。

步骤 6　当 FIFO 发送缓冲区空时由移位控制逻辑中断数据传输。如果传输模式为只接收的模式（TMOD = 2'b10），当接收到要求的数据帧量时通过移位控制逻辑结束数据传输。当完成传输时，忙状态被置成 0。

步骤 7　如果传输模式不是只进行发送模式（TMOD！= 01），读 FIFO 接收缓冲区直到它为空为止。

步骤 8　向 SPIENR 写入 0 使 SPI 无效。

4）应用实例

一个 SPI 控制器配置的汇编代码实例如下所示：

行数	代码	注释
0	LRW r1, _SPI_BADDR + 0x08	// 配置 SPI 使能寄存器，使 SPI 失效
1	LRW R2, 0x00000000	
2	ST R2,（R1,0）	
3	LRW R1, _SPI_BADDR + 0x0	// 配置控制寄存器 0，配置为只接收模式
4	LRW R2, 0x00000207	
5	ST R2,（R1,0）	
6	LRW R1, _SPI_BADDR + 0x08	// 配置控制寄存器 1，配置接收 9 个数据
7	LRW R2, 0x8	
8	ST R2,（R1,0）	
9	LRW R1, _SPI_BADDR + 0x14	// 配置波特率选择寄存器
		// Fsclk_out = FSPI_clk/8
10	LRW R2, 0x8	

11	ST R2, (R1,0)	
12	LRW R1, _SPI_BADDR + 0x18	// 配置发送 FIFO 触发门限寄存器,触发深度为 6
13	LRW R2, 0x6	
14	ST R2, (R1,0)	
15	LRW R1, _SPI_BADDR + 0x18	// 配置发送 FIFO 触发门限寄存器,触发深度为 6
16	LRW R2, 0x6	
17	ST R2, (R1,0)	
18	LRW R1, _SPI_BADDR + 0x1C	// 配置接收 FIFO 触发门限寄存器,触发深度为 10
19	LRW R2, 0xA	
20	ST R2, (R1,0)	
21	LRW R1, _SPI_BADDR + 0x2C	// 配置中断屏蔽寄存器,屏蔽所有中断
22	LRW R2, 0x00000000	
23	ST R2, (R1,0)	
24	LRW R1, _SPI_BADDR + 0x8	// 配置 SPI 使能寄存器,使 SPI 有效
25	LRW R2, 0x00000001	
26	ST R2, (R1,0)	
27	LRW R1, _SPI_BADDR + 0x60	// 写传输数据到 FIFO 传送缓冲区中
28	LRW R2, 0x00000011	
29	ST R2, (R1,0)	
30	LRW R1, _SPI_BADDR + 0x10	// 使能从设备 1
31	LRW R2, 0x00000001	
32	ST R2, (R1,0)	
	...	

3. AC97 控制器

1)功能概述

AC97(audio codec 97)是以 Intel 为首的五个厂商与 Yamaha 在 1996 年共同提出的规格标准,采用了"双芯片"结构,使得 ADC 和 DAC 的转换尽可能的脱离了系统,从而能够避免大部分的数字信号和模拟信号转换时产生的杂波,得到较好的额音效品质。现在大多数电脑主板上都集成有 AC97 软声卡。

CK5A6 MCU 的 AC97 控制器兼容 AC972.2 版本,能够支持一个 AC97 编解码器,有两条输出声道和三条输入声道,可以完成和编解码器的数据传输,也可以查询和配置编解码器的寄存器。AC97 控制器主要由五个模块组成:APB 接口模块,控制模块,发送模块,接收模块,DMAC 接口模块。通过挂在 AHB 总线上的 APB 总线,处理器能完成对寄存器的配置,也可以直接对接收和发送 FIFO 进行数据搬运,中断信号也通过 APB 总线传递到 INTC。控制模块能够根据寄存器的情况对接收和发送模块进行协调和控制。发送和接收模块负责数据的发送和接收。DMAC 接口模块是 AC97 控制器和 DMAC 的接口,可以对 DMAC 提出搬运数据的请求,通过 DMAC 搬运数据可以提高工作效率(图 5.40)。

CK5A6 MCU 的 AC97 控制器中,采样数据都是最低有效位对齐的,根据采样数据的宽度,一个字中可能包含一个或者两个采样数据。例如,当采样数据为 16 位宽度时,一个字包含两个采样数据,而当采样数据为 18 位或者 20 位时,一个字则只包含一个采样数据。

AC97 控制器支持固定采样率和可变采样率。通过对寄存器中相关的寄存器进行配置,可以在两种工作模式中转换。当工作在可变采样率模式的时候,AC97 控制器仅仅在编解码器发出请求的时候发送数据,并且仅当编解码器置了有效位时才锁存接收到的数据。当工作在固定采样率模式时,接收和发送数据的采样率都被固定在 48kHz。

AC97 控制器支持功耗管理模式。可以通过配置 AC97 子系统中的寄存器,进入或者推出低功耗模式。在 AC97 子系统进入低功耗模式前,必须先关断所有的输出声道,然后通过配置编解码器中的相关寄存器,使编解码器进入睡眠状态。一旦编解码器进入睡眠模式,AC97 控制器将置位挂起输出,并且置 CSR 寄存器的 SUSP 位。在这种情况下,所有的时钟可能会被关断。为了解除挂起状态,必须对 CSR 寄存器的 SUSP 位进行写 1 操作。等到所有的时钟都已经稳定工作,AC97 控制器将对编解码器进行“唤醒”操作。当编解码器开始正常的工作,系统会自动清除 CSR 寄存器的 SUSP 位。

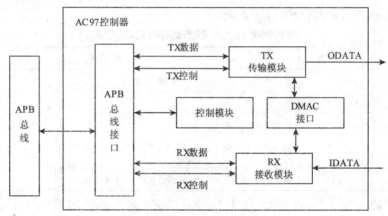

图 5.40　AC97 控制器框图

CK5A6 MCU 的 AC97 控制器具备以下一些特点:

(1)支持固定和可变的采样率;

(2)支持 16 位、18 位、24 位采样数据;

(3)支持两个立体声输出声道;

(4)支持立体声输入声道;

(5)支持单麦克风声道;

(6)支持外设的 DMA;

(7)具有 AMBA APB 总线接口。

2)寄存器说明

AC97 控制器寄存器包括控制寄存器、状态寄存器。如表 5.268 所示,表中标明了每个寄存器的地址偏移量以及访问控制。

表 5.268　AC97 控制器寄存器映射

寄存器名	地址偏移	宽度	访问控制	功能介绍
CSR	0x00	32	读/写	主要的配置和状态寄存器
OCC0	0x04	32	读	输出声道配置寄存器 0

寄存器名	地址偏移	宽度	访问控制	功能介绍
ICC	0x0C	32	读/写	输入声道配置
CRAC	0x10	32	读/写	处理编解码器寄存器的信息
INTM	0x14	32	读/写	中断屏蔽
INTS	0x18	32	读/写	中断状态
OCH0	0x20	32	读/写	输出声道 0 的 FIFO 入口
OCH1	0x24	32	读/写	输出声道 1 的 FIFO 入口
ICH0	0x38	32	读/写	输入声道 0 的 FIFO 入口
ICH1	0x3C	32	读/写	输入声道 1 的 FIFO 入口
ICH2	0x40	32	读/写	输入声道 2 的 FIFO 入口

以下将对 AC97 控制器的寄存器进行详细说明。

(1)控制和状态寄存器(CSR)(表5.269)。

表5.269　控制和状态寄存器功能(CSR)

位	名称	访问控制	功能说明
31:2			保留
1	SUSP	读/写	读操作时,可以得到 AC97 子系统当前的状态 1:挂起;0:正常工作 当 AC97 子系统挂起时,对该位写 1 可以启动 AC97 子系统的"唤醒"操作。初值:0x0
0	CRST	写	该位写 1 操作可以让编解码器复位。初值:0x0

(2)输出声道配置寄存器(OCC0)(表5.270)。这一寄存器使得系统可以对两个输出声道分别配置。

表5.270　输出声道配置寄存器(OCC0)

位	名称	访问控制	功能说明
31:16			保留
15:8	Output channel 1	读/写	右声道配置。初值 0x0
7:0	Output channel 2	读/写	左声道配置。初值 0x0

(3)输入声道配置寄存器(ICC)(表5.271)。这一寄存器使得系统可以对三个输入声道分别配置。

表5.271　输入声道配置寄存器(ICC)

位	名称	访问控制	功能说明
31:24			保留
23:16	Input channel 2	读/写	麦克风声道配置。初值:0x0
15:8	Input channel 1	读/写	右声道配置。初值:0x0
7:0	Input channel 1	读/写	左声道配置。初值:0x0

(4)声道配置(子域)。表5.272 和表5.273 是输出和输入声道配置寄存器的子域详细信息。

表 5.272 声道配置(子域)

位	名称	访问控制	功能说明
7			保留
6	DMA Enable	读/写	1:DMA 使能;0:DMA 禁止
5:4	FIFO Threshold	读/写	FIFO 临界值如下所示
3:2	Sample Size	读/写	采样数据宽度:00 = 16 位;01 = 18 位;10 = 20 位
1	Sample Rate	读/写	采样率:1:可变采样率;0:固定采样率
0	Channel Enable	读/写	声道使能:1:使能;0:禁止

表 5.273 FIFO 临界值

值	输出声道	输入声道	值	输出声道	输入声道
00	FIFO 1/4 空	FIFO 1/4 满	10	FIFO 3/4 空	FIFO 3/4 满
01	FIFO 1/2 空	FIFO 1/2 满	11	FIFO 空	FIFO 满

(5)编解码器寄存器处理(CRAC)(表 5.274)。这一寄存器提供了一种简单的处理编解码器的寄存器的机制。写这一寄存器将会发起一次和编解码器的传输。

表 5.274 编解码器寄存器处理(CRAC)

位	名称	访问控制	功能说明
31	Read/Write select	读/写	读写选择:1:读;0:写;初值:0x0
30:23			保留
22:16	Codec Register Address	读/写	要处理的编解码器的寄存器的地址 初值:0x0
15:0	Codec Register Data	读/写	当为写操作时,为写入编解码器指定寄存器的数据;为读操作时,为最近一次从编解码器寄存器读回来的数据。初值:0x0

(6)中断屏蔽寄存器(INTM)(表 5.275)。该寄存器初始值为 0x0000。

表 5.275 中断屏蔽寄存器(INTM)

位	名称	访问控制	功能说明
31:29			保留
28	Input Channel 2:FIFO Overrun	读/写	
27	Input Channel 2:FIFO Underrun	读/写	
26	Input Channel 2:FIFO at Threshold	读/写	
25	Input Channel 1:FIFO Overrun	读/写	
24	Input Channel 1:FIFO Underrun	读/写	
23	Input Channel 1:FIFO at Threshold	读/写	屏蔽 INTS 中相应位
22	Input Channel 0:FIFO Overrun	读/写	
21	Input Channel 0:FIFO Underrun	读/写	
20	Input Channel 0:FIFO at Threshold	读/写	
19:8			保留

位	名称	访问控制	功能说明
7	Output Channel 1：FIFO Overrun	读/写	
6	Output Channel 1：FIFO Underrun	读/写	
5	Output Channel 1：FIFO at Threshold	读/写	
4	Output Channel 0：FIFO Overrun	读/写	屏蔽 INTS 中相应位
3	Output Channel 0：FIFO Underrun	读/写	
2	Output Channel 0：FIFO at Threshold	读/写	
1	Codec Register Write Done	读/写	
0	Codec Register Read Done	读/写	

(7)中断状态寄存器(INTS)(表5.276)。

表5.276　中断状态寄存器(INTS)

位	名称	访问控制	功能说明
31:29	保留		
28	Input Channel 2：FIFO Overrun	读	具体说明见下
27	Input Channel 2：FIFO Underrun	读	具体说明见下
26	Input Channel 2：FIFO at Threshold	读	具体说明见下
25	Input Channel 1：FIFO Overrun	读	具体说明见下
24	Input Channel 1：FIFO Underrun	读	具体说明见下
23	Input Channel 1：FIFO at Threshold	读	具体说明见下
22	Input Channel 0：FIFO Overrun	读	具体说明见下
21	Input Channel 0：FIFO Underrun	读	具体说明见下
20	Input Channel 0：FIFO at Threshold	读	具体说明见下
19:8	保留		
7	Output Channel 1：FIFO Overrun	读	具体说明见下
6	Output Channel 1：FIFO Underrun	读	具体说明见下
5	Output Channel 1：FIFO at Threshold	读	具体说明见下
4	Output Channel 0：FIFO Overrun	读	具体说明见下
3	Output Channel 0：FIFO Underrun	读	具体说明见下
2	Output Channel 0：FIFO at Threshold	读	具体说明见下
1	Codec Register Write Done	读	具体说明见下
0	Codec Register Read Done	读	具体说明见下

下面将简要介绍几种中断。

FIFO Overrun：FIFO 已经满了,而系统试图再往 FIFO 中写数据时,会产生 FIFO Overrun 中断。

FIFO Underrun：FIFO 中没有数据,而系统试图从 FIFO 中读数据时,会产生 FIFO Underrun 中断。

FIFO at Threshold：对于接收 FIFO，当 FIFO 中的数据多于预置的阀值时，会产生 FIFO at Threshold 中断；对于发送 FIFO，当 FIFO 中数据少于预置的阀值时，会产生 FIFO at Threshold 中断。

Codec Register Write Done：系统对编解码器的寄存器完成了写操作。

Codec Register Read Done：系统对编解码器的寄存器完成了读操作。

（8）输入输出声道寄存器（OCH and ICH）。输入输出声道寄存器是对应声道的 FIFO 处理入口地址。

3）操作说明

本节将简要介绍 CK5A6 MCU 系统的软件编程中常用的 AC97 控制器的操作流程。

按其功能划分，有以下五个部分：复位编解码器、发送数据、接收数据、读编解码器寄存器、写编解码器寄存器。

AC97 控制器与编解码器的连接如图 5.41 所示。

（1）复位编解码器。AC97 控制器可以通过 AMBA APB 上的复位信号来复位编解码器，也可

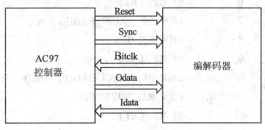

图 5.41　I2C 设备的连接

以通过软件的方法复位编解码器：当对 CSR 寄存器的 CRST 位写 1 时，编解码器将复位。

（2）发送数据。

步骤 1　对输出声道配置寄存器（OCC）进行适当配置，选择需要的采样率，采样数据宽度，FIFO 阀值等。

步骤 2　若使用 DMA 搬运数据，对 DMA 进行适当配置（详见 DMAC 相关章节）

步骤 3　需发送的数据进入 FIFO。

步骤 4　等候编解码器发出 Bitclk，发送数据。

（3）接收数据。

步骤 1　对输入声道配置寄存器（ICC）进行适当配置，选择需要的采样率，采样数据宽度，FIFO 阀值等。

步骤 2　若需 DMA 搬运数据，对 DMA 进行适当配置。

步骤 3　接收数据。

（4）读编解码器寄存器。

步骤 1　CRAC 寄存器 31 为置 1，读模式。

步骤 2　配置要读的寄存器的地址（CRAC 位 22:16）。

步骤 3　与编解码器正常通信，读回的值存在 CRAC 位 15:0。

（5）写编解码器寄存器

步骤 1　CRAC 寄存器 31 为置 0，写模式。

步骤 2　配置要写的寄存器的地址（CRAC 位 22:16）。

步骤 3　要写入的值存入 CRAC 位 15:0。

步骤 4　与编解码器正常通信。

4）应用实例

基于 AC97 控制器的数据发送汇编代码实例如下所示：

行数	代码	注释
0	AC97_CONFIG:	
1	LRW R1, _AC97_BADDR + 0x14	// INTM
2	LRW R2, 0x0	// 屏蔽所有的中断
3	ST R2, (R1)	
4	LRW R1, _AC97_BADDR + 0x4	//OCC
5	LRW R2, 0x3131	// DMA 禁止,FIFO 阀值为 1/2 空,16 位采样数据,固定采样率,输出声道 0 和 1 开启
6	ST R2, (R1)	
7	LRW R1, _AC97_BADDR + 0xC	//ICC
8	LRW R2, 0x0	//关断输入声道
9	ST R2, (R1)	
10	LRW R1, _AC97_BADDR + 0x20	//OCH0
11	LRW R2, 0x12345678	//要发送的数据存入 FIFO
12	ST R2, (R1)	
13	LRW R1, _AC97_BADDR + 0x20	//OCH1
14	LRW R2, 0x87654321	//要发送的数据存入 FIFO
15	ST R2, (R1)	

4. I^2C 控制器

1)功能概述

I^2C(inter-integrated circuit)总线是一种由 PHILIPS 公司开发的两线式串行总线,用于连接微控制器及其外围设备(图 5.42)。I^2C 总线产生于在 20 世纪 80 年代,最初为音频和视频设备开发,如今主要在服务器管理中使用,其中包括单个组件状态的通信。例如管理员可对各个组件进行查询,以管理系统的配置或掌握组件的功能状态,如电源和系统风扇,也可随时监控内存、硬盘、网络、系统温度等多个参数,增加了系统的安全性,方便了管理。

I^2C 总线最主要的优点是其简单性和有效性。由于接口直接在组件之上,因此 I^2C 总线占用的空间非常小,减少了电路板的空间和芯片引脚的数量,降低了互联成本。总线的长度可高达 25 英尺,并且能够以 10kbit/s 的最大传输速率支持 40 个组件。I^2C 总线的另一个优点是,它支持多主控,其中任何能够进行发送和接收的设备都可以成为主总线。一个主控能够控制信号的传输和时钟频率。当然,在任何时间点上只能有一个主控。

I^2C 总线是由数据线 SDA 和时钟线 SCL 构成的串行总线,可发送和接收数据。在 CPU 与被控芯片之间、芯片与芯片之间进行双向传送,最高传送速率 100kbit/s。各种被控制电路均并联在这条总线上,但就像电话机一样只有拨通各自的号码才能工作,所以每个电路和模块都有唯一的地址,在信息的传输过程中,I^2C 总线上并接的每一模块电路既是主控器(或被控器),又是发送器(或接收器),这取决于它所要完成的功能。CPU 发出的控制信号分为地址码和控制量两部分,地址码用来选址,即接通需要控制的电路,确定控制的种类;控制量决定该调整的类别(如对比度、亮度等)及需要调整的量。这样,各控制电路虽然挂在同一条总线上,却彼此独立,互不相关。

I^2C 总线在传送数据过程中共有三种类型信号,它们分别是:开始信号、结束信号和应答信号。

（1）开始信号:SCL 为高电平时,SDA 由高电平向低电平跳变,开始传送数据。

（2）结束信号:SCL 为高电平时,SDA 由低电平向高电平跳变,结束传送数据。

（3）应答信号:接收数据的 IC 在接收到 8bit 数据后,向发送数据的 IC 发出特定的低电平脉冲,表示已收到数据。CPU 向受控单元发出一个信号后,等待受控单元发出一个应答信号,CPU 接收到应答信号后,根据实际情况做出是否继续传递信号的判断。若未收到应答信号,由判断为受控单元出现故障。

这些信号中,起始信号是必需的,结束信号和应答信号,都可以不要。

有很多半导体集成电路上都集成了 I^2C 接口。带有 I^2C 接口的单片机有:CYGNAL 的 C8051F0XX 系列,PHILIPSP87LPC7XX 系列,MICROCHIP 的 PIC16C6XX 系列等。很多外围器件如存储器、监控芯片等也提供 I^2C 接口。

CK5A6 MCU 的 I^2C 控制器具备以下一些特点:

（1）双线串行接口——串行时钟线和串行数据线;

（2）三种速度:标准模式(100kbit/s)、快速模式(400kbit/s)、高速模式(3.4Mbit/s);

（3）同步时钟;

（4）master 或 slave 操作模式;

（5）支持多个 master 操作(由总线裁决机制实行);

（6）7 位或 10 位寻址模式;

（7）7 位或 10 位组合格式传输;

（8）slave 批量传输模式;

（9）忽略 CBUS 地址(I^2C 早先的版本);

（10）发送和接收缓冲器;

（11）中断和轮询操作;

（12）DMAC 的握手接口。

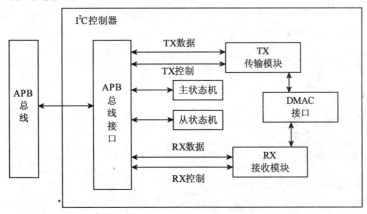

图5.42　I^2C 结构框图

2）寄存器说明

I^2C 控制器寄存器包括控制寄存器、状态寄存器,这些都内置在 Ethernet IP Core 里。如表5.277所示,表中标明了每个寄存器的地址偏移量以及访问控制。

表 5.277 I²C 控制器寄存器映射

寄存器名	地址偏移	有效宽度	访问控制	功能介绍
IC_CON	0x00	7	读/写, 位 4 为只读	I²C 的控制寄存器
IC_TAR	0x04	12 或 13	读/写	目标地址寄存器,包含 I²C 设备地址
IC_SAR	0x08	10	读/写	I²C 作为从设备时的地址
IC_DATA_CMD	0x10	写时为 9, 读时为 8	读/写	数据缓冲和命令寄存器
IC_INTR_STAT	0x2C	12	读	中断状态
IC_INTR_MASK	0x30	12	读/写	中断屏蔽
IC_RAW_INTR_STAT	0x34	12	读	屏蔽前中断位的状态
IC_RX_TL	0x38	8	读/写	接收 FIFO 的临界值
IC_TX_TL	0x3C	8	读/写	发送 FIFO 的临界值
IC_CLR_RX_OVER	0x48	1	读	通过读该寄存器清除中断
IC_CLR_RE_REQ	0x50	1	读	通过读该寄存器清除中断
IC_ENABLE	0x6C	1	读/写	I²C 使能
IC_STATUS	0x70	7	读	当前传送和 FIFO 的状态
IC_DMA_CR	0x88	2	读/写	DMA 控制寄存器
IC_DMA_TDLR	0x8C	TX_ABW	读/写	发送寄存器临界值,位数由 TX_ABW 决定
IC_DMA_RDLR	0x90	RX_ABW	读/写	接收寄存器临界值,位数由 RX_ABW 决定

I²C 的控制寄存器和状态寄存器对数据传输的流程控制起到至关重要的作用,以下将分别对各个寄存器做详细的说明。

(1)控制寄存器(IC_CON)(表 5.278)。

表 5.278 控制寄存器(IC_CON)

位	名称	访问控制	功能说明
15:7	保留		
6	IC_SLAVE_DISABLE	读/写	0:允许 slave 模式;1:禁止 salve 模式
5	IC_RESTART_EN	读/写	当作为 master 时是否发出重新开始信号
4	IC_10BITADDR_MASTER or IC_10BITADDR_MASTER_rd_only	读/写 读	决定 I²C 作为 master 时是 10 位地址还是 7 位地址
3	IC_10BITADDR_SLAVE	读/写	当 I²C 作为 slave 时,反映 7 位或 10 位地址。 0:7 位地址;1:10 位地址
2:1	SPEED	读/写	I²C 传送速度 标准模式(100kbit/s) 快速模式(400kbit/s) 超快模式(3.4Mbit/s)
0	MASTER_MODE	读/写	0:禁止 master 模式;1:允许 master 模式

（2）目标寄存器（IC_TAR）（表5.279）。

表5.279　目标寄存器（IC_TAR）

位	名称	访问控制	功能说明
15:13			保留
12	IC_10BITADDR_MASTER	读/写	I^2C 为 master 时发送的是 7 位还是 10 位地址 0:7 位地址；1:10 位地址
11	SPECIAL	读/写	表明是否软件执行 General Call 或开始字节命令。 0:忽略 General Call,使用 IC_TAR 1:使用 GC_OR_START 位的指令
10	GC_OR_START	读/写	表明 General Call 或开始命令要执行
9:0	IC_TAR	读/写	要发送数据的目标的地址

（3）地址寄存器（IC_SAR slave）（表5.280）。

表5.280　地址寄存器（IC_SAR slave）

位	名称	访问控制	功能说明
15:10			保留
9:0	IC_SAR	读/写	I^2C 作为 slave 时的地址。

（4）数据命令寄存器（IC_DATA_CMD）（表5.28）。

表5.281　数据命令寄存器（IC_DATA_CMD）

位	名称	访问控制	功能说明
15:9			保留
8	CMD	读/写	I^2C 为 master 时是发送数据还是接收数据 0:发送数据；1:接收数据
7:0	DAT	读/写	发送时存的是要发送的数据,接收时存的是接收的数据

（5）中断状态寄存器（IC_INTR_STAT）（表5.282）。该寄存器各位的名称与 IC_RAW_INTR_STAT 里各位相同,功能也一样,区别在于前者反映的是被屏蔽后的中断状态,而后者记录了原始中断的状态。

表5.282　中断状态寄存器（IC_INTR_STAT）

位	名称	访问控制	功能说明
15:12			保留
11	R_GEN_CALL	读	接收到 General Call address 并做出反应时置位
10	R_START_DET	读	侦测到有开始信号或重新开始信号
9	R_STOP-DET	读	检测到有结束信号
8	R_ACTIVITY	读	I^2C 处于工作中
7	R_RX_DONE	读	I^2C 作为 slave 发送数据时一个数据 master 没有回应,表示发送结束
6	R_RX_ABRT	读	裁决冲突
5	R_RD_REQ	读	I^2C 作为 slave 时,一个 master 要接收数据,该 I^2C 申请中断,为发送数据做准备

位	名称	访问控制	功能说明
4	R_TX_EMPTY	读	当 I²C 的 TX_FIFO 里的字节数低于 IC_TX_TL 里设置的值时置位
3	R_TX_OVER	读	当 TX_FIFO 里的值达到 IC_TX_BUFFER_DEPTH 的值时置位
2	R_RX_FULL	读	I²C 的 RX_FIFO 里的字节数等于或高于 RX_TL 设的值的时置位
1	R_RX_OVER	读	当 RX_FIFO 里的字节数达到 IC_RX_BUFFER_DEPTH 里的值的时置位
0	R_RX_UNDER	读	CPU 试图读里面没有数据的 RX_FIFO 时置位

（6）中断屏蔽寄存器（IC_INTR_MASK）（表 5.283）。

表 5.283　中断屏蔽寄存器（IC_INTR_MASK）

位	名称	访问控制	功能说明
15:12			保留
11	R_GEN_CALL	读/写	
10	R_START_DET	读/写	
9	R_STOP – DET	读/写	
8	R_ACTIVITY	读/写	
7	R_RX_DONE	读/写	
6	R_RX_ABRT	读/写	屏蔽在 IC_INTR_STAT 中相应的位
5	R_RD_REQ	读/写	
4	R_TX_EMPTY	读/写	
3	R_TX_OVER	读/写	
2	R_RX_FULL	读/写	
1	R_RX_OVER	读/写	
0	R_RX_UNDER	读/写	

（7）源中断寄存器（IC_RAW_INTR_STAT）（表 5.284）。

表 5.284　源中断寄存器（IC_RAW_INTR_STAT）

位	名称	访问控制	功能说明
15:12			保留
11	R_GEN_CALL	读	接收到 General Call address 并做出反应时置位
10	R_START_DET	读	侦测到有开始信号或重新开始信号
9	R_STOP-DET	读	检测到有结束信号
8	R_ACTIVITY	读	I²C 处于工作中
7	R_RX_DONE	读	I²C 作为 slave 发送数据时一个数据 master 没有回应，表示发送结束

位	名称	访问控制	功能说明
6	R_RX_ABRT	读	裁决冲突
5	R_RD_REQ	读	I^2C 作为 slave 时,一个 master 要接收数据,该 I^2C 申请中断,为发送数据做准备
4	R_TX_EMPTY	读	当 I^2C 的 TX_FIFO 里的字节数低于 IC_TX_TL 里设置的值时置位
3	R_TX_OVER	读	当 TX_FIFO 里的值达到 IC_TX_BUFFER_DEPTH 的值时置位
2	R_RX_FULL	读	I^2C 的 RX_FIFO 里的字节数等于或高于 RX_TL 设置的值时置位
1	R_RX_OVER	读	当 RX_FIFO 里的字节数达到 IC_RX_BUFFER_DEPTH 里的值的时置位
0	R_RX_UNDER	读	CPU 试图读里面没有数据的 RX_FIFO 时置位

(8)接收数据临界值(IC_RX_TL)(表5.285)。

表5.285　接收数据临界值(IC_RX_TL)

位	名称	访问控制	功能说明
15:8			保留
7:0	RX_TL	读/写	接收 FIFO 的临界值

(9)发送数据临界值(IC_TX_TL)(表5.286)。

表5.286　发送数据临界值(IC_TX_TL)

位	名称	访问控制	功能说明
15:8			保留
7:0	TX_TL	读/写	发送 FIFO 的临界值

(10)清除 RX_OVER 中断(IC_CLR_RX_OVER)(表5.287)。

表5.287　清除 RX_OVER 中断(IC_CLR_RX_OVER)

位	名称	访问控制	功能说明
15:1			保留
0	CLR_RX_OVER	读	读该寄存器清除 RX_OVER 中断

(11)清除 RD_REQ 中断(IC_CLR_RE_REQ)(表5.288)。

表5.288　清除 RD_REQ 中断(IC_CLR_RE_REQ)

位	名称	访问控制	功能说明
15:1			保留
0	CLR_RD_REQ	读	读该寄存器清除 RD_REQ 中断

(12)使能寄存器(IC_ENABLE)(表5.289)。当禁用 I^2C 时 I^2C FIFO 里的数据溢出,中断位清零,而在源中断寄存器里中断状态不变,直到 I^2C 进入空闲状态。

表 5.289　使能寄存器(IC_ENABLE)

表 5.289　使能寄存器(IC_ENABLE)

位	名称	访问控制	功能说明
15:1			保留
0	ENABLE	读/写	0:禁止 I^2C;1:使能 I^2C

(13)状态寄存器(IC_STATUS)(表 5.290)。

表 5.290　状态寄存器(IC_STATUS)

位	名称	访问控制	功能说明
31:7			保留
6	SLV_ACTIVITY	读	0:slave 状态进入空闲;1:slave 状态在活动中
5	MST_ACTIVITY	读	0:master 状态处于空闲;1:master 状态活动中
4	RFF	读	0:RX_FIFO 没满;1:RX_FIFO 满
3	RFNE	读	0:RX_FIFO 为空;1:RX_FIFO 未空
2	TFE	读	0:TX_FIFO 不空;1:TX_FIFO 为空
1	TFNE	读	0:TX_FIFO 为满;1:TX_FIFO 未满
0	ACTIVITY	读	I^2C 活动状态

(14)控制寄存器(IC_DMA_CR DMA)(表 5.291)。

表 5.291　控制寄存器(IC_DMA_CR DMA)

位	名称	访问控制	功能说明
31:2			保留
1	TDMAE	读/写	0:发送 DMA 功能禁止;1:使能发送 DMA 功能
0	RDMAE	读/写	0:接收 DMA 功能禁止;1:使能接收 DMA 功能

(15)发送数据临界值寄存器(IC_DMA_TDLR DMA)(表 5.292)。

表 5.292　发送数据临界值寄存器(IC_DMA_TDLR DMA)

位	名称	访问控制	功能说明
31-TX_ABW +1			保留
TX_ABW-1-0	DMATDL	读/写	发送数据的临界值,其值等于 watermark level

(16)接收数据临界值寄存器(IC_DMA_RDLR DMA)(表 5.293)。

表 5.293　接收数据临界值寄存器(IC_DMA_RDLR DMA)

位	名称	访问	功能说明
31-RX_ABW +1			保留
RX_ABW-1-0	DMARDL	读/写	接收数据的临界值,其值等于 watermark level +1

3)操作说明

本节将简要介绍 CK5A6 MCU 系统的软件编程中常用的 I^2C 控制器的操作流程。

按其功能划分,有以下七个部分:复位、Slave 操作模式、Slave-Transmitter 操作模式、Slave-Receiver 操作模式、Master 操作模式、中断操作、DMA 数据通信。

I^2C 设备的连接如图 5.43 所示。

(1)复位。复位后 I^2C 内部寄存器将变为原来的复位值,各个 FIFO 将清空,I^2C 不再接收或发送数据。I^2C 将有默认的目标地址和 slave 地址。此时重新配置各寄存器并使寄存器 IC_ENABLE 的 0 位置 1，开启 I^2C。

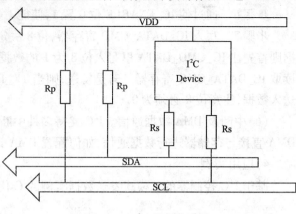

图 5.43　I^2C 设备的连接

（2）Slave 操作模式。

步骤 1　在 IC_ENABLE 的第 0 位写入 0，先禁止 I^2C。

步骤 2　把 slave 地址写入 IC_SAR 寄存器，这就是 I^2C 的地址。

步骤 3　配置 IC_CON 寄存器，指定支持哪种地址，是否只是 slave 模式还是 slave-master 模式。

步骤 4　把 1 写入 IC_ENABLE 的第 0 位，使能 I^2C。

（3）Slave-Transmitter 时的操作。

步骤 1　I^2C 的一个 master 发起传输，首先发送一个地址，这个地址与该 I^2C 的 slave 地址相同。

步骤 2　该 I^2C 回应地址并判断传输的方向，这里是作为 slave-transmitter。

步骤 3　I^2C 确认 RD_REQ 中断，置 SCL 线为低电平，直到软件把数据放入 TX_FIFO。

步骤 4　假如在 TX_FIFO 里在 RD_REQ 接收之前原来有数据，那么将有 TX_ABRT 冲突中断产生，以此来清除 FIFO 里的数据。

步骤 5　向 IC_DATA_CMD 寄存器写入数据，位 8 必须为 0。

步骤 6　在进行之前软件清除中断 RD_REQ 和 TX_ABRT。

步骤 7　I^2C 释放 SCL 并开始发送数据。

步骤 8　master 可以通过发出 RESTART 信号保持总线，也可以通过发出 STOP 信号释放总线。

（4）Slave-receiver 操作模式。

步骤 1　另一个 I^2C – master 发出地址，该地址即为该 I^2C 作为 slave 的地址。

步骤 2　I^2C 回应该地址信号，并确定传输方向。

步骤 3　接收数据并把数据放入 RX_FIFO，确保有足够的空间。

步骤 4　I^2C 检测 RX_FULL 中断位，即当 RX_FIFO 里的数据个数达到某个 IC_RX_TL 里所设的值时，会产生中断。

步骤 5　读取 IC_DATA_CMD 里的数据。

步骤 6　master 可以通过发出 RESTART 信号保持总线，也可以通过发出 STOP 信号释放总线。

（5）Master 操作模式。

步骤 1　通过使寄存器 IC_ENABLE 位 0 置 0，禁止 I^2C。

步骤 2　把 I^2C 作为 slave 时的地址写入 IC_SAR 寄存器里。

步骤 3　配置 IC_CON 寄存器，设置传输速率以及地址模式。

步骤 4　把目标地址写入 IC_TAR 寄存器，该地址是 I^2C 作为 master 时要访问的设备的地址。

步骤 5　当为高速传输模式时，配置 IC_HS_MADDR 寄存器，写入所要求的 master 编码，该编码是已定义过的。

步骤6 通过使 IC_ENABLE 位 0 置 1，使能 I²C。

步骤7 写入 IC_DATA_CMD 寄存器，位 8 决定 I²C 是接收数据还是发送数据。若是接收数据则首先往 IC_CMD_DATA 里写入位 8 为 1 的数据，I²C 开始接收数据，等 Rx_fifo 里的有数据时读取 IC_DATA_CMD 寄存器。若是发送，则当 TX_FIFO 里数据少于某个临界值时往 TX_FIFO 里送入数据，注意位 8 必须为 0。

(6)中断及 DMA 数据通信。I²C 支持多种中断方式，详见中断允许寄存器描述。I²C 可通过 DMA 直接与存储器进行数据通信，如何配置 DMA 请参考 DMAC 相关章节。

4)应用实例

基于 I²C 控制器的从模式发送数据实例的 C 代码如下：

行数	代码	注释
0	#include "i2c_fun. h"	
1	Int main( ) {	
2	struct i2c_info i2c = {	//定义一个 I²C 设备
3	. slave_or_master_mode = I²C_ON_SLAVE_MODE,	//从模式
4	. slave_address = 0x1F,	//地址
5	. speed_mode = I²C_STD_SPEED,	//标准速度
6	. flag = 0x0,	
7	. dynamic_tar_update = NO,	//不动态更新目的地址
8	};	
9	struct i2c_info * i2c_device = &i2c;	
10	int * int_flag;	
11	int_flag = &(i2c_device->flag);	
12	disable_i2c( );	//关断 I²C 设备
13	set_slave_addr(i2c_device);	//配置从模式地址
14	set_sm_mode(i2c_device);	//配置 I²C 到从模式
15	Enable_i2c( );	//开启 I²C 设备

5. PWM 控制器

1)功能概述

PWM 控制器是一个用户可编程的脉冲宽度调制控制器，输出频率由 PWM_CNTR（PWM 输出计数寄存器）决定，而输出占空比则由 PWM_CNTR 寄存器和来自 PWM_ODR 或 PWM_DFR 的输出数据来决定（图 5.44）。

pwm_clk = bus_clk / (PWM_CNTR + 1)

duty_cycle = PWM_ODR/(PWM_CNTR + 1) or PWM_DFR/(PWM_CNTR + 1)

PWM 的输出数据必须小于或者等于 PWM_CNTR 所决定的输出计数值。

CK5A6 MCU 的 PWM 控制器具备以下特点：

(1)DMA 控制器接口-支持 DMA 传输；

(2)FIFO-FIFO 的深度为 16 位，宽度为 32 位；

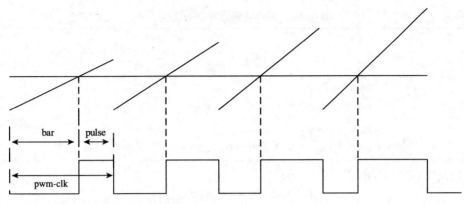

图 5.44　PWM 控制器工作的一个例子

（3）支持组合中断输出和各中断单独输出；

（4）PWM 计数位宽为 16 位；

（5）两种功能模式：单独运行和继续运行；

（6）两个独立的工作端口；

（7）可编程的 PWM 模式。

2）寄存器说明（表 5.294）

表 5.294　PWM 的寄存器地址映射与功能描述

寄存器	地址偏移	位宽	访问	初始值	说　　明
PWM_EN	0x0	32	读/写	0x0	PWM 使能寄存器
CTRLR	0x4	32	读/写	0x0	控制寄存器
PWM_CNTR	0x8	32	读/写	0x0	PWM 输出计数寄存器
PWM_ODR	0xC	32	读/写	0x0	PWM 输出数据寄存器
PWM_FLR	0x10	32	读	0x0	PWM FIFO 级别寄存器
PWM_TLR	0x14	32	读/写	0x0	PWM FIFO 触发寄存器
PWM_SR	0x18	32	读/写	0x0	PWM 状态寄存器
PWM_IMR	0x1C	32	读/写	0x0	PWM 中断屏蔽寄存器
PWM_ISR	0x20	32	读	0x0	PWM 中断状态寄存器
PWM_RISR	0x24	32	读	0x0	PWM 原始中断状态寄存器
PWM_ICR	0x28	32	写	0x0	PWM 中断清除寄存器
PWM_DMACR	0x2C	32	读/写	0x0	PWM DMA 控制寄存器
PWM_DMADL	0x30	32	读/写	0x0	PWM DMA 数据级别寄存器
PWM_DFR	0x34	32	读/写	0x0	PWM FIFO 数据寄存器

以下将分别对各个寄存器做详细的说明。

（1）PWM 使能寄存器（PWM_EN）（表 5.295）。

表 5.295 PWM 使能寄存器位段说明

位	访问	说 明
31：2		保留
1	读/写	PWM_1 端口使能 1：PWM_1 端口使能；0：PWM_1 端口无效
0	读/写	PWM_0 端口使能 1：PWM_0 端口使能；0：PWM_0 端口无效

（2）控制寄存器（CTRLR）（表 5.296）。

表 5.296 控制寄存器位段说明

位	访问	说 明
31：16		保留
15：12	读/写	有效的 PWM_1 数据宽度 当 i=0 到 8 时：位宽是 i+8；当 i=9 到 15 时：位宽是 16
11：8	读/写	有效的 PWM_0 数据宽度 当 i=0 到 8 时：位宽是 i+8；当 i=9 到 15 时：位宽是 16
7		保留
6	读/写	PWM 声音类型 1：声音是单音的；0：声音是立体的
5	读/写	PWM_1 的数据自动重复加载 1：数据不自动重复加载；0：数据自动重复加载
4	读/写	PWM_0 的数据自动重复加载 1：数据不自动重复加载；0：数据自动重复加载
3	读/写	PWM_1 的数据源 1：数据来自 PWM_ODR；0：数据来自 PWM_DFR
2	读/写	PWM_0 的数据源 1：数据来自 PWM_ODR；0：数据来自 PWM_DFR
1	读/写	PWM_1 的数据符号 1：数据是有符号的；0：数据是无符号的
0	读/写	PWM_0 的数据符号 1：数据是有符号的；0：数据是无符号的

（3）PWM 输出计数寄存器（PWM_CNTR）（表 5.297）。

该计数数据决定了 PWM_1 输出频率，计算公式为

$$PWM\_1/0\_fs = bus\_clk/(2 \times counter)$$

表 5.297 PWM 输出计数寄存器位段说明

位	访问	说 明
31：16	读/写	PWM_1 计数数据
23：16	读/写	PWM_0 计数数据

(4)PWM 输出数据寄存器(PWM_ODR)(表 5.298)。

表 5.298　PWM 输出数据寄存器位段说明

位	访问	说　明
31:16	读/写	当数据源为 PWM_ODR 时,该寄存器控制 PWM_1 输出占空比
15:0	读/写	当数据源为 PWM_ODR 时,该寄存器控制 PWM_0 输出占空比

(5)PWM FIFO 级别寄存器(PWM_FLR)(表 5.299)。

表 5.299　PWM FIFO 级别寄存器位段说明

位	访问	说　明
31:5		保留
4:0	写	FIFO 级别指定 FIFO 有效的数据深度

(6)PWM FIFO 触发寄存器(PWM_TLR)(表 5.300)。

表 5.300　PWM FIFO 触发寄存器位段说明

位	访问	说　明
31:4		保留
3:0	读/写	指定产生中断的有效的 FIFO 数据深度

(7)PWM 状态寄存器(PWM_SR)(表 5.301)。

表 5.301　PWM 状态寄存器位段说明

位	访问	说　明
31:6		保留
5	读	PWM FIFO 空信号 1:PWM FIFO 不空;0:PWM FIFO 为空
3	读	PWM FIFO 满信号 1:PWM FIFO 满;0:PWM FIFO 不满
2	读	PWM 错误标志 1:PWM 工作错误;0:PWM 工作正常
1	读	PWM_1 忙标志 1:PWM_1 忙;0:PWM_1 空闲
0	读	PWM_0 忙标志 1:PWM_0 忙;0:PWM_0 空闲

(8)PWM 中断屏蔽寄存器(PWM_IMR)(表 5.302)。

表 5.302　PWM 中断屏蔽寄存器位段说明

位	访问	说　明
31:5		保留
4	读/写	PWM_1 忙标志改变屏蔽 1:pwm_1_bc_intr 不被屏蔽;0:pwm_1_bc_intr 被屏蔽
3	读/写	PWM_0 忙标志改变屏蔽 1:pwm_0_bc_intr 不被屏蔽;0:pwm_0_bc_intr 被屏蔽

位	访问	说　　明
2	读/写	PWM 错误屏蔽 1:pwm_error_intr 不被屏蔽;0:pwm_error_intr 被屏蔽
1	读/写	PWM FIFO 溢出中断屏蔽 1:pwm_overflow_intr 不被屏蔽;0:pwm_overflow_intr 被屏蔽
0	读/写	PWM FIFO 空中断屏蔽 1:pwm_empty_intr 不被屏蔽;0:pwm_empty_intr 被屏蔽

(9)PWM 中断状态寄存器(PWM_ISR)(表 5.303)。

表 5.303　PWM 中断状态寄存器位段说明

位	访问	说　　明
31:5		保留
4	读	PWM_1 忙标志改变中断状态 1:pwm_1_bc_intr 屏蔽操作后有效; 0:pwm_1_bc_intr 屏蔽操作后无效
3	读	PWM_0 忙标志改变中断状态 1:pwm_0_bc_intr 屏蔽操作后有效; 0:pwm_0_bc_intr 屏蔽操作后无效
2	读	PWM 错误中断状态 1:pwm_error_intr 屏蔽操作后有效; 0:pwm_error_intr 屏蔽操作后无效
1	读	PWM FIFO 溢出中断状态 1:pwm_overflow_intr 屏蔽操作后有效; 0:pwm_overflow_intr 屏蔽操作后无效
0	读	PWM FIFO 空中断状态 1:pwm_empty_intr 屏蔽操作后有效; 0:pwm_empty_intr 屏蔽操作后无效

(10)PWM 原始中断状态寄存器(PWM_RISR)(表 5.304)。

表 5.304　PWM 原始中断状态寄存器位段说明

位	访问	说　　明
31:5		保留
4	读	PWM_1 忙标志改变原始中断状态 1:pwm_1_bc_intr 屏蔽操作前有效 0:pwm_1_bc_intr 屏蔽操作前无效
3	读	PWM_0 忙标志改变原始中断状态 1:pwm_0_bc_intr 屏蔽操作前有效 0:pwm_0_bc_intr 屏蔽操作前无效
2	读	PWM 错误原始中断状态 1:pwm_error_intr 屏蔽操作前有效 0:pwm_error_intr 屏蔽操作前无效

位	访问	说　　明
1	读	PWM FIFO 溢出原始中断状态 1:pwm_overflow_intr 屏蔽操作前有效 0:pwm_overflow_intr 屏蔽操作前无效
0	读	PWM FIFO 空原始中断状态 1:pwm_empty_intr 屏蔽操作前有效 0:pwm_empty_intr 屏蔽操作前无效

(11)PWM 中断清除寄存器(PWM_RISR)(表 5.305)。

表 5.305　PWM 中断清除寄存器位段说明

位	访问	说　　明
31:5		保留
4	写	PWM_1 忙标志改变原始中断 1:pwm_1_bc_intr 中断被清除 0:pwm_1_bc_intr 中断不被清除
3	写	PWM_0 忙标志改变原始中断 1:pwm_0_bc_intr 中断被清除 0:pwm_0_bc_intr 中断不被清除
2	写	PWM 错误原始中断 1:pwm_error_intr 中断被清除 0:pwm_error_intr 中断不被清除
1	写	PWM FIFO 溢出原始中断 1:pwm_overflow_intr 中断被清除 0:pwm_overflow_intr 中断不被清除
0	读	PWM FIFO 空原始中断 1:pwm_empty_intr 中断被清除 0:pwm_empty_intr 中断不被清除

(12)PWM DMA 控制寄存器(PWM_DMACR)(表 5.306)。

表 5.306　PWM DMA 控制寄存器位段说明

位	读/写	说　　明
31:1		保留
15:0	读/写	PWM DMA 使能 1:PWM DMA 使能;0:PWM DMA 无效

(13)PWM DMA 数据级别寄存器(PWM_DMADLR)(表 5.307)。

表 5.307　PWM DMA 数据级别寄存器位段说明

位	访问	说　　明
31:4		保留
3:0	读/写	当 PWM FIFO 的数据深度小于等于该处指定的值时,dma_PWM_0eq 信号有效

（14）PWM FIFO 数据寄存器（PWM_DFR）（表5.308）。

表5.308　PWM FIFO 数据寄存器位段说明

位	访问	说　明
31:0	读/写	当数据源为 PWM_DFR 时,该寄存器控制 PWM 输出占空比

3）操作说明

本节将简要介绍 CK5A6 MCU 系统的软件编程中常用的 PWM 控制器的操作流程：

步骤1　写控制信号到相应的 PWM 控制寄存器。

步骤2　写数据到 PWM_DFR FIFO 或 PWM_ODR 寄存器。

步骤3　写使能信号到 PWM_EN 寄存器。

4）应用实例

一个 PWM 控制器配置的汇编代码实例如下所示：

行数	代码	注释
0	CONFIG_PWM_CTRLR:	
1	LRW R1, _PWM_BADDR + 0x04	// 配置控制寄存器:12bit, 无符号,数据自动加载
2	LRW R2, 0x4400	
3	ST R2, (R1,0)	
4	CONFIG_PWM_CNTR:	
5	LRW R1, _PWM_BADDR + 0x08	// 配置 PWM 输出计数寄存器
6	LRW R2, 0x0FFF0FFF	
7	ST R2, (R1,0)	
8	CONFIG_PWM_TLR:	
9	LRW R1, _PWM_BADDR + 0x08	// 配置 PWM FIFO 触发寄存器,触发深度为8
	LRW R2, 0x8	
10	ST R2, (R1,0)	
11	CONFIG_PWM_DMACR:	
12	LRW R1, _PWM_BADDR + 0x02C	// 使能 DMA 传输功能
13	LRW R2, 0x1	
14	ST R2, (R1,0)	
15	ENABLE_PWM:	
16	LRW R1, _PWM_BADDR	// 使能 PWM
17	LRW R2, 0x3	
18	ST R2, (R1,0)	

6. GPIO 控制器

1）功能概述

CK5A6 MCU 共有21个功能 I/O 端口复用。这些 I/O 端口的复用是通过配置通用输入输出模块（general purpose input output, GPIO）实现的,每一个复用端口都能够通过软件配置满足系统的应用需求。在开始主程序之前,每一个 I/O 端口都必须根据主程序的需求完成配置,CKM510 MCU GPIO 主要包含以下特点：

（1）具有两个端口,端口 A 的位宽为11bit,端口 B 的位宽10bit,这两个端口可以单独配置；

（2）GPIO 的端口 A[10:7]和 GPIO 端口 B[9:0]都与 MMCA 的引脚复用；

（3）GPIO 的每一根信号都有单独的数据寄存器和方向控制寄存器；

(4)每一个信号的每一个比特都能够被单独控制;

(5)端口 A 能够配置成中断模式。

GPIO 能够控制 I/O 端口上输出数据以及 I/O 端口的方向,同时它还能访问寄存器读回端口上的值。每一个端口的输入输出数据和控制有两个来源:软件控制和硬件控制。在软件模式下,可以通过 APB 总线接口对 GPIO 操作;在硬件模式下,数据和控制信号来自其他的模块。

在软件控制模式下,端口的输出数据和方向由数据寄存器 (gpio_swportx_dr) 和方向控制寄存器 (gpio_swportx_ddr) 控制(x 表示 a 或 b),这两个寄存器将驱动 GPIO 的数据输出和方向控制端口。在硬件模式下,数据输出和方向端口的驱动来自其他模块的信号。无论在硬件还是软件模式下,从 gpio 端口输入的数据都能通过访问寄存器 gpio_ext_portx 得到。

端口 A 能够被配置成中断模式,当被配置成中断模式时,端口 A 的每一位都能接收来自外部的中断。中断模式可以通过配置寄存器实现,GPIO 可以配置成以下的中断模式:高电平有效、低电平有效、上升沿有效、下降沿有效。

当端口 A 被配置成中断模式时,端口 A 必须被配置为软件模式,方向必须被配置为输入。在边沿有效中断模式下,中断服务程序可以通过往寄存器 gpio_porta_eoi 写入 1 来清除中断;在电平有效中断模式下,中断服务程序可以通过寄存器 gpio_intmask 屏蔽中断或者等到中断源消失。

2) 寄存器说明

在开始主程序前,都要根据主程序的对 I/O 功能进行配置。在 CK5A6 MCU 系统中,I/O 的复用主要通过配置 GPIO 的寄存器完成。表5.309 给出了 CK5A6 MCU 的 GPIO 中所有控制和状态寄存器的地址映射与相关功能的描述。

表5.309　CK5A6 MCU 的 GPIO 寄存器描述

名称	地址偏移	宽度	访问	初始值	说明
gpio_swporta_dr	0x00	13	读/写	1'b0	端口 A 数据寄存器
gpio_swporta_ddr	0x04	13	读/写	1'b0	端口 A 方向寄存器
gpio_porta_ctl	0x08	13	读/写	1'b0	端口 A 模式控制寄存器
gpio_swportb_dr	0x0C	10	读/写	1'b0	端口 B 数据寄存器
gpio_swportb_ddr	0x10	10	读/写	1'b1	端口 B 方向寄存器
gpio_portb_ctl	0x14	10	读/写	1'b1	端口 B 模式控制寄存器
gpio_inten	0x30	13	读/写	1'b0	中断使能寄存器
gpio_intmask	0x34	13	读/写	1'b0	中断屏蔽寄存器
gpio_inttype_level	0x38	13	读/写	1'b0	中断电平寄存器
gpio_int_polarity	0x3C	13	读/写	1'b0	中断极性寄存器
gpio_intstatus	0x40	13	读	1'b0	端口 A 的中断状态寄存器
gpio_rawintstatu	0x44	13	读	1'b0	端口 A 的原始中断状态寄存器(未屏蔽前)
gpio_porta_eoi	0x4C	13	写	1'b0	中断清除寄存器
gpio_ext_porta	0x50	13	读	1'b0	端口 A 外部输入数据寄存器
gpio_ext_portb	0x54	10	读	1'b0	端口 B 外输入数据寄存器
gpio_ls_sync	0x60	1	读/写	1'b0	电平有效中断同步使能寄存器

以下将对表5.310 中的寄存器做详细的说明。

(1)端口 A 数据寄存器(gpio_swporta_dr)。

表 5.310　端口 A 数据寄存器位段说明

位	名称	访问	说　明
31:11			保留
10:0	gpio_sw porta_dr	读/写	如果端口 A 对应数据位的方向被配置成输出,同时工作模式为软件模式,那么该寄存器对应的数据将在 I/O 口上输出。读该寄存器的返回值为最后一次写到该寄存器中的值

(2)端口 A 方向控制寄存器(gpio_swporta_ddr)(表 5.311)。

表 5.311　端口 A 方向控制寄存器位段说明

位	名称	访问	说　明
31:11			保留
10:0	gpio_swporta_ddr	读/写	在软件模式下,该寄存器的每一比特都控制端口 A 对应位的方向 0:输入;1:输出

(3)端口 A 模式控制寄存器(表 5.312)

表 5.312　端口 A 模式控制寄存器位段说明

位	名称	访问	说　明
31:11			保留
10:0	gpio_porta_ctl	读/写	端口 A 的数据和方向控制信息可以来自软件或其他硬件模块,该寄存器用来选择信息的来源 0:软件模式;1:硬件模式

(4)端口 B 的数据寄存器(gpio_swportb_dr)(表 5.313)。

表 5.313　端口 B 数据寄存器位段说明

位	名称	访问	说　明
31:10			保留
9:0	gpio_swportb_dr	读/写	如果端口 B 对应数据位的方向被配置成输出,同时工作模式为软件模式,那么该寄存器对应的数据将在 I/O 口上输出。读该寄存器的返回值为最后一次写到该寄存器中的值

(5)端口 B 的方向控制寄存器(gpio_swportb_ddr)(表 5.314)。

表 5.314　端口 B 方向控制寄存器位段说明

位	名称	访问	说　明
31:10			保留
9:0	gpio_swportb_ddr	读/写	在软件模式下,该寄存器的每一比特都控制端口 B 对应位的方向。 0:输入;1:输出

(6)端口 B 模式控制寄存器(表 5.315)。

表5.315　端口B模式控制寄存器位段说明

位	名称	访问	说　明
31:10			保留
9:0	gpio_portb_ctl	读/写	端口B的数据和方向控制信息可以来自软件或其他硬件模块,该寄存器用来选择信息的来源 0:软件模式;1:硬件模式

（7）中断使能寄存器（gpio_inten）（表5.316）。

表5.316　中断使能寄存器位段说明

位	名称	访问	说　明
31:11			保留
10:0	gpio_inten	读/写	配置端口A的特定位工作在中断模式。在默认模式下,端口A工作在非中断模式下,当该寄存器的特定位被配置为1后,端口A的对应位就变为中断信号。此时端口A的该位方向必须为输入同时工作在软件模式 0:正常模式;1:中断模式

（8）中断屏蔽寄存器（gpio_intmask）（表5.317）。

表5.317　中断屏蔽寄存器位段说明

位	名称	访问	说　明
31:11			保留
10:0	gpio_intmask	读/写	控制端口A对应位产生的中断是否会向中断控制器发出中断。在默认情况下,一旦端口A接收到有效中断,都会向中断控制器发出中断。当该寄存器的对应位被置为1后,中断被屏蔽 1:允许中断;0:中断被屏蔽

（9）中断电平控制寄存器（gpio_inttype_level）（表5.318）。

表5.318　中断电平控制寄存器位段说明

位	名称	访问	说　明
31:11			保留
10:0	gpio_inttype_level	读/写	控制能够被端口A采样的中断类型。当寄存器特定位被设置为0后,端口A对应位的中断类型为电平敏感,否者为沿敏感 1:电平敏感;0:沿敏感

（10）中断极性寄存器（gpio_int_polarity）（表5.319）。

表5.319　中断极性寄存器位段说明

位	名称	访问	说　明
31:11			保留
10:0	gpio_int_polarity	读/写	控制能够被端口A采样的中断信号的极性。当寄存器的特定位被设置为0时,端口A的对应位将采样低电平或下降沿信号,否者端口A的对应为将采样高电平或上升沿 1:高有效;0:低有效

(11)中断状态寄存器(gpio_intstatus)(表5.320)。

表5.320   中断状态寄存器位段说明

位	名称	访问	说 明
31:11			保留
10:0	gpio_intstatus	读	端口 A 的中断状态 0:无中断;1:有中断

(12)原始中断状态寄存器(gpio_rawintstatus)(表5.321)。

表5.321   原始中断状态寄存器位段说明

位	名称	访问	说 明
31:11			保留
10:0	gpio_rawintstatus	读	端口 A 的原始中断状态(屏蔽前的中断状态) 0:无中断;1:有中断

(13)中断清除寄存器(gpio_porta_eoi)(表5.322)。

表5.322   中断清除寄存器位段说明

位	名称	访问	说 明
31:11			保留
10:0	gpio_port_eoi	读	用来控制端口对应位中断的清除。当1被写到该寄存器的特定位时,端口A对应位的中断被清除。当端口不工作在中断模式下时,所有的中断将被清除 1:清除中断;0:无操作

(14)端口 A 外部输入数据寄存器(gpio_ext_porta)(表5.323)。

表5.323   端口 A 外部输入数据寄存器位段说明

位	名称	访问	说 明
31:11			保留
10:0	gpio_ext_porta	读	当端口 A 被配置成输入时,访问该寄存器将返回端口 A 输入信号线上的值;当端口 A 被配置成输出时,访问该寄存器,返回的是在数据寄存器中的值

(15)端口 B 外部输入数据寄存器(gpio_ext_portb)(表5.324)。

表5.324   端口 B 外部输入数据寄存器位段说明

位	名称	访问	说 明
31:11			保留
10:0	gpio_ext_portb	读	当端口 B 被配置成输入时,访问该寄存器将返回端口 B 输入信号线上的值;当端口 A 被配置成输出时,访问该寄存器,返回的是在数据寄存器中的值

(16)电平有效中断同步使能寄存器(gpio_ls_sync)(表5.325)。

表5.325 电平有效中断同步使能寄存器位段说明

位	名称	访问	说　　明
0	gpio_ls_sync	读/写	当该位被配置成1时,所有电平有效的中断都将用 pclk__intr 时钟同步 0:不同步;1:同步

3)操作说明

GPIO 端口 A 有三种工作模式:软件模式,硬件模式,中断模式,端口 B 有两种工作模式:软件模式,硬件模式。软件和硬件模式的配置比较简单,只要对寄存器 gpio_portx_ctl 进行配置即可,一般步骤如下:

步骤1　配置工作模式寄存器(gpio_portx_ctl),选择合适的工作模式。

步骤2　根据应用进行其他操作。

中断模式配置比其他两种模式稍微复杂,中断模式的配置步骤如下:

步骤1　配置端口 A 模式控制寄存器(gpio_porta_ctl)和方向控制寄存器(gpio_porta_ddr),使端口 A 工作在输入软件模式下。(默认模式)

步骤2　配置中断屏蔽寄存器(gpio_intmask),屏蔽不需要的的中断。

步骤3　配置中断电平寄存器(gpio_inttype_level),和中断极性寄存器(gpio_int_polarity),选择合适的中断类型。

步骤4　配置中断使能寄存器(gpio_inten),使能对应的中断位。

步骤5　响应中断。

4)应用实例

对 GPIO 端口 A 中断模式配置实例如下:

行数	代码	注释
0	INT_MASK:	
1	LRW R1,_GPIO_BADDR+0x34	
2	MOVI R2,0	
3	ST.W R2,(R1)	//不屏蔽任何中断
4	INT_TYPE:	
5	LRW R1,_GPIO_BADDR+0x38	
6	MOVI　R2,0	
7	ST.W　R2,(R1)	//配置中断为电平敏感
8	LRW R1,_GPIO_BADDR+0x3C	
9	LRW R2,0xF0	
10	ST.W　R2,(R1)	//配置中断端口7~4位高电平有效
11	INT_EN:	
12	LRW R1,_GPIO_BADDR+0x30	
13	LRW R2,0xF0	
14	ST.W R2,(R1,0)	//使能中断端口7~4

5.1　试编写程序将 CK5A6 MCU 片内 SRAM 的前 20 个地址中的数据搬移到后续的 20 个地址并进行校验。

5.2　试编写程序交换 NAND Flash 中第一页和第二页的数据。

5.3　系统时钟锁相环控制寄存器与 USB 参考时钟锁相环控制寄存器的输出时钟频率如何计算？配置它们需满足的条件是什么？

5.4　系统时钟变频的步骤有哪些？

5.5　基于 UART 的原理，参考书中的例子，写一段 UART 数据接收的汇编代码。

5.6　简述 I^2C 的工作原理。

本章参考文献

杭州中天微系统有限公司. 2007 – 08 – 02. CK510 用户手册 [EB/OL]. [2011 – 05 – 05]. http://www. c-sky. com/dowlist. php? id = 17.

杭州中天微系统有限公司. 2007 – 08 – 02. CK510 (E) Data Sheet [EB/OL]. [2011 – 05 – 05]. http://w ww. c-sky. com/dowlist. php? id = 17.

杭州中天微系统有限公司. 2008 – 12 – 25. TRILOBITE 用户手册 [EB/OL]. [2011 – 05 – 05]. http：//www. c-sky. com/dowlist. php? id = 17.

Synopsys, Inc. 2006 – 03. Guide to DesignWare IP library document [EB/OL]. [2011 – 05 – 05]. http://www. syn-opsys. com/products/designware/docs.

第 6 章　嵌入式操作系统及开发

6.1　Bootloader 应用

6.1.1　Bootloader 简介

对于计算机系统来说,从开机上电到操作系统启动需要一个引导过程。嵌入式系统同样离不开引导程序,这个引导程序称为 Bootloader。通过这段小程序,我们可以初始化硬件设备、建立内存空间的映射表,从而建立适当的系统软硬件环境,为最终调用操作系统内核做好准备。

对于嵌入式系统,Bootloader 是基于特定硬件平台来实现的,每种不同的 CPU 体系结构都有不同的 Bootloader。Bootloader 不但依赖于 CPU 的体系结构,而且依赖于嵌入式系统板级设备的配置,对于两块不同的嵌入式系统板而言,即使它们是基于同一种 CPU 而构建的,要想让运行在一块板子上的 Bootloader 程序也能运行在另一块板子上,通常也都需要修改 Bootloader 的源程序。但大部分 Bootloader 仍然具有很多共性,某些 Bootloader 也能够支持多种体系结构的嵌入式系统。例如,U-Boot 就同时支持 PowerPC、ARM、MIPS 和 x86 等体系结构,支持的板子有上百种。通常,它们都能够自动从存储介质上启动,能够引导操作系统启动,并且大部分都可以支持串口和以太网接口。

CK-CPU Bootloader 是杭州中天微系统有限公司针对 CK-CPU 开发的引导程序,目前支持 CK5A6EVB、CK6408EVB 和 CK1000EVB 等开发板,下面以 CK5A6EVB 展开 CK-CPU Bootloader 的相关讨论。

CK5A6EVB 存储空间分布

系统加电或复位后,所有的 CPU 通常都从某个由 CPU 制造商预先安排的地址上取指令,基于 CK-CPU 复位后是从地址 0x00000000 取它的第一条指令的入口地址。而嵌入式系统通常都有某种类型的固态存储设备(如 ROM、EEPROM 或 Flash 等)被映射到这个预先安排的地址上,因此,必须把 Bootloader 程序存储在相应的固态存储设备中,系统加电后,CPU 首先执行 Bootloader。

图 6.1 所示为 CK5A6EVB 的 Bootloader 存储空间分布,NOR Flash 的基址被设计在 0x00000000,而且把 CK-CPU Bootloader 的自引导部分指令安排在该地址。因此系统复位后首先执行的是自引导,把 Bootloader 的映像解压到 RAM 中去,然后跳转到 Bootloader 映像入口执行。内核的引导在执行 Bootloader 映像时完成。当然,从内核的引导角度讲,在自引导阶段可以直接将内核映像解压到 RAM 中去,然后跳转到内核映像入口,完成内核引导功能。

6.1.2　Bootloader 的启动过程

Bootloader 启动过程通常是多阶段的,这样既能提供复杂的功能,又有很好的可移植性。CK-CPU Bootloader 采用两阶段的启动过程。

第一阶段,完成对一些基本硬件的初始化,为第二阶段的运行作准备。通常在第一阶段代码

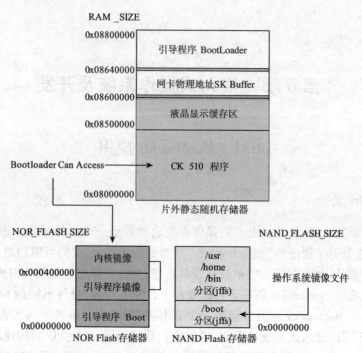

图 6.1 CK-CPU Bootloader 存储空间布局

都用汇编语言来实现,内容一般包括:对内存控制器初始化,并将自身从 Flash 存储读入到 RAM 空间;初始化 CPU 的状态寄存器(PSR);初始化异常基址寄存器(VBR);MGU 或 MMU 的初始化设置;指令高速缓存(ICache)和数据高速缓存(DCache)的使能操作;设置堆栈指针寄存器(R0);跳转到 C 入口。

第二阶段,包括以下步骤(以执行的先后顺序):初始化第二阶段要使用的硬件设备,如串口(用于用户交互)、定时器和中断控制器等;串口终端交互命令行的处理;从 Flash 存储读入操作系统 Kernel 映像到 RAM 空间;设置 Kernel 启动参数;完成 Kernel 引导。

6.1.3 Bootloader 的操作模式

CK-CPU Bootloader 包含两种不同的操作模式:"启动加载"模式和"交互"模式。

"启动加载"(Bootloading)模式也称为"自举"(Autonomous)模式,即 Bootloader 从目标机上的某个固态存储设备上将操作系统的 Kernel 映像加载到 RAM 中运行,整个过程并没有用户的介入,在嵌入式产品发布的时侯,Bootloader 工作在这种模式下。

"交互"(Interactive)模式下,目标开发板上的 Bootloader 通过串口和宿主机的串口终端通信,达到和用户之间的命令交互,用户可以通过串口终端发送各种命令如查看内存值、烧写 Flash、下载映像等到 Bootloader。如下载映像命令将通过串口连接或网络连接等通信手段从宿主机(host)下载文件到目标开发板的 RAM 空间;烧写 Flash 命令将从宿主机接收的映像文件烧写到目标开发板的 Flash 存储中,通常在第一次安装内核与根文件系统时使用该命令。

6.1.4 Bootloader 功能介绍

CK-CPU Bootloader 通过通用异步接收/发送装置(UART)和宿主机之间的命令交互,宿主机通过串口终端软件发送命令,目标开发板 Bootloader 接收这些命令并执行相应的操作,同时显示执行的结果。最新版本的 Bootloader3.0 实现功能如下:

（1）硬件驱动。CK5A6EVB 外围硬件模块的驱动,如 GPIO、MAC 等驱动。

（2）硬件测试。CK5A6EVB 外围硬件模块测试程序。

（3）性能测试。通过标准测试程序对 CPU 进行性能测试和考量,标准测试程序包含音频解码如 AC3、MPEG Layer(1、2、3)、SBC,图像解码如 JPEG,标准性能测试程序如 Dhrystone V2.1, Whetstone。

（4）Flash 操作。NOR Flash 的擦除和读写。

（5）存储操作。NOR Flash、SDRAM 以及各外设 RAM 的读取和显示,Flash、SRAM 和 SDRAM 之间的数据移动。

（6）程序下载。通过网卡或 UART 下载文件到目标开发板的存储器。

（7）程序执行。从指定地址开始程序执行。

（8）版本升级。Bootloader 的版本升级。

6.1.5 Bootloader 的使用说明

1. 编译链接

CK-CPU Bootloader3.0 为支持嵌入式系统的多样性,为用户设置了一些选择配置开关,如开发板的选择配置(CK5A6EVB、CK6408EVB 和 CK1000EVB),集成的性能测试模块的选择配置,所以 CK-CPU Bootloader 的编译链接分为有两个步骤:

（1）修改配置文件 config. make 进行 Bootloader 配置;

（2）编译链接,在 Bootloader 根目录下执行 make 命令编译链接生成可执行映像文件"bootload"。

2. Bootloader 基本命令操作

"交互"模式下,用户可以通过串口终端发送各种如查看内存值、烧写 Flash、下载映像等命令到 Bootloader。具体的命令及其功能如表 6.1 所示。

表 6.1　CK-CPU Bootloader 命令

命令字	功　　能
B/b/Baudate	更改 UART 接口的波特率
id/flashid	显示 NOR Flash 或 NAND Flash 的 ID
E/e/erase	擦除 Flash
mand	读取并显示 NAND Flash 的内容
wnand	写 NAND Flash
D/d/display	读取并显示 NOR Flash,SDRAM,SRAM 以及各外设 RAM 的内容
W/w/write	写 Memory
H/h/help	显示帮助信息
W/w/write	写 Memroy
P/p/program	加载程序到 Flash/SRAM/SDRAM
U/u/update	升级 Bootloader 的软件版本
PT/pt/ptest	运行性能测试函数
R/r/Run	从 Flash/SRAM/SDRAM 某一地址运行程序
T/t/test	测试模块
V/v/version	显示 Bootloader 的版本信息
M/m/move	在 Memroy 中搬运数据

1)H/h/help ［command］

功能描述:查询帮助文件

命令格式:H/h ［command］

参数说明:

command:命令的名字,一般为该命令的名字,或名字的第一个小写字母。

2)B/b/Baudate

功能描述:更改 UART 接口的波特率

命令格式:B/b/Baudate uartid baudrate

参数说明:

uartid:使用的 UART 的接口,如 UART0。

baudrate:更改的新的波特率。

3)R/r/Run

功能描述:从 Flash/SRAM/SDRAM 某一地址运行程序

命令格式:R/r/Run address

参数说明:

address:程序运行起始地址。

4)Version/V/v

功能描述:显示 Bootloader 的版本信息

命令格式:V/v/version

参数说明:无参数

输入命令后,将显示 Bootloader 的版本信息

5)Id/flashid

功能描述:显示 NOR Flash 或 NAND Flash 的 ID

命令格式:id/flashid ［flash_type］

参数说明:

flash_type:读取 ID 的 Flash 的类型:NOR 或 NAND;缺省时两者均读取显示。

6)E/e/erase

功能描述:擦除 Flash(NOR Flash 或 NAND Flash)

命令格式:E/e/Erase flash_type[addr length mode]

参数说明:

flash_type:擦除的 Flash 类型:NOR&NAND;缺省默认为 NOR。

addr:擦除的起始地址。

length:擦除的 block/section 的个数。

mode:擦除的方式:block 擦除或 section 擦除。

7)WNAND/RNAND

功能描述:写/读 NAND Flash,以 byte 的方式;写之前要进行擦除

命令格式:WNAND/RNAND des_addr scr_addr length

参数说明:

des_addr:写/读 NAND flash 的目标起始地址。

src_addr:数据在内存中的存储起始地址。

length:写/读入数据的长度(byte)。

8)W/w/write

功能描述:写 Memory

命令格式:W/w/Write   address   value   length   [mode]

参数说明:

address:写 Memory 的目标起始地址。

value:写入的数据值。

length:写入的数据长度。

mode:写入的数据方式:B/b——byte,H/h——half word,W/w——word。缺省默认为 W/w。

9)D/d/display

功能描述:读取并显示 Memory 的内容

命令格式:D/d/display   address   length   [mode]

参数说明:

address:读取 Memory 的目标起始地址。

length:读取的数据长度。

mode:读取的数据方式:B/b——byte,H/h——half word,W/w——wword。

缺省默认为 W/w

10)Move/M/m

功能描述:在 Memory 中搬运数据

命令格式:M/m/Move   src_addr   des_addr   length   [mode]

参数说明:

src_addr:搬运的数据在 Memory 中的起始地址

des_adr:搬运数据的目标地址

length:读取的数据的长度

mode:搬运数据的方式:B/b——byte,H/h——half word,W/w——word。缺省默认为:W/w。

11)P/p/program

功能描述:加载程序到 Flash/SRAM/SDRAM

命令格式:P/p/Program   addr   U/N   MemType   [length]   [mode]

参数说明:

addr:加载的地址。

U/N:下载方式,串口方式(U)或网卡方式(M)。

MemType:内存类型:MemType = 1:NAND Flash;MemType = 2:NOR Flash;MemType = 0:SDRAM。

length:从串口接收的字节数(串口方式时);网卡方式时缺省。

mode:从串口接收数据方式,二进制/ASIC 码(b/a);网卡方式时缺省。

例 6.1 以 CK5A6EVB 开发板的 Bootloader 为例,用串口方式下载 test. txt 到 NOR Flash 的 0x8000000 地址。

在交互终端输入命令"p 0x8000000 U 2 f a",执行命令后终端显示:

Boot Loader > p 0x8000000 U 2 f a

Download program into Memory!

Send Image file from Terminal!

这时,使用串口终端的发送文件功能,浏览选择需要下载的文件,发送即可,如图6.2所示。

图6.2　串口中断发送文件

Bootloader 接收成功显示:

Boot Loader > p 0x8000000 U2 f a

Download program into Memory!

Send Image file from Terminal!

Received bytes count is 00000007

Download program into Memory!

Boot Loader >

例6.2　用网卡方式下载文件到 SDRAM:

在终端输入命令"p 0x8000000 N 2",结果显示如下:

Boot Loader > p 0x8000000 N 2

Download program into Memory!

Mini TFTP Server 1.0 (IP :192.168.0.100 PORT : 69)

Load file from host

Type tftp-i 192.168.0.100 PUT filename at the host PC

Press ESC key to abort

这时,在宿主机运行命令 tftp-i 192.168.0.100 PUT test.txt,通过网络传输文件 test.txt。

Bootloader 接收成功显示:

Boot Loader > p 0x8000000 N 2

Download program into Memory!

Mini TFTP Server 1.0(IP: 192.168.0.100 PORT: 69)

Load file from host

Type tftp-i 192.168.0.100 PUT filename at the host PC

Press ESC key to abort

Starting the TFTP download

Received0000000f Bytes, END

SUCCESS: Download into memory!

Boot Loader >

12) U/u/update

命令格式:U/u/update　U/N　[length]

参数说明:

U/N:下载方式,串口方式(U)或网卡方式(N)。

length:串口方式——从串口接收字节数;网卡方式——缺省。

Bootloader 版本升级的本质是烧写 Flash,不过用于烧录的文件只能是 boot. bin,且烧录 Flash 的起始地址为 0x0。在终端输入 uptdate 命令后,宿主机通过串口或网络发送新的 boot. bin,即可完成 Bootloader 版本升级。

13)T/t/test

功能描述:测试各模块的命令字

命令格式:T/t/test　[device]

参数说明:

device:测试的模块;缺省时测试全部相应的模块。

(1)当 T/t/test 命令无参数时,测试全部相应硬件模块;

(2)当 T/t/test 命令后跟参数时,测试某个具体模块。

例 6.3　以 CK5A6EVB 开发板为例,测试 timer 模块执行过程如下:

```
Boot Loader > t timer
TestingTimer…
TestingTimer0 – – – – – – – – – Pass.
TestingTimer1 – – – – – – – – – Pass.
TestingTimer2 – – – – – – – – – Pass.
TestingTimer3 – – – – – – – – – Pass.
```

测试帮助命令。h/help t/test 可以显示全部测试,可以选择不同模块根据相应的提示进行测试:

```
Boot Loader > ht
Usage:
T/t/testdevice…
device:The  device  to  be  test.
For example:
T/t/test dma:          TestDMA.
T/t/test gpio:         TestGPIO.
T/t/test ⅱc:          Test Ⅱ C.
T/t/test lcdc:         Test LCDC.
T/t/test powm:         Test PowerManager.
T/t/test timer:        Test timer.
T/t/test UART:         Test UART.
T/t/test watchdog:     Test watchdog
```

14)Pt/pt/ptest

功能描述:CPU 性能测试的命令

命令格式:PT/pt/ptest　[performace function]

参数说明:

performance function:测试性能——缺省时测试全部。

(1)当 PT/pt/ptest 命令无参数时,测试全部相应性能;

(2)当 PT/pt/ptest 命令后跟参数时,测试某个具体性能。

例 6.4 以 Dhrystone V2.1 测试为例。

在终端输入命令 pt dhry21,命令执行后结果为:

```
Boot Loader > pt dhry21
Dhrystone Benchmark, Version2.1 (Language: C)
Program compiled without'register' attribute
Execution starts, 1000000 runs through Dhrystone
Execution ends
Elapse time (cycles): 113101755@50 MHZ APB Frequency
Elapse time (ms): 2262
Microseconds Dhrystone: 2
Dhrystones per Second: 442000
VAX MIPS rating = 251@200 MHz CPU
Boot Loader >
```

6.1.6　CK-CPU Bootloader 的功能扩展

CK-CPU Bootloader 提供了丰富的用户扩展接口,如用户命令增加接口、驱动程序接口和测试命令接口。

1. 基本命令扩展

用户需要在目标开发板上增加特殊的操作,可以添加新的 Bootloader 命令,CK-CPU Bootloader 的每一个命令都通过 CK_Command 结构体来描述,通过宏 CK_COMMAND_REGISTERCMD 完成命令注册,该结构体和宏是在头文件中定义的。

如前面讲到的"update"命令的注册:

```
static struct CK_Command cmdUpdate =
{"update",                                            //命令名称
"u",                                                  //命令简写
CK_Bootloader_CMDUpdate,                              //命令要执行的函数
CK_Bootloader_HelpUpdate,                             //命令帮助函数,若没有为 NULL
"U/u/update:Update with new version Bootloader from pc"  //帮助命令打印信息
};
CK_COMMAND_REGISTERCMD(cmdUpdate);                     //注册上面的命令
```

2. 驱动模块添加

用户根据需要,可以实现新的设备驱动程序,驱动程序包含各种硬件操作的驱动接口,同时必须注册驱动程序的初始化函数和功耗管理函数。

(1)硬件初始化函数的注册。用宏函数 CK_REGISTER_INTTCALL(初始化函数名)进行注册。注册后,该初始化函数将在 Bootloader 启动时运行。

(2)功耗管理相关注册。如果设备模块和功耗管理相关,如系统变频或者进入低功耗模式前后对设备需要特殊操作,需要实现一个针对该设备的功耗管理函数,用宏 CK_POWM_RegisterModule 注册该函数到功耗管理模块。

以 CK5A6EVB 开发板的 TIMER 驱动为例,模块功耗管理函数格式如下:

```
static CK_INT32 CK_Timer_PowerManager(   IN CK_UINT32 Mode,
                                         IN CK_UINT32 ahbfreq,
                                         IN CK_UINT32 apbfreq  )
```

参数说明：

Mode——将要进入的模式：

CK_POWM_PreWAIT

CK_POWM_PreDOZE, CK_POWM_PreSTOP

CK_POWM_PreCLOCK, CK_POWM_WAIT

CK_POWM_DOZE, CK_POWM_STOP

CK_POWM_CLOCK

ahbfreq——AHB 频率。

apbfreq——APB 频率。

3. 硬件测试模块添加

CK-CPU Bootloader 提供了添加硬件测试模块的接口，以便于用户加入自己的硬件测试代码。CK-CPU Bootloader 中的测试模块都通过 CK_Command 结构体来描述，通过宏 CK_TEST_REGISTERCMD 注册该结构体完成测试模块的添加，该宏定义在头文件中。

以 CK5A6EVB 开发板的 Timer 的测试模块为例，可通过如下方式注册：

```
static struct CK_Command cmd TestTimer =
{
    "timer",                              //测试命令模块参数
    NULL,                                 //命令参数简写,没有为 NULL
    CK_Timer_Test,                        //测试主函数
    NULL,
    "T/t/test timer: Test timer. \n"      //测试总帮助打印信息
};
CK_TEST_REGISTERCMD(cmdTestTimer);        //注册上面的测试命令
```

4. CPU 性能测试模块添加

有时用户需要在目标开发板上增加特殊性能测试模块，CK-CPU Bootloader 提供了增加性能测试模块的接口，以便于用户加入自己的性能测试代码。

(1)增加性能测试目录。在 cmd/performancetest/目录下，为需要添加性能测试模块添加文件夹，把该模块的所有代码及相关数据文件放在所建目录下。

(2)注册性能测试命令。CK-CPU Bootloader 中的测试模块都通过 CK_Command 结构体来描述，通过宏 CK_TESTPERFORMANCE_REGISTERCMD 注册该结构体完成性能测试模块的添加，该宏是定义在头文件中的。

以 JPEG 为例，命令结构及注册方式如下：

```
static struct CK_Command cmdTestjpeg =
{"jpeg",                                  //性能测试命令模块参数
    NULL,
    ckjpegmain,                           //性能测试入口函数
    NULL,
    "pt jpeg:\trun jpeg test. \n"         //性能测试总帮助打印信息
};
CK_TESTPERFORMANCE_REGISTERCMD(cmdTestjpeg);   //注册命令
```

(3)建立 Makefile 文件。如果没有源数据文件，只要下面的代码即可。

```
NAME = 测试文件夹名
SUB_DIRS = $(shell ls - F | grep / $ | grep - v CVS | sed "s/\///g")
SUBDIR_FILES = $(foreach dir, $(SUB_DIRS), $(dir)/$(dir).o)
include $(ROOTDIR)/Rules.make
```

如果该测试代码需要源数据文件,添加宏 OTHEROBJFILES 和目标 frame. o:

```
OTHEROBJFILES = frame.o
frame.o:
 $(LD) - r $(LDFLAGS) - o frame.o - bbinary 数据文件全名
```

如果还需要用到新的库文件,添加宏 LLIBS,必要时自行添加库的依赖关系和命令:

```
LLIBS = 库名
```

(4)配置 config.make。在 config.make 中增加"CONFIG_TEST_X = y"。其中 X 是 cmd/performancetest/ 下相应性能测试模块的文件夹名。这个宏决定是否编译链接相应性能测试模块。

6.2 Linux 2.6 操作系统内核概述

6.2.1 Linux 简介

Linux 操作系统核心最早是由芬兰的 Linus Torvalds 于 1991 年 8 月在芬兰赫尔辛基大学上学时发布的,后来经过众多世界顶尖的软件工程师的不断修改和完善,Linux 得以在全球普及开来,在服务器及个人桌面领域得到越来越多的应用,在嵌入式开发方面更是具有其他操作系统无可比拟的优势。

Linux 是一套免费的 32 位多任务的操作系统,运行方式同 UNIX 系统很像,Linux 还有一项最大的特色在于源代码完全公开,在符合 GNU GPL(General Public License)的原则下,任何人皆可自由取得、发布、甚至修改源代码。

6.2.2 Linux 2.6 的新特性

与以前的 Linux 内核版本相比,Linux 2.6 除了提高其实时性能,系统的移植方便性,同时添加了新的体系结构和处理器类型——包括对 MMU-less 系统的支持,可以支持大容量内存模型、微控制器,同时还改善了 I/O 子系统,增添更多的多媒体应用功能。

Linux 2.6 已经在内核主体中加入了提高中断性能和调度响应时间的改进,其中有三个最显著的改进:采用可抢占内核、更加有效的调度算法以及同步性的提高。

6.2.3 Linux 2.6 内核组成

在 Linux 2.6 版本中文件的组织是通过 Kconfig 和 Makefile 来实现的。在内核的源码树下都有这两个文档。通过每一层的 Kconfig 和 Makefile 实现了整个 Linux 的分布式的内核配置数据库。Linux 2.6.30 内核代码的目录结构如图 6.3 所示。

Linux 2.6.30 中各子目录功能:

(1)arch/。操作系统的硬件抽象层(HAL,Hardware Abstract Layer)目录,移植 Linux 内核的大部分编写的代码都位于该目录下,和具体硬件平台相关,有部分代码需要汇编实现。

(2)drivers/。设备驱动目录,包含了 Linux 内核中实现的所有设备驱动的代码,包括字符设备,块设备,以及其他一些具体设备的驱动实现代码。

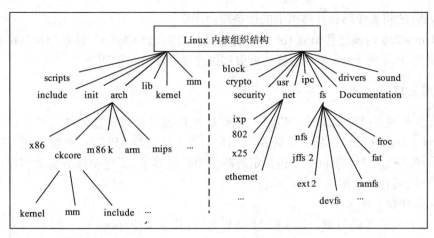

图 6.3　Linux 2.6.30 内核目录结构

（3）fs/。文件系统实现的代码。

（4）kernel/。内核核心部分代码，包括进程调度、信号处理、定时器等。

（5）ipc/。进程通信部分实现代码，posix 标准定义了进程通信（interprocess communication）接口，这部分是它的实现代码。

（6）mm/。与平台无关的内存管理（memory management）模块代码，包括分页、slab 机制实现、页交换等，和平台相关的内存管理部分在 arch/xx/mm 下（xx 是平台名）。

（7）init/。系统初始化部分代码。当系统启动后，完成必要的最基本的初始化后（一般是一段汇编程序），都会跳到位于该文件夹下 main.c 文件的 start_kernel 函数中。这可以说是 Linux 内核开始执行地方。main.c 是内核最早开始运行地方，实现了整个系统的初始化。

（8）scripts/。该目录不包含任何核心代码，该目录下存放了用来配置内核的脚本和应用程序源码。当输入 make menuconfig 之类的命令进行内核配置时，系统会首先编译应用程序的源码，生成可执行文件，然后运行。该可执行文件接着读取当前内核源代码，并在根目录中生成一个 config 文件。除此之外，这些脚本还负责提取可执行内核镜像 vmLinux 的符号表信息，存入文件 System.map 中供内核调试使用。

（9）block/。实现块设备的基本框架与块设备的 IO 调度算法。

（10）user/。用来制作一个压缩的 cpio 归档文件：initrd 的镜像，它可以为内核启动后挂接（mount）的第一个文件系统（一般用不到）。

（11）net/。网络协议部分实现的代码。

（12）Documentation/。Linux 2.6 内核相关文档。

（13）include/。内核代码用到的头文件，包括宏定义和函数原型等。和平台无关的定义都位于 include/Linux/ 中，还有一些库的头文件定义，比如 ssl 库、net 库、crpt 库等，这些也是和平台无关的。

（14）lib/。内核代码中用到的一些库程序的代码。内核中不能使用 glibc 和 uClibc 这样的库程序，这些 C 库是给用户程序用的，内核中如果用到类似的代码，就要单独编写。库程序也是一些经常用到的代码的集合。

（15）crypto/。存放相关的加密算法的代码。

（16）security/。存放安全框架的实现代码。

（17）sound/。存放声音系统架构，如 Open Sound System（OSS）、Advanced Linux Sound Architecture(ALSA)的相关代码和具体声卡的设备驱动程序。

目前 Linux 2.6 内核已移植到 CK-CPU 体系结构,内核对 CK-CPU 体系结构移植支持部分在这里不再赘述,以下对 Linux 2.6 内核的板级移植过程做进一步说明。

6.2.4 板级支撑

当选用的处理器已经被 Linux 支持时,主要的工作就是针对所选的硬件开发板进行板级的移植。Linux 2.6 内核已经封装了板级 API,用户只要实现这些 API 接口函数,就能完成 Linux 系统基本的移植。板级 API 接口主要包括定时器与中断的移植,还包括部分驱动程序的编写。除了代码移植外,还有相关配置文件的编辑。

1. 配置文件相关修改

(1)增加开发板源码目录。以 CK5A6EVB 为例,建立 arch/ckcore 目录,并在该目录下建立一个以自己开发板为名字的目录比如 MyCk5a6evb。

(2)修改开发板配置选择项。编辑该目录下的 Kconfig 文件,在 Board Support 选择项中插入新开发板对应条目。以 CK5A6EVB 开发板为例,如下修改配置文件 Kconfig:

```
choice
    prompt "Board Support"
default CK6408EVB if CSKY
config    CK6408EVB
bool "CK6408EVB"
config    CK5A6EVB
    bool "CK5A6EVB"
Endchoice
source "arch/ckcore/ck6408evb/Kconfig"
source "arch/ckcore/ csky002evb/Kconfig"
```

(3)修改 Makefile 支持新开发板源码编译。编辑../Makefile 文件,插入开发板的支持:

```
core- $ (CONFIG_CK6408EVB) + = arch/ckcore/ck6408evb/
core- $ (CONFIG_CK5A6EVB) + = arch/ckcore/MyCk5a6evb/
```

进入 MyCk5a6evb 目录,建立板级相关配置文件 Kconfig,插入所需要的配置项。以下是一些配置项,主要是启动参数和根文件系统配置,可以根据需要修改或增减:

```
#../MyCk5a6evb/Kconfig
#Licensed under GPLv2
ifCK5A6EVB
……
menu "Root File System and Parameter Setting"
config BOOTPARAM
    bool "Compiled-in Kernel Boot Parameter" #选中该项自定启动参数
    default n
config BOOTPARAM_STRING
    string "Kernel Boot Parameter"
    default " console = ttyS0"
    depends on BOOTPARAM
choice
    prompt "Root File System is" #选择根文件系统
```

```
    default ROOTFS_INITRD
    depends on BOOTPARAM！ ＝ y
    config  ROOTFS_INITRD
        bool "initrd"
    config  ROOTFS_JFFS2
        bool "jffs2"
    config  ROOTFS_NFS
        bool "nfs"
    endchoice
    #以下为个根文件系统相关启动参数
    config  INITRD_INIT_PATH
    string "The path of init programe in the fs"
    depends on  ROOTFS_INITRD
    default "/bin/init"
    config  INITRD_START_ADDR
    hex "initrd ramfs image start address"
    depends on  ROOTFS_INITRD
    ……
    endmenu
    endif
```

（4）实现板级接口函数。板级接口函数代码实现主要是在 MyCk5a6evb 目录下增加 config.
c,irq. c(中断),timer. c(定时器)等文件(文件名可改变)。在开发板目录下建立文件夹 My-
Head,将所有板级相关的头文件都放在该目录下。

（5）创建新开发板 Makefile。在 MyCk5a6evb 目录下编辑 Makefile 文件,增加：

```
obj－y：＝config. o timer. o irq. o#指定当前目录要编译进内核的文件
```

2. 板级接口函数

内核通过 mach_开始的一系列的函数指针调用所有板级接口函数,这些函数指针在头文件
asm/machdep_mm. h 下声明。表6.2 说明所有的板级接口函数及对应的功能。

表6.2 板级 API 及功能

板级 API	功　　能
config_BSP	初始化命令行及关联具体开发板处理函数
mach_time_init	初始化具体定时器硬件,并注册定时器中断处理函数
mach_keyb_init	初始化按键
mach_init_IRQ	该函数初始化中断控制器、设置中断优先级,并设置中断的硬件操作函数(使能、屏蔽等)
mach_get_model	获取开发板原型
mach_get_hardware_list	获取外设硬件列表
mach_gettimeoffset	获取上次时钟中断发生后到当前所经历的毫秒数

板级 API	功 能
mach_hwclk	设置或获取当前实时时钟
mach_get_ss	获取 rtc 时钟的秒数
mach_get_rtc_pll	获取 rtc 的 PLL
mach_set_rtc_pll	设置 rtc 的 PLL
mach_set_clock_mmss	更新 CMOS 时钟
mach_reset	开发板复位
mach_halt	开发板暂停
mach_power_off	开发板关机
mach_heartbeat	闪烁 LED 灯
mach_tick	清除定时器中断标志
mach_trap_init	初始化特定开发板相关异常向量

本质上板级代码移植就是实现这些函数指针对应的实现体,同时把具体的函数实现体与对应的函数指针关联(在 config_BSP 中实现)。以 CK5A6EVB 开发板移植为例,可以在自己建立的 MyCk5a6evb/timer.c 中实现 ckcore_timer_init 函数,在 config_BSP 函数中将 ckcore_timer_init 函数赋值给 mach_timer_init 函数指针。

config_BSP()函数在内核初始化时被调用,主要用来设置命令行 command_line 以及将板级接口与具体的开发板处理函数相关联。以 CK5A6EVB 开发板移植为例,可以在自己建立的 MyCk5a6evb/config.c 文件中实现如下函数:

```
void __init config_BSP(char * commandp, int size)
{
#ifdef CONFIG_BOOTPARAM
    strncpy(commandp, CONFIG_BOOTPARAM_STRING, size);
    commandp[size-1] = 0;
#endif
#ifdef CONFIG_ROOTFS_INITRD
    sprintf( commandp,
"root = /dev/ram0 console = ttyS0 rdinit = % s",
CONFIG_INITRD_INIT_PATH);
#endif
……
    mach_time_init = ckcore_timer_init;
    mach_tick = ckcore_tick;
    mach_hwclk = ckcore_hwclk;
    mach_init_ IRQ = ckcore_init_IRQ;
    mach_gettimeoffset = ckcore_timer_offset;
}
```

3. 定时器接口

定时器是为内核提供计时的硬件支持。计时在一个操作系统中占重要地位,操作系统中的很多活动都离不开计时。如当前进程的时间片用完并进行调度,向用户进程提供当前的年、月、日,在一段时间(如3秒)后执行一个任务等。

一般来说,计时系统都需要使用和维护两种类型的时间:墙上时间 xtime,相对时间 jiffies。

内核一般通过 jiffies 值来获取当前时间。硬件给内核提供一个系统定时器用以计算和管理时间,内核通过编程预设系统定时器的频率,即节拍率(Hz),每一个周期称做一个 tick(节拍)。jiffies 是内核中的一个全局变量,用来记录自从系统启动以来产生的节拍数。每次定时器产生中断,中断处理程序 time_interrupt() 中将变量 jiffies 的值加 1。因为一秒钟内产生系统时钟中断次数等于 Hz 值,故系统到当前时刻运行的时间为 jiffies/Hz 秒。墙上时间,在系统启动过程中根据实时时钟(RTC,Real Time Clock)芯片保存数据进行初始化,在系统运行期间由系统时钟维护并在恰当的时刻和 RTC 芯片进行同步。墙上时间存储于系统变量 xtime 中,该变量记录了现实世界中的年月日格式的时间,以便内核对某些对象和事件作时间标记,如记录文件的创建时间,修改时间,上次访问时间,或者供用户进程通过系统调用来使用。

结构 timespec 是 Linux 2.6 内核表示时间的一种格式,其时间精度是纳秒。该结构是内核表示时间时最常用的一种格式,它的具体定义如下所示:

```
struct timespec{
            __kernel_time_t tv_sec;/* seconds */
            long tv_nsec;/* nanoseconds */
};
```

其中,成员 tv_sec 表示当前时间距 UNIX 时间基准的秒数值,而成员 tv_usec 则表示一秒之内的纳秒值,且 1000000000 > tv_nsec > = 0。内核还保留了 Linux 2.4 对应的时间结构 timeval,其时间精度是微秒,与 timespec 结构类似。

定时器接口调用关系如图 6.4 所示,内核定义了四个接口:时钟初始化 time_init()、时钟中断处理 time_interrupt()、获取当前时间 do_gettimeofday()、设置当前时间 do_settimeofday()。这些函数内部通过 mach_ 开头的函数指针调用具体板级处理函数。

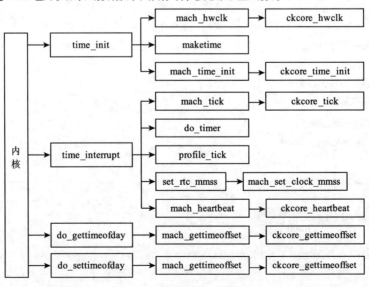

图 6.4　定时器接口层次关系

由图 6.4 看出定时器接口分为三层,第一层为内核接口,中间层为板级 API,第三层是具体底层处理函数。板级移植只要实现底层处理函数。

4. 中断接口

中断(interrupt)是指处理器在执行程序(或任务)的过程中,外部设备通知处理器,请求立即进行处理。通常,中断会导致系统从给定的入口函数处执行,这些函数称为中断服务程序。不同开发板的中断控制器操作方式不同,服务程序中涉及的现场保存恢复等操作不同,因此板级移植会涉及中断的移植。

中断的板级移植只要完成对中断控制器的配置,中断向量表的初始化,及实现中断注册的接口。Linux 2.6 提供了中断初始化的内核接口函数 init_IRQ,该函数被系统函数 start_kernel 调用,具体过程:

(1)初始化描述 IRQ 的数据结构 irq_desc_t 的数组;

(2)调用 mach_init_IRQ 初始化平台相关中断控制器。

其中涉及的板级 API 接口为 mach_init_IRQ。函数原型为:

```
void(* mach_init_IRQ)(void);
```

该函数初始化中断控制器,设置中断优先级,然后调用 set_irq_chip 注册每个中断的操作接口。在函数 set_irq_chip 的第一个参数为中断号,第二个参数为一个 irq_chip 结构指针,该结构是内核实现中断处理的一个套接口。对于 CK-CPU 体系结构的中断控制器来说主要实现 name、mask、unmask 成员赋值,其中 mask 是指向中断使能函数指针,unmask 是指向中断屏蔽函数指针,其他成员可根据需要定义。至于中断的注册及反注册操作,Linux 2.6 在公用代码中实现,当然其中会调用用户注册的中断处理接口函数。

```
static void ckcore_irq_mask(unsigned int irqno)
{
    ((volatile unsigned long * )(CKPIC_BASE))[CKPIC_NIER]& =
    ~ (1 < <(irqno-32));
}
static void ckcore_irq_unmask(unsigned int irqno)
{
    ((volatile unsigned long * )(CKPIC_BASE))[CKPIC_NIER]| =
    (1 < <(irqno-32));
}
struct irq_chip ckcore_irq_chip = {
    . name = "ckcore",
    . mask = ckcore_irq_mask,
    . unmask = ckcore_irq_unmask,
};
void__init ckcore_init_IRQ(void)
{
    volatile unsigned int *  icrp;
    int i;
    icrp = (volatile unsigned int * )(CKPIC_BASE);
    ......
/ * Initial the Interrupt source priority level registers * /
```

```
……
for( i = 32; i < SYS_IRQS; i + + )
    set_irq_chip( i,&ckcore_irq_chip) ;
}
```

6.2.5　Linux 2.6 内核编译

1. 安装编译环境

根据主机类型,到 CK-CPU 公司获取对应的 ckcore 交叉编译工具链的安装脚本。比如:

在 32 位机上,使用 ckcore-elf-tools-i386. Linux − 20090707. sh

在 64 位机上,使用 ckcore-elf-tools-x86_64 − Linux − 20090708. sh

例如,主机是 64 位机器,交叉工具链的安装路径为 INSTALLDIR。先确保安装包是可执行的,再把交叉工具链安装到 INSTALLDIR 目录:

```
$ chmod  + x ckcore-elf-tools-x86_64 − 20090616. sh
$ ./ckcore-elf-tools-x86_64 − 20090616. sh INSTALLDIR
```

在 PATH 路径中添加 ckcore 交叉编译工具链路径,即 INSTALLDIR 路径。在 shell 命令行中输入"which ckcore-elf-gcc"命令,获得类似如下信息,可确认工具链已安装完成。

```
$ which ckcore-elf-gcc
/tools/csky/ckcore-elf-tools/host-x86_64 − linux − 2. 6/bin/ckcore-elf-gcc
```

2. 内核裁剪

复制贝一个已经移植好 CK-CPU 框架的内核,解压到某一工作目录下:

```
$ tar xzf CKcore-linux − 2. 6. 30. tar. gz
```

进入目录 Linux 2.6.30/,如果是第一次配置输入 make defconfig ARCH = ckcore,启用默认配置。然后输入 make menuconfig ARCH = ckcore,启动配置界面如图 6.5 所示,根据需要进行内核剪裁。

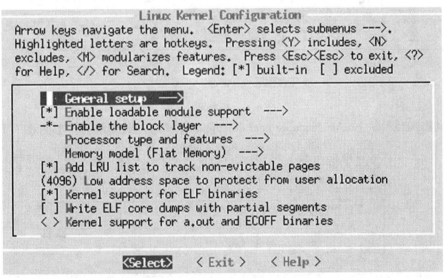

图 6.5　Linux 2.6 内核配置界面

以下是 Linux 2.6 的基本配置过程:

(1)基本配置 General setup。基本配置界面如图 6.6 所示。

```
                        General setup
Arrow keys navigate the menu.  <Enter> selects submenus --->.
Highlighted letters are hotkeys.  Pressing <Y> includes, <N> excludes,
<M> modularizes features.  Press <Esc><Esc> to exit, <?> for Help, </>
for Search.  Legend: [*] built-in  [ ] excluded  <M> module  < >

     [ ] Prompt for development and/or incomplete code/drivers
     () Local version - append to kernel release
     [ ] Automatically append version information to the version strin
     [ ] Support for paging of anonymous memory (swap)
     [*] System V IPC
     [ ] BSD Process Accounting
     [ ] Export task/process statistics through netlink (EXPERIMENTAL)
     [ ] Auditing support
         RCU Subsystem --->
     <*> Kernel .config support
     [ ]     Enable access to .config through /proc/config.gz
     (17) Kernel log buffer size (16 => 64KB, 17 => 128KB)
     [ ] Control Group support --->
     [*] Create deprecated sysfs layout for older userspace tools
     [ ] Kernel->user space relay support (formerly relayfs)
     [*] Namespaces support
     [ ]     UTS namespace
     [ ]     IPC namespace
     [*] Initial RAM filesystem and RAM disk (initramfs/initrd) suppor
     ()      Initramfs source file(s)
     [*]     Support initial ramdisks compressed using gzip
     [ ]     Support initial ramdisks compressed using bzip2
     [ ]     Support initial ramdisks compressed using LZMA
     [ ] Optimize for size
     [*] Configure standard kernel features (for small systems) --->
     [ ] Strip assembler-generated symbols during link
     [ ] Support for hot-pluggable devices
     [*] Enable support for printk
     [*] BUG() support
     [*] Enable ELF core dumps
     [ ] Enable full-sized data structures for core
     [*] Enable futex support
     [ ] Enable eventpoll support
     [ ] Enable signalfd() system call
     [ ] Enable timerfd() system call
     [ ] Enable eventfd() system call
     [*] Use full shmem filesystem
     [*] Enable AIO support
     [*] Enable VM event counters for /proc/vmstat
     [ ] Disable heap randomization
         Choose SLAB allocator (SLAB) --->
     [ ] Profiling support (EXPERIMENTAL)
     [ ] Activate markers

           <Select>    < Exit >    < Help >
```

图 6.6　基本配置界面

（2）动态加载模块 Enable loadable module support。动态加载模块界面如图 6.7 所示。

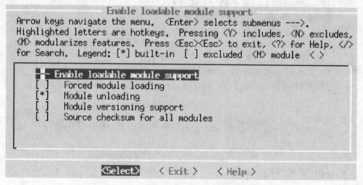

```
                  Enable loadable module support
Arrow keys navigate the menu.  <Enter> selects submenus --->.
Highlighted letters are hotkeys.  Pressing <Y> includes, <N> excludes,
<M> modularizes features.  Press <Esc><Esc> to exit, <?> for Help, </>
for Search.  Legend: [*] built-in  [ ] excluded  <M> module  < >

     [*] Enable loadable module support
     [ ]     Forced module loading
     [*]     Module unloading
     [ ]     Module versioning support
     [ ]     Source checksum for all modules

           <Select>    < Exit >    < Help >
```

图 6.7　动态加载模块配置界面

(3)块设备支持 Enable the block layer。块设备配置界面如图6.8所示。

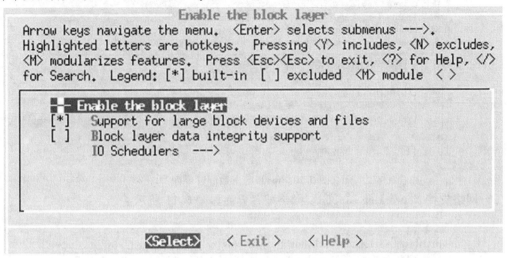

图6.8　块设备配置界面

(4)CPU 类型及特性 Processor type and features。CPU 类型及特性配置界面如图6.9所示。

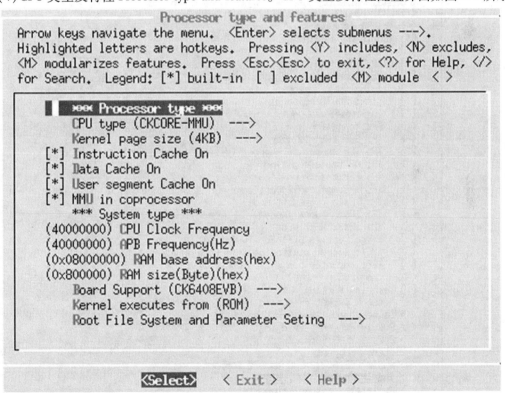

图6.9　CPU 类型及特性配置界面

(5)根文件系统类型及启动参数 Processor type and features →Root File System and Parameter Setting。rootfs 与参数配置界面如图6.10所示。

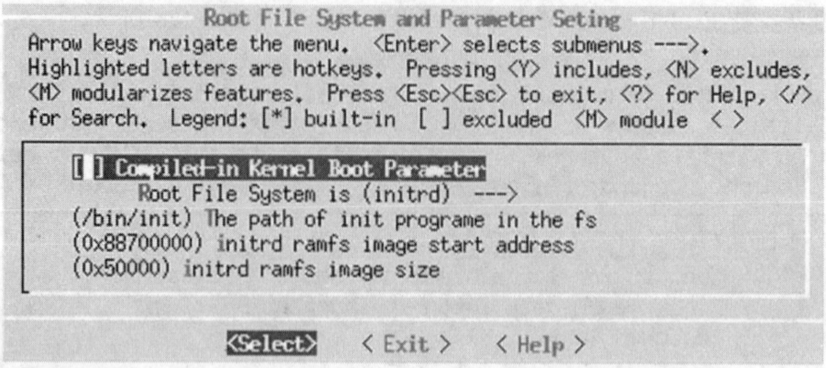

```
                    Root File System and Parameter Seting
Arrow keys navigate the menu. <Enter> selects submenus --->.
Highlighted letters are hotkeys. Pressing <Y> includes, <N> excludes,
<M> modularizes features. Press <Esc><Esc> to exit, <?> for Help, </>
for Search. Legend: [*] built-in  [ ] excluded  <M> module  < >

  ┌─────────────────────────────────────────────────────────────┐
  │ [ ] Compiled-in Kernel Boot Parameter                       │
  │         Root File System is (initrd)  --->                   │
  │     (/bin/init) The path of init programe in the fs          │
  │     (0x88700000) initrd ramfs image start address            │
  │     (0x50000) initrd ramfs image size                        │
  └─────────────────────────────────────────────────────────────┘

            <Select>      < Exit >     < Help >
```

图 6.10　rootfs 与参数配置界面

（6）网络支持 Networking support。网络配置界面如图 6.11 所示。

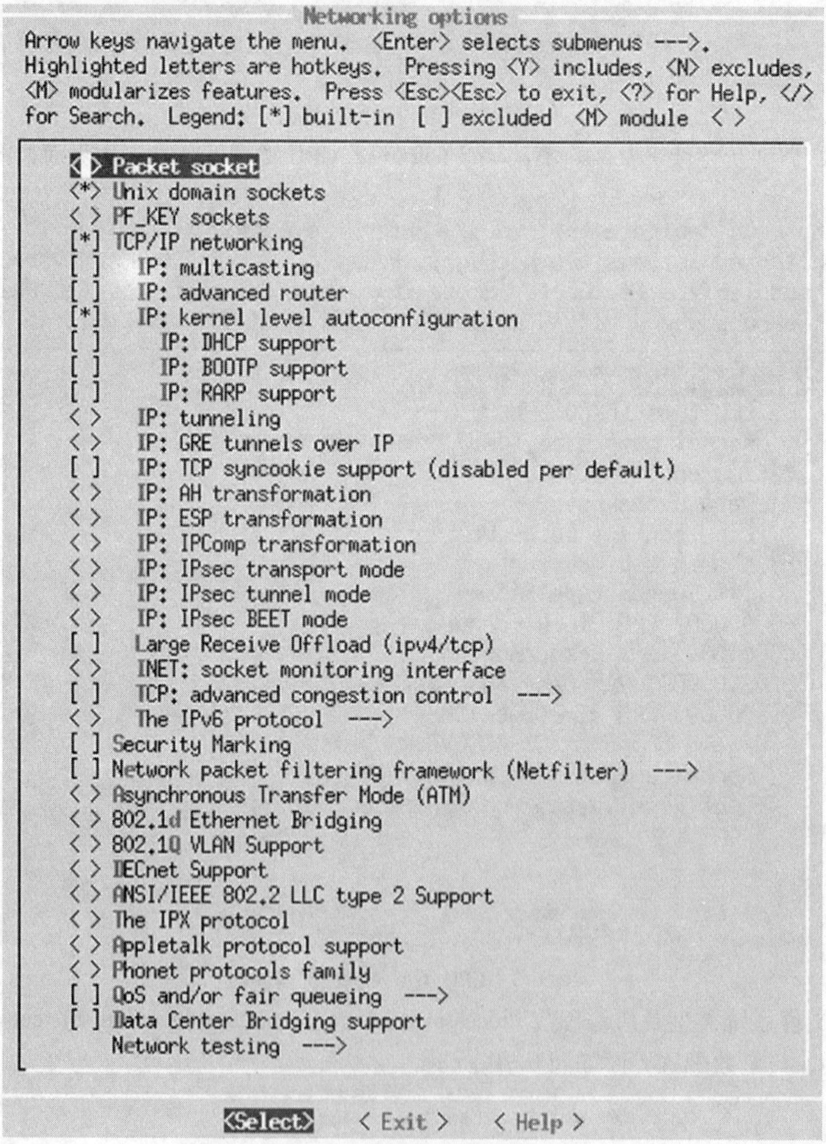

```
                         Networking options
Arrow keys navigate the menu. <Enter> selects submenus --->.
Highlighted letters are hotkeys. Pressing <Y> includes, <N> excludes,
<M> modularizes features. Press <Esc><Esc> to exit, <?> for Help, </>
for Search. Legend: [*] built-in  [ ] excluded  <M> module  < >

  ┌─────────────────────────────────────────────────────────────┐
  │ < > Packet socket                                            │
  │ <*> Unix domain sockets                                      │
  │ < > PF_KEY sockets                                           │
  │ [*] TCP/IP networking                                        │
  │ [ ]     IP: multicasting                                     │
  │ [ ]     IP: advanced router                                  │
  │ [*]     IP: kernel level autoconfiguration                   │
  │ [ ]       IP: DHCP support                                   │
  │ [ ]       IP: BOOTP support                                  │
  │ [ ]       IP: RARP support                                   │
  │ < >     IP: tunneling                                        │
  │ < >     IP: GRE tunnels over IP                              │
  │ [ ]     IP: TCP syncookie support (disabled per default)     │
  │ < >     IP: AH transformation                                │
  │ < >     IP: ESP transformation                               │
  │ < >     IP: IPComp transformation                            │
  │ < >     IP: IPsec transport mode                             │
  │ < >     IP: IPsec tunnel mode                                │
  │ < >     IP: IPsec BEET mode                                  │
  │ [ ]     Large Receive Offload (ipv4/tcp)                     │
  │ < >     INET: socket monitoring interface                    │
  │ [ ]     TCP: advanced congestion control  --->               │
  │ < >     The IPv6 protocol  --->                              │
  │ [ ] Security Marking                                         │
  │ [ ] Network packet filtering framework (Netfilter)  --->     │
  │ < > Asynchronous Transfer Mode (ATM)                         │
  │ < > 802.1d Ethernet Bridging                                 │
  │ < > 802.1Q VLAN Support                                      │
  │ < > DECnet Support                                           │
  │ < > ANSI/IEEE 802.2 LLC type 2 Support                       │
  │ < > The IPX protocol                                         │
  │ < > Appletalk protocol support                              │
  │ < > Phonet protocols family                                  │
  │ [ ] QoS and/or fair queueing  --->                           │
  │ [ ] Data Center Bridging support                             │
  │     Network testing  --->                                    │
  └─────────────────────────────────────────────────────────────┘

            <Select>      < Exit >     < Help >
```

图 6.11　网络配置界面

(7)设备驱动 Device Drivers。设备驱动基本配置界面如图 6.12 所示。

```
                    Device Drivers
Arrow keys navigate the menu.  <Enter> selects submenus --->.
Highlighted letters are hotkeys.  Pressing <Y> includes, <N> excludes,
<M> modularizes features.  Press <Esc><Esc> to exit, <?> for Help, </>
for Search.  Legend: [*] built-in  [ ] excluded  <M> module  < >

    Generic Driver Options  --->
< > Connector - unified userspace <-> kernelspace linker  --->
<*> Memory Technology Device (MTD) support  --->
< > Parallel port support  --->
[ ] Block devices  --->
[ ] Misc devices  --->
< > ATA/ATAPI/MFM/RLL support  --->
    SCSI device support  --->
< > Serial ATA (prod) and Parallel ATA (experimental) drivers  --
[ ] Multiple devices driver support (RAID and LVM)  --->
[*] Network device support  --->
[ ] ISDN support  --->
< > Telephony support  --->
    Input device support  --->
    Character devices  --->
< > I2C support  --->
[ ] SPI support  --->
< > Dallas's 1-wire support  --->
< > Power supply class support  --->
< > Hardware Monitoring support  --->
< > Generic Thermal sysfs driver  --->
[ ] Watchdog Timer Support  --->
    Sonics Silicon Backplane  --->
    Multifunction device drivers  --->
[ ] Voltage and Current Regulator Support  --->
    Multimedia devices  --->
    Graphics support  --->
< > Sound card support  --->
[ ] HID Devices  --->
[ ] USB support  --->
< > MMC/SD/SDIO card support  --->
< > Sony MemoryStick card support (EXPERIMENTAL)  --->
[ ] LED Support  --->
[ ] Accessibility support  --->
< > Real Time Clock  --->
[ ] DMA Engine support  --->
[ ] Auxiliary Display support  --->
< > Userspace I/O drivers  --->
[ ] Staging drivers  --->

            <Select>    < Exit >    < Help >
```

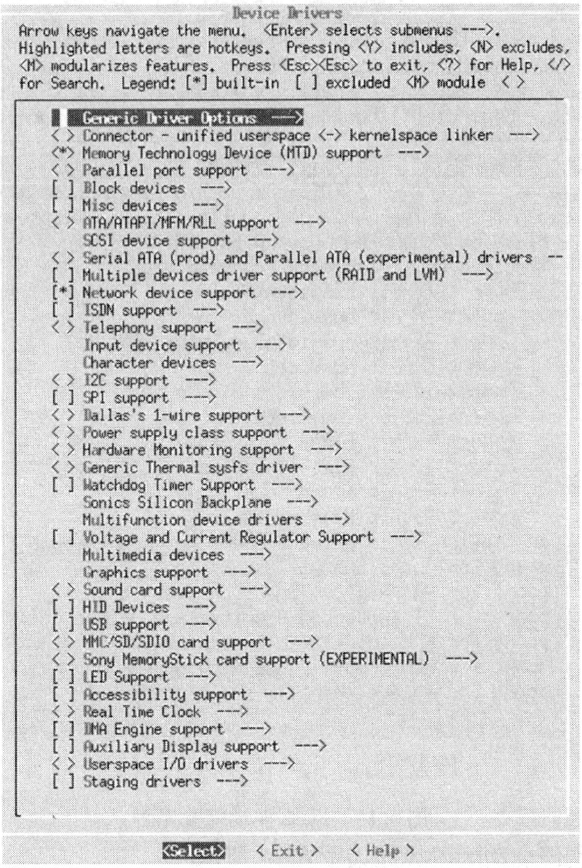

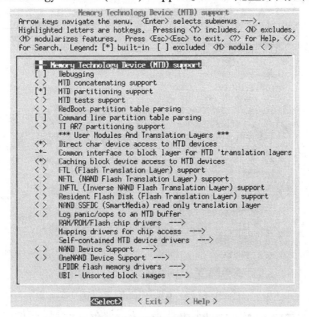

图 6.12　设备驱动基本配置界面

(8)Memory Technology Device（MTD）support。MTD 配置界面如图 6.13 所示。

```
              Memory Technology Device (MTD) support
Arrow keys navigate the menu.  <Enter> selects submenus --->.
Highlighted letters are hotkeys.  Pressing <Y> includes, <N> excludes,
<M> modularizes features.  Press <Esc><Esc> to exit, <?> for Help, </>
for Search.  Legend: [*] built-in  [ ] excluded  <M> module  < >

--- Memory Technology Device (MTD) support
[ ]   Debugging
< >   MTD concatenating support
[*]   MTD partitioning support
< >   MTD tests support
< >   RedBoot partition table parsing
[ ]   Command line partition table parsing
< >   TI AR7 partitioning support
      *** User Modules And Translation Layers ***
<*>   Direct char device access to MTD devices
-*-   Common interface to block layer for MTD 'translation layers
<*>   Caching block device access to MTD devices
< >   FTL (Flash Translation Layer) support
< >   NFTL (NAND Flash Translation Layer) support
< >   INFTL (Inverse NAND Flash Translation Layer) support
< >   Resident Flash Disk (Flash Translation Layer) support
< >   NAND SSFDC (SmartMedia) read only translation layer
< >   Log panic/oops to an MTD buffer
      RAM/ROM/Flash chip drivers  --->
      Mapping drivers for chip access  --->
      Self-contained MTD device drivers  --->
< >   NAND Device Support  --->
< >   OneNAND Device Support  --->
      LPDDR flash memory drivers  --->
      UBI - Unsorted block images  --->

            <Select>    < Exit >    < Help >
```

图 6.13　MTD 配置界面

（9）NOR Flash 驱动 Device Drivers。Flash 驱动配置界面如图6.14 所示。

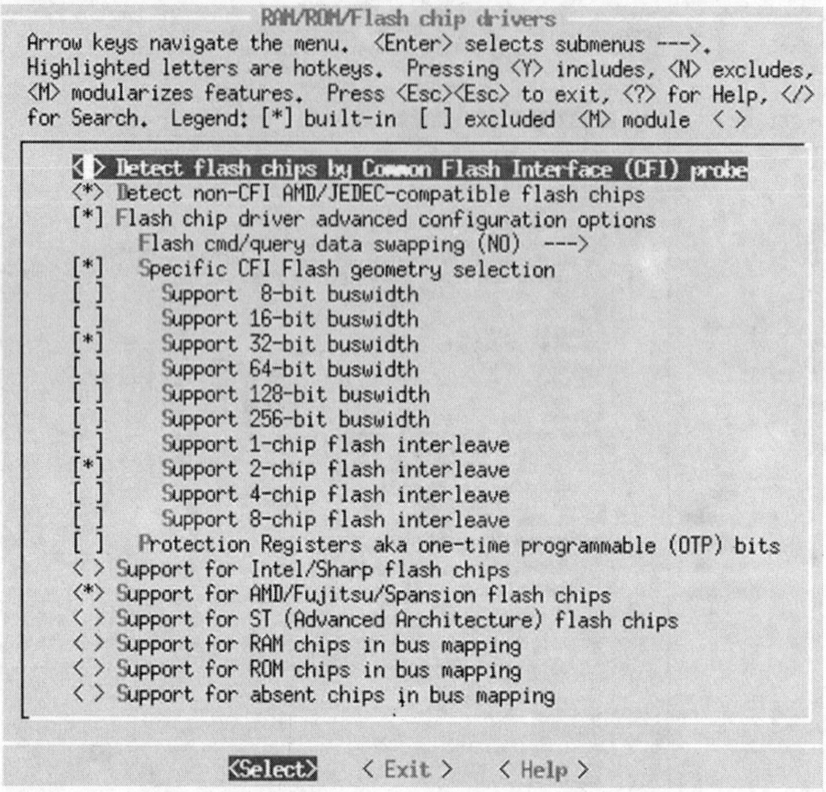

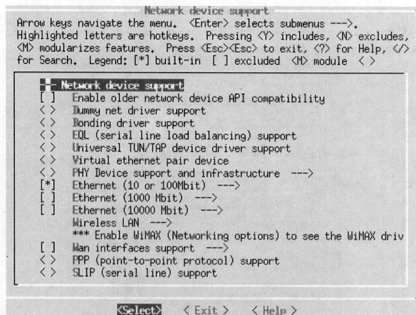

图6.14　Flash 驱动配置界面

（10）网卡驱动。网络驱动配置界面如图6.15 所示。

图6.15　网络驱动配置界面

（11）串口 Device Drivers →Character devices。串口驱动配置界面如图6.16 所示。

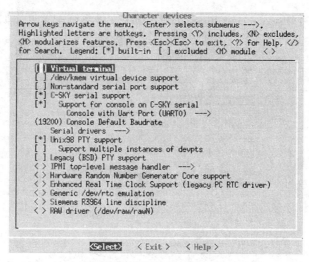

图 6.16　串口驱动配置界面

（12）文件系统驱动 File systems。文件系统基本配置界面如图 6.17 所示。

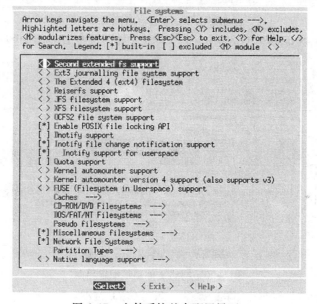

图 6.17　文件系统基本配置界面

（13）File systems →Pseudo filesystems。虚拟文件系统配置界面如图 6.18 所示。

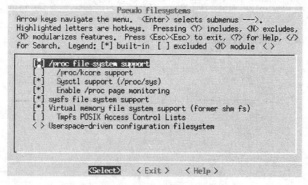

图 6.18　虚拟文件系统配置界面

(14)File systems →Miscellaneous filesystems。jfft2 文件系统配置界面如图 6.19 所示。

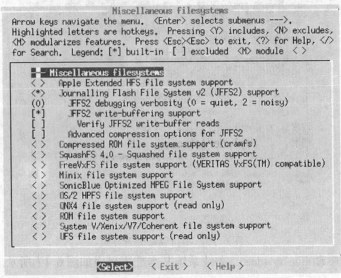

图 6.19　jffs2 文件系统配置界面

(15)File systems →Network File Systems。网络文件系统配置界面如图 6.20 所示。

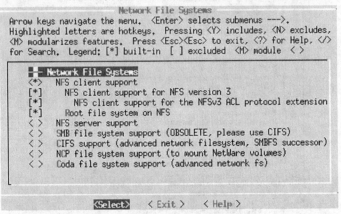

图 6.20　网络文件系统配置界面

(16)库支持 Library routines。库配置界面如图 6.21 所示。

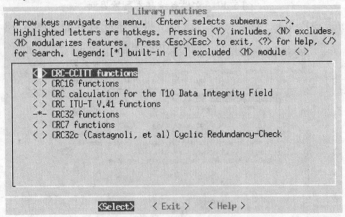

图 6.21　库配置界面

其他默认,配置完成后,保存。

3. 内核编译

在 shell 命令行中输入 make 命令,开始编译内核,如图 6.22 所示。

```
[hujs@rocket linux-2.6.30]$ make
scripts/kconfig/conf -s arch/ckcore/Kconfig
#
# configuration written to .config
#
  CHK     include/linux/version.h
  CHK     include/linux/utsrelease.h
  SYMLINK include/asm -> include/asm-ckcore
  CALL    scripts/checksyscalls.sh
  CC      init/main.o
  CHK     include/linux/compile.h
  CC      init/do_mounts.o
  LD      init/mounts.o
  LD      init/built-in.o
  LD      usr/built-in.o
  CC      arch/ckcore/kernel/setup.o
  LD      arch/ckcore/kernel/built-in.o
  LDS     arch/ckcore/kernel/vmlinux.lds
  CC      arch/ckcore/mm/init.o
  LD      arch/ckcore/mm/built-in.o
  CC      arch/ckcore/ck6408evb/config.o
  LD      arch/ckcore/ck6408evb/built-in.o
  CC      kernel/sysctl.o
```

图 6.22 内核编译

内核成功编译完成后,在源代码根目录生成内核镜像 vmLinux。

6.2.6 Linux 根文件系统

Linux 内核编译好之后,还必须有根文件系统才能使一个 Linux 系统正常运行。本节将简要介绍根文件系统的基本内容,以及如何根据系统的需求来定制根文件系统。

1. 根文件系统的内容

根文件系统用于存放系统运行期间所需的应用程序、脚本、配置文件等,通常包含下面目录:

(1) bin/、sbin/,系统可执行程序和工具;

(2) lib/,动态运行库;

(3) etc/,系统配置信息和启动脚本;

(4) usr/,用户可执行程序;

(5) sys/,挂载 sysfs 文件系统;

(6) proc/,挂载 proc 文件系统;

(7) 其他。

2. 创建根文件系统的基本目录

(1) 创建必须的文件夹及设备文件。

```
#mkdir rootfs
#cd rootfs
#mkdir bin dev etc lib mnt proc sbin sys root
#mkdir etc/var etc/tmp
```

（2）创建设备文件节点。Linux 2.6.18 以上版本完全抛弃了 devfs 而使用 udev。udev 是一个基于用户空间的设备管理系统。udev 包可以在 http://www.kernel.org/pub/Linux/utils/kernel/hotplug 下载，不过 busybox 高版本提供了 udev 的简化版 mdev。由于 udev 是一个用户程序，在内核启动时并不能自动创建设备节点，所以需手动创建 console 和 null 两个启动过程必须的设备节点。

```
#cd dev
#mknod  - m 660 console c 5 1
#mknod  - m 660 null c 1 3
```

（3）安装应用程序到各自目录。作为根文件系统，不光是建立相应目录，还必须有一些必要的应用程序。如 init 程序，shell 程序等。拷贝编译好的系统应用程序如 init、sh、ls、cp、insmod 等到 bin 或 sbin 目录，拷贝动态运行库到 lib 目录。然后在 etc 目录下创建必要的配置信息和启动脚本如 rc，inittab 等，最后将一些其他的放到 usr 目录。这样一个基本的根文件系统目录就搭建好了，使用此目录可以创建文件系统镜像，并挂载使用。

3. 创建 initramfs 根文件系统

假设需要制作根文件系统的目录位于/home/ckcore/rootfs，按照下面的命令制作 initramfs 文件系统镜像。

```
#cd /home/ckcore/rootfs
#find . | cpio  - c  - o | gzip  - 9 > ../initrd.cpio.gz
```

重新配置内核，选定下面选项，并选择 initramfs 镜像或目录，配置界面如图 6.23 所示，把 Initramfs source file(s)设置成/home/ckcore/initrd.cpio.gz 或者 Initramfs source file(s)：/home/ckcore/rootfs/。

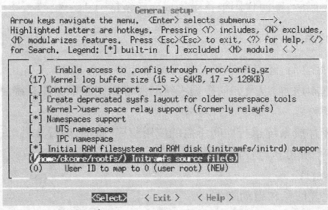

图 6.23 initramfs 根文件系统配置界面

然后设置启动参数：

[Processor type and features]→
Root File System and Parameter Setting →
Root File System is (initrd)→
(/bin/init) The path of init program in the fs

重新编译内核即可。

4. 创建 jffs2 根文件系统

jffs2 文件系统是在闪存上使用非常广泛的读/写文件系统，在嵌入式系统中被普遍的应用。jffs2 的底层驱动主要完成文件系统对 Flash 芯片的访问控制，如读、写、擦除操作。因此，以 jffs2

为根文件系统,内核必须配置相应的 Flash 芯片驱动。目前 CK5A6EVB 开发板上使用的 NOR Flash 型号为 CK6408EVB,以下操作针对该 Flash 驱动进行操作说明。

1)增加 Flash 驱动支持

打开配置界面,增加 Flash 驱动支持。Flash 驱动通用配置见内核配置的 NOR Flash 驱动部分,再增加对自己开发板 Flash 芯片支持如下:

```
Device Drivers- - - >
< * > Memory Technology Device (MTD) support- - - >
Mapping drivers for chip access- - - >
< * > Map driver for ckcore evb NOR flash
(0x00000000) CK5A6EVB flash start phy - address(hex)
(0x00800000) CK5A6EVB flash size(hex)
```

配置界面如图 6.24 所示,选择 Flash 芯片驱动及 Flash 存储器的属性设置。

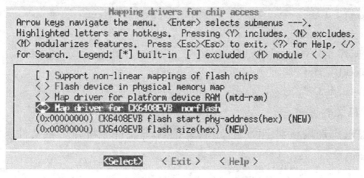

图 6.24　CK5A6EVB 开发板 NOR Flash 配置界面

2)添加 jffs2 文件系统支持

参见内核配置 File systems →Miscellaneous filesystems 部分。

3)制作 jffs 文件系统镜像(使用 mtd-utils 工具)

下载 jffs2 制作工具源码 mtd-utils-1.0.0.tar.bz2,解压后编译生成的 mkfs.jffs2,此为制作 jffs2 文件系统的工具。

然后如下命令执行:

```
./mkfs.jffs2 - r ~/romfs/ - o jffs2.img - e 0x2000 - - pad = 0x280000-b-n
```

该命令各参数的意义如下:

(1)-r:指定要做成 image 的文件夹。

(2)o:指定输出 image 镜像的文件名。

(3)-e:每一块要擦除的 block size,预设是 4KB。注意,不同的 flash,其 blocksize 会不一样。

(4)-pad(-p):用 16 进制来表示所要输出文件的大小,也就是 jffs2.img 的大小。很重要的是,为了不浪费 flash 空间,这个值最好符合 flash driver 所规划的区块大小。这里使用的是 2.5MB。

(5)-n:如果挂载后会出现类似:CLEANMARKER node found at 0x0042c000 has totlen 0xc! = normal 0x0 的警告,则加上-n 就会消失。

(6)-b:大端格式。

4)下载文件系统镜像到 Flash 安装

通过 Bootloader 将 rootfs.img 镜像烧写到 NOR Flash,这里需要注意的是烧写的地址是预先规划的。

5)挂载 jffs2 根文件系统

重新配置内核,选定下面选项,配置启动参数。

```
[Processor type and features] →
Root File System and Parameter Setting →
Root File System is (jffs2) →
(/dev/mtdblock2) Root dev for romfs
```

6)重新编译内核

重新编译内核,启动系统时可自动挂载 jffs2 为根文件系统。

当以 jffs2 为根文件系统时,要保证制作镜像的/dev 目录要有 console、null、mtdblock0、mtd-block1、mtdblock2 设备节点,没有的话可静态建立(需 root 权限)。

```
$ cd rootfs/dev
$ mknod console c 5 1
$ mknod null c 1 3
$ mknod mtdblock0 b 31 0
$ mknod mtdblock1 b 31 1
$ mknod mtdblock2 b 31 2
```

5. 创建 NFS 根文件系统

重新配置内核,添加内核对 NFS 的支持,并把 NFS 文件系统作为根文件系统。

```
Networking support →
networking options →
[ * ]IP: kernel level autoconfiguralion
file systems →
[ * ]network file systems →
[ * ]root file system on nfs
[Processor type and features] →
Root File System and Parameter Setting →
Root File System is (nfs2) →
(192.168.0.35) NFS Server addr
```

配置服务器的地址及服务器提供的 NFS 文件系统的实际目录。

```
(/home/nfs) NFS Server dirctory
(192.168.0.100) Address for eth0
(255.255.255.0) Mask address for eth0
(192.168.0.1) Address for Network Gate
(linux) Host name
```

重新编译内核,确认所选服务器需要开启的 NFS 服务后,启动系统,就能自动挂载 NFS 为根文件系统。

6.2.7　Linux 2.6 驱动程序开发

Linux 操作系统将所有的设备都看作文件,并以操作文件的方式访问设备。应用程序不能直接操作硬件,而是使用统一的接口函数(即系统调用)调用硬件驱动程序。

故从软件层面来看,一个嵌入式系统可分为如下几个层次,如图 6.25 所示。

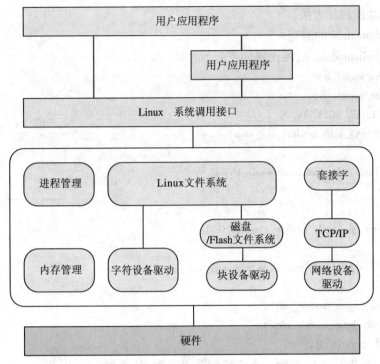

图 6.25　Linux 软件层次结构

1. Linux 驱动程序的开发步骤

Linux 的外设可以分为三类:字符设备,块设备和网络接口。与此对应的是有三种驱动:字符设备驱动,块设备驱动和网络接口驱动。

一般来说,编写一个 Linux 设备驱动程序的大致流程如下:

(1)查看原理图、数据手册,了解设备的操作方法。

(2)在内核中找到相近的驱动程序,以它为模板进行开发。

(3)实现驱动程序的初始化。比如向内核注册这个驱动程序,这样应用程序传入文件名时,内核能找到相应的驱动程序。

(4)设计所要实现的操作,如 open、close、read、write 等函数。

(5)实现中断服务(中断并不是每个设备驱动所必需的)。

(6)编译该驱动程序到内核,或者用 insmod 命令加载驱动模块。

(7)测试驱动程序。

2. 驱动程序的加载和卸载

驱动程序可以静态编译进内核中,也可以将它作为模块在使用时再加载。在配置内核时,如果某个配置项被设为 m,就表示它将会被编译成一个模块。在 Linux 2.6 的内核中,模块的扩展名为.ko,可以使用 insmod 命令加载,使用 rmmod 命令卸载,使用 lsmod 命令可查看内核中已经加载了哪些模块。

3. 内核模块添加

Linux 设备有很多种,为了保持内核的精简,不可能把所有的驱动程序都编译进内核中。故 Linux 设备驱动最好能以内核模块的形式出现,这样只有在该设备驱动真正被需要时才被加载。同时在驱动开发阶段,可以把驱动编译成模块,方便驱动的调试(驱动修改后只要单独编译驱动成模块,而不用编译整个内核,提高效率)。下面以一个简单的内核模块——csky_hellomodule 为例,介绍内核模块的添加方法。

1) csky_hellomodule 的编写

编写 csky_hellomodule.c,源代码如下:

```
#include <linux/kernel.h>
#include <linux/module.h>
MODULE_LICENSE("GPL");
static int __init csky_hello_module_init(void)
{
    printk("Hello,csky module is installed! \n");
    return 0;
}
static void __exit csky_hello_module_cleanup(void)
{
    printk("Good bye, csky module is removed! \n");
}
module_init(csky_hello_module_init);
module_exit(csky_hello_module_cleanup);
```

2) csky_hellomodule 编译

(1) 把 csky_hellomodule 当做一个字符驱动来处理,故先把 csky_hellomodule.c 拷贝到 Linux 2.6.30/drivers/char/目录下。

(2) 修改 Linux 2.6.30/drivers/char/目录下的 Kconfig 文件,编辑如下:

```
# Character device configuration
menu "Character devices"
config CSKY_HELLOMODULE
tristate "C-SKY hello module"
default y
config VT
bool "Virtual terminal" if EMBEDDED
depends on ! S390
select INPUT
default y
.................
```

在 Linux 2.6.30/目录下 make menuconfig,进入字符驱动选项,选中 csky_hellomodule 模块。

(3) 修改 Linux 2.6.30/drivers/char/目录下的 Makefile 文件,编辑如下:

```
#This file contains the font map for the default (hardware) font
#
FONTMAPFILE = cp437.uni
obj-y += mem.o random.o tty_io.o n_tty.o tty_ioctl.o tty_ldisc.o tty_buffer.o tty_port.o
obj-$(CONFIG_CSKY_HELLOMODULE) += csky_hellomodule.o
obj-$(CONFIG_LEGACY_PTYS) += pty.o
obj-$(CONFIG_UNIX98_PTYS) += pty.o
```

(4) 执行 make modules,就在 Linux 2.6.30/drivers/char/目录下生成 csky_hellomodule.ko 模块。

3）csky_hellomodule 的安装使用

把编译好的 csky_hellomodule. ko 模块放到根文件系统的/lib/目录下。启动系统后就可以用 insmod 和 rmmod 命令,分别加载和卸载 csky_hellomodule 模块。同时,也可以用 lsmod 来查看当前系统加载了哪些模块。执行情况如下:

```
#insmod/lib/csky_hellomodule. ko
Hello, csky module is installed!
#lsmod
Module              Size   Used by
csky_hellomodule           1196   0
#rmmod/lib/csky_hellomodule. ko
Good bye,csky module is removed!
#lsmod
Module              Size   Used by
#
```

4. 字符设备驱动程序开发

1）字符设备驱动中的重要数据结构和函数:

Linux 使用统一的接口函数调用硬件驱动程序,这组接口就是系统调用。包括 open、read、write、ioctl 等一系列文件操作系统调用,这在库函数中有定义。对于每一个系统调用,驱动程序中都有一个与之对应的函数。

对于字符设备驱动程序,这些函数集合在 file_operations 类型的数据结构中,如下:

```
struct file_operations{
    struct module * owner;
    loff_t( * llseek)(struct file * ,loff_t,int);
    ssize_t( * read)(struct file * ,char __user * ,size_t,loff_t * );
    ssize_t( * write)(struct file * ,const char __user * ,size_t,loff_t * );
    ssize_t( * aio_read)(struct kiocb * ,const struct iovec * ,unsigned long, loff_t);
    ssize_t( * aio_write)(struct kiocb * ,const struct iovec * ,unsigned long, loff_t);
    int( * readdir)(struct file * ,void * ,filldir_t);
    unsigned int( * poll) (struct file * ,struct poll_table_struct * );
    int( * ioctl)(struct inode * ,struct file * ,unsigned int,unsigned long);
    long( * unlocked_ioctl)(struct file * ,unsigned int,unsigned long);
    long( * compat_ioctl)(struct file * ,unsigned int,unsigned long);
    int( * mmap)(struct file * ,struct vm_area_struct * );
    int( * open)(struct inode * ,struct file * );
    int( * flush)(struct file * ,fl_owner_t id);
    int( * release)(struct inode * ,struct file * );
    int( * fsync)(struct file * ,struct dentry * ,int datasync);
    int( * aio_fsync)(struct kiocb * ,int datasync);
    int( * fasync)(int,struct file * ,int);
    int( * lock)(struct file * ,int,struct file_lock * );
    ssize_t( * sendpage)(struct file * ,struct page * , int,size_t,loff_t * ,int);
    unsigned long ( * get_unmapped_area)(struct file * ,unsigned long,unsigned long,unsigned long,unsigned long);
```

```
    int( * check_flags)(int);
    int( * flock)(struct file * , int,struct file_lock * );
    ssize_t( * splice_write)(struct pipe_inode_info , struct file * ,loff_t * , size_t,unsigned int);
    ssize_t( * splice_read)(struct file * ,loff_t * ,struct pipe_inode_info , size_t, unsigned int);
    int( * setlease)(struct file * ,long,struct file_lock * * );
};
```

有了设备的一组操作函数,还需要把该组操作函数和对应的设备文件联系起来。这就涉及设备文件的主/次设备号和驱动初始化函数。在驱动初始化函数中,会调用 register_chrdev( )函数把驱动程序的 file_operations 结构连同其主设备号一起向内核进行注册。同时驱动程序里还要有对应的卸载函数,其调用内核提供的注销函数来注销驱动程序。注册函数和注销函数的原型如下:

```
    int register_chrdev( unsigned int, const char * ,const struct file_operations * );
    void unregister_chrdev( unsigned int, const char * );
```

2)字符设备驱动开发及测试示例

本节以一个简单的字符驱动设备作为例子,让读者初步了解字符驱动程序的开发。本示例采用动态模块加载方式实现,并且驱动程序独立于内核代码进行编译,包括三个文件:testdrv. c (字符驱动程序)、testmain. c(驱动测试程序)和 Makefile。

字符设备驱动程序代码分析:

该字符驱动程序就是附带源码中的 testdrv. c,下面就对该文件进行分析。

3)该字符设备模块的初始化函数和卸载函数

```
static char mystring[ ] = " kernel:Testing ouput chars array\n";
static int mytest_init(void)
{
    int ret;
    ret = register_chrdev( drvtest_major," drvtest" ,&my_fops);
    if( ret = =0)
            printk( "kernel: register_chrdev succeed! \n" );
    else
            printk( "kernel:register_chrdev fail! \n" );
            printk (mystring);
        return 0;
}
```

4)该字符设备的 file_operation 结构中的成员函数实现

```
static struct file_operations my_fops = {
    owner:THIS_MODULE,
    read:mytest_read,
    open:mytest_open,
    release:mytest_close,
};
```

这个结构是字符设备驱动程序的核心,在这里只定义了 read,open 和 release 三个函数,具体定义如下:

```
static int mytest_open(struct inode * inode,struct file * filp)
{

    printk("kernel:mytest open! \n");
    return 0;

}
static ssize_t mytest_read(struct file * flip,char * buff,size_t count,loff_t * f_pos)
{

    char buf[10] = {0xaa,0x2,0x3,0x4,0x5};
    memcpy(buff,buf,5);
    return 5;

}
static int mytest_close(struct inode * inode,struct file * filp)
{

    printk("kernel:mytest close! \n");
    return 0;

}
```

5)在驱动的最后再加上如下描述信息,但它们并不是必须的

```
MODULE_LICENSE("GPL");
MODULE_AUTHOR("CK-CPU");
MODULE_DESCRIPTION("Char Driver Demo");
```

6.3　eCos 操作系统概述

6.3.1　eCos 简介

嵌入式可配置操作系统 eCos(embedded configureable operating system)的特点是可配置性、可裁减性、可移植性和实时性。它的一个主要技术特色就是功能强大的配置系统,可以在源码级实现对系统的配置和裁减。与 Linux 的配置和裁减相比,eCos 的配置方法更清晰、更方便;且系统层次也比 Linux 清晰明了,移植和增加驱动模块更加容易。正是由于这些特性,eCos 引起了越来越多的关注,同时也吸引越来越多的厂家使用 eCos 开发其新一代嵌入式产品。

eCos 现在由 Red Hat 维护,可支持的处理器包括 ARM、StrongARM、XScale、SuperH、Intel X86、PowerPC、MIPS、AM3X、Motorola 68/Coldfire、SPARC、Hitachi H8/300H 和 NEC V850 等。

6.3.2　eCos 的体系结构

eCos 采用模块化设计,由不同的功能组件构成,eCos 系统的层次结构如图 6.26 所示。这种层次结构的最底层是硬件抽象层(hardware abstraction layer,HAL),它负责对目标系统硬件平台进行操作和控制,包括对中断和例外的处理,为上层软件提供硬件操作接口。

这样设计的目的是能利用这些可重用的软件组件来开发完整的嵌入式系统;同时也使得用户可根据自己应用的特定需求来设置组件中每个配置选项。这样可创建最适合系统应用需求的最精简的 eCos 映像。

辅助用户配置 eCos 系统以及管理 eCos 库中的包(package)这样的一些工具的集合称作组件框架(component framework),其中包括命令行配置工具,图形化配置工具,内存布局工具和包管理工具。

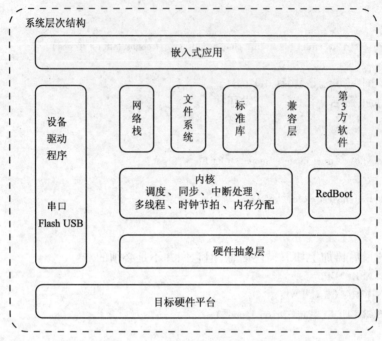

图 6.26　eCos 系统层次结构

组件库(component repository)是一个目录结构,其中包含了在 eCos 安装时创建的所有包。组件框架中提供了一个包管理工具,它提供了对组件库中的包进行增加、更新和删除的功能。eCos 的根目录中存放了所有 eCos 发布的文件,其中子目录 package 就是用来存放组件库的,在这个目录下还有一个数据库 eCos.db,他是由包维护工具进行管理的,这个数据库文件中包含了组件库中所有包的详细信息。

图 6.27 所示为组件库的目录结构图,其中 compat 目录中的文件用于兼容 POSIX 和 uITRON

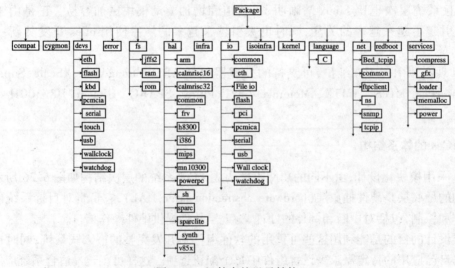

图 6.27　组件库的目录结构

的软件包;cygmon 是用于调试监视器 cygmon 的包;devs 是设备驱动程序的包;error 是公共的错误和状态码包;fs 是文件系统的包;hal 是目标硬件平台的 HAL 包;infra 是包含了公共类型、宏、代码跟踪、断言和启动选项的 eCos 基础包;io 是独立于硬件设备的公共 I/O 系统支持包,是设备驱动程序的基础;isoinfra 实现了 ISO C 库和 POSIX 的包;kernel 包含了内核中的核心功能,包括调度器、信号量、线程等;language 包含了 ISO C 库和数学库;net 是网络支持包;redboot 是调试用的 redboot rom 监视器;services 包括了内存分配、压缩和解压缩的支持库。

6.3.3　建立 Linux 平台下的 eCos 开发环境

在运行 eCos 系统配置工具进行开发之前,需要设定 eCos 环境变量的内容。这些环境变量的作用是告知 Linux 系统 configtool 的位置,eCos 组件库的位置,交叉开发工具的位置等必备的信息。

在安装 eCos 源码和交叉开发工具后,使用如下类似命令:

```
$ ECOS_REPOSITORY =/home/ * * * */ecos-2.0/packages;
export ECOS_REPOSITORY
$ PATH =/ home/ * * * */ecos-2.0/tools/bin: $ PATH; export PATH
```

建立组件库位置变量 ECOS_REPOSITORY,并将交叉开发工具链相关的路径添加到 PATH 系统变量中去,就可以使用 eCos 环境进行应用开发了。

6.3.4　eCos 系统的配置

eCos 系统配置的目的是根据用户配置生成 eCos 库文件。下面以 CK5A6EVB 开发板为例进行 eCos 配置说明。

1. 启动 eCos 配置工具

```
$ configtool
```

启动 eCos 的配置工具,如图 6.28 所示,接下来就可以配置 eCos 系统了。

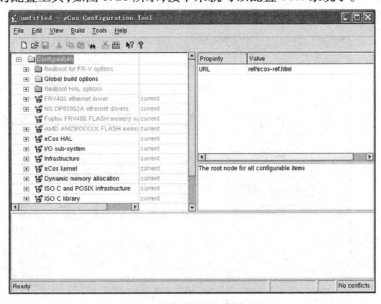

图 6.28　eCos 的配置启动界面

2. 选择模板

eCos 创建了许多模板,通过模板来加载基本的包来满足需求,方便用户配置生成 eCos 库。通过选择 Build->Templates 菜单来启动模板对话框。

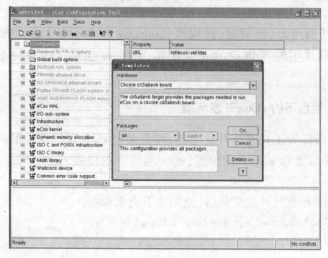

图 6.29　模板配置界面

如图 6.29 所示,在模板对话框中,从 Hardware 下拉列表中选择 ckcore ck5a6evb board。从 Package 下拉列表中选择 all 模版,这个模版几乎涵盖了可能会用到的所有包。然后,单击 OK 按钮。此时可能会弹出配置选项冲突对话框,eCos 会给出推荐的解决方案,可以自动解决这些冲突,如果不能解决冲突问题,可在配置选项冲突对话框中手动修改直至冲突解决,至此 eCos 已有了基本的配置。

3. 选择配置项

在根据选择的模板建立 eCos 映像的基本配置的基础上,根据特定应用做相应的配置。需配置的选项大致如下:

(1)把 eCos kernel/source level debugging support/include GDB multi threading debug support 项由"选中"改为"不选中",如图 6.30 所示。

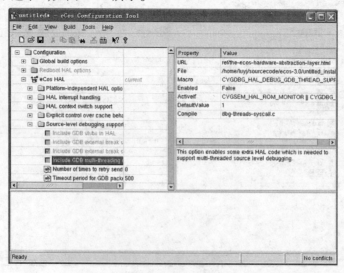

图 6.30　配置界面 1

（2）CPU 相关配置。主要根据开发板上的具体的 CPU 是否有 DSP 增强指令模块，浮点协处理器 FPU 及内存管理单元 MMU 模块作相应配置，如图 6.31 所示。

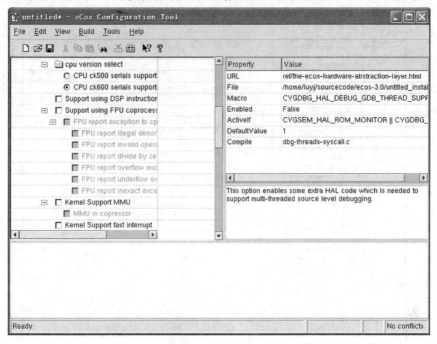

图 6.31　配置界面 2

（3）板级相关配置。主要根据开发板具体情况进行配置。具体选项包括 MCU 的版本；调试串口的端口与波特率的配置；RAM 的基址与大小的配置；主板频率的配置等，如图 6.32 所示。

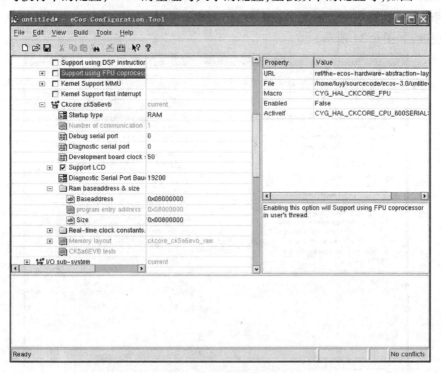

图 6.32　配置界面 3

（4）配置串口设备。选上 Serial device drivers/Hardware serial device drivers 项,改变终端的名字为/dev/tty0,打开 TTY mode channal0,如图 6.33 所示。

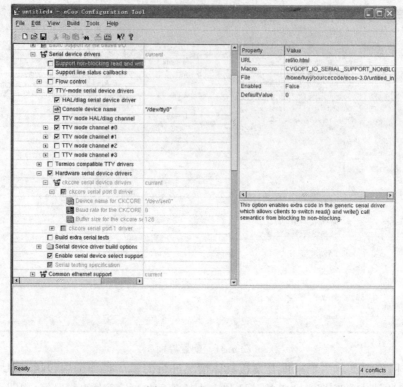

图 6.33　配置界面 4

（5）网卡配置。网卡驱动的配置在 I/O sub-system 中,由于各个配置选项都默认选中,因此无须手动更改,如图 6.34 所示。

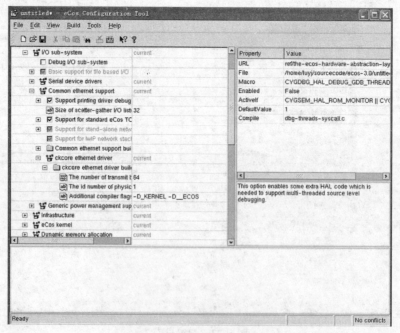

图 6.34　网卡配置界面 1

需要更改的是在 Basic networking framework 中,默认地采用动态主机设置协议(DHCP,Dynamic Host Configuration Protocol)方式,可改为定制 IP 地址,可以根据自己的实际情况进行更改,如图 6.35 所示。

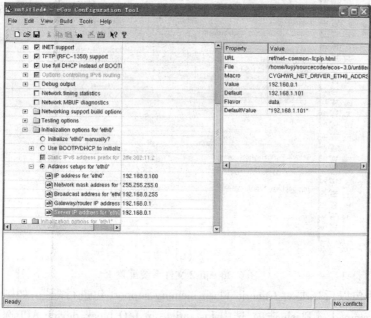

图 6.35　网卡配置界面 2

(6)jffs2 文件系统配置。如果用户需要使用 jffs2 文件系统的话,则还要添加 flash 驱动包以及 jffs2 文件系统包,选择 build →package,添加 Generic flash memory support 包、JFFS2 Filesystem 包、Linux compatibility 包以及 Zlib compress/decompress 包,如图 6.36 所示。

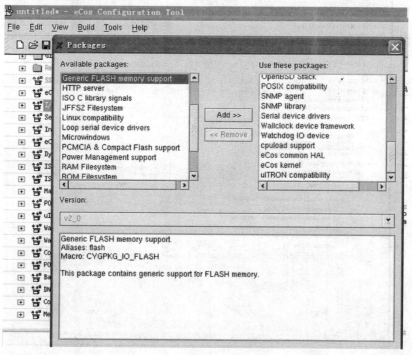

(a)

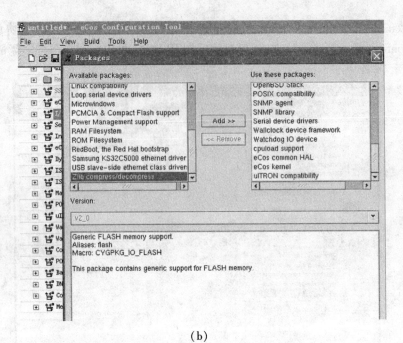

(b)

图 6.36 jffs2 文件系统配置 1

添加了这些包以后还要对 Generic Flash memory support 包进行配置，如图 6.37 所示，去掉 Verify data programmed to Flash 选项，选中 Instantiate in I/O bloak device API 选项，加入 Flash 设备，设备名默认为/dev/flash1，然后在下面的菜单中选择 Flash 芯片的型号，在我们的开发板上一般选择 CK6408EVB。

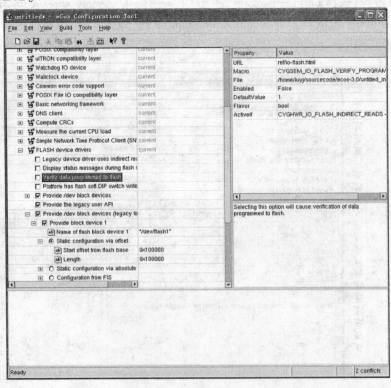

(a)

（b）

图 6.37　jffs2 文件系统配置 2

4. 保存配置文件

File →Save as 保存配置文件。选择 eCos 库的工作目录,输入配置文件名为 eCos. ecc(用户可自行定义),然后单击 OK 按钮,如图 6.38 所示。

（a）

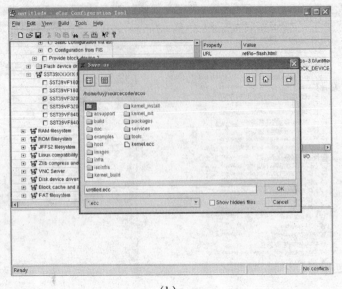

(b)

图 6.38　配置保存界面

保存配置文件后,工具会分别创建 eCos_build、eCos_install 和 eCos_mlt 树型目录,其中 eCos_build 是建立树形目录,eCos_install 是安装树形目录,eCos_mlt 是配置工具文件目录。

5. 建立 eCos 库

配置完后可以建立 eCos 库了,当然在建立 eCos 库之前,要确保配置中没有冲突,冲突情况显示在状态栏右下角。如果配置中有冲突,则可通过选择 View →Conflicts 打开冲突窗口来查看冲突。

如图 6.39 所示,选择 Build →Library 来建立 eCos 库,在建立库期间,配置工具在状态栏上显示建立信息。输出窗口也会显示建立 eCos 库的进度信息。库建立完成后,输出窗口显示 Build Finished,如图 6.40 所示。如果发生库建立错误,则库建立过程停止并在输出窗口显示特定的错误信息。纠正错误后,再次选择 Build →Library,继续建立过程。

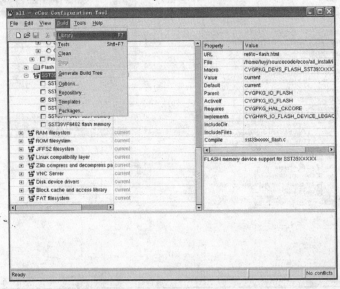

图 6.39　建立 eCos 库界面 1

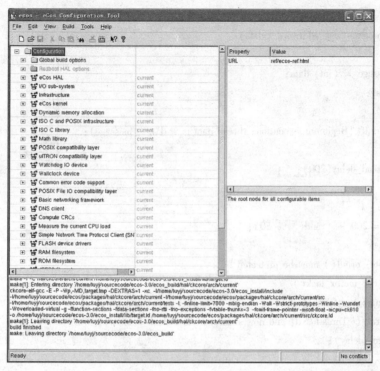

图6.40　建立 eCos 库界面 2

生成的库文件位于/＊＊/eCos-2.0/eCos_install/lib 目录下,建立库用到的头文件包含在/＊
＊/eCos-2.0/eCos_install/include 目录中。eCos 库文件和链接器脚本在/＊＊/eCos-2.0 /eCos_
install/lib 目录下。

6.3.5　建立应用程序映像

完成 ECOS 库文件的创建后,可以建立应用程序映像。建立应用程序主要包括如下步骤:

(1)创建应用程序代码。创建应用程序代码目录,并把应用程序和 Makefile 文件放到该目
录中。应用程序的主函数名可以是 main( )或 cyg_user_start( )或 cys_start( )。例如:

```
void cyg_user_start(void)
{

    diag_printf("Entering twothreads' cyg_user_start( ) function\n");
    cyg_mutex_init(&cliblock);
    cyg_thread_create(4,simple_program,(cyg_addrword_t) 0,
    "Thread A",(void ∗) stack[0], 4096,
    &simple_threadA, &thread_s[0]);
    cyg_thread_create(4, simple_program, (cyg_addrword_t) 1,
    "Thread B", (void ∗) stack[1], 4096,
    &simple_threadB, &thread_s[1]);


    cyg_thread_resume(simple_threadA);
    cyg_thread_resume(simple_threadB);

}
```

```
/* this is a simple program which runs in a thread */
void simple_program(cyg_addrword_t data)
{

    int message = (int) data;
    int delay;

    diag_printf("Beginning execution; thread data is %d\n", message);

    cyg_thread_delay(200);

    for(;;) {
    delay = 200 + (rand() % 50);

    /* note: printf() must be protected by a
    call to cyg_mutex_lock() */
    cyg_mutex_lock(&cliblock) {
    diag_printf("Thread %d: and now a delay of %d clock ticks\n",
    message, delay);
    }
    cyg_mutex_unlock(&cliblock);
    cyg_thread_delay(delay);
    }
}
```

主函数是 cyg_user_start(),在主函数 cyg_user_start()里创建了两个线程,线程函数是 simple _program()。主函数也可以改为 main(),cys_start()。

(2)编写 Makefile。在建立映像之前,需要创建应用程序用的 Makefile。

```
INSTALL_DIR = /***/ecos-2.0/ckcore_install
include $(INSTALL_DIR)/include/pkgconf/ecos.mak
XCC = $(ECOS_COMMAND_PREFIX)gcc
XCXX = $(XCC)
XLD = $(XCC)
CFLAGS = -I $(INSTALL_DIR)/include
CXXFLAGS = $(CFLAGS)
LDFLAGS = -nostartfiles -L $(INSTALL_DIR)/lib -Ttarget.ld

# RULES
.PHONY: all clean


all: hello twothreads simple-alarm serial


clean:
-rm -f hello hello.o twothreads twothreads.o
```

```
%.o: %.c
    $(XCC) -c -o $*.o $(CFLAGS) $(ECOS_GLOBAL_CFLAGS) $<

%.o: %.cxx
    $(XCXX) -c -o $*.o $(CXXFLAGS) $(ECOS_GLOBAL_CFLAGS) $<

%.o: %.C
    $(XCXX) -c -o $*.o $(CXXFLAGS) $(ECOS_GLOBAL_CFLAGS) $<

%.o: %.cc
    $(XCXX) -c -o $*.o $(CXXFLAGS) $(ECOS_GLOBAL_CFLAGS) $<

hello: hello.o
    $(XLD) $(LDFLAGS) $(ECOS_GLOBAL_LDFLAGS) -o $@ $@.o
twothreads: twothreads.o
    $(XLD) $(LDFLAGS) $(ECOS_GLOBAL_LDFLAGS) -o $@ $@.o
```

其中,变量 INSTALL_DIR 为建立的 eCos 库所在的目录;变量 XCC 为使用的编译器的名字,在本例中为 CKCORE ELF 编译器 ckcore-elf-gcc;变量 CFLAGS 包含传递给编译器 GCC 的标志;变量 LDFLAGS 包含链接器 LD 的选项;变量 XLD 是链接器命令。

(3)建立应用程序的映像。在 bash shell 提示符下使用以下 make 命令,命令结束后,生成一个 elf 文件。

(4)调试。启动 GDB,jtag 代理服务程序或加速器代理服务程序,把应用程序下载到开发板,然后进行运行和调试。

6.3.6 硬件相关的移植

目前 eCos2.0 已成功移植到 CK-CPU 的 CK5A6EVB、CK6408EVB 和 CK1000EVB 开发板,以下对移植相关的进一步说明,针对 CK5A6EVB 开发板展开。

1. 中断控制器的移植

中断控制器相关的移植的主要任务是对中断控制器的寄存器的配置,完成工作模式选择及中断源优先级的初始化。例如:

```
icrp[CKPIC_ICR] = 0x0;
/* Initial the Interrupt source priority level registers */
icrp[CKPIC_PR0] = 0x00010203;
icrp[CKPIC_PR4] = 0x04050607;
icrp[CKPIC_PR8] = 0x08090a0b;
icrp[CKPIC_PR12] = 0x0c0d0e0f;
icrp[CKPIC_PR16] = 0x10111213;
icrp[CKPIC_PR20] = 0x14151617;
icrp[CKPIC_PR24] = 0x18191a1b;
icrp[CKPIC_PR28] = 0x1c1d1e1f;
```

2. 时钟的移植

时钟相关移植的代码中定义了几个时钟相关的宏,具体代码如下所示。其中宏 HAL_

CLOCK_INITIALIZE 完成 timer 的初始化,设置时间间隔,开启时钟设备;宏 HAL_CLOCK_RESET 清 timer 的中断位,使 timer 进入下一轮计时周期;宏 HAL_CLOCK_READ 读取 timer 的当前计数值。

```
#define HAL_CLOCK_INITIALIZE(_period_)
CYG_MACRO_START
volatile unsigned long * timerp;
timerp = (volatile unsigned long *)(CKTIMER_BASE);
/* Set up TIMER 1 as poll clock */
timerp[CKTIMER_TCN1_CR] = CKTIMER_TCR_MS|CKTIMER_TCR_EN;
timerp[CKTIMER_TCN1_LDCR] = _period_;
CYG_MACRO_END


#define HAL_CLOCK_RESET(_vec_,_period_)
CYG_MACRO_START
volatile unsigned long * timerp;
unsigned long temp;
/* Ack and Clear the interrupt from timer1 */
timerp = (volatile unsigned long *)(CKTIMER_BASE);
temp = timerp[CKTIMER_TCN1_EOI];
CYG_MACRO_END
#define HAL_CLOCK_READ(_pvalue_)
CYG_MACRO_START
volatile unsigned long * timerp;
timerp = (volatile unsigned long *)(CKTIMER_BASE);
*_pvalue_ = timerp[CKTIMER_TCN1_LDCR];
CYG_MACRO_END


#ifdef CYGVAR_KERNEL_COUNTERS_CLOCK_LATENCY
#ifndef HAL_CLOCK_LATENCY
#define HAL_CLOCK_LATENCY(_pvalue_)
HAL_CLOCK_READ(((cyg_uint32 *)_pvalue_)
#endif
#endif
```

3. 串口的移植

串口相关移植的代码中主要的几个函数如下所示。其中 cyg_hal_plf_serial_init_channel( ) 是串口初始化函数;cyg_hal_plf_serial_getc( )串口输入函数;cyg_hal_plf_serial_putc( )串口输出函数。

```
static void cyg_hal_plf_serial_init_channel(void * __ch_data)
{
    channel_data_t * chan = (channel_data_t *)__ch_data;
    cyg_uint8 * base = chan ->base;
    cyg_uint8 lcr;
    cyg_uint32 lsr;
```

```
        cyg_uint32 uDivisor;
        while (pUART[UART_USR] & 0x01);//USR_BUSY
        uDivisor = (cyg_uint32)((((CYGHWR_HAL_CKCORE_SYSTEM_CLOCK_MHZ * 1000000 * 2)/
    (CYGHWR_HAL_CKCORE_CK1000EVB_BAUD < <4)) +1)/2);
        pUART[UART_LCR] = LCR_SEL_DLR | LCR_WORD_SIZE_8;
        pUART[UART_DLL] = (unsigned long)(*((unsigned char *)(&uDivisor) +3));
        if (uDivisor&0xff00)
    {

        pUART[UART_DLH] = (unsigned long)(*((unsigned char *)(&uDivisor) +2));
    }
//clear DLAB and set mode with even parity, 8 bits and 2 stop bit
        pUART[UART_LCR] =0x1f;
//rcvc watermark 1/4 full, tx fifo 1/2 full, FCR_BYTE_1;
        pUART[UART_FCR] =0x00;
        pUART[UART_IER] =0x00;    //disable UART interrupt
        pUART[UART_MCR] =0x00;
}
void cyg_hal_plf_serial_putc(void * __ch_data, char c)
{

        cyg_uint8 * base = ((channel_data_t *)__ch_data) - >base;
        cyg_uint32 lsr;
        cyg_uint32 psr;
        HAL_DISABLE_INTERRUPTS(psr);
        while(! (pUART[UART_LSR]&LSR_TRANS_EMPTY));
        if(c = = '\n')
        {
          pUART[UART_THR] = '\r';
          delay1(10);
        }
        pUART[UART_THR] = c;
        HAL_RESTORE_INTERRUPTS(psr);
}
cyg_uint8
cyg_hal_plf_serial_getc(void * __ch_data)
{

        cyg_uint8 ch;
        cyg_uint32 psr;
        HAL_DISABLE_INTERRUPTS(psr);
        while(! cyg_hal_plf_serial_getc_nonblock(__ch_data,&ch));
        HAL_RESTORE_INTERRUPTS(psr);
        return ch;
}
```

4. 设备驱动程序的移植

设备驱动程序是控制特定硬件的一段代码。eCos 设备驱动程序的中断模块分为三个层次：中断服务程序 ISR、中断滞后服务程序 DSR 和中断线程。ISR 在响应中断时立即调用，DSR 由

ISR 发出调用请求后调用,而中断线程为驱动程序的客户程序。

硬件中断在最短的时间内交付给 ISR 处理。硬件抽象层对硬件中断源进行译码并调用对应的中断 ISR。ISR 可以对硬件进行简单的操作,应使 ISR 的处理时间尽量短。当 ISR 返回时,它可将自己的中断滞后服务程序 DSR 放入操作系统的任务调度中,DSR 可以在不妨碍调度器正常工作时安全运行。大多数情况下,DSR 将在 ISR 执行完成后立即运行。

eCos 的所用设备驱动程序都使用设备表入口来描述。使用宏 DEVTAB_ENTRY( )可生成设备表入口。其格式为:

```
DEVTAB_ENTRY(1,name,dep_name,handlers,init,lookup,priv);
```

宏 DEVTAB_ENTRY 的参数意义如下:

(1)设备表入口的"C"标识符。

(2)name。该设备的"C"字符串名字,在搜索设备时用到。

(3)dep_name。对于一个层次设备,此参数是该设备下层设备的"C"字符串名字。

(4)handlers。I/O 函数句柄指针,由宏 DEVIO_TABLE 实现的。

(5)init。当 eCos 处于初始化阶段时被调用的函数,该函数可以进行查找设备,对硬件进行设置等操作。

(6)lookup。当调用 cyg_io_lookup( )函数对该设备进行操作时调用的函数。

(7)priv。该设备驱动程序所需的专用数据。设备入口中的句柄 handlers 包含了一组设备驱动程序接口函数,是设备函数表 DEVIO_TAB 的指针,DEVIO_TAB 包含了一组函数的指针。设备 I/O 函数表通过 DEVIO_TAB 宏来定义,格式如下:

```
DEVIO_TABLE(1,write,read,get_config,set_config);
```

宏 DEVIO_TAB 的参数意义如下:

①改表的"C"标识符,即在 DEVTAB_ENTRY 中的 handlers。

②write。实现向设备传送数据。

③read。实现从设备读取数据。

④get_config。实现读取设备配置信息。

⑤set_config。实现对设备的配置操作。

在 eCos 的初始化引导过程中,对系统中的所有设备调用其相应的 init( )函数(即 DEVTAB_ENTRY 宏注册的初始化函数),所有对设备的 I/O 操作通过句柄完成。

以下以串口设备的驱动程序为例,简介整个驱动的开发流程。

(1)修改配置文件。修改 eCos. db 文件,加入与串口相关 CDL 配置文件的相关信息。

```
package CYGPKG_IO_SERIAL_CKCORE{
    alias{ "CKCORE serial device drivers"
    devs_serial_ckcore ckcore_serial_driver
    }
hardware
directory     devs/serial/ckcore
script      ser_ckcore. cdl
description     "CKCORE serial device drivers"
}
```

并在平台相关的 CDL 文件中加入该包的配置。

(2)建立驱动的代码目录。用/CurrentDir 表示当前的目录,首先在目录下建立目录 MyDir,

并且在该目录下建立目录 MyDir/v2_0/cdl 及 MyDir/v2_0/src。其中 cdl 目录下放置该串口相关的配置文件 ser_ckcore.cdl(该文件名必须与 eCos.db 文件加入的信息一致),用于定义 eCos 关于该设备的配置选项;src 目录放置该设备的驱动代码。

```
target ck5a6evb{
    alias{ "Ckcore ck5a6evb board" ck5a6evb}
    packages{CYGPKG_HAL_CKCORE
            CYGPKG_HAL_CKCORE_CK5A6EVB
            CYGPKG_IO_SERIAL_CKCORE
    }
    description"The ck5a6evb target provides the packages needed to run eCos on a ckcore ck5a6evb board"
}
```

(3)编写代码。串口设备的驱动可参看 ckcore_serial.c 文件和 ckcore_serial.h 文件。这里假设已实现设备的驱动函数:

ckcore_serial_config_port( )串口初始化函数;

ckcore_serial_set_config( )串口通信参数配置函数;

ckcore_serial_start_xmit( )串口通信启动函数;

ckcore_serial_stop_xmit( )串口通信停止函数;

ckcore_serial_putc( )串口输出函数;

ckcore_serial_getc( )串口输入函数;

ckcore_serial_ISR( )串口前中断处理函数;

ckcore_serial_DSR( )串口后中断处理函数;

然后用宏定义 DEVIO_TABLE 建立设备 I/O 函数表,用宏定义 DEVTAB_ENTRY 注册设备入口。在串口设备驱动的代码中,可能找不到 DEVIO_TABLE 定义 I/O 函数表,这是因为串口设备是常用设备,eCos 系统对串口驱动的一些通用的函数接口和数据结构作了进一步的封装,串口设备 I/O 函数表定义在 packages/io/serial/current/src/common 目录下的 serial.c 文件中。

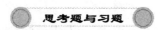

思考题与习题

6.1 CK-CPU bootload 的启动过程是如何实现的?

6.2 简述 Linux 2.6 的内核有哪几部分组成?

6.3 简述 Linux 的驱动程序开发过程。

6.4 简述 eCos 的体系结构。

本章参考文献

杭州中天微系统有限公司. 2006-12-30. C-Sky Bootloader V2.0 用户手册[EB/OL]. [2011-05-05]. http://www.c-sky.com/.

杭州中天微系统有限公司. 2009-02-12. C-Sky Bootloader V3.0 用户手册[EB/OL]. [2011-05-05]. http://www.c-sky.com/.

第7章　CK-CPU 集成开发环境

7.1　C-Sky Studio 软件开发环境

7.1.1　C-Sky Studio 简介

C-Sky Studio 是中天微系统有限公司开发的拥有自主开发产权的软件产品。产品目标是一个类似于 Microsoft Visual C++ 的,针对 CK-CPU 架构交叉编译的,运行在 Windows 环境下的可视化集成软件开发环境。在 C-Sky Studio 环境下,软件开发用户可以方便的进行项目工程管理、编写代码、设置编译链接参数、编译链接目标程序,并最终提供下载到目标板并进行 C 语言级调试的完整开发平台。在用户硬件设计未完成的情况下,C-Sky Studio 还提供了可配置的软件模拟器,模拟用户指定的基于 CK-CPU 的 MCU 硬件行为,提供给用户软硬件并行开发的条件。

C-Sky Studio 已经在 Windows XP/2K 环境下测试运行通过。

7.1.2　C-Sky Studio 安装

1. 平台需求

C-Sky Studio 运行平台需要 Cygwin 和 CK-CPU 工具链的支持,C-Sky Studio 安装包中已经包含了上述环境和工具链,用户可以在安装时选择单独安装 Cygwin 和 CK-CPU 工具链,或者随 C-Sky Studio 一起安装。如果希望单独安装 Cygwin 和 CK-CPU 工具链,步骤如下:

步骤 1　Cygwin 安装。在相关地址下载 Cygwin 安装包,并根据 Cygwin 安装说明安装。

步骤 2　CK-CPU 工具链安装。通过 CK-CPU 公司获取 CK-CPU 工具链安装包,根据工具链的安装说明安装。

步骤 3　环境变量设置。在“我的电脑”上右击鼠标,选择“属性”,弹出“属性”对话框,选择高级页面,有一个环境变量设置按钮,在“PATH”变量的“变量值”一栏的最后添加 CYGWIN_DIR\bin; CYGWIN_DIR\usr\local\bin,其中 CYGWIN_DIR 是 cygwin 的安装目录。

2. C-Sky Studio 安装

C-Sky Studio 安装包包含集成开发环境主程序、用户手册、Cygwin 系统部分内容和 CK-CPU 工具链。

步骤 1　启动安装。双击安装包中的 setup. exe 文件启动安装向导,如图 7.1 所示。

图 7.1　C-Sky Studio 安装向导启动界面

步骤 2　选择安装类型。C-Sky Studio 安装类型,如图 7.2 所示。

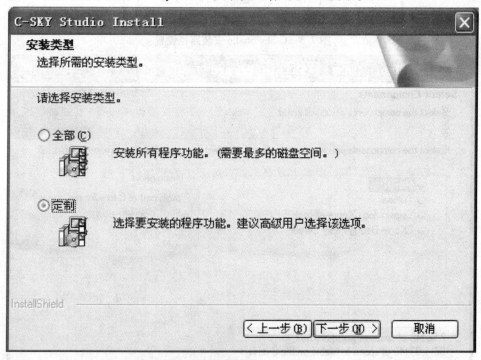

图 7.2　C-Sky Studio 安装类型

(1)全部。默认安装目录为 C:\Program Files\CK-Core 目录(若 C 盘为系统盘),并且安装所有内容。

(2)定制。根据需要,选择安装路径,如图 7.3 所示;选择安装内容,如图 7.4 所示。

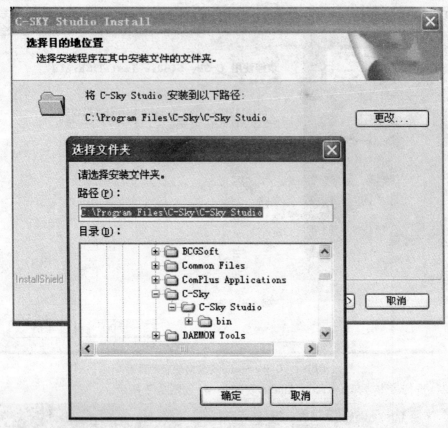

图 7.3　C-Sky Studio 安装路径设置

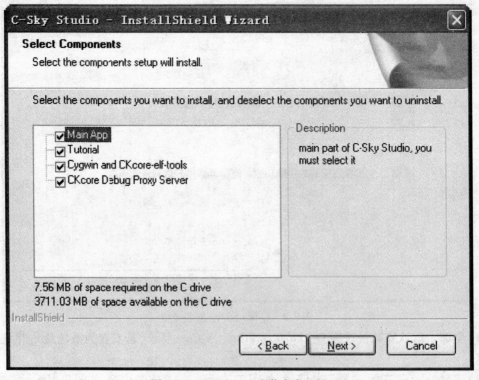

图 7.4　C-Sky Studio 安装内容选择

步骤3　安装。根据默认设置安装即可,如图7.5所示。

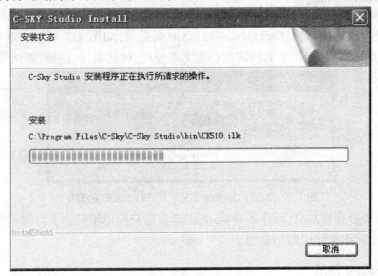

图7.5　C-Sky Studio 安装

步骤4　完成安装。如图7.6所示,C-Sky Studio 安装完成,选择"否",并单击"完成"按钮即可。

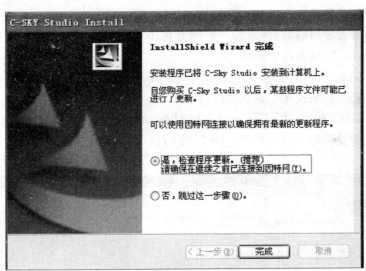

图7.6　C-Sky Studio 安装完成

安装完毕后,桌面上、开始菜单的程序栏会产生以 C-Sky Studio 命名的快捷方式。

3. C-Sky Studio 卸载

C-Sky Studio 安装完毕后,单击"开始"→"程序"→"C-Sky Studio 卸载"快捷方式,并按照向导提示即可卸载 C-Sky Studio。

4. 加密狗授权

由于 C-Sky Studio 以授权方式发布,授权用户获得硬件加密狗才能运行集成开发环境。硬件加密狗根据使用的计算机接口不同分两种类型,一种是并口加密狗,另一种是 USB 加密狗。

安装 C-Sky Studio 时,已经自动安装了加密狗的驱动。如果使用并口加密狗,那么安装好 C-Sky Studio 之后,插入加密狗就可以直接使用;如果使用 USB 加密狗,在插入加密狗后,系统会提示发现新硬件,可以根据驱动安装向导安装驱动,选择自动安装即可(要求先安装 C-Sky Studio)。

在 C-Sky Studio 启动之前,C-Sky Studio 运行主机必须先连接加密狗(通过并口或者 USB 连接均可),如果没有插入加密狗,C-Sky Studio 启动时会提示,如图 7.7 所示。这种情况下 C-Sky Studio 主程序仍然可以启动,但会有些限制功能无法使用,包括编译、链接、调试等。

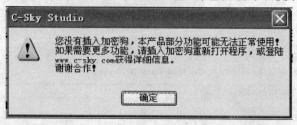

图 7.7　未插入加密狗情况下,C-Sky Studio 的提示

如果启动后加密狗被拔出,程序不会提示,但会在用户使用限制功能时提示加密狗已经断开连接,加密狗拔出后不能使用限制功能。

7.1.3　C-Sky Studio 使用

本节简单介绍使用 C-Sky Studio 集成开发环境创建工程、CK-CPU 程序编辑、目标文件的编译链接、目标代码下载调试运行的过程。

1. C-Sky Studio 主界面

C-Sky Studio 主程序可以通过"开始"→"所有程序"→"C-Sky Studio"→"C-Sky Studio"或者桌面上"C-Sky Studio"快捷方式来启动。

图 7.8 中为 C-Sky Studio 主界面,主界面中包括下列子窗口:标题栏、主菜单、工具条、工程窗口、输出窗口、客户区,以及多个调试功能窗口。

第一次启动 C-Sky Studio 主程序,窗口布局如图 7.8(a)所示,默认打开两个窗口:工程窗口和输出窗口,并且默认显示所有工具条。图 7.8(b)、(c)分别是打开工程后和调试状态下主框架图。

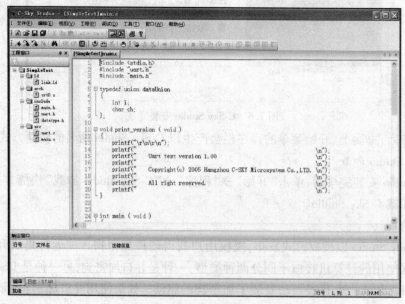

(a)C-Sky Studio 主界面(打开工程前)

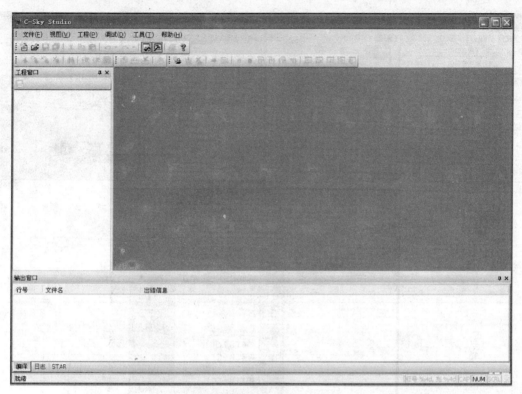

(b) C-Sky Studio 主界面(打开工程后)

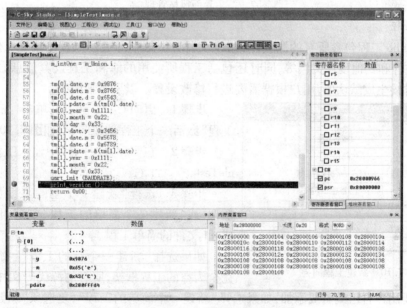

(c) C-Sky Studio 主界面(调试状态)

图 7.8　C-Sky Studio 主界面

　　可通过主菜单中的"视图"中相应的菜单项或者工具条中相应的按钮选择显示的功能窗口,根据"视图"→"工具条"选择显示相应的工具条,也可以通过主框架上单击右键来选择显示的功能窗口与工具条,如图 7.9 所示。功能窗口与工具条均可自由拖动摆放,可以浮动或停靠在主框架上,也可以嵌套到另一个窗口中。

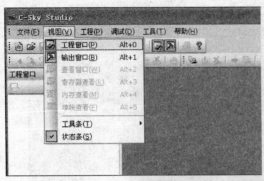
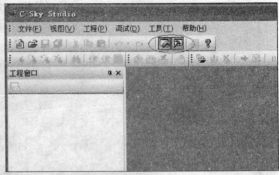

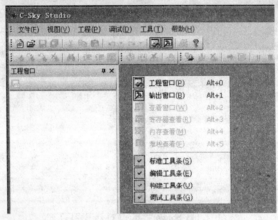

图7.9 主界面风格管理

2.创建工程

C-Sky Studio 工程包含所有的源文件,如.c 文件、.h 文件、.S 文件、链接描述文件、编译链接用 Makefile 文件和其他设计文档等,同时还包括工程所使用的库和工具设置信息。这些内容在工程创建的时候生成默认值,用户根据需要进行修改设置。以下详细说明。

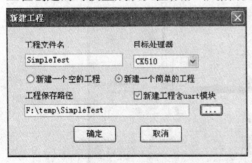

图7.10 新建工程向导

步骤1 启动 C-Sky Studio,单击"工程"→"新建工程"激活一个工程创建向导,如图 7.10 所示。

步骤2 在"工程文件名"中输入工程名,如 SimpleTest。

步骤3 选择"新建一个空的工程"创建空工程框架,或"新建一个简单的工程"创建可直接编译生成 elf 文件的简单工程。

如果选择"新建一个空的工程",将会产生一个完全为空的工程框架,所有的源代码文件以及链接描述文件都需要用户自己编辑或添加;如果选择"新建一个简单的工程",复选项"新建工程含 uart 模块"被使能;如果选择"新建工程含 uart 模块"复选项,则生成的简单工程有一份可以向串口输出信息的源代码;如果不选该复选项,则生成的简单工程只有一个链接描述文件、一个 Start File (crt0.S 文件)和包含空的 main 函数的 C 文件。

步骤4 "目标处理器"下拉框用于选择目标处理器类型,如 CK510。

步骤5 "工程保存路径"文本框用于指定工程文件保存的路径。

步骤6 单击"确定"按钮完成工程创建,C-Sky Studio 会自动打开该新建的工程,进入工程编辑状态。

被创建的工程被关闭之后可以重新打开,用户单击"工程"→"打开工程"菜单,弹出对"打开"话框,选择工程所在路径和以 ckp 作为扩展名的 C-Sky Studio 工程文件,如图 7.11 所示,单击"确定"按钮后打开工程如图 7.12 所示。

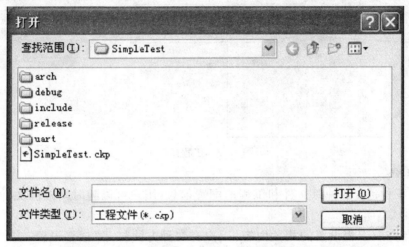

图 7.11　打开工程之工程选择框

图 7.12　打开工程

图 7.12 左边为工程窗口,展示了一个目录树,如图 7.13 所示,工程窗口通过树形结构显示工程信息,包含有三种不同类型的节点:工程节点、组节点、文件节点。工程节点下面可以有组节点及文件节点,组节点用于将源代码按照作用归类,下面包含文件节点。在不同节点上右击鼠标将出现不同菜单,可以执行相应的命令操作。选中某个组节点或文件,然后按 Delete 键就可以从当前工程中删除组或文件。

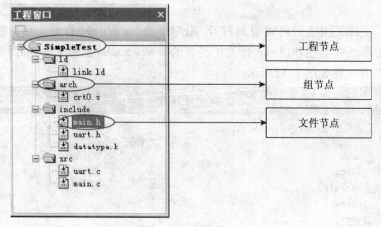

图7.13 工程窗口

3.修改工程

CK-CPU 工程包含各种源文件和工程的配置信息,用户可以随时增减源文件和修改项目设置。

这里重点介绍工程设置的相关内容,用户有三种方式打开"项目设置"窗口,如图7.14所示。

(1)通过用户菜单"工程"→"项目设置";

(2)在工作区窗口工程节点上右击,在弹出的快捷菜单中选择"项目设置"命令;

(3)直接按 Alt + F7 键直接打开"项目设置"对话框。

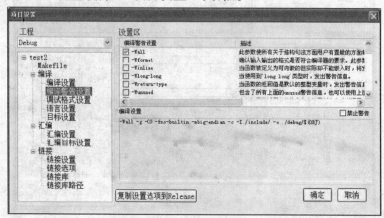

图7.14 "项目设置"对话框

"项目设置"对话框分左右两个区域:左边区域为工程列表树及配置文案列表,供用户选择需要配置的工程及相关配置页面;右边区域是对应的一系列参数设置页面,包括编译、链接一系列页面。下面详细介绍每个页面的设置。

1)Makefile 页面

C-Sky Studio 支持工程在编译链接时自动生成 Makefile,也可以由用户自己指定 Makefile,默认情况下,IDE 根据工程设置自动生成 Makefile 来编译链接工程中的源文件。如果工程已经存在 Makefile,用户可以直接指定 Makefile 文件,如图7.15 所示。如果使用 IDE 自动生成的 Makefile,在 Makefile 页面选择"自动生成 Makefile"单选框。

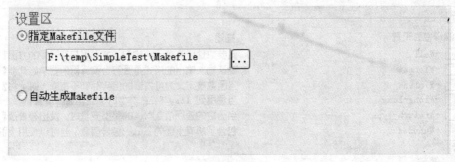

图 7.15　指定 Makefile 文件

2) 编译页面

A. 编译设置

"编译设置"页面如图 7.16 所示,提供用户编译 C/C++ 代码头文件路径、编译目标文件路径,编译时预处理宏定义等设置。

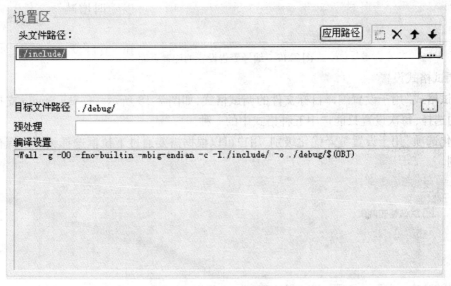

图 7.16　编译设置的配置页面

(1) 头文件路径。头文件路径为编译时头文件的搜索路径,用户可以自由添加、修改和删除。双击"头文件路径"列表区,会出现如图 7.16 所示的编辑框,可以直接输入路径,也可以单击右边的按钮 [...] 弹出路径选择对话框,选择好路径后单击"确定"按钮就可以添加一个新的搜索路径了。选择路径列表中的路径,然后单击按钮 ✖ 即可删除该路径,单击 ⬆ ⬇ 按钮可以排列包含路径的顺序。

(2) 目标文件路径。设置编译生成目标中间文件保存路径。单击 [...] 按钮,弹出路径选择对话框,选择好路径名后单击"确定"按钮即可。

(3) 预处理。设置编译预处理宏,每个宏之间使用","符号分割。

B. 编译时警告信息设置

"编译警告设置"页面如图 7.17 所示,用于设置编译器的相关警告信息。选中每个选项前的复选框表示编译程序时会依照该选项编译。如果禁止出现警告信息,则选中"禁止警告"复选框即可。

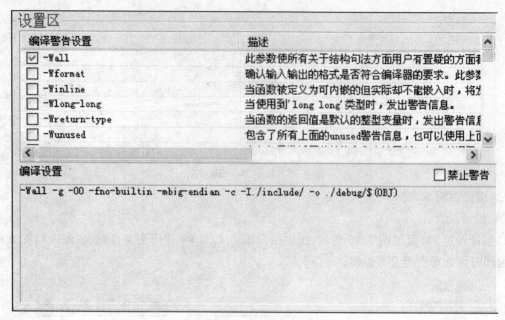

图 7.17　编译警告设置的配置页面

C. 调试格式设置

"调试格式"用于设置编译目标文件的调试格式,如图 7.18 所示。C-Sky Studio 支持五种调试格式的选择,每次设置只能选中五种格式中的一种。

"优化选项"用于设置编译优化级别,用户可以根据需要通过下拉框选择编译目标代码时的优化级别。

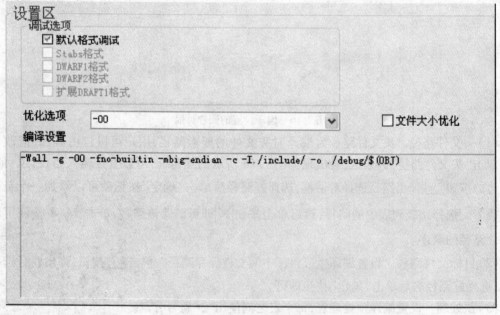

图 7.18　调试格式设置的配置页面

D. C/C++语言编译设置

"语言设置"页面如图 7.19 所示,用于设置与源代码语法相关的一些配置。选中每个项前的复选项表示编译程序时会添加该选项。

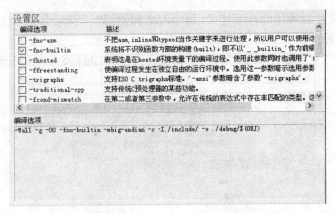

图 7.19　语言设置的配置页面

E. 目标设置

"目标设置"页面如图 7.20 所示,用于设置目标二进制码的字节序,即大小端,用户必须根据硬件开发板具体情况而定。

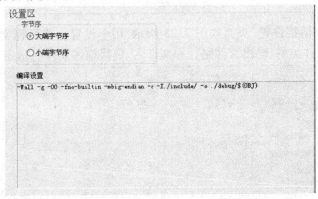

图 7.20　目标设置的配置页面

3) 汇编页面

A. 汇编设置

"汇编设置"页面如图 7.21 所示,提供用户编译汇编源文件时头文件搜索路径、编译时预处理宏定义等设置。

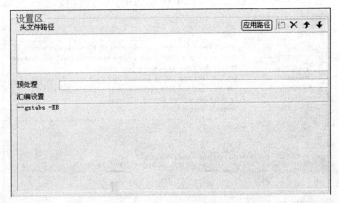

图 7.21　汇编设置页面

图 7.21 中各个选项的解释如下:

(1)头文件路径。头文件路径编译时,头文件的搜索路径,用户可自由添加、修改和删除。

（2）预处理。设置编译预处理宏定义，每个宏之间使用","符号分割。

B. 汇编目标设置

"汇编目标设置"页面如图7.22所示，设置编译汇编程序时的一些基本条件。

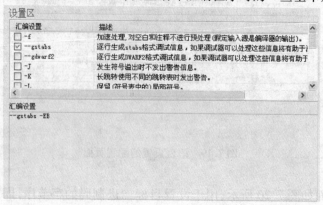

图7.22　汇编目标设置页面

4）链接页面

（1）链接设置。"链接设置"页面如图7.23所示，用于设置生成目标文件的相关信息，如工程最终链接的输出文件类型、输出文件路径和文件名、链接描述文件的指定等。

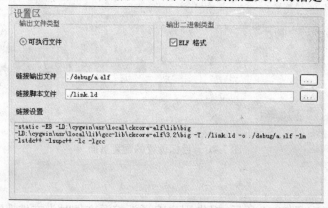

图7.23　链接设置页面

（2）链接选项。"链接选项"页面如图7.24所示，用于设置链接时一些基本选项参数。

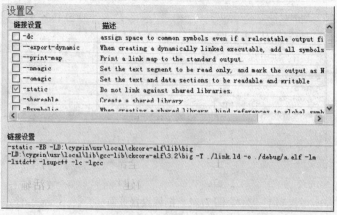

图7.24　链接选项页面

（3）链接库。"链接库"页面如图7.25所示，用于设置链接时需要搜索的链接库。每一个库的名称可自由添加、修改、删除。

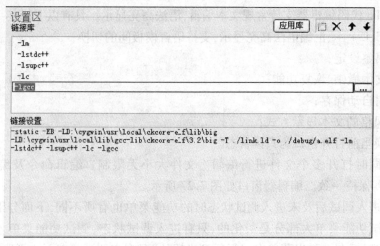

图 7.25　链接库页面

（4）链接库路径。链接库路径页面如图 7.26 所示,库路径为链接时,库文件的搜索路径,用户可以自由添加、修改和删除。

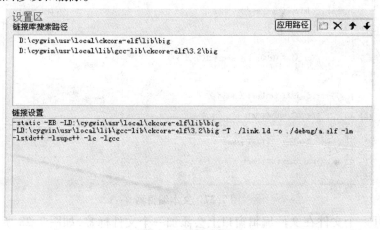

图 7.26　链接库页面

4.构建工程

构建工程是指对当前工程执行编译、汇编、链接等操作生成可执行代码,可以通过单击"工程"→"构建"菜单命令或编译工具条相关按钮两种方式启动。构建命令先编译工程中包含的全部源代码,然后链接生成的中间目标代码,最后生成最终目标代码。编译工程之前,编译器先检查文件依赖关系,然后判断是否进行编译活动。

单击菜单"工程"→"编译"或编译工具条按钮 编译当前打开的文件,单击菜单"工程"→"构建"或编译工具条按钮 则编译工程中所有文件,单击菜单"工程"→"清除"则清除所有生成的中间文件和目标文件,单击菜单"工程"→"重建全部"则清除所有生成的中间文件和目标文件后重新编译整个工程中所有文件。单击编译或构建按钮后,将激活输出窗口,并切换到"编译"页面。编译器、汇编器、链接器产生的输出信息全部在"编译"页面中输出。

如果构建成功,将在输出窗口输出"编译成功"信息。如果构建失败,则输出"编译失败"信息。双击鼠标左键在提示有错误信息的行,就会定位到相应源文件行。

5. C/C++代码编辑

C-Sky Studio 代码编辑器支持常规文本编辑,语法高亮显示。具有以下特点:

(1)支持 C、C++、汇编语法高亮显示,支持语言模板间的切换;

(2)支持书签设定;

(3)支持文本撤销、恢复功能;

(4)编译时自动保存;

(5)NET 风格的文本显示方式;

(6)能切换当前打开窗口为只读状态。

编辑器可同时打开多个文件进行编辑。文件大小无限制。编辑命令及编辑操作与标准 Windows 编辑器保持一致。编辑器窗口如图 7.27 所示。

编辑器在进入调试后及未进入调试状态时的功能菜单也有所不同,下面分别作以说明。编辑状态下的调试功能菜单大部分是灰化的,只有进入调试状态,调试功能菜单才全部使能。同时,在编辑器的鼠标右键弹出菜单中,"运行到光标处"只有在调试状态下才可选。

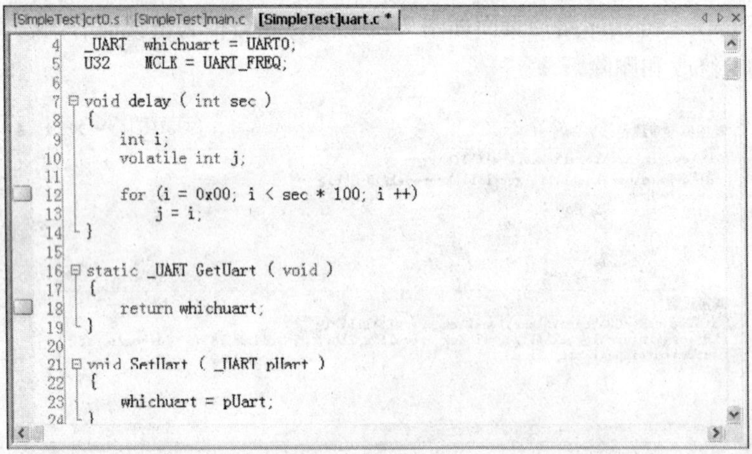

图 7.27　文本编辑器

IDE 每打开一个文件在文件编辑窗口上会添加一个文件标签,如图 7.28 所示,单击文件标签就会切换到该文件到编辑状态。

图 7.28　文件标签

标签中[SimpleTest]是工程名,后面的 uart.c 是文件名,"＊"表示该文件被修改未保存。

6. 目标程序调试

C-Sky Studio 给用户提供了一个功能非常强大的代码调试器。调试器可以下载执行程序映像,完全控制程序在目标板中的运行及暂停,查看内存,察看变量值,查看堆栈,反汇编调试,设置断点控制程序调试等。本章节将详细介绍调试器的具体功能。

用户在进行调试程序之前需要先配置调试器,然后在目标与调试器之间建立连接,单击"调试"→"连接"菜单命令或按下调试工具按钮 　　　 就可以连接到目标板,这时 C-Sky Studio 进入调试状态。

调试状态下,C-Sky Studio 根据目标板运行状态会存在两种调试状态:运行态和停止态。运行态是指目标板上面程序正在运行,用户只能执行停止命令暂停程序的运行进入停止态;停止态是指调试器控制目标板停留在某个地址,等待下一次用户命令。停止态下用户可以进行变量查看、内存查看、寄存器查看、堆栈查看等操作。

1)调试器参数配置

单击"工具"→"配置"菜单,选择弹出对话框的"JTAG"页,如图7.29所示。该页用于配置调试代理服务程序运行主机的网络IP地址信息和网络Socket端口信息。

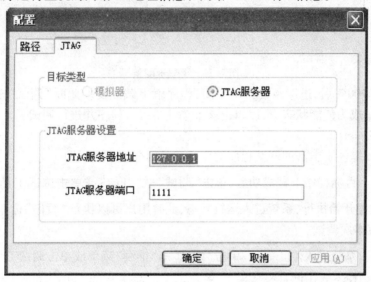

图7.29　调试目标机配置

2)连接调试器

C-Sky Studio 在非调试状态,也就是在连接目标机之前,"调试"菜单下只有"连接"子菜单和三个断点管理子菜单是使能状态,其余都是灰色。

单击"调试"→"连接"菜单命令或按下调试工具按钮 ,将在调试器与目标板之间建立连接。在连接目标机之前,如果选择与硬件仿真器连接,则要先检查仿真器与电脑是否连接正确,如仿真器是否上电,与电脑的通信线是否连接等。还要检查目标机是否上电。如果连接成功系统会在输出窗口输出成功信息。连接成功后,"调试"菜单中"下载"和"断开连接"子菜单会变得有效,否则会弹出连接失败对话框,如图7.30所示。

图7.30　连接失败

连接成功后 C-Sky Studio 就进入了调试状态,此时"调试"菜单下"断开连接"与"下载"子菜单会使能,用户可以单击"调试"→"断开连接"菜单来断开调试器与目标板之间的连接,通过单击"调试"→"下载"菜单来下载目标程序。

C-Sky Studio 进入调试状态后,窗口也会自动发生调整,变量查看、内存查看、寄存器查看、堆栈查看四个窗口会自动出现,并隐藏工程窗口和输出窗口,此时可以使用内存和寄存器查看功能查看目标机状态。

3) 下载程序

如果连接目标机成功，就可以下载目标程序。单击"调试"➔"下载"或单击调试工具按钮  ，就可以把目标程序文件下载到目标系统的存储器中了。下载程序时会跳出一个进度对话框显示程序下载进度，如图7.31所示。

图7.31 下载进度条

当下载达到100%后，进度条会自动关闭，程序就下载成功。此时"调试"➔"开始"菜单会由灰色变为彩色，成为使能状态，可以单击该菜单开始运行程序并进行调试了。

4) 调试程序

C-Sky Studio 提供了丰富的调试程序的命令。下面分别予以说明。

(1)"开始"。目标程序下载成功后，单击"调试"➔"开始"或单击调试工具按钮 ，程序就从上次停止位置开始执行，系统进入运行状态，此时用户可以执行"暂停"命令中断运行，或者"停止"命令结束本次调试。

(2)"继续"。系统进入停止态后，单击"调试"➔"继续"菜单或单击调试工具按钮 ，或者按下快捷键 F5，程序会在中断处继续运行，系统进入运行状态，此时用户可以执行暂停命令中断运行，或者停止命令结束本次调试。

(3)"暂停"。在程序的运行态时，单击"调试"➔"暂停"菜单或单击调试工具按钮 ，调试器将控制目标板暂停运行的程序，系统重回到停止状态，然后可以进行各种察看操作。当程序停止后，在源代码窗口用执行行标记(红色行)标记程序停止在本语句，在反汇编窗口同样用执行行标记(红色行)标记程序停止的汇编行位置，系统进入停止态窗口，如图7.32所示。

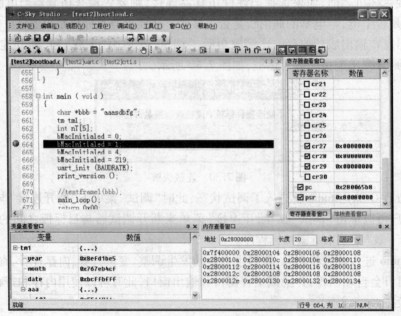

图7.32 调试状态的 C-Sky Studio 窗口

(4)"停止"。在程序下载成功后任何时候,单击"调试"→"停止"菜单命令或单击调试工具按钮 ■,或者按下"Shift + F5"组合键,调试器将控制目标板停止运行的程序,并结束本次调试,若要再次调试只能通过再次下载目标程序进行。

(5)"单步"。在系统处于停止态时,单击"调试"→"单步"菜单命令或单击调试工具按钮 ,单步执行当前一个程序语句。如果当前语句有函数调用,该命令不进入该函数内部,执行完该函数后停在下一个有效语句处。反汇编调试状态下该命令执行一个汇编单步。

(6)"跟踪"。在系统处于停止态时,单击"调试"→"跟踪"菜单命令或单击调试工具按钮 ,单步执行一个程序语句。如当前语言有函数调用,则该命令执行到第一个函数的入口处停止;反之,则执行到下一个有效语句处停止。反汇编调试状态下该命令执行一个汇编单步。

(7)"跳出函数"。在系统处于停止态时,单击"调试"→"跳出函数"菜单命令或单击调试工具按钮 ,系统将运行到当前函数返回处。反汇编调试状态下该命令执行一个汇编单步。

(8)"运行到光标处"。在系统处于停止态时,将光标点在有效代码行处(仅源代码行),单击"调试"→"运行到光标处"菜单或单击调试工具按钮 ,系统将运行到光标所在的位置后停止。如程序未跳出该函数,则程序一直运行,中途遇到断点或者用户单击 ‖ 或 ■ 按钮后程序停止运行。反汇编调试状态下该功能无效。

(9)"反汇编调试"。在系统处于停止态时,单击"调试"→"反汇编调试"菜单或单击调试工具按钮 ,进入或退出反汇编调试状态。根据目标程序得反汇编结果进行反汇编单步调试,可以方便地在 C 级代码调试和反汇编代码调试方式下切换。反汇编调试窗口如图 7.33 所示。

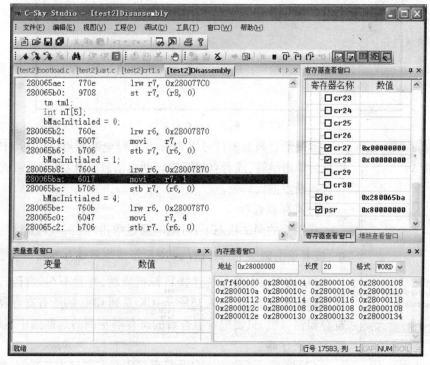

图 7.33 反汇编调试窗口

5) 断点管理

用户可以在源代码窗口和反汇编窗口中设置、删除断点。下面分别介绍这些操作。

A. 设置断点

程序提供以下三种方式设置断点：

(1) 将光标点在需要设置断点的行，按 F9 快捷键；

(2) 将光标点在需要设置断点的行，单击"调试"→"添加/删除断点"菜单命令；

(3) 将光标点在需要设置断点的行，用鼠标左键双击该行左边灰色页边。

设置好断点后的窗口如图 7.33 所示，其中编辑区执行行标记处左边的红色圆形标记即为断点标志。

B. 删除断点

(1) 将光标点在设置有有效断点的行，按下 F9 快捷键；

(2) 将光标点在设置有有效断点的行，单击"调试"→"添加/删除断点"菜单；

(3) 将光标点在设置有有效断点的行，用鼠标左键双击该行左边灰色页边；

以上三种方式都只是删除单个断点，清除该断点处断点标记。若单击"调试"→"清除全部断点"菜单，则会删除全部断点，清除全部断点标记。

C. 断点列表

单击"调试"→"断点列表"菜单，显示断点列表，如图 7.34 所示。

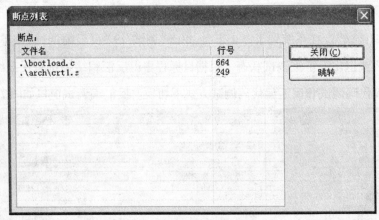

图 7.34　断点列表查看窗口

通过断点列表窗口可以查看本工程全部断点，选中其中一个断点信息后单击跳转，或者直接双击该断点信息，可以将编辑区光标跳转到包含该断点的代码处。

6) 寄存器查看

在系统的调试状态下，可随时通过单击"视图"→"寄存器查看"菜单，或者单击调试工具按钮 ![] 来显示或隐藏寄存器窗口。

(1) 查看。只要系统连接目标机成功，并且不在运行态，就可以查看目标机寄存器，如图 7.35 所示，CK 系列 CPU 的所有寄存器都被列在寄存器窗口中，只要把希望查看的寄存器左侧的选框选中，就可以查看修改该寄存器。

(2) 修改。要修改寄存器只需要先在左侧选中选择框，此时对应的

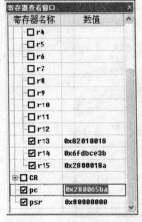

图 7.35　寄存器查看窗口

"数值"栏会显示该寄器的当前值,双击显示的寄存器值即可对其进行编辑,如图7.35中可以编辑寄存器"PC"的数值,编辑完成后按回车键即可修改该寄存器值,如果修改成功,"PC"值会重新从目标机读出并显示在对应的数值栏中。没有被选中的寄存器不能被修改。

7)内存查看

在系统的调试状态下,可随时通过单击"视图"→"内存查看"或单击调试工具按钮▦来显示或隐藏内存查看窗口。

只要系统连接目标机成功,并且不在运行态,就可以查看目标机存储器中任何可读的内容,查看窗口如图7.36所示。

图7.36　内存查看窗口

查看窗口中地址栏的编辑框中输入要查看的内存起始地址,长度栏的编辑框中输入要查看的长度,格式下拉框中可以选择 BYTE、HALFWORD 或者 WORD 方式来读并显示内存,将这三项都编辑好后,在三项中的任何一个编辑框内按回车键,所查看的内存内容就会显示在下面的内存显示编辑框中。

此处内存显示并不具备自动更新功能,所以每次需要重新发送查看命令来更新内容,也不具有写功能,对下面的输出编辑框的任何操作都没有意义,但可以复制出来。

内存显示框中,只要是目标机存储器中可读的地址,就可以显示出来,没有长度限制。

8)变量查看

在系统的调试状态下,可随时通过单击"视图"→"变量查看"或单击调试工具按钮▨来显示或隐藏变量查看窗口。

在程序开始运行后,可以随时对在自己命名空间内的变量进行查看,如图7.37所示。

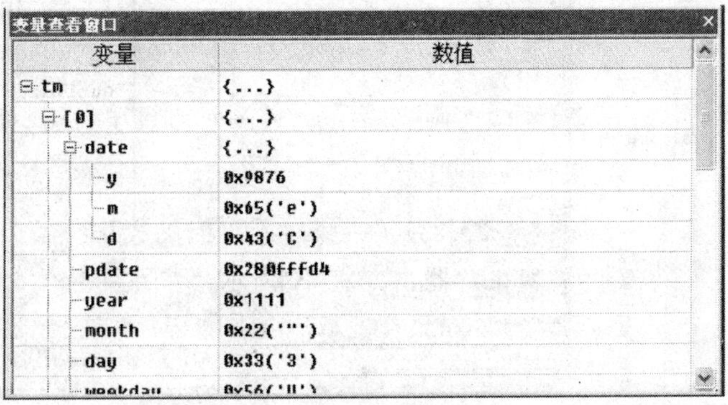

图7.37　变量查看窗口

变量查看窗口对任何结构的变量都可以进行很方便的查看和修改。变量修改方法与寄存器的修改方法类似:只需要双击对应数值栏的值,即可进行编辑,回车则把编辑好的值写入对应的内存或寄存器中。

9)堆栈查看

图 7.38　堆栈查看窗口

在系统的调试状态下,可随时通过单击"视图"→"堆栈查看"或单击调试工具条按钮🗲来显示或隐藏堆栈查看窗口。

在系统的停止态,如果希望查看函数调用的堆栈信息,只需要打开堆栈查看窗口,窗口中会随时自动更新堆栈信息,如图 7.38 所示。

在该窗口中显示了每一个层堆栈的函数名、源代码文件名和所在行。

在源代码级的调试过程中,双击其中任何一个堆栈信息项,编辑区都会跳转到对应的函数调用的源代码处,并将该处标记上执行行标记(红色行),同时,变量查看窗口会跟随堆栈的跳转更新查看结果。

7.2　C-Sky Development Suite 集成开发环境

7.2.1　C-Sky Development Suite 简介

C-Sky Development Suite(以下简称 CDS)是一个基于 Eclipse 的,用于 CK-CPU 架构交叉开发的可视化软件集成开发环境,是对 C-Sky Studio 集成开发环境的升级。在 CDS 环境下,软件开发用户可以方便地进行项目工程管理、编写代码、设置编译链接参数、编译链接目标程序,并提供下载到目标板进行 C/C++语言级调试的开发平台。

在用户硬件设计未完成的情况下,CK-CPU 工具链中还提供了可配置的时钟精确模拟器,模拟用户指定的基于 CK-CPU 的微程序控制器(Microprogrammed Control Umit, MCU)硬件行为,提供给用户软硬件并行开发的条件。另外,CDS 也提供了 Flash 烧写和用户定制烧写程序的功能。

CDS 总览如图 7.39 所示。

图 7.39　CDS 界面总览

7.2.2 CDS 安装

1. CDS 组成

CDS 的运行需要 CK-CPU 工具链的支持,CDS 安装包中包含了上述工具链,用户可以在安装时选择 CK-CPU 工具链,或者随 CDS 一起安装 CK-CPU 工具链。CDS 主要由以下模块组成。

(1)CDS IDE 主程序;

(2)CK-CPU 工具链,编译、链接、调试和目标程序二进制文件分析工具;

(3)调试代理服务程序,CK-Simulator 程序,CK-CPU 软件仿真器,证书管理(License Manager)程序,CDS 授权验证管理工具;

(4)ICE 驱动;

(5)用户手册。

2. 安装

CDS 安装包包含了 9 个文件,列表如图 7.40 所示。

名称	大小
layout.bin	1 KB
setup.boot	335 KB
data1.hdr	568 KB
setup.inx	173 KB
data1.cab	271 KB
data2.cab	206,551 KB
engine32.cab	409 KB
setup.ini	1 KB
setup.exe	105 KB

图 7.40　安装包文件列表

安装步骤:

步骤 1　启动安装

双击安装包中的 setup.exe 文件启动安装向导,出现 CDS 安装的欢迎界面,如图 7.41 所示。

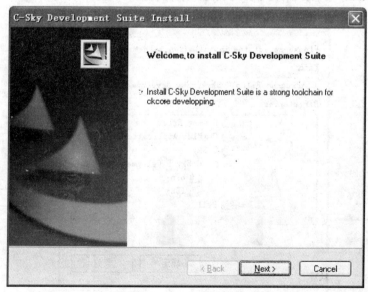

图 7.41　CDS 安装欢迎界面

步骤 2　用户信息

填写用户名和公司名,如图 7.42 所示。

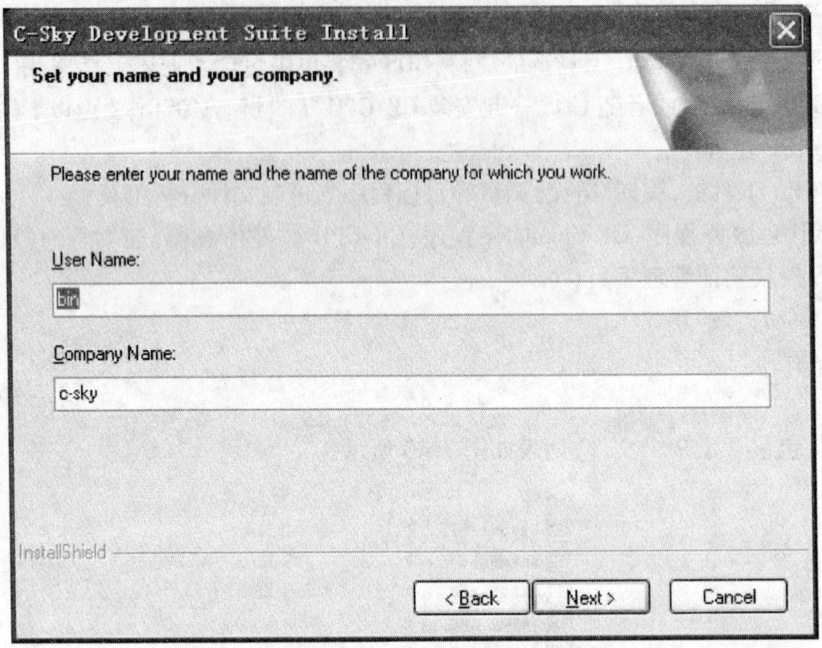

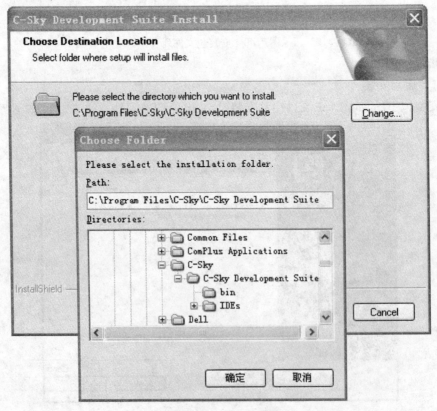

图 7.42　CDS 安装界面

步骤 3　设置安装路径,如图 7.43 所示。

图 7.43　选择安装路径

步骤 4 选择安装组件

在此步骤中,用户可以根据具体需要选择需要安装的组件,如图 7.44 所示。

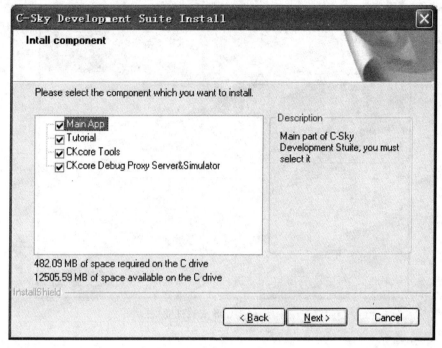

图 7.44 选择安装组件

步骤 5 就绪确认

CDS 就绪确认状态,此时单击"Back"选择上一步修改之前的一些设置,或直接开始安装,如图 7.45 所示。

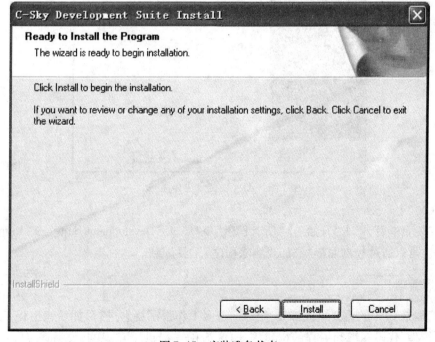

图 7.45 安装准备状态

步骤6　安装

拷贝安装文件,需要等待一段时间,如图7.46所示。

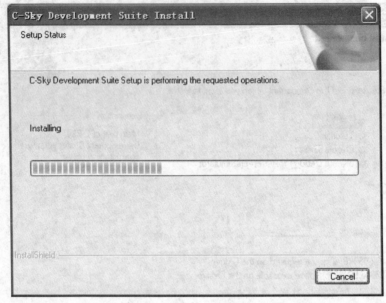

图7.46　CDS安装进度

步骤7　完成

单击"Finish"按钮完成CDS的安装,如图7.47所示。

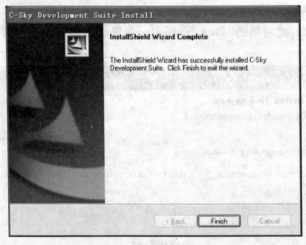

图7.47　安装完成界面

3.卸载

CDS安装完毕后,单击"开始"→"所有程序"→"C-Sky Development Suite"→"Uninstall"即可卸载CDS;也可以通过控制面板"添加或删除程序"工具卸载。

7.2.3　工程管理

工程管理是CDS的重要组成部分,用户的许多工作都围绕它进行,如新建工程、工程参数配置、源文件管理、代码编辑和工程的构建等,CDS为用户提供了直观的,灵活而又不失方便的工程管理界面。

1. 新建工程

1)启动向导

由 File →New →Project 激活工程创建向导,选择 C-Sky 目录中的 C-Sky C/C ++ Project,如图 7.48 所示。

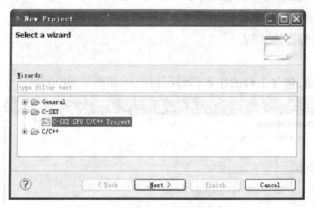

图 7.48　新建工程向导起始页

2)工程类型设置

进入创建工程页面,如图 7.49 所示,该页面中用户需:

(1)Project name 编辑框中输入工程名称;

(2)Project type 面板中选定工程类型(详见其中工程类型(Project type)章节);

(3)Target Template Selected 面板中选定对应的 SoC/CPU 型号,即 Target 模板;

(4)Toolchains 面板中选定工具链。

图 7.49　新建工程向导主页面

其中工程类型(Project type)具体包含了以下类型:

(1)Makefile project,用户通过编写 makefile 手动编译的 C/C++工程;

(2)Exe On(uC)Linux,该工程生成在(uC)Linux 上运行的可执行文件;

(3)Exe WithoutOs,该工程生成裸程序;

(4)Flash Programer,Flash 工程;

(5)Static Library,静态库工程。

3)工程基本配置

工程基本配置页面,包含工程的作者、版权等信息,如图 7.50 所示。

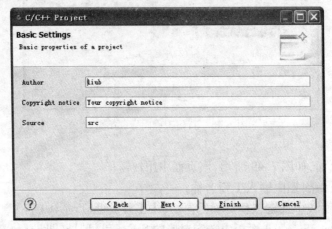

图 7.50　工程基本配置

4)基本配置页面

进入参数配置页面,如图 7.51 所示,在该页面中用户可:

(1)选择 Debug/Release 平台;

(2)使用 Advanced settings 进行工程参数配置。

图 7.51　平台及设置页面

进行以上一系列步骤,用户便成功建立了工程,可以对工程进行一系列的设置,编译链接,重新打开和关闭等。

2. 工程参数配置

工程被创建之后,可以在任何时候重新打开、关闭,也可以进行一些参数的设置,如编译、汇编和链接的参数设置。用户有三种方式进入工程参数配置界面:

(1)新建工程时,在 Select Configurations 页面中单击 Advanced settings;

(2)选中工程,单击右键,选择 Properties;

(3)选中工程,选择菜单 Project →Properties。

当以任何一种方式进入 Properties 页面后,通过页面左边目录 C/C++ Build →Settings 进入汇编、编译等工具参数的配置,如图 7.52 所示。

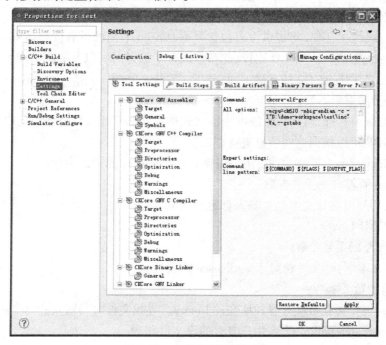

图 7.52　工程参数配置页面

在"工程参数配置"界面中,用户可以对 CK-CPU 的汇编器、C++编译器、C 编译器、链接器等进行参数配置。以下对一些重要的参数进行说明。

1)Target 页面参数

CKCore GNU Assembler、CKCore GNU C++ Complier、CKCore GNU C Complier、CKCore GNU Linker 工具下 Target 页面参数。

CPUType 下拉框中为目标处理器类型。

target is big endian 为复选框,用于指定目标板的大小端信息,默认为小端。

2)CKCore GNU Assembler

General 页涉及的重要参数:

(1)Include paths(-I),添加头文件相对于 C/C++ 文件的路径;

(2)Suppress warning(-W),禁止警告信息;

(3)debug level 下拉框中的 gstabs 选项表示以 stabs 格式生成调试信息,但不包括 gdb 的调试信息。

Symbols 页涉及的重要参数:

(1) Defined symbols(– D),预处理参数,加预处理的宏;

(2) Undefined symbols(– U),预处理参数,不加预处理的宏。

3) CKCore GNU C ++ Complier

Preprocessor 页涉及的重要参数:

– nostdinc,不寻找系统头文件路径。

Optimization Level 页涉及的重要参数:

(1) O0,不进行优化。

(2) O1,第一级优化,编译器将在所有机器上打开 – fthread-jumps 和 – fdefer – pop 参数,在有延迟槽的机器上打开 – fdelayed-branch 参数,在没有帧指针的机器上打开 – fomit-frame-pointer 参数,编译器还将打开其他一些参数。

(3) O2,第二级优化,GCC 将提供没有包含 space-speed 平衡的所有优化措施。此时,编译器没有提供解环,和函数嵌入。同 – O 比较,此参数改善了编译时间以及提高了产生代码的质量。

(4) O3,第三级优化,在 O2 的基础上,打开了 – finline-functions 和 – frename-registers 参数。

Debug 页涉及的重要参数:

(1) Debug Level → – g,以操作系统本地的格式产生调试的相关信息(stabs、COFF、XCOFF 或者 DWARF)。GDB 可以根据这些信息进行调试。

(2) Other Debugging flags 文本框,用户根据自身需要添加的调试参数。

Miscellaneous 页涉及的重要参数:

Other flags,用户可在该文本框中输入自定义参数。

4) CKCore GNU Linker

General 页涉及的重要参数:

Linker File 文本框,ld 文件相对于 workspace 的路径。

Libs 页涉及的重要参数:

(1) Libraries(– 1),在链接时寻找库文件 library。寻找文件时与输入的命令位置有关。

(2) Libraries search path(– L),用户自有的库文件路径。

Misc 页涉及的重要参数:

Linker flags 文本框,用户根据自身需要添加的链接参数。

3. 构建工程

工程的编辑完成,并对工程的编译链接参数进行设置之后,用户可以构建工程,构建工程是指对当前工程执行编译、汇编、链接等操作生成可执行代码,可以通过单击 Project →Build all 菜单命令或编译工具条相关按钮两种方式启动。构建命令先编译工程中包含的全部源代码,然后链接生成的中间目标代码,最后生成最终目标代码。编译工程之前,编译器先检查文件依赖关系,然后判断是否进行编译活动。

7.2.4　调试器

CDS 给用户提供了一个功能强大的代码调试器,支持 C/C ++ 语言和汇编语言的在线调试。调试器可以完全控制程序在目标板中的运行及停止、断点管理、查看变量值、查看寄存器、查看内存、Pctrace View 信息查看、反汇编调试等。CDS 中调试功能的总体结构如图 7.53 所示。

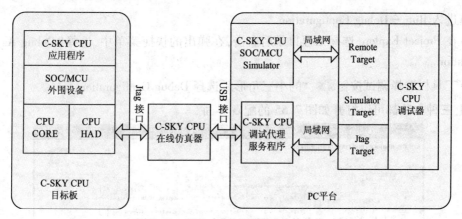

图 7.53　CDS 中调试功能的总体结构

1. 启动代理服务程序

调试程序需要有代理服务程序(Debugger Server)的支持。在启动调试程序之前,需要先运行 Debugger Server 程序,如图 7.54 所示。

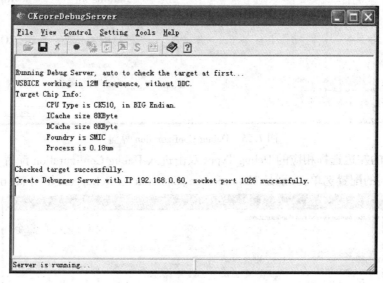

图 7.54　Debugger Server 界面

Debugger Server 显示了目标 CPU 的各种信息,用户可以根据信息确认硬件 CPU 信息和应用目标程序相关配置是否匹配。

(1)CPU Type,CPU 型号和大小端;

(2)ICache/DCache,指令/数据缓存大小;

(3)Foundry,流片代工厂商;

(4)Process,工艺水平;

(5)IP,服务端 TCP/IP 网络地址;

(6)Port,网络通信 Socket 监听端口号。

Debugger Server 的具体使用请参考 CKcore Debugger Server User Guide。

2. 调试目标配置

CDS 中开始调试之前,需要对调试目标进行配置,如和调试目标之间的链接方式、是在线调试还是模拟调试,模拟调试时的调试器设置等参数配置。具体方法如下:

(1)进入 Run →Debug Configuration

(2)在 Project Explore 选择工程目录后右击,在弹出的快捷菜单中,选择"Debug As →Debug Configuration。

(3)工具栏选择调试按钮 的小三角形后选择 Debug Configuration。

以上三种方法都可以打开如图7.55 的配置界面。

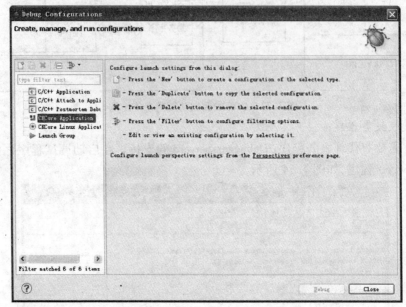

图7.55　Debug Configuration 界面

在图7.55 的左边选择相应的 Debug Type,双击进入 Debug Configuration 配置界面,此界面里包含了4 个不同的配置选单,分别是 Main、Source、Common 和 Debugger,如图7.56 所示。

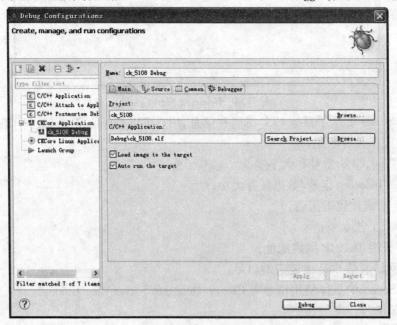

图7.56　Main 选项卡

(1)Main 选项主要配置调试的基本信息。

Project,选择调试工程；

C/C++ Application,选择调试程序；

Load image to the target,下载镜像到目标板；

Auto run the target,下载镜像之后自动运行程序。

(2)Source 选项卡主要设置工程包含的目录,采用默认设置,如图7.57所示。

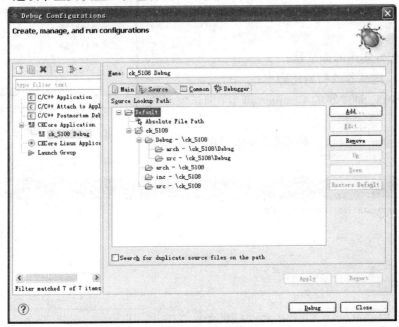

图 7.57　Source 选项卡

(3)Common 选项卡是保留选项,采用默认值,如图7.58所示。

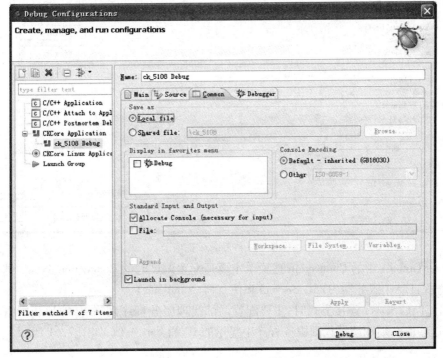

图 7.58　Common 选项卡

(4)Debugger 选项卡的 Debugger Options 包含了 2 个子 Tab：Main 和 Connection，如图 7.60所示。

Stop on Startup at，配置调试程序时停止的标志；

Advanced，配置 Variables 和 Registers 在调试过程中是否更新，如图 7.59 所示。

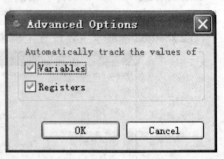

图 7.59　Advanced 设置界面

Debugger Options 中的 Main 选项卡主要配置调试器的相关命令：

Debugger，配置实用的调试器；

Initial script，调试器的初始化脚本；

Continue script，调试器的 Continue 脚本（调试器暂时不支持）；

Stop script，调试器的 Stop 脚本（调试器暂时不支持），如图 7.60 所示。

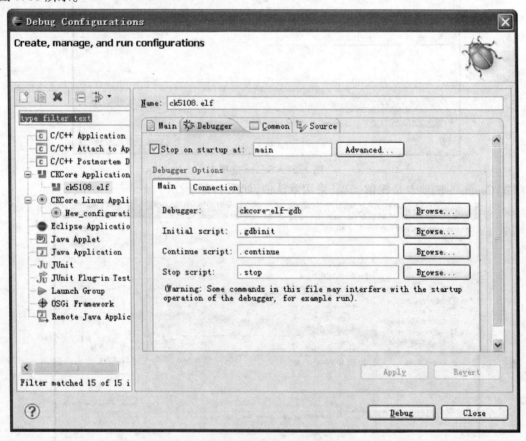

图 7.60　Debugger 选项卡

Debugger Options 中的 Connection 选项卡主要是配置调试时的 Connection Type。这里提供了两种连接方式：JTAG 服务器（JTAG Server）和仿真器（Simulator）。

当采用 JTAG Server 连接方式时，主要配置调试代理服务程序网络 IP 地址和网络 Socket 端口号 Port，这些值必须和调试代理服务程序中显示的 IP 和 Port 一致，如图 7.61 所示。

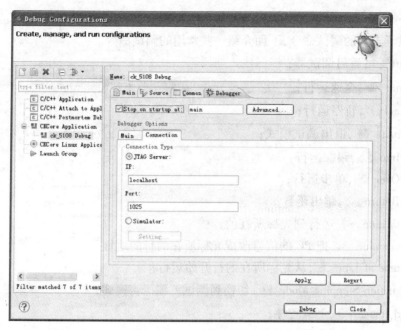

图 7.61　Connection 选项卡

当采用 Simulator 连接方式时,单击 Setting 进入仿真器的配置界面,如图 7.62 所示。

图 7.62　Simulator 设置界面

此时采用仿真器调试程序,具体仿真器的配置请参考 *CKcore Simulator User Guide*。

3. 调试场景

进入调试模式时 CDS 会由 C/C++ 编辑场景 自动切换到调试场景,调试场景 中,用户可以查看目标板的硬件信息,如内存、中央处理器寄存器和变量包含了调试程 序,也可以进行一系列调试命令,如启动程序、设置断点、单步运行和 Dump 内存到本地文件等。

4. 调试命令

CDS 提供了丰富的调试命令,下面介绍一些常用的调试命令。

(1) Restart ⟳ ,重启调试器;

(2) Resume ⟐▷ ,全速运行;

(3) Suspend ⫿⫿ ,暂停运行;

(4) Terminate ▣ ,退出调试模式;

(5) Step Into ⟳ ,跟踪运行;

(6) Step Over ⟳ ,单步运行;

(7) Step Return ⟳ ,跳出函数;

(8) Run to Line ⇥ ,运行到光标所在的行;

(9) Move to Line ⟳ ,把 PC 的值修改成光标所在的行的地址;

(10) Resume at Line ⟳ ,从光标所在的行开始运行;

(11) Instruction Stepping Mode i⇢ ,切换到调试汇编语言模式;

(12) Load Image ⇥] ,下载程序;

(13) Reset Target ⟳ ,复位目标板;

(14) Remove All Terminated Launches ✖ ,清除所有终止的调试记录;

(15) Dump ▦ ,把内存中某段地址的内容拷贝到文件中;

(16) Append ⇥ ,把内存中某段地址的内容追加到文件中;

(17) Restore ◱ ,把文件中某段地址的内容写到内存中。

5. 堆栈窗口

CDS 的 Debug 窗口提供了丰富的堆栈信息和对堆栈操作,包括每一层堆栈的函数名、源代码文件及所在的行数、地址等。双击任何一个堆栈信息项,编辑区都会跳转到对应的函数调用的源代码处,并将该处做上执行标记。同时,Variables、Expressions、Pctrace View、Disassembly 等窗口会跟随堆栈的跳转更新查看结果。

在调试模式下,通过 Window →Show View →Debug 或者单击左下角 Show View as a fast view →Debug 打开堆栈查看窗口,如图 7.63 所示。

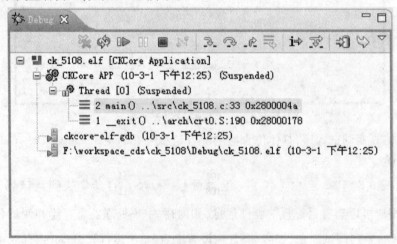

图 7.63　Debug 窗口

CDS 在 Debug 窗口还提供了对堆栈的一些便捷操作,选择相应的堆栈右键即可弹出功能菜单,如图 7.64 所示。

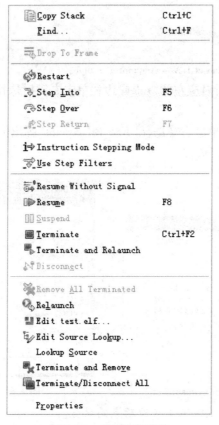

图 7.64　堆栈操作菜单

6.断点管理

CDS 的 Breakpoint 管理窗口提供了强大的断点管理功能。用户可以在源代码窗口、反汇编窗口中设置和删除断点。

1)设置普通断点

(1)将光标放在需要设置断点的行,按 Ctrl + Shift + B 键;

(2)将光标放在需要设置断点的行,单击 Run →Toggle Breakpoint 菜单;

(3)在需要设置断点的行所对应左侧 ruler 边栏双击;

(4)在需要设置断点的行所对应左侧 ruler 边栏单击右键后选择 Toggle Breakpoint。

每个设置过的断点都会在 Breakpoint 管理窗口显示,如图 7.65 所示。

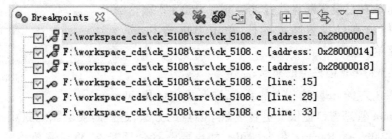

图 7.65　Breakpoint 窗口

2)设置硬断点

硬断点和 Watchpoint 的总数不能超过 2 个,设置超过 2 个时 CDS 会在 Console 窗口以下面的信息提示用户:

"Hardware breakpoints used exceeds limit. "

或

"Target can only support one kind of HW watchpoint at a time. "

在需要设置硬断点的行所对应左侧"ruler"边栏单击右键后选择 Add Hardware Breakpoint 即可,如图 7.66 所示。

在"Breakpoint"管理窗口单击右键选择"Add Breakpoint"弹出的对话框也可以进行硬断点的设置,如图 7.67 所示。

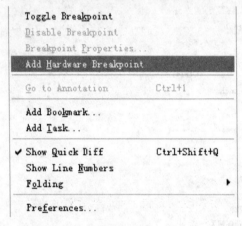

图 7.66　Add Hardware Breakpoint

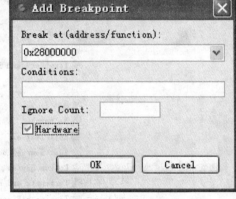

图 7.67　Add Breakpoint

注意:在用仿真器仿真调试时不支持硬断点的设置。

3)设置观察点(Watchpoint)

硬断点和 Watchpoint 的总数不能超过 2 个,设置超过 2 个时 CDS 会在 Console 窗口以下面的信息提示用户:

"Hardware breakpoints used exceeds limit. "

或

"Target can only support one kind of HW watchpoint at a time. "

在 Breakpoint 或 Variables 窗口中右击,在弹出的快捷菜单中选择 Add Watchpoint(C/C ++)命令,弹出如图 7.68 的对话框,在此对话框可以设置用户关心的观察点。

4)删除断点

(1)将光标放在已设置断点的行,按 Ctrl + Shift + B 键;

(2)将光标放在已设置断点的行,单击 Run → Toggle Breakpoint 的菜单;

(3)双击左侧 ruler 边栏上的断点;

图 7.68　Add Watchpoint

(4)右键单击左侧 ruler 边栏上的断点,选择 Toggle Breakpoint。

在 Breakpoint 管理窗口提供了更直接删除断点的方法,选择需要删除的断点,选择该窗口工具栏或者右键菜单栏的 Remove 命令即可。如果要删除全部断点,直接选择该窗口工具栏或者右键菜单栏的 Remove All 命令即可。

7. 变量查看

在调试模式下,通过 Window →Show View →Variables 或者单击左下角 Show View as a fast view →Variables 打开变量查看窗口,如图 7.69 所示。

Name	Value
(x)= a	5
(x)= b	10
(x)= d	15
(x)= e	7

671091264

图 7.69　Variables 窗口

对任何变量都可以很方便的查看和修改。如果要修改变量值,只需单击对应 Value 栏的值后即可进行编辑,按回车则把编辑好的值写入对应的变量。

CDS 在 Variables 窗口还提供了对变量的一些便捷操作,选择相应的变量右键即可弹出功能菜单,如图 7.70 所示。

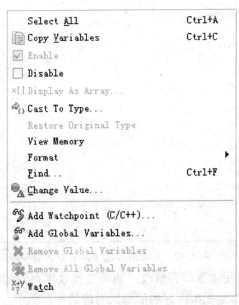

Select All	Ctrl+A
Copy Variables	Ctrl+C
Enable	
Disable	
Display As Array...	
Cast To Type...	
Restore Original Type	
View Memory	
Format	▶
Find...	Ctrl+F
Change Value...	
Add Watchpoint (C/C++)...	
Add Global Variables...	
Remove Global Variables	
Remove All Global Variables	
Watch	

图 7.70　变量操作菜单

8. 寄存器查看

在调试模式下,通过 Window →Show View →Registers 或者单击左下角 Show View as a fast view →Registers 打开寄存器查看窗口,如图 7.71 所示。

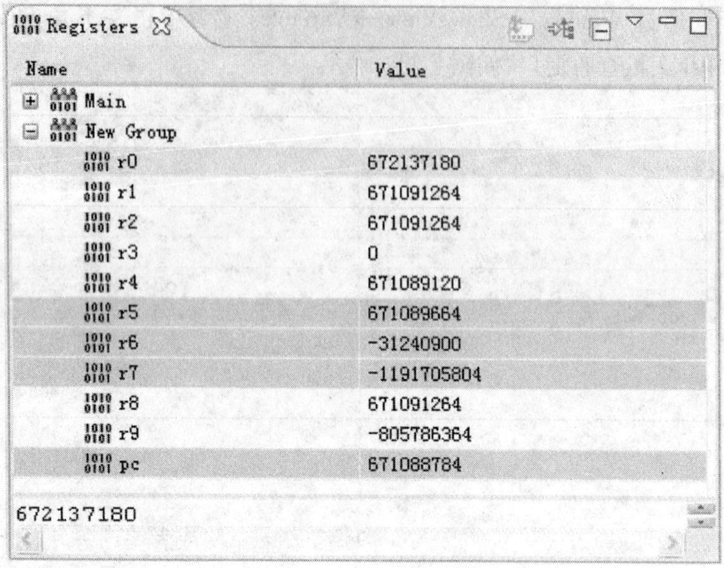

图 7.71　Registers 窗口

当寄存器数量较多不方便查看寄存器时,CDS 为用户提供了添加寄存器组的功能,方便用户把所关心的寄存器放到新建的组来查看。单击 Registers 窗口选择 Add Register Group 后弹出对话框,选择用户关心的寄存器单击 OK 按钮即可,如图 7.72 所示。

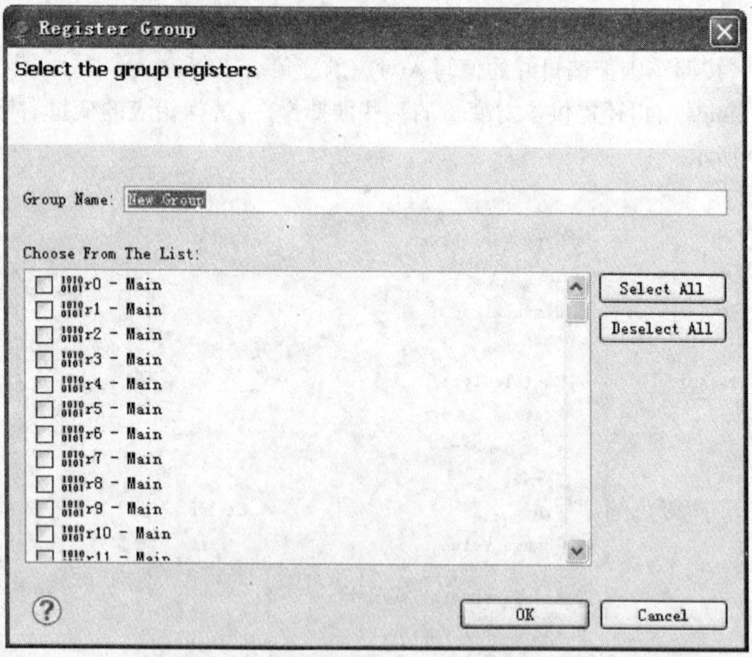

图 7.72　Add Register Group 对话框

对任何寄存器可以很方便地查看和修改。如果要修改寄存器的值,只需单击对应 Value 栏的值后即可进行编辑,按回车则把编辑好的值写入对应的寄存器中。

Registers 窗口也提供了对寄存器的一些便捷操作,选择相应的寄存器右键即可弹出功能菜单,如图 7.73 所示。

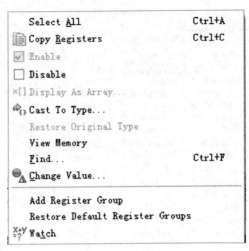

图 7.73 寄存器操作菜单

9. 内存查看

在调试模式下,可以通过 Window →Show View →Memory 或者单击左下角 Show View as a fast view →Memory 可以打开内存查看窗口,如图 7.74 所示。

图 7.74 Memory 窗口

单击图 7.74 中绿色的加号,弹出如图 7.75 的对话框。

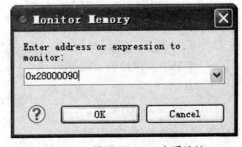

图 7.75 设置 Memory 查看地址

填写需要查看的内存地址或者表达式单击 OK 按钮即可查看内存,如图 7.76 所示。

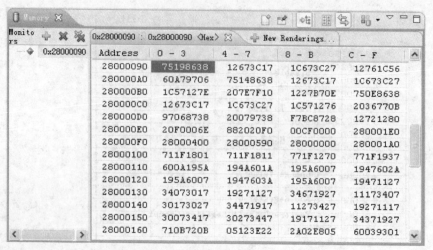

图 7.76　Memory 查看窗口

也可以根据用户的需要选择内存显示的格式，如 Hex、ASCII、Signed Interger 等格式，如图 7.77 所示。

图 7.77　Memory 查看方式选择窗口

对内存可以很方便地查看和修改。如果要修改内存的值，只需双击对应地址上的值后即可进行编辑，按回车则把编辑好的值写入对应的内存中。

Memory 窗口提供了对内存的一些便捷操作，选择相应的值后右键即可弹出功能菜单，如图 7.78 所示。

10. 反汇编调试

CDS 支持对反汇编的调试，单击 Instruction Stepping Mode i→ 按钮可以在 C/C++ 代码调试和反汇编代码调试之间切换。在反汇编窗口还支持运行到指定行（Run to Line）、移到指定行（Move to Line）、保持在当前行（Resume at Line）三个调试功能。

在调试模式下，可以通过 Window →Show View →Disassembly 或者单击左下角 Show View as a fast view →Disassembly 或单击 Instruction Stepping Mode i→ 按钮都可以打开反汇编调试窗口，如图 7.79 所示。

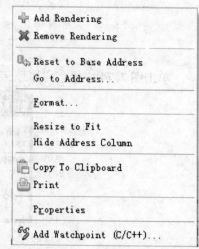

图 7.78　内存操作菜单

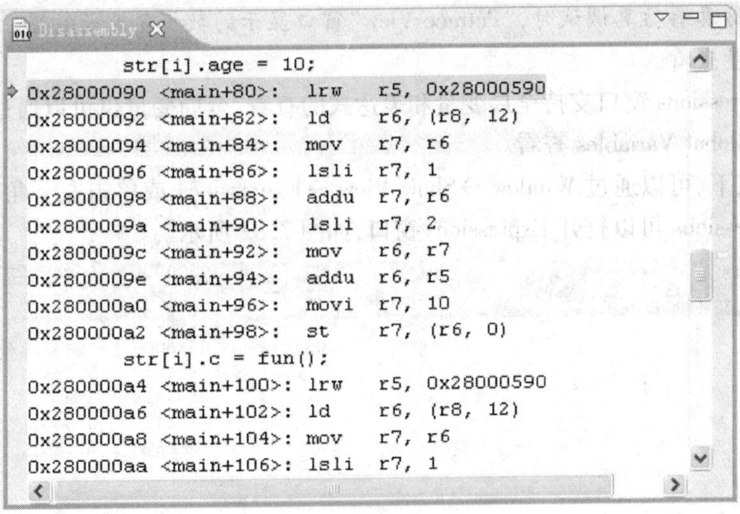

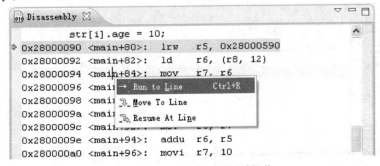

图 7.79　Disassembly 窗口

Disassembly 窗口的操作包含了 Run to Line、Move to Line、Resume at Line,如图 7.80 所示。

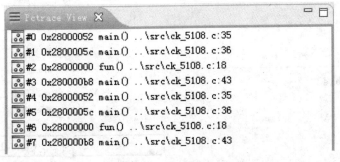

图 7.80　反汇编窗口的调试操作

11. Pctrace View 查看

Pctrace View 的功能建立于 CK-CPU 在发生分支跳转(包含函数调用)时的跳转目标 PC 值跟踪记录 FIFO 之上。该 FIFO 共可以记录 8 次程序跳转,当超过 8 次跳转时,每次发生新跳转时,新跳转目标 PC 值被压入 FIFO,最早跳转的目标 PC 值弹出 FIFO。

在调试模式下,可以通过 Window →Show View →Other…→Pctrace View 或单击左下角 Show View as a fast view →Other →Pctrace View 打开程序跳转信息查看窗口,如图 7.81 所示。

图 7.81　Pctrace view

在 Pctrace View 窗口中显示了每次跳转的目标地址、函数名、源代码文件名以及所在行。在调试过程中,双击每项信息时编辑区都会跳转到对应的函数调用的源代码处,并将该处做上醒目标记。

注意:在用仿真器仿真调试时,"Pctrace View"窗口显示的数据是无效数据。

12. 全局变量查看

CDS 的 Expressions 窗口支持全局变量和表达式的查看,全局变量也可以通过 Variables 窗口右键选择 Add Global Variables 查看。

在调试模式下,可以通过 Window →Show View →Expressions 或单击左下角 Show View as a fast view →Expressions 可以打开 Expressions 窗口,如图 7.82 所示。

图 7.82　Expressions 窗口

在窗口中右键选择 Add Watch Expressions 弹出如图 7.83 所示的对话框。

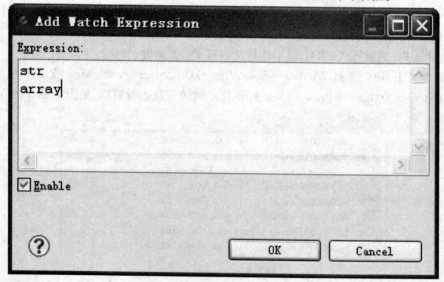

图 7.83　Add Watch Expression

在上图中填入需要查看的全局变量单击 OK 按钮,也可以直接将全局变量直接拖拽到 Expressions 窗口,即可在 Expressions 窗口显示全局变量的值,如图 7.84 所示。

Expressions 窗口提供了对全局变量的一些便捷操作,选择相应的值后右键即可弹出功能菜单,如图 7.85 所示。

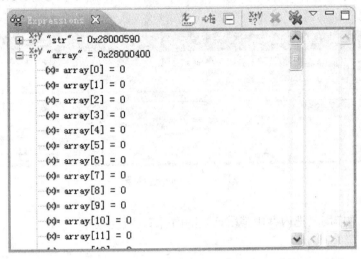

图 7.84 Expressions 窗口

13. Dump 命令

Dump 命令的作用是把内存中某段地址的内容拷贝到指定的文件。

1) 参数设置

在调试模式下,可以选择 Target →Dump 或单击工具栏上的 Dump 按钮 打开 Dump 命令的参数设置对话框,如图 7.86 所示。

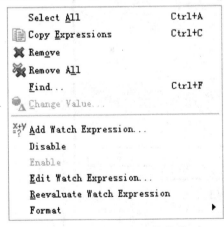

图 7.85 全局变量操作菜单

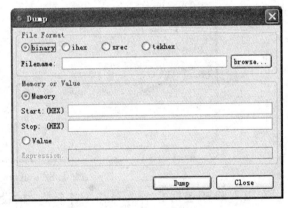

图 7.86 Dump 窗口

在图 7.86 中包括了 Dump 命令各个参数的设置:

(1) File Format,选择 Dump 文件的格式;

(2) Filename,指定 Dump 输出文件名和路径;

(3) Memory,Dump 命令采用 Memory 的方式,与 Value 互斥;

(4) Start(HEX),Dump 命令的起始地址;

(5) Stop(HEX),Dump 命令的结束地址;

(6) Value,Dump 命令采用 Value 的方式,与 Memory 互斥;

(7) Expression,Dump 命令的表达式。

2)Dump 命令执行过程

配置好相应的 Dump 参数,单击 Dump 按钮可以看见 Dump 命令执行的进度条显示,如图 7.87 所示。

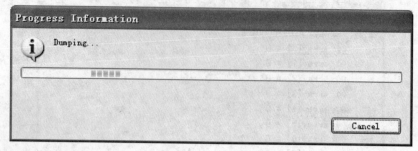

图 7.87　Dump 进度条

14. Append 命令

Append 命令的作用是把内存中某段地址的内容追加到指定的文件。

1)参数设置

在调试模式下,可以选择 Target →Append 或单击工具栏上的 Append 按钮 打开 Append 命令的参数设置对话框,如图 7.88 所示。

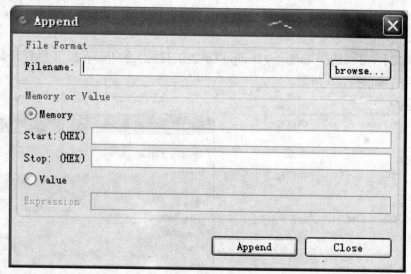

图 7.88　Append 窗口

在图 7.88 中包括了 Append 命令各个参数的设置:

(1)Filename,指定 Append 输出文件名和路径;

(2)Memory,Append 命令采用 Memory 的方式,与 Value 互斥;

(3)Start(HEX),Append 命令的起始地址;

(4)Stop(HEX),Append 命令的结束地址;

(5)Value,Append 命令采用 Value 的方式,与 Memory 互斥;

(6)Expression,Append 命令的表达式。

2)Append 命令的执行过程

配置好相应的 Append 参数,单击 Append 按钮可以看见 Append 命令执行的进度条显示,如图 7.89 所示。

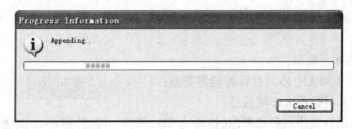

图 7.89　Append 进度条

15. Restore 命令

Restore 命令的作用是把指定文件中某段地址的内容写到内存中。

1）参数设置

在调试模式下,可以通过 Target →Restore 或者工具栏上的 Restore 按钮 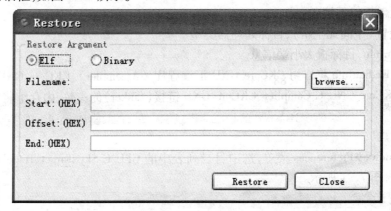 打开 Restore 命令的参数设置对话框,如图 7.90 所示。

图 7.90　Restore 窗口

在图 7.90 中包括了 Restore 命令各个参数的设置:

(1) File Format,选择 Restore 文件的格式;

(2) Filename,指定 Restore 的文件名和路径;

(3) Start(HEX),Restore 命令的起始地址;

(4) Offset(HEX),Restore 命令的偏移地址;

(5) End(HEX),Restore 命令的结束地址。

2）Restore 命令的执行过程

配置好相应的 Restore 参数,单击 Restore 按钮可以看见 Restore 命令执行的进度条显示。

7.2.5　目标(Target)模板管理

目标模板是为了方便用户在目标板上开发应用程序,在 CDS 中预先设计的工程模板,一般来说一个 SoC 芯片或开发板对应一个目标模板,用于对 SoC 或开发板的存储信息、启动文件实现和链接描述文件的预先设计和管理,甚至对各外围设备的驱动实现也都可以进行实现。目标模板管理包括创建模板、添加模板和修改模板等功能。

1. 目标模板说明

目标模板种类:SoC 模板和 CPU 模板。一个 SoC 模板代表 IDE 里一种 SoC 型号,一个 CPU 模板代表 IDE 里一种 CPU(模板信息详细讲解如下)。用户可自由添加与工程相应的 MCU 模板,也可在已有较相近的模板基础上进行修改(添加和修改模板步骤详见下节内容"2.模板创建")。

1)SoC 模板

SoC 模板包括如下信息:

(1)CpuType(中间无空格),目标处理器类型;

(2)EndianInfo,目标板大小端信息;

(3)StartFile,模板使用的启动文件(初始化 CPU 硬件,并跳转到 main 函数);

(4)HeadFile,模板使用的头文件(包括硬件相关的定义,如 I/O 的地址);

(5)Description,用户对自己模板描述信息;

(6)Memory Bank,硬件的存储空间描述。

CpuType、EndianInfo 将作为 CKCore GNU 汇编程序、CKCore GNU C++ 编译器、CKCore GNU C 编译器、CKCore GNU 链接的参数,内存组(memory bank)将写入链接描述文件。

2)CPU 模板

CPU 模板包括如下信息:

(1)CpuType(中间无空格),目标处理器类型;

(2)EndianInfo,目标板大小端信息。

CpuType、EndianInfo 将作为 CKCore GNU 汇编程序 (Assembler)、CKCore GNU C++ 编译器 (Complier)、CKCore GNU C Complier、CKCore GNU 链接(Linker)的参数,内存组将写入链接描述文件。

2.模板创建

单击 Window →Preferences 菜单,选中目录列表中的 CPU C-Sky Target Template 进入 Target 模板管理页面,图 7.91 所示。

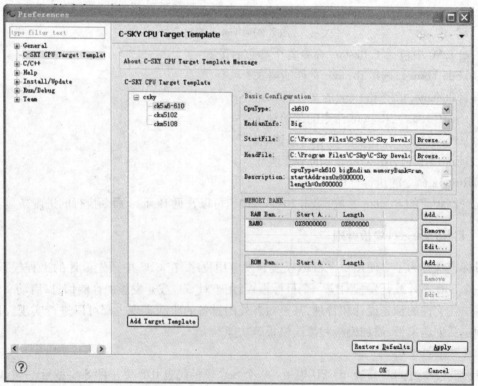

图 7.91　Target 模板管理页面

用户可在模板管理中添加用户的新模板和修改已有的模板。

添加用户新模板步骤：

步骤 1　单击 Add Target Template,进入添加模板界面,在 Vendor 文本框中输入模板所属公司,在 Product 文本框中输入产品名称,单击 OK 按钮,如图 7.92 所示。

图 7.92　Target 模板添加页面

步骤 2　为模板创建目录后,在目录右方输入模板信息,包括：

（1）CPUType,目标处理器类型；

（2）EndianInfo,目标板大小端信息；

（3）StartFile,模板使用的启动文件（初始化 CPU 硬件,并跳转到 main 函数）；

（4）HeadFile,模板使用的头文件（包括硬件相关的定义,如 I/O 的地址）；

（5）Description,用户对自己模板描述信息；

（6）Memory Bank,硬件的内存描述。

步骤 3　单击 Apply 按钮,保存模板信息,这样用户便成功建立了自己的模板（在新建工程时,用户将在新建工程向导中看到自己创建的模板。)

3. 模板修改

用户也可以对创建之后的 Target 模板进行修改,并保存。修改步骤如下：

步骤 1　Target 模板管理页面中,在模板列表中选中需要修改的模板。

步骤 2　在列表右方的模板信息部分修改需要修改的部分。

步骤 3　单击 Apply 按钮,修改完成。

7.2.6　闪存（Flash）烧写

CDS 提供 NOR Flash 或 NAND Flash 烧写功能,用户可以将各种程序映像、文件系统映像、数据映像通过 CDS 直接烧写到 Flash、EEPROM 等目标板存储中。同时 CDS 还提供了 Flash 烧写驱动扩展接口,根据该接口用户根据扩展具体的 Flash 型号实现自己的驱动和 Flash 烧写程序,即 Flash 模板。CDS 的 Flash 烧写功能包括两部分：Flash 模板管理和 Flash 烧写、擦除、校验、check ID 等。

1. Flash 模板管理

一个 Flash 模板对应具体的目标板的 Flash 型号,包括两部分内容：Flash 烧写程序和 Flash 烧写程序的描述文件。所有的 Flash 功能操作由 Flash 烧写程序完成,Flash 烧写程序的描述文件只作为烧写界面中 Description 面板中的显示依据。Flash 烧写程序的描述文件内容来源于 Flash 模板添加时用户输入信息,Flash 模板添加详细步骤详见(2) Flash 模板添加节。

1）生成 Flash 模板

完成 Flash 模板需要以下步骤：

步骤 1　启动 Flash 模板工程创建向导

进入新建工程向导,如图 7.93 所示,选择 Project type 面板中 Flash Programmer 目录下的 CDS Flash Project 选项,并在右方 Target Template Selected 面板中选定目标。

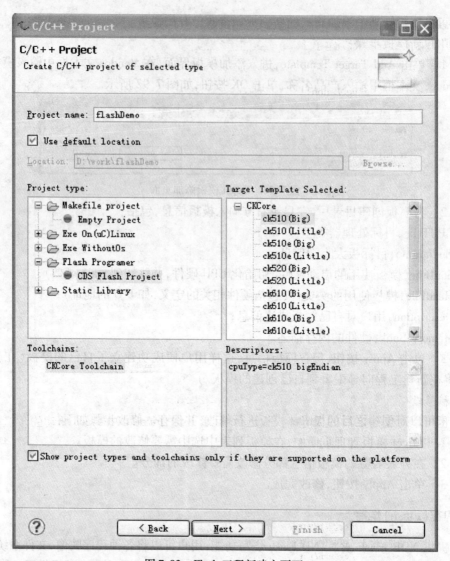

图 7.93　Flash 工程新建主页面

步骤 2　配置开发板 Memory 信息

进入 Memory 配置页面,用户需在 Memory Start 文本框中输入目标板 Memory 的起始地址,在 Memory Length 文本框中输入 Memory 长度,如图 7.94 所示。

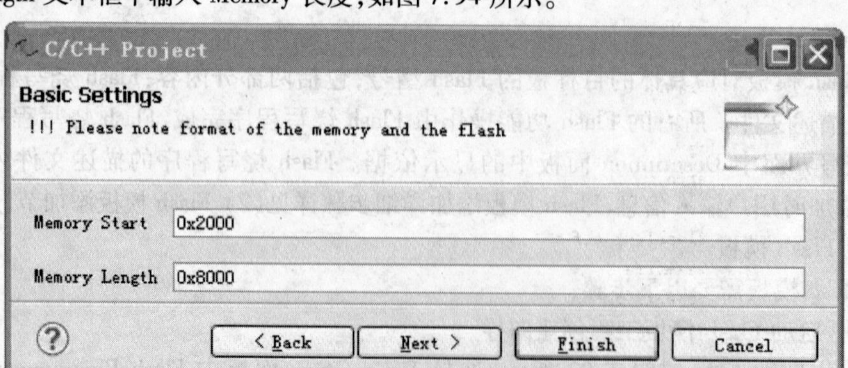

图 7.94　Memory 配置页面

步骤 3　完成

如图 7.95 所示,完成新建了 Flash 模板工程。

图 7.95　Flash 工程配置页面

接下来用户需要根据目标板 Flash 完善 src 目录下的 driver.c 中 Flash 驱动的各个接口函数（参考“(2) Flash 模板添加”节）,如图 7.96 所示。

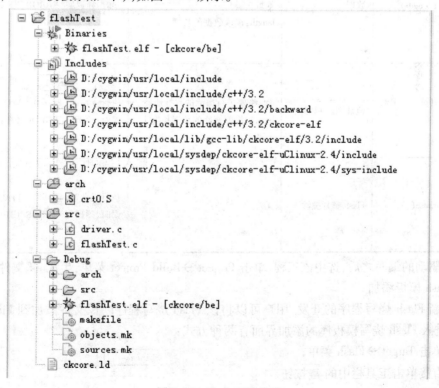

图 7.96　Flash 工程目录

Flash 驱动接口在 Flash 工程"src"→"driver. c"中定义。表 7.1 是对各接口函数的详细说明。

表 7.1　Flash 驱动接口

	功能	形式参数	返回值
int flashInit( )	Flash 的初始化函数	无	执行成功时,返回 0。当该函数返回错误时,须返回"ERROR_INIT"
int flashID (unsigned int * flashID)	读取 Flash ID 值	指向 Flash ID 的指针(形参返回)	执行成功时,返回 0。当该函数返回错误时,须返回"ERROR_READID"
int flashProgram (char * dst, char * src, int length)	Flash 烧写函数	dst：Flash 将要烧写至的目标地址 src：烧写数据的地址 length：烧写数据的长度	执行成功时,返回 0。当该函数返回错误时,须返回"ERROR_PROGRAM"
int flashRead (char * dst, char * src, int length)	从 Flash 中读取数据	dst：Flash 将要读取数据的地址 src：读取到数据将要放置处的地址 length：读取数据的长度	执行成功时,返回 0。当该函数返回错误时,须返回"ERROR_READ"
int flashErase(char * dst, int length)	地址擦除 Flash	dst：将要进行擦除的目标地址 length：将要擦除的数据长度	执行成功时,返回 0。当该函数返回错误时,须返回"ERROR_ERASE"
int flashChipErase( )	Flash 整片擦除	无	执行成功时,返回 0。当该函数返回错误时,须返回"ERROR_CHIPERASE"

完成驱动的编写之后,选中该工程,单击 Project →Build Project 菜单,生成 elf 文件。

2)Flash 模板添加

完成新 Flash 烧写程序的开发,用户可以将该 Flash 烧写程序映像文件添加到 Flash 烧写模板库中,进入 Flash 烧写模板库的添加界面有两种方式：

(1)单击 Target →Flash 菜单；

(2)直接单击工具栏中的 按钮。

Flash 烧写界面如图 7.97 所示。

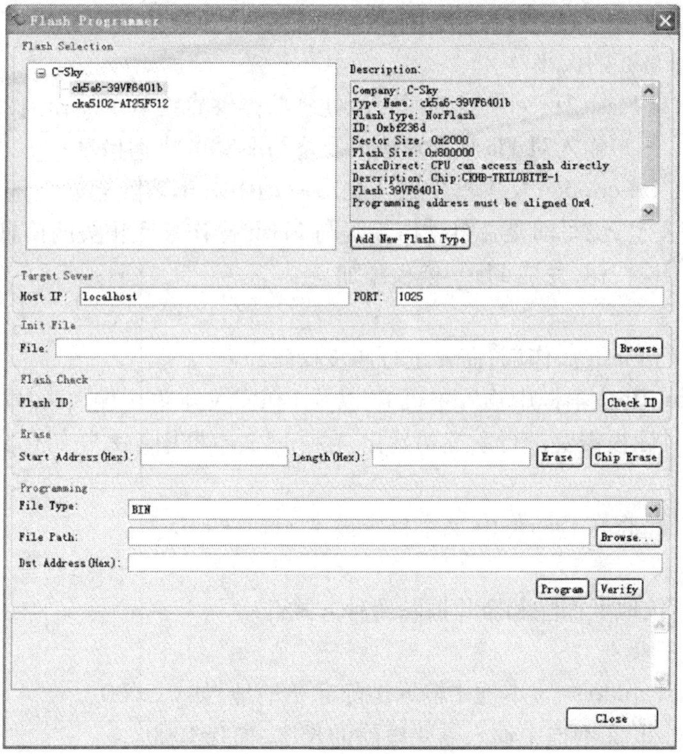

图 7.97　Flash 烧写界面

添加 Flash 模板步骤:

步骤 1　启动添加界面

单击 Add New Flash Type,进入添加 Flash 模板界面,如图 7.98 所示。

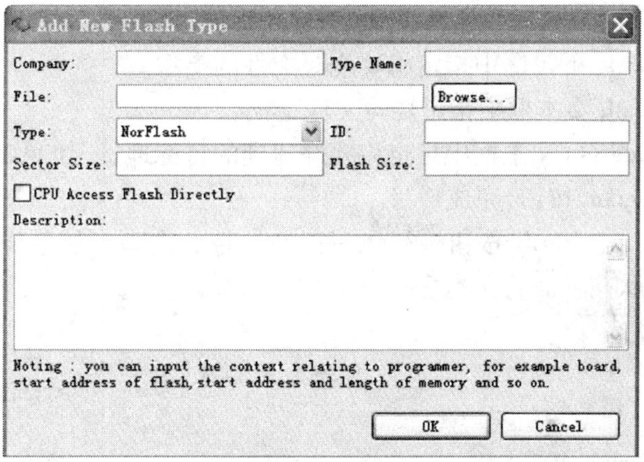

图 7.98　Flash 烧写模板添加页面

步骤 2　模板信息录入

在该界面中,用户需要输入如下信息:

(1)Company,Flash 所属公司名;

(2)Type Name,Flash 烧写程序名称;

(3)File,Flash 烧写程序(elf 文件);

(4)Type,Flash 类型;

(5)ID,Flash ID 号;

（6）Sector Size，Flash 每个分区的大小；

（7）Flash size，Flash 的大小；

选中 CPU Access Flash Directly 复选框表示处理器能够直接从 Flash 中读取数据。

（8）Description，用户输入对 Flash 开发板以及烧写驱动的描述信息。

其中，用户需在 Description 文本框中输入烧写驱动中对于擦除起始地址、擦除长度的限制，烧写起始地址对齐要求，烧写前是否自动擦除等与 Flash 操作紧密相关的信息。

步骤 3 单击 OK 按钮，完成 Flash 模板添加。

2. Flash 操作

在首次进行任何 Flash 操作前，需要进行两步操作：

步骤 1 在 Host IP 文本框中输入主机 IP 以及 PORT 文本框中输入 socket port。

步骤 2 如果目标板需要进行系统初始化，在 File 文本框中输入初始化文件路径。

1）Check ID

单击 Check 按钮，将在 Check ID 文本框中显示 Flash 的 ID 号。

2）Flash 擦除

Flash 擦除包括按地址擦除和全片擦除两种方式。

按地址擦除分三步：

步骤 1 在 Start Address 文本框中输入擦除起始地址，如 0x2000。

步骤 2 在 Length 文本框中输入需要擦除的长度，如 0x1000。

步骤 3 单击 Erase 按钮。

全片擦除直接单击 Chip Erase 按钮。

注意：烧写程序中擦除地址的对齐和擦除长度的要求。

3）Flash 烧写

Flash 烧写分四步：

步骤 1 在 File Type 下拉框中指定将要烧写文件的类型。

步骤 2 在 File Path 文本框中指定烧写文件路径。

步骤 3 在 Dst Address 文本框中指定将要烧写到的目标地址，如 0x2000。

步骤 4 单击 Program 按钮，完成烧写。

在烧写完成后可单击 Verify 按钮进行烧写正确与否的校验。如果烧写不正确，IDE 将会把未烧写成功的数据显示在下面的文本框中。

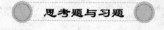

思考题与习题

7.1 简述什么是 Windows IDE 工具。

本章参考文献

杭州中天微系统有限公司. 2007-07-17. C-Sky Studio 用户手册［EB/OL］.［2011-05-05］. http://www.c-sky. com/dowlist. php？id＝17.

杭州中天微系统有限公司. 2010-07-25. C-Sky Development Suit 用户手册［EB/OL］.［2011- 05-05］. http:// www.c-sky. com/dowlist. php？id＝17.